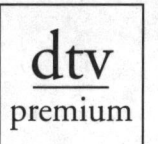

Ausführliche Informationen über
unsere Autoren und Bücher
finden Sie auf unserer Website
www.dtv.de

JOCHEN MAI

DIE **BÜRO ALLTAGS BIBEL**

Alle Regeln und Gesetze für den Job

Für dich und mich

Deutscher Taschenbuch Verlag

Von Jochen Mai ist im Deutschen Taschenbuch Verlag
bereits erschienen: Die Karriere-Bibel (<u>dtv</u> premium 24651)

FSC
Mix
**Produktgruppe aus vorbildlich
bewirtschafteten Wäldern und
anderen kontrollierten Herkünften**

Zert.-Nr.GFA-COC-001278
www.fsc.org
© 1996 Forest Stewardship Council

Originalausgabe
Januar 2010
© Deutscher Taschenbuch Verlag GmbH & Co. KG,
München
Umschlagkonzept: Balk & Brumshagen
Satz: Greiner & Reichel, Köln
Gesezt aus der Berkeley Oldstyle 10/12,25'
Druck und Bindung: CPI – Ebner & Spiegel, Ulm
Gedruckt auf säurefreiem, chlorfrei gebleichtem Papier
Printed in Germany · ISBN 978-3-423-24762-7

Inhalt

Alle Tage wieder …

212 Tage. So viele Werktage verbringt der deutsche Arbeitnehmer durchschnittlich an seinem Arbeitsplatz. Und für rund 17 Millionen Menschen in Deutschland ist das: ein Büro.

Ich bin einer davon – und Sie vermutlich auch, sonst hätten Sie dieses Buch womöglich gar nicht erst aufgeschlagen. Mit dem Wort *Büro* assoziieren wir allesamt völlig unterschiedliche Erwartungen und Gefühle. Für die einen ist es der Ort, an dem sie zwischen Beruf und Berufung oszillieren, für andere ist es schlicht das unselige Gegengewicht, das ihre Lebenswaage und damit die gern zitierte Work-Life-Balance regelmäßig aus dem Lot wippt. Und viele fragen sich dann: Was mach ich hier eigentlich?

Gute Frage. Was machen wir eigentlich in den uns zugeteilten vier Wänden? Wir analysieren und archivieren, wir debattieren, fabrizieren, optimieren und organisieren, wir produzieren, programmieren, präsentieren, provozieren, reflektieren, resignieren, sanieren, sabotieren, simulieren, spekulieren, taktieren, telefonieren und theoretisieren – acht bis neun Stunden täglich. Mindestens. Damit ist unser Arbeitsplatz aber nicht nur ein enorm einnehmender Lebensraum – ganz oft ist er auch ein veritables Krisengebiet, das unser Verhalten, unsere Psyche und sogar die Gesundheit entscheidend beeinflussen kann. So machen beispielsweise Großraumbüros laut einer australischen Studie viele Menschen mehrheitlich krank: Die Mitarbeiter leiden unter »Reizüberflutung, Verlust von Privatsphäre, Identitätsverlust, niedriger Produktivität und geringer Zufriedenheit«, so der Studienleiter Vinsh Oommen. Außerdem würden sich die Kollegen bei kranken Nachbarn schneller anstecken.

Wie sehr die Büroarchitektur zum allgemeinen Wohlbefinden beiträgt, offenbart auch eine Umfrage der Marktforscher von ICM Research unter rund 2000 europäischen Bürokräften. Demnach empfinden 60 Prozent der Beschäftigten in einem Großraumambiente deutlich mehr Stress. In Deutschland nervte die Arbeitnehmer vor allem, dass ihr Büro schlecht klimatisiert war (57 Prozent) und dass der Etagendrucker häufig ausfiel (53 Prozent). Was nicht einmal weiter verwunderlich ist, denn – auch das kam bei der Umfrage heraus – die Befragten liefen im Schnitt rund 13 Mal am Tag zum Drucker, um dort jedes Mal 111,2 Sekunden zu vertrödeln, weil gerade Papierstau war, der Kollege schneller ankam oder der Toner mal wieder gewechselt werden musste.

Natürlich sind das Lappalien im Vergleich zu dem, was wir dort sonst noch erleben können. Büros gleichen einem kleinen Gemeinwesen mit eigener Kultur, eigenen, meist ungeschriebenen Regeln und Ritualen. Häufig lauern zahlreiche Fallgruben und Konfliktherde zwischen Konferenzraum und Korridor, zwischen Kaffeeküche und Kopierer. Die meisten Büroarbeiter verbringen mehr Zeit miteinander, reden mehr mit ihren Kollegen als mit ihrer Familie, kennen die Belegschaft besser als ihre Nachbarn und sind den Launen und Marotten der Mit-Arbeiter, ihrer Missgunst und ihren Intrigen ungeschützt ausgeliefert. Seinen Lebenspartner und seinen Beruf kann man sich schließlich aussuchen – die Kollegen nicht.

Sagen wir es, wie es ist: Das Büro ist ein Minenfeld. Nichts kann einem die Freude an der Arbeit mehr versauen als Kollegen mit dem Territorialverhalten eines Medici. Im sozialen Gehege Büro prallen regelmäßig die unterschiedlichsten Charaktere aufeinander: Da gibt es den Bürokraten, der pedantisch alles prüft und protokolliert; den Karrieristen, der um jeden Preis nach oben will; die Diva, die hochgradig nachtragend ist; den Phlegmatiker, der in seiner Gelassenheit ruht wie in einem faradayschen Käfig und für sein Versagen immer andere verantwortlich macht; oder den Blender, der nichts kann – aber eine Attitüde pflegt, als stamme er in direkter Linie von Minerva ab, der Göttin der Weisheit. Und allen gemein ist: Sie nerven. Und zwar kolossal.

Das Schlimme daran: Solche negativen Emotionen sind »hochgradig ansteckend«, sagt zum Beispiel der Mainzer Organisations- und Wirtschaftspsychologe Christian Dormann. Es sei wie bei einem Virus: Schon eine kritische Masse an Griesgramen und Neurotikern im Betrieb genügt, und das Gruppenklima verschlechtert sich dramatisch. Wie beim typischen Verlauf der Bürokratie gilt: Je länger eine Bürogemeinschaft besteht, desto weniger orientiert sie sich an ihrem eigentlichen Ziel, sondern beschäftigt sich umso mehr mit Selbstverwaltung, Selbstfindung und Selbsterhaltung.

So schleppen sich denn jeden Montagmorgen Millionen von Arbeitnehmern in ihre Büros, schauen drein, als wäre ihnen gerade der Kopierer über den Zeh gerollt und entwickeln schon an der Firmenpforte eine Alertheit, während sie eine Höllenwoche mit dem cholerischen Chef, dem altklugen Abteilungsleiter und dem völlig gestörten Soziopathen am Schreibtisch gegenüber imaginieren. Na danke.

Was den Einzelnen konkret belastet, ist so vielschichtig wie Erdsediment. Den einen wurmt vielleicht sein hinterhältiger Büronachbar, den anderen quält der hyperaktive Projektleiter, während Dritte schon an ihrer tristen Zimmeraussicht verzweifeln mit Blick auf den Gewerbepark Köln-Ossendorf. Allein einen Boss zu haben, ist für viele schon Misere genug: 88 Prozent der Arbeitnehmer, so eine Umfrage des Münchner Geva-Instituts, monieren Probleme mit ihrem Vorgesetzten. Jeder Fünfte gab an, seinen Chef regelrecht zu »hassen«. »Büro ist Krieg«, bringt es der Schauspieler Christoph Maria Herbst alias Bernd Stromberg auf den Punkt, der in der gleichnamigen ProSieben-Kultserie einen Chef mit sozialer Dysfunktion spielt.

Das ist vielleicht etwas zugespitzt – fühlt sich aber durchaus manchmal so an. Allzu oft ist das Büro eben keine glückliche Gemeinschaft von Gleichgesinnten, sondern gleicht vielmehr einem lebensgefährlichen Dschungel.

Genau davon handelt dieses Buch. Es soll Ihnen zeigen, wie Sie unbeschadet durch das soziale Dickicht und an den darin hausenden Raubtieren vorbeigelangen, aber auch, wie Sie sich selbst organisieren und motivieren können. Die männliche Schreibweise verwende ich übrigens allein wegen der leichteren Lesbarkeit. Selbstverständlich möchte ich mit diesem Buch beide Geschlechter ansprechen. Und noch ein Wort zur Erklärung: Auch wenn der Buchtitel für einige vielleicht etwas vollmundig klingt, handelt es sich hierbei natürlich nicht um geoffenbarte Weisheiten oder eine Heilige Schrift. Allen, die die Antwort auf die Frage nach dem Sinn des Lebens oder für wahres Lebensglück suchen, empfehle ich das Namensoriginal: Die Bibel. Die *Büro-Alltags-Bibel* hingegen heißt so, weil sie den Versuch unternimmt, so vollständig wie nötig und so kompakt wie möglich das entscheidende Wissen für das Büroleben zu destillieren. Als Stilmittel habe ich dazu den Verlauf eines typischen Montags gewählt – beginnend um 7.00 Uhr mit Tipps für den optimalen Start in den Tag bis hin zum späten Abend und Empfehlungen für besseren Schlaf. Gewiss, manche Uhrzeiten sind mehr oder weniger willkürlich gewählt und entsprechen eher den Durchschnittswerten, die ich bei meinen Recherchen ermittelt habe. Ebenso ist mir klar, dass die Abfolge der einzelnen Alltagserlebnisse individuell variieren und sich sogar wiederholen kann. Deshalb sind die Kapitel auch so geschrieben, dass Sie sie bequem in Ihrer ganz persönlichen Reihenfolge lesen oder gezielt nachschlagen können, etwa auch um vorhandenes Wissen zu vertiefen.

Denn, auch das habe ich bei meinen knapp einjährigen Recherchen festgestellt: Kaum ein Thema ist so gut erforscht wie unser Joballtag. Ob Psychologen, Soziologen, Arbeits- und Organisationswissenschaftler, Statistiker oder Meinungsforscher – weltweit gibt es mittlerweile zahlreiche spannende, überraschende und hochgradig amüsante Untersuchungen sowie Umfragen rund um das Büro. Die bemerkenswertesten Ergebnisse habe ich hier zusammengetragen und den meisten Kapiteln vorangestellt – als eine Art Einstimmung. Andere Studienresultate finden Sie in knappen Kästen am Seitenrand. Diese sind vielleicht weniger relevant, aber nicht weniger nützlich. Denn sie eignen sich hervorragend für eine weitere Bürodisziplin: den Küchenzuruf. Regelmäßiger Büroschnack mit Lerneffekt hebt schließlich nicht nur die Laune – er kann auch manch schwelende Differenzen überbrücken. Weshalb sich diese Lektüre nicht nur zum Selberlesen, sondern auch zum Weitergeben eignet. Sie werden schon wissen, wem Sie damit am besten dienen. Vielleicht ist es ja Ihr Kollege nebenan.

7.00 Uhr
Der Wecker klingelt, schon wieder Montag!

Warum manche Menschen morgens besser wach werden
als andere ▪ Wie Sie nach dem Aufstehen in Schwung kommen ▪ Der Montags-Blues und was Sie dagegen tun können

»Das Gehirn ist ein wundervolles Organ:
Es arbeitet von dem Moment an,
wo du morgens aus dem Bett springst,
und hört nicht auf, bis du dein Büro betrittst.«
Robert Lee Frost, Lyriker

Fängt ja gut an. Gerade war noch Wochenende, jetzt ist es Montag. 7 Uhr. Also eigentlich noch mitten in der Nacht. Nur der Wecker auf dem Nachttisch sieht das völlig anders. Der piept, plärrt und nervt – schon seit mindestens zehn gefühlten Minuten. Snoozen hilft da auch nicht weiter. Im Gegenteil: Eher ist es ein Indiz für die aktuelle Abeitslust beziehungsweise den Arbeitsfrust. Aber warum ist das so? Warum stehen manche Menschen bereits vor den ersten Sonnenstrahlen senkrecht im Bett, sind hellwach und erholt, joggen ihre üblichen zehn Kilometer noch vor der ersten Tasse Kaffee, während andere sich in einer Art Wachkoma befinden, bis der Triple-Espresso zu wirken beginnt?

Mit einem Satz: Weil sie so geboren wurden. Mit der Schlafdauer hat das jedenfalls nichts zu tun. Im Durchschnitt liegt sie bei Erwachsenen zwischen sieben und acht Stunden. Weil aber nicht alle Menschen gleich viel Schlaf brauchen und sich die Bedarfsmenge mit steigendem Alter sowieso verändern kann, taugt diese Messgröße wenig. Entscheidender ist unser sogenannter Chronotyp. Sie und ich und alle anderen Menschen haben einen individuellen Biorhythmus – oder wie Chronobiologen es nennen würden: Sie sind entweder eine *Lerche* oder eine *Eule*. Auf diese trivial anmutende Unterscheidung sind nicht etwa Vogelkundler gekommen, sondern unter anderem der Vater der Schlafforschung, Nathaniel Kleitman. Den Entdecker der REM-Schlafphasen ereilte bereits 1933 die Erkenntnis, dass die kognitive Leistungsfähigkeit

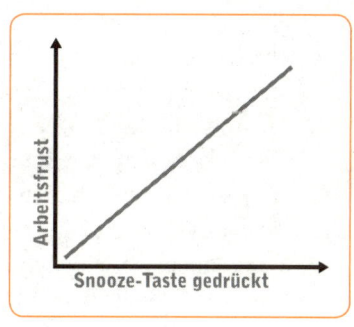

eines Menschen im Laufe eines Tages erheblich differieren kann. Im statistischen Mittelmaß fällt das nicht weiter auf. Da erleben mehr oder weniger alle Menschen gegen 9 Uhr morgens einen Höhepunkt der Testosteronausschüttung und gegen 12 Uhr einen Bluteiweißschock. Verantwortlich dafür ist der *circadiane* Tagesrhythmus, den jeder Mensch hat. Bei genauerem Hinsehen aber eben nicht alle parallel. Es wäre auch eine beängstigende Vorstellung, wenn die Kollegen allesamt gleichzeitig mit dem 9-Uhr-Gong testosterongeschwängert am Schreibtisch säßen.

Weil das Leben jedoch eher zu Extremen neigt als zu arithmetischen Mitteln, gibt es Chronotypen. Die kennen Sie vielleicht auch unter anderen Namen. Zum Beispiel den Frühaufsteher (Fachjargon *Lerche*). Der ist gleich nachdem er sich aus den Laken geschält hat topfit und kann – theoretisch – kurz darauf locker eine Stegreifrede halten oder ein dreigängiges Frühstücksmenü zubereiten. Warum es die meisten trotzdem bei Toast, Kaffee und einer höheren Seinsstufe belassen, ist allerdings noch unerforscht. Der Langschläfer (Fachjargon *Eule*) hingegen schafft es morgens nur mit größter Mühe aus der Horizontalen, kommt langsam auf Touren, hält dafür aber abends länger durch und beweist noch bis spät in die Nacht Präsenz. Sie schmunzeln vielleicht, wenn der Kollege im Morgenmeeting wegdöst oder am Schreibtisch kurz einnickt. Für die Betroffenen fühlt sich der Kraftakt jedoch an wie die Erstbesteigung des Mount Everest. Sie befinden sich morgens in einer Art Biojetlag und kämpfen gegen ihre Dauermüdigkeit und ihren natürlichen Rhythmus.

Aus Studien, unter anderem vom Schlafforscher Frank Pillmann in Halle, weiß man heute, dass Frühaufsteher meist bessere schulische Leistungen aufweisen, während die Nachtschwärmer häufig neugieriger und offener für neue Impulse sind. Der Chronobiologe Achim Kramer von der Berliner Charité fand einmal heraus, dass die innere Uhr von Eulen und Lerchen um bis zu zwei Stunden zeitversetzt ist. Zudem wird offenbar schon im Mutterleib genetisch festgelegt, welcher Typ wir später sind. Ob Lerche oder Eule – es liegt einem sprichwörtlich im Blut, und man bleibt es ein Leben lang. »Ein Spättyp kann seine innere Uhr weder durch Lichttherapie noch durch die Gabe von Melatonin so umpolen, dass aus ihm plötzlich ein Morgenmensch wird«, sagte Kramer in einem *Spiegel*-Interview.

Allerdings gibt es selbst im Organismus dieser Menschen innerhalb eines Tages noch erhebliche Schwankungen bezüglich Stoffwechsel, Organtätigkeit oder Konzentrationsfähigkeit. Damit variieren freilich auch ihre individuellen Leistungsphasen (siehe Abbildung). Obwohl das für die Produktivität alles andere als zuträglich ist, wird das im Arbeitsalltag kaum berücksichtigt. In vielen Unternehmen gibt es eine Kernarbeitszeit, die mehrheitlich die Frühaufsteher bevorteilt. Kein Wunder, dass so manches Betriebsklima darunter leidet. So sind Unausgeschlafene nachweislich gereizter und unaufmerksamer als ihre ausgeruhten Kollegen. Die Leistungsfähigkeit sinkt, das räumliche Verständnis schwindet, Konzentration und Merkfähigkeit nehmen ab, ebenso Reaktionsgeschwindigkeit und Entscheidungsstärke.

Das Risiko, aufgrund starker Übermüdung Fehler zu machen, ist sogar größer als durch den Konsum von drei bis vier Gläsern Bier, haben Forscher herausgefunden. Der Managementprofessor Timothy Judge von der Universität Florida kam sogar zum Befund, dass Müdigkeit Arbeitnehmer dazu bringt, ihren Beruf regelrecht zu hassen.

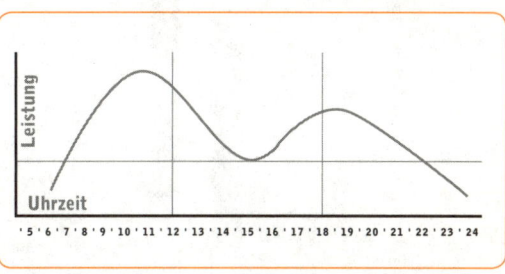

Wie Sie nach dem Aufstehen in Schwung kommen

Es gibt gute Zeiten. Und es gibt schlechte. Wer seinen eigenen Chronorhythmus kennt und seinen Alltag danach strukturiert, kann seine Leistung, Kreativität und Produktivität deutlich verbessern, etwa indem er schwierige Aufgaben in seinen Hochphasen erledigt und den lästigen Kleinkram in den Durchhängerphasen. Vielleicht können Sie sich mit Ihrem Chef aber auch so arrangieren, dass Sie – falls Sie eine Eule sind – morgens etwas später erscheinen und dafür abends länger bleiben. Als Faustformel für Ihre Leistungskurve können Sie sich merken: In der Zeit von zehn bis zwölf Uhr sind beide Typen besonders leistungsfähig, arbeiten konzentriert und können gut Probleme lösen. Gegen Mittag flacht die Leistungskurve bis etwa 15 Uhr ab, bevor sich das nächste Hoch zwischen 16 und 20 Uhr aufbaut. Wer also produktiver sein will, sollte seine Aufgaben an diesen Phasen ausrichten. Das sind natürlich nur Durchschnittswerte, die im Einzelfall variieren können. Wie sich die einzelnen Zeiten bei beiden Typen über den Tag verteilen, können Sie der Grafik auf der folgenden Seite entnehmen.

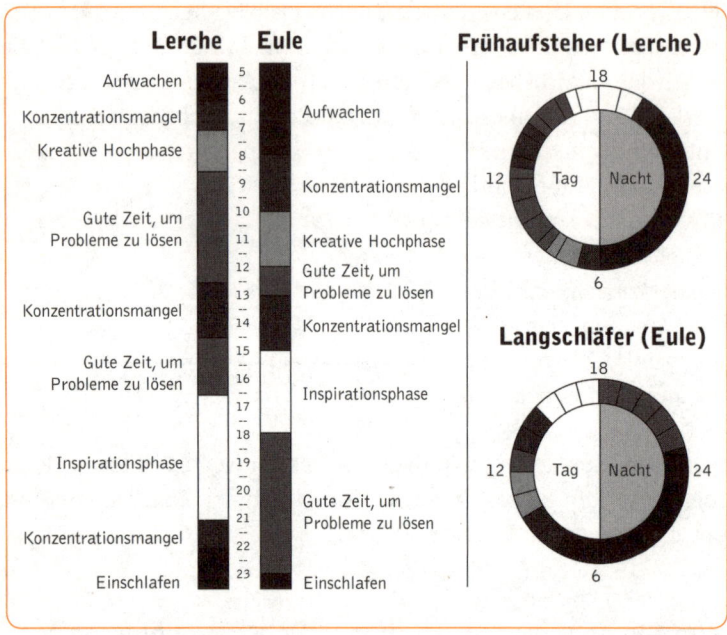

Aber auch wenn Ihre letzte Nacht viel zu kurz war und Sie sich noch mitten im Wochenendtakt befinden, gibt es ein paar Wege, jetzt in Schwung zu kommen. Die wichtigste Regel ist zugleich die simpelste: Nachdem der Wecker geschellt hat, sollten Sie zügig aufstehen. Fünf Minuten Dösen nach dem Aufwachen müssen reichen. Sonst kommt der Kreislauf nicht in die Puschen und Sie werden wieder müde.

Anschließend sollten Sie für viel Licht sorgen. Sonnenlicht belebt Körper und Geist, ein schummriger Raum nicht. Starten Sie Ihren Tag also an einem möglichst hellen Ort. Ziehen Sie die Jalousien hoch, und falls der Sonnenschein dann immer noch nicht ausreicht, versuchen Sie es eben mit Tageslichtlampen. Die gibt es in jedem Baumarkt.

Was auch hilft: Reduzieren Sie die Temperatur. Wenn die Luft zu warm ist, bleiben Sie müde. Öffnen Sie also ruhig das Fenster und lassen Sie kühle Frischluft in Ihr Zimmer strömen. Noch besser: Sie stellen sich ans offene Fenster und inhalieren ein paar Züge. Die Vorstellung, wie Sie im Bademantel am offenen Fenster schnaufen, ist vielleicht nicht sexy, hat aber Sinn: Zum Wachwerden braucht der Organismus Sauerstoff. Der wirkt wie eine kleine Energieinfusion. Deshalb ist es auch entscheidend, dass Sie tief durchatmen. Versuchen Sie bewusst mit dem Bauch einzuatmen. So werden mit jedem Atemzug rund 500 Milliliter Luft aufgenommen und da die Lunge gerade im unteren Drittel gut durchblutet ist, bekommt sie so besonders viel Sauerstoff.

Aber auch Gespräche bringen uns auf Touren. Mental wie emotional. Deswegen müssen Sie nicht gleich eine kontroverse Diskussion mit Ihrem Partner im Badezimmer starten, ein anregendes Gespräch über die aktuellen Schlagzeilen oder ein kurzes Geplänkel mit Ihren virtuellen Freunden aus dem Internet reichen genauso. Hauptsache, es ist unterhaltsam und bringt Sie auf ein paar frische Gedanken.

Oder Sie machen einen kurzen Spaziergang. Eine kleine Runde um den Block, eine Tour zum Bäcker, den Hund Gassi führen – all das reicht schon aus, um den Kreislauf sanft anzuschubsen. Und sollte es draußen gerade aus Kübeln schütten: Fünf bis zehn Minuten leichter Sport – Kniebeugen, Liegestütze, Dehnungen, Yoga – tun es auch.

Bringen Sie neuen Schwung in Ihre morgendlichen Rituale und Gewohnheiten. Ich weiß nicht, wie es Ihnen geht, aber mich erinnern die Bilder von Frühstückern, die jeden Morgen am selben Platz und selben Küchentisch ebenso stumm wie stumpf vor sich hin kauen, eher an die Domestizierung von Milchvieh. Noch erschreckender ist aber: Nur 47 Prozent der Deutschen nehmen sich überhaupt Zeit für ein anständiges Frühstück (Nestlé-Ernährungsstudie 2008). Setzen Sie sich also einfach mal woanders hin oder frühstücken Sie in einem Café. Mehr noch: Gehen oder fahren Sie einen anderen Weg zur Arbeit, benutzen Sie in der Lobby die Treppe statt des Aufzugs. Wir Deutsche haben manchmal die schlechte Angewohnheit, uns präziser zu verhalten als ein Schweizer Uhrwerk. Doch solche Routinen schläfern uns ein – wir beherrschen sie sprichwörtlich im Schlaf. Und obwohl wir instinktiv spüren, dass uns das nicht guttut, halten wir trotzdem daran fest. Psychologen sprechen dabei von einer *Veränderungsphobie* oder einem *Wiederholungszwang*. Schön blöd.

Das alles sind freilich nur Anregungen. Ausreichenden und regelmäßigen Schlaf können sie nicht ersetzen.

Der Montags-Blues und was Sie dagegen tun können

Jeden Montag dasselbe Bild: Irgendwie stehen Sie schon mit dem falschen Bein auf, beim Frühstück hüpft die Kirschmarmelade samt Brötchen direkt auf das weiße Hemd und am viel zu heißen Kaffee verbrühen Sie sich die Zunge. Klar, dass Ihre Laune anschließend in dieselbe Richtung zeigt wie Ihre Mundwinkel: nach ganz unten. Aber ist es nicht seltsam, dass die Menschen ausgerechnet an Montagen auf die Arbeits- und sonstige Alltagsmühle besonders stark mit Muffeln, Müdigkeit und mieser Laune reagieren? Drei Viertel von 885 befragten Arbeitnehmern bezeichnen sich selbst als Montagsmuffel, so eine Umfrage des Hamburger Marktforschungsinstituts Ears and Eyes. Jeder Achte gab sogar zu, montagmorgens Gespräche mit Kollegen oder Kunden kategorisch zu vermeiden, weil es ihn einfach nur nervt. Bis Mittag waren die Leute psychisch schlicht abwesend. Auch der Chef drückt vielen montags gewaltig auf die Stimmung, ergab eine andere Umfrage der Hamburger Gesellschaft für Erfahrungswissenschaftliche Sozialforschung: 36 Prozent der Männer und 42 der Frauen ging ihr Boss an diesem Tag besonders auf den Zeiger.

Andere Studien bescheinigen Montagen gleichfalls den Ausnahmezustand: Zu Wochenbeginn wird weniger geleistet als dienstags oder mittwochs, befanden etwa Forscher der London School of Economics. An keinem anderen Wochentag ist die Verletzungsgefahr im Job größer. Selbst bei der Zahl der Krankmeldungen ist der Montag einsame Spitze. Der *Manic Monday*, wie er auch genannt wird, soll sogar zu mehr Rechtschreibfehlern in E-Mails führen.

Warum es uns ausgerechnet an Montagen so schwerfällt, in die Gänge zu kommen, ist wissenschaftlich nicht gänzlich erforscht. Aber zumindest einen Verursacher haben die Forscher bisher identifiziert: das Wochenende. Bei vielen Menschen stürzt offenbar über die freien Tage das Immunsystem ab. Unter der Woche haben wir jede Menge Druck und Stress. Dabei pumpt unser Körper dann zahlreiche Hormone in unseren Blutkreislauf, die ihn eisern durchhalten lassen. So lange, bis die Präsentation erfolgreich gehalten, der Vertrag unterschrieben oder die Aktenberge auf dem Schreibtisch abgetragen sind. Medizinisch ist zwar noch nicht ganz klar, warum unser Köper das eine Weile artig mitmacht. Fest steht aber, wie dieser Hormoncocktail auf das Immunsystem wirkt: Er laugt es aus. Bis zum Kollaps. Bei den einen passiert das pünktlich mit dem ersten freien Urlaubs- oder Wochenendtag, bei anderen zieht es sich noch etwas hin. Womöglich ist auch das ein Grund dafür, warum sich einige Mitarbeiter montags krankmelden.

Viele lassen es am Wochenende aber auch so richtig krachen oder versuchen – aufgrund einer falsch verstandenen Work-Life-Balance – ein Leben nachzuholen, das sie unter der Woche vermisst haben. Ihr Alltag fühlt sich verzweifelt unfertig an – work in progress. Entsprechend betrinken sich die einen dann hemmungslos, andere pennen bis in die Puppen, wieder andere stürzen sich ins Nachtleben. Doch das alles zehrt nicht nur an den Kräften, es bringt vor allem den vorhin beschriebenen Biorhythmus gewaltig durcheinander. Folge: Am Montag befinden sie sich in einer Art Mini-Jetlag. Im Normalzustand beginnt der Körper bei den meisten Menschen ab vier Uhr nachts mit der Ausschüttung des Stresshormons Kortisol. Das ist ein natürlicher Wecker. Sobald der Pegel seinen Höchststand erreicht, wachen wir auf und sind fit für den Tag. Wer aber am Wochenende ordentlich auf den Putz haut, wirbelt diesen Rhythmus erheblich durcheinander, sodass der Radiowecker zwar am Montagmorgen klingelt, der Körper aber noch im Tiefschlaf weilt.

A = Harte Arbeitswoche
B = Wochenend-Lotterleben
C = Montagsblues/Krank

Nicht gerade wenige reagieren darauf mit einem dummen Reflex: Sie gehen sonntags eher ins Bett. Sollten Sie auch dazu gehören: Vergessen Sie das bitte ganz schnell wieder! Erstens sorgt das allenfalls dafür, dass Sie sich dort nur länger herumwälzen; zweitens finden Sie Ihren Rhythmus so auch nicht wieder. Selbst wenn Sie das vielleicht nicht gerne hören: Das Einzige was hilft, ist, erst gar nicht aus dem Takt zu geraten, also möglichst jeden Tag zur gleichen Zeit ins Bett zu gehen – und morgens wie gewohnt aufzustehen. Allenfalls können Sie am Montag etwas früher aufstehen, um den Tag deutlich ruhiger anzugehen. Etwa mit einem ausgiebigeren Frühstück, viel Obst und etwas Konversation.

Das klingt unspektakulär und ist es, bei Licht besehen, auch. Dennoch ist es wahr: Keiner muss ein Morgenmuffel bleiben. Nicht mal dann, wenn Sie montags bereits die Sorgen der kommenden Woche plagen. Der Fehler hierbei ist, darüber schon am frühen Morgen (oder noch schlimmer: schon am Wochenende) nachzugrübeln. Diese Selbstmarter ist ein klassischer Stressor, der uns um den Schlaf und die Wochenendentspannung bringt. Fokussieren Sie sich lieber auf Positives und beugen Sie vor. Zum Beispiel, indem Sie bereits am Freitagnachmittag alles für den Wochenbeginn vorbereiten. Schreiben Sie To-do-Listen (siehe folgendes Kapitel), sprechen Sie sich mit Kollegen ab, delegieren Sie Aufgaben. Und machen Sie sich bewusst: Ein vergrübeltes Wochenende macht den Montag auch nicht besser! Nicht alle Probleme lassen sich sofort lösen. Andere renken sich von alleine ein. Wie sagte schon der Reiseschriftsteller Sven Hedin: »Von allen Sorgen, die ich mir machte, sind die meisten nicht eingetroffen.«

Stau auf der Autobahn …

Warum Pendeln krank macht ▪ Ärgern bringt überhaupt
nichts, Abwechslung schon ▪ Wie Sie entspannter im Büro
ankommen

*»Es gibt nicht nur
sich selbst erfüllende Prophezeiungen,
sondern auch
sich selbst erfüllende Hysterisierungen.«*
Peter Sloterdijk, Philosoph

Das eigentlich Überraschende am Pendeln ist, dass die Menschen damit weitermachen, obwohl es sie kolossal nervt, ihnen Rückenschmerzen beschert und den Anblick von popelnden Mitpendlern. Als der Psychologe und Ökonomie-Nobelpreisträger Daniel Kahneman 2004 an der Princeton-Universität untersuchte, was Menschen glücklich macht, fand sich – man ahnt es irgendwie – Sex ganz oben auf der Liste. Danach kamen geselliges Beisammensein, gefolgt von Entspannung sowie Gebet und Essen. Und ganz unten auf der Liste stand, genau: pendeln. Noch dazu mit einem Wert von 2,9 (auf einer Skala von 1 bis 10, mit 10 als höchstem Glücksempfinden), bei dem man eigentlich schon gar nicht mehr von »Glücksempfinden« sprechen kann.

Man muss schon ziemlich verrückt sein, um freiwillig jeden Tag erneut im Stau zu stehen, erneut zu spät zu kommen und dafür im Schnitt ganze 44 Minuten tägliche Lebenszeit einzubüßen. In Ballungsgebieten sogar noch mehr. Trotzdem machen das über 15 Millionen Pendler auf Deutschlands Straßen. Tagein, tagaus quälen sie sich morgens und abends durch überfüllte Zufahrtsstraßen, zählfließenden Verkehr und kilometerlange Staus. Wenn schon aufreiben, dann gründlich. Dieser Hang ist so typisch deutsch wie Grübeln, Gemütlichkeit oder Gartenzwerge. Auf die Bahn umzusteigen bringt allerdings ebenso wenig. Das ist so, als wolle man den Teufel Autobahn mit dem Beelzebub Regionalexpress austreiben. Nur dass man da schon morgens eingequetscht in einem verspäteten und überfüllten Zug zwischen notorischen Deoverweigerern und Liebhabern deftiger Speisen hockt, vorzugsweise mit viel Knoblauch. Steffen Häffner, Mediziner an der Forschungsstelle für Psychotherapie in Stuttgart, kam in einer jüngeren Studie zu dem Ergebnis, dass Berufspendler, die öffentliche Verkehrsmittel nutzen, auffallend häufig an psychosomatischen Störungen wie Kopfschmerzen, Ängsten oder Magen-Darm-Beschwerden leiden. Auslöser waren seinen Untersuchungen zufolge vor allem das dichte Gewühl und Gedränge in Bus und Bahn.

> Den Pendler-Weltrekord hielt bislang der Brite Nigel Greening. Er nahm 20 Jahre lang einen Weg von 12 300 Meilen in Kauf, um von seinem englischen Wohnsitz zu seinem 38 Stunden entfernten Weingut in Otago, Neuseeland, zu pendeln. Anfang 2009 zog er mit seiner Familie jedoch nach Neuseeland um.

Am schlimmsten trifft es aber die Autofahrer. Laut Statistischem Bundesamt wählen rund 67 Prozent der Berufstätigen dieses Verkehrsmittel. Nur 18 Prozent kommen zu Fuß oder mit dem Fahrrad ins Büro; den Bus, die U-, S- oder Straßenbahn nehmen elf Prozent und mit der Deutschen Bahn pendeln gar nur zwei Prozent zwischen Heim und Büro. Und das haben die Autofahrer dann davon: Rund 58 Stunden stehen sie pro Jahr im Stau, haben Stauforscher ausgerechnet. Vor allem im November kommt es knüppeldick.

Zwischen 7 und 8 Uhr wird der Verkehr dichter und dichter, das Fahrtempo auf den Spuren synchronisiert sich zunehmend, der Verkehr wird instabil. Jetzt reicht schon eine kleine Unaufmerksamkeit, ein waghalsiger Spurwechsel, eine Kurzschlussbremsung, die zu weiteren Bremsmanövern führt und eine Kettenreaktion auslöst. Im Stauforscher-Jargon heißt das »Stauwelle«. Während draußen der Verkehr ruht, herrscht hinterm Steuer Hochdruck. Sogar sprichwörtlich. Der britische Stressforscher David Lewis von der Universität von Sussex hat einmal über fünf Jahre hinweg 800 Autofahrer mit Elektroden verkabelt, Blutdruck und Herzfrequenz gemessen sowie ihnen vor und nach der Fahrt Blut abgenommen. Die Werte verglich er anschließend mit denen von Jetpiloten und Polizisten in Ernstfallübungen. Was keiner gedacht hätte: Der Stresspegel der Pendler war durchaus vergleichbar mit dem der Kampfpiloten. Ihr Blutdruck stieg sogar rasanter als der beider Kontrollgruppen, teilweise auf bis zu 180. Wie lange jemand auf dem Weg ins Büro braucht, ist dabei nicht einmal entscheidend. Was die Fahrer stresst, sind vor allem die Unwägbarkeiten des Weges: Die Ohnmacht, einem möglichen Stau ausgeliefert zu sein, empfanden die Probanden als »Tortur«, »Zerreißprobe« oder regelrechten »Albtraum«.

»Was lange gärt, wird endlich Wut«, fasste der Aphoristiker Hanns-Hermann Kersten solche Erregungszustände pointiert zusammen. Nur gesund sind sie nicht: Wer innerlich grollt und sich noch lange darüber ärgert, dass die beiden BMW-Fahrer hinter ihm unbedingt herausfinden mussten, wer dichter drängeln kann, der schüttet permanent Hormone wie Adrenalin und Noradrenalin aus. Und die steigern im Übermaß Blutfett- sowie Zuckerwerte. Wer also morgens chronisch rot- und Rotlichter sieht, lebt mit einem deutlich erhöhten Risiko, eines Tages einen Herzinfarkt oder

Schlaganfall zu erleiden. Manche Stresslenker können sich hinterher nicht einmal mehr an zurückgelegte Streckenabschnitte erinnern und leiden an »Pendler-Amnesie«, wie Lewis das Phänomen nennt. Ganz abgesehen davon, dass sie anschließend gerädert und gereizt in der Arbeit erscheinen. Der Psychologe Dwight Hennessy vom Buffalo State College, der das Pendeln ebenfalls wissenschaftlich unter die Lupe genommen hat, beobachtete dabei, dass vor allem Männer ihre im Berufsverkehr angestauten Aggressionen später an den Kollegen auslassen. Mal behinderten sie deren Arbeit, mal boykottierten sie Meetings oder verschafften sich verbal Luft. Hennessys Erklärung wirft nicht gerade das beste Bild auf das männliche Geschlecht: Im Gegensatz zu Frauen hatten die Männer während der 21-minütigen Fahrt offenbar ihre gesamten Kapazitäten zur Aggressionsverarbeitung verbraucht. Im Büro fehlte ihnen dann schlicht die Kraft, negative Emotionen im Zaum zu halten.

Ärgern bringt überhaupt nichts, Abwechslung schon

Seit die Menschen der Work-Life-Balance einen höheren Stellenwert beimessen, wechseln sie nicht mehr so schnell ihr privates Umfeld, den Freundeskreis und das gemütliche Zuhause. Lieber fahren sie länger zur Arbeit. Ein klassisches Catch-22-Problem. Nach Joseph Hellers gleichnamigem Roman handelt es sich dabei um ein Problem, das seine Lösung immanent unmöglich macht. Benutzer des Betriebssystems Windows kennen vielleicht die Aufforderung: »Falls Ihre Tastatur nicht mehr reagiert, drücken Sie die Escape-Taste.« Der Programmierer laboriert immer noch an dem Bug. Zumindest aber gibt es ein paar Alternativen zum Stress, zum Ärger und zum alltäglichen Verkehrskollaps, wenn Sie schon nicht näher zum Job wohnen wollen. Wer also auf dem Weg ins Büro seine in Wallung geratenen Stresshormone besänftigen will, sollte zwei akademisch unterfütterte Einsichten berücksichtigen:

Erstens: Dauernde Spurwechsel bringen nichts. Außer vielleicht einen erhöhten Adrenalinspiegel oder ein größeres Unfallrisiko. Zahlreiche Verkehrsforscher konnten unlängst nachweisen, dass Spurwechsel den Stau eher verstärken – und zwar, weil viele Fahrer dabei drängeln und nachfolgende Fahrzeuge so zum Abbremsen zwingen. Schneller und deutlich entspannter kommt voran, wer auf seiner Spur bleibt und Sicherheitsabstände einhält. Zudem sollten Autofahrer bei abnehmenden Fahrbahnen alle Spuren bis zum Ende ausnutzen und sich erst dann im Reißverschlussverfahren einordnen. Das hat nichts mit Vordrängeln zu tun, sondern vermindert schlicht den Staudruck.

Zweitens: Jeden Tag denselben Weg zu fahren, ist Gift für unseren Geist. Routinestrecken lullen ihn ein, wiegen die grauen Zellen in trügerischer Sicherheit und sorgen dafür, dass sie irgendwann auf Standby schalten, beim Fahrer sogar noch schneller als beim Beifahrer. Die Folge: Aufmerksamkeit und Reaktionstempo sinken. Statt mit dem Verkehr beschäftigen wir uns mehr mit der Musik oder den Moderatoren im Radio. Oder dem attraktiven Menschen im Rückspiegel. Dann reicht schon eine einzige Unachtsamkeit, und Sie schlittern dem Vordermann in die Knautschzone. Besser also Sie wechseln ab und an die Route und suchen sich ein paar Schleichwege über Landstraßen. Die sind nicht nur praktisch, falls Sie rechtzeitig vom 10-Kilometer-Stau im Verkehrsfunk erfahren, sondern steigern Ihre Kreativität. Auch das haben Wissenschaftler herausgefunden: Wer häufiger einen anderen Weg zur Arbeit wählt oder bewusst Umwege fährt, bringt seine Oberstube auf Trab und seinen Synapsen neue Wege bei. Das Prinzip, das dahintersteckt, heißt *mentale Stimulanz*. Unser Gehirn giert nach Neuem, nach Ungewohntem, nach sensorischen Reizen. Wann immer Sie Ihre grauen Zellen also mit Neuem füttern, regen Sie diese an. Und steigern so Ihre kognitiven wie kreativen Fähigkeiten.

Wie Sie entspannter im Büro ankommen

Auch während der Fahrt selbst können Sie für Entlastung sorgen. Der einfachste Weg dazu ist natürlich eine Fahrgemeinschaft mit Kollegen oder Pendlern, die ein ähnliches Ziel haben. Bei der Suche nach Kandidaten helfen Ihnen entweder die Mitfahrzentralen oder entsprechende Netzwerke im Internet, wie etwa das Portal pendlernetz.de, das Mitfahrer in diversen Bundesländern vermittelt.

Auch die Wut am Steuer lässt sich kontrollieren: »Anger control« heißt das und ist letztlich eine Frage des Trainings. Damit meine ich weder Verdrängen noch Hinunterschlucken, vielmehr geht es um bewusstes Erleben und Kanalisieren von Gefühlen. Zum Beispiel so:

- **Durchatmen.** Wenn das Blut kocht, sollten Sie zunächst tief durchatmen und bis zehn zählen. Gut, in einigen Fällen auch bis 50. Vielleicht sogar 100. Versuchen Sie, nur durch die Nase in den Bauch zu atmen – ohne dass sich der Brustkorb hebt. Am besten langsam und tief einatmen, bis vier zählen, die Luft anhalten, bis sechs zählen, langsam durch den Mund ausatmen und bis acht zählen. Das Ganze wiederholen Sie fünf Mal. Mit dieser Übung können Sie Ärger genauso wegatmen wie Stress. Zugegeben, der Auslöser ist damit zwar noch nicht beseitigt, aber Sie vermeiden zumindest Kurzschlusshandlungen, die Sie später bitter bereuen könnten.
- **Analysieren.** Wenn Sie spüren, wie der Ärger anschwillt, machen Sie geistig einen Schritt zur Seite und fragen sich, was Sie auf die Palme treibt. Letztlich beginnt der Groll in Ihnen selbst, das Umfeld ist allenfalls der Auslöser. Der Abstand zu sich selbst schärft den Blick für das große Ganze. Indem Sie die erlebte Kränkung bewusst auf das Niveau holen, das ihr zusteht, bringen Sie auch Ihre Wut wieder auf ein Normalmaß. Womöglich steckt hinter der teuflischen Gemeinheit ohnehin nichts weiter als Schusseligkeit. So what?
- **Abreagieren.** In Maßen sind gezielte emotionale Eruptionen dienlich. Schreien Sie ruhig Ihre Windschutzscheibe an, hauen Sie kurz mit der Faust auf den Lenker, stampfen Sie auf den Fußraum (nur bitte nicht auf Bremse oder Gaspedal). Hilft alles, ist auch alles erlaubt. Nur zeigen Sie bitte keinem den Mittelfinger – nicht erlaubt!
- **Hören.** Musik vermittelt starke Emotionen – und kann diese dämpfen wie verstärken. Mit beschwingten Klängen, ruhigem Jazz, Lounge-Musik oder alten Songs, bei denen Sie glückliche Momente erinnern, können Sie zügig miese Laune, Stress oder Aggressionen vertreiben. Für den Fall, dass Sie also das Gehupe und Gedrängel der anderen Autofahrer in Rage bringt, sollten Sie eine entsprechende CD an Bord haben.

- **Selbstgespräche.** Sie können zum einen die Leistungsfähigkeit steigern, Ablenkungen und Störgeräusche ausblenden sowie helfen, Probleme schneller und besser zu lösen. Zum anderen bauen sie Stress ab, reduzieren Aggressionen und sorgen für einen differenzierteren Blick und mehr Klarheit im Geist. Das hat unter anderem der US-Psychologe Thomas Brinthaupt in seinen Experimenten nachgewiesen. Nutzen Sie die Fahrt doch, um laut über Ihren Tagesplan zu sinnieren oder schon mal die anstehende Präsentation zu üben.
- **Perspektivwechsel.** Für jeden Ärger, jede Anspannung gibt es einen oder mehrere Auslöser. Um die kreisen unsere Gedanken – und zwar länger, als uns in der Regel guttut. Dieses ständige Reflektieren und Grübeln ist einer der größten Stressoren überhaupt. Der Verhaltensmediziner und Psychologe William Gerin von der Columbia-Universität hat dazu einmal einen aufschlussreichen Versuch gestartet. Er bat je 30 Frauen und Männer, sich an eine Situation aus dem vergangenen Jahr zu erinnern, bei der ihnen der Kragen geplatzt war. Noch während sie das Übel ihren Versuchsleitern schilderten, schnellten bei allen Blutdruck und Herzfrequenz nach oben. Sie zeigten sämtliche Symptome von akutem, starkem Stress. Kurz darauf wurden die Teilnehmer in einen Ruheraum geschickt – im ersten Durchlauf war dies ein karges Wartezimmer, beim zweiten bot der Raum reichlich Ablenkung in Form von Zeitschriften, Geschicklichkeitsspielen und einer Pinnwand mit bunten Postkarten. Effekt: Bei jenen, die sich ablenken konnten, kreisten nur noch 17 Prozent der Gedanken um den Ärger, bei den isolierten Grüblern dagegen waren es 31 Prozent – fast doppelt so viele. Sie beruhigten sich auch erst elf Minuten später als die Zerstreuten. Der Schluss daraus: Ständiges Grübeln hält den Stresslevel auf konstantem Niveau. Wie sich das kompensieren lässt, fanden Forscher glücklicherweise auch heraus: Probanden, die lernten, Negatives auszublenden, waren nach einer Woche deutlich entspannter.

Vielleicht sollten Sie sich also doch lieber auf den attraktiven Menschen im Rückspiegel statt auf die Raser und Drängler konzentrieren. Aber bitte nur kurz.

8.27 Uhr

Das ist nicht mein Tag!

Warum gute Laune im Job so wichtig ist ▪ Wie Hochstimmung wirkt ▪ Wie Sie Ihre Motivation verbessern

»I feel good«
James Brown, Soulsänger

Als ich Anfang 2008 über gute Laune im Büro recherchierte, war ich überrascht, wie negativ das Thema besetzt ist. Schließlich gibt es unzählige Zitate und Aphorismen aus den Federn von großen Dichtern, Denkern und Philosophen, die der Hochstimmung große Macht, hohes Ansehen und geradezu magische Kräfte nachsagen. »Nicht Wünschelruten, nicht Alraune, die beste Zauberei liegt in der guten Laune«, dichtete etwa Johann Wolfgang von Goethe. Charles Dickens wiederum war der Meinung, dass nichts auf der Welt so ansteckend sei »wie Gelächter und gute Laune«. Und Immanuel Kant war sich sicher, dass nur »drei Dinge helfen, die Mühseligkeiten des Lebens zu tragen: die Hoffnung, der Schlaf und das Lachen«.

Im Büro sieht das anders aus. Nur wenig deutet dort auf Begeisterung und Euphorie hin. Tatsächlich hat Heiterkeit im Betrieb ein veritables Imageproblem. Gut gelaunte Mitarbeiter stehen überraschend oft unter dem Generalverdacht, dass es ihnen, nun ja, zu gut geht. Nicht wenige Manager glauben, dass Hurrastimmung im Büro ablenkt, fahrlässig und faul macht. Der Gedanke dahinter: Wer satt ist, geht nicht mehr auf die Jagd; wer zufrieden ist mit sich und der Welt, strengt sich weniger an. Entsprechend ernst geht es in vielen Unternehmen zu: Es wird geschwiegen und gelangweilt, drangsaliert und geschurigelt. Und dafür kaum noch gelobt, gescherzt, gelacht. Der Alltag – ein einziges Trauerspiel.

Die Folgen lassen sich kontinuierlich in Umfragen und Statistiken zum Betriebsklima ablesen. So rutschte etwa das Arbeitsklima-Barometer des Taunussteiner Sozialforschungsinstituts IFAK 2008 um ganze drei Prozentpunkte nach unten: Nur noch zwölf Prozent der Beschäftigten waren demnach motiviert bei der Sache, 64 Prozent machten Dienst nach Vorschrift, satte 24 Prozent hatten innerlich gekündigt. In der Chefetage war die Stimmung sogar noch mieser: Laut einer Umfrage, für die die Düsseldorfer Personalberatung LAB rund 900 Manager befragte, dachten drei Viertel der Führungskräfte über einen Jobwechsel nach – vor allem, weil die Stimmung in ihrem Laden so mies war. Und das war noch vor der globalen Finanzkrise und der anschließenden Pleitewelle zahlreicher US-Investmentbanken.

Jeder kennt die Sprüche: »Keine gute Tat bleibt lange ungestraft«, »Gute Mädchen kommen in den Himmel, böse überall hin«. Dahinter steckt letztlich der Gedanke des Sozialdarwinismus: Das ganze Leben ist ein endloser Wettbewerb, in dem nur die Starken überleben. Und das sind eben nicht diejenigen, die frohen Mutes durch die Flure tanzen, sondern die harten; die, die ihre Zähne zusammenbeißen und jedes Lächeln im Gesicht festhalten, als hätten sie es als Geisel genommen. Wäre doch auch gelacht! Belege für diese Thesen gibt es sicher einige. Sie verschleiern aber zugleich, dass es mindestens ebenso viele Gegenbeispiele gibt: Menschen, die ihre Karriere nicht ihren Ellbogen, spitzen Zungen, dem Stuhlbeinsägen und verkniffenen Gesichtsmuskeln verdanken, sondern deren Erfolg auf Loben, Lächeln und guter Laune basiert. Nur allzu oft verwechseln wir Nettigkeit mit Naivität und Fröhlichkeit mit Flatterhaftigkeit. Dabei hat gute Laune weder etwas mit dem kommandierten Frohsinn im Kölner Karneval zu tun noch geht es darum, auf sich unkommentiert herumtrampeln zu lassen und dabei vielleicht noch zu grinsen. »Penetrante Fröhlichkeit verfehlt die Heiterkeit sogar völlig«, schreibt der deutsche Lebenskunstphilosoph Wilhelm Schmid. Sie mute töricht an, wenn sie grundlos ist. Oder wie es der griechische Schriftsteller Plutarch formuliert hat: »Gute Laune beruht darauf, Missmut zu vermeiden« und eben nicht, diesen zu kaschieren. Humor ist, wenn man trotzdem lacht; Frohsinn hat auch allen Grund dazu.

Wie Hochstimmung wirkt

Frohsinn ist kein Fetisch, sondern nützlich. Gute Laune, also jener Zustand, in dem man laut Definition die Umwelt mit durchweg positiven Gefühlen wahrnimmt, wird in der Wissenschaft schon länger erforscht. Die bisherigen Ergebnisse lassen sich so zusammenfassen: Heiterkeit macht aufmerksamer und aktiver. Gutgelaunte sind stressresistenter, ertragen Rückschläge leichter, können besser mit Niederlagen umgehen und lernen daraus mehr. Und natürlich macht Frohsinn kreativ. Das Gehirn belohnt Lebensfreude mit gesteigerter Denkleistung und neuen Sichtweisen. Zu diesem Ergebnis kamen zum Beispiel Untersuchungen der Universität Toronto. Der Psychologe Adam Keith Anderson teilte dazu 24 Probanden in drei Gruppen ein. Die erste wurde durch Musik in eine beschwingte Stimmung versetzt, die zweite hörte traurige Lieder, die Kontrollgruppe schmökerte geografische Fakten über Kanada. Anschließend sollten die Teilnehmer kreative Aufgaben lösen sowie solche, die ihre volle Konzentration verlangten. Das Ergebnis spricht für sich: Die Hochstimmung verbesserte die Aufnahme- und Analysefähigkeit der Probanden enorm. Lediglich bei den Konzentrationstests ließen sie sich etwas leichter ablenken als die traurig gestimmten Gemüter. Offenbar, so der Schluss Andersons, werde bei schlechter Laune der Fokus stärker auf das Wesentliche gelenkt.

Auch Chris Robert, Psychologe und Managementprofessor an der Universität von Missouri-Columbia beschäftigt sich schon seit einiger Zeit mit Humor am Arbeitsplatz und hat dazu diverse Theorien und Studien unterschiedlicher Disziplinen verglichen. Seine Quintessenz ist ein Plädoyer für mehr Frohsinn: So können etwa lustige Menschen, die ab und an einen Witz erzählen oder Optimismus im Job verbreiten, ihr Ansehen im Unternehmen enorm steigern, sie werden eher erinnert und weiterempfohlen als andere. Die beiden Wissenschaftler Adrian Gostick und Scott Christopher wiederum haben über eine Million Angestellte dazu befragt, was diese motiviert oder was einen Arbeitgeber attraktiv macht.

> Der britische Psychologe Richard Wiseman hat über ein Jahr rund 40 000 Witze aus 70 Ländern gesammelt und anschließend global bewerten lassen. Heraus kam der witzigste Witz der Welt: Zwei Jäger im Wald. Plötzlich bricht einer der beiden zusammen. Er atmet kaum noch. Sofort zückt der andere sein Handy und wählt den Notruf: »Mein Freund ist tot! Was soll ich tun?« Darauf der Mann in der Notrufzentrale: »Beruhigen Sie sich! Als Erstes vergewissern Sie sich, dass er tatsächlich tot ist.« Stille – dann ein Schuss. Dann wieder der Jäger: »Okay, was jetzt?«

Die Ergebnisse hat das Duo in dem Buch *The Levity Effect: Why it Pays to Lighten Up* zusammengefasst, und eine Einsicht war auch hierbei: Die Menschen mögen Betriebe und Büros umso mehr, wenn in diesen häufig gelacht wird. Obendrein sind die Belegschaften in solchen Betrieben produktiver. Denn beim Lachen schüttet der Körper zusätzlich Glückshormone aus, die nicht nur die Stimmung aufhellen, sondern auch Abwehrkräfte stärken und Stress abbauen. Schon in seinem Bestseller *Emotionale Intelligenz* wies der Harvard-Psychologe Daniel Goleman darauf hin, dass erhöhte Heiterkeit kreativer macht, weil sie Denkblockaden auflöst und hilft, anschließend komplexere

Gedanken zu knüpfen. Kurzum: Lachen macht den trägen Geist flexibler und findiger. Sogar die Vermutung, dass Humor Männer für das weibliche Geschlecht anziehender macht, gilt spätestens seit der entsprechenden Studie von Eric Bressler von der McMaster-Universität als wissenschaftlich belegt.

Der Mensch ist ein soziales Wesen. Und wir alle leben und arbeiten nun mal lieber mit Kollegen zusammen, die morgens schon mit einem Lächeln die Bürotür aufschließen, Meetings mit einem kleinen Scherz aufheitern und das Glas lieber halb voll sehen als halb leer. So ganz uneigennützig ist das nicht. Den meisten dürfte das nicht bewusst sein, aber instinktiv spüren sie womöglich, was einige soziologische Studien längst nachweisen konnten. Dass nämlich begeisterte hilfsbereiter sind als normal oder gar schlecht gelaunte Kollegen. In der Wissenschaft ist dies als *Feel-good-do-good-Phänomen* bekannt. »Je mehr jemand mit seinem Leben zufrieden ist, desto empathischer ist er«, sagt etwa der Sozialwissenschaftler Ruut Veenhoven von der Erasmus-Universität in Rotterdam. Und desto mehr färbt das auf das Umfeld ab. Und nicht einmal nur auf das direkte. Wie kürzlich der Harvard-Soziologe Nicholas Christakis sowie James Fowler von der Universität von Kalifornien in San Diego im *British Medical Journal* berichteten, kann man seine Mitmenschen ebenso leicht indirekt und über mehrere Kontakte hinweg glücklich machen. Eine unglaubliche Feststellung! Wie um alles in der Welt kommen die Forscher bloß darauf? Sagen wir so, es war ein gutes Stück Arbeit. Immerhin werteten die beiden über einen Zeitraum von 20 Jahren die Daten von rund 4700 Erwachsenen zu deren Befindlichkeiten und sozialen Kontakten aus. Am Ende stellten sie verblüfft fest, dass die Wahrscheinlichkeit, glücklich zu sein, um 34 Prozent steigt, wenn unser direkter Nachbar ebenfalls glücklich ist – egal, ob im Büro oder in der Wohnsiedlung. »Wir haben herausgefunden, dass der eigene emotionale Status von den Gefühlen von Menschen abhängen kann, die man nicht einmal kennt«, sagt Christakis. Glück und Hochstimmung – ein kollektives Phänomen.

Was aber wäre, wenn gute Laune nicht nur das Ergebnis positiver Umstände wäre, sondern auch deren Ursache? Eine kuriose Frage, gewiss. Doch vieles deutet darauf hin. So tautologisch es klingen mag: Die Entscheidung, die Dinge optimistischer und entspannter zu sehen, kann nicht nur die eigene Stimmung heben. Danach entwickeln sich viele Dinge tatsächlich positiver. Glauben Sie nicht? Vielleicht überzeugen Sie ein paar Untersuchungen: Gut gelaunte Kollegen bringen im Schnitt 17,5 Verbesserungsvorschläge und gute Ideen in ihre Unternehmen ein, so das IFAK-Barometer, Miesepeter dagegen nur 8,4. Ebenso kommen motivierte Mitarbeiter im Schnitt auf höchstens 4,3 Fehltage, ihre frustrierten Kollegen dagegen auf

> Manchmal hat man den Eindruck, das Grau in Grau draußen, der Regen und das Wetter insgesamt könnten einem die Laune vermiesen. Stimmt aber nicht, sagt Jaap Denissen von der Humboldt-Universität: Mehr Sonne, weniger Wind oder höhere Temperaturen haben keinerlei positiven Effekt auf unsere Stimmung. Umgekehrt macht weniger Sonnenlicht allenfalls müde. Die Wirkung ist aber marginal.

zehn. Die Untersuchungen von Alice Isen, Psychologieprofessorin an der Cornell-Universität in New York wiederum zeigen: Gutgelaunte sind nicht nur belastbarer und zufriedener. Sie sind auch beliebter und populärer und werden von ihren Vorgesetzten besser bewertet und öfter befördert. Das Gros erzielt sogar höhere Einkommen. Außerdem führt Heiterkeit zu einer Art Viraleffekt: Gute Laune wirkt hochgradig ansteckend – sogar stärker als schlechte. Auch das konnten Wissenschaftler belegen. Also wenn das keine guten Gründe sind, den Tag schon gut gelaunt zu beginnen und Fröhlichkeit zu verbreiten?

Wie Sie Ihre Motivation verbessern

Zugegeben, das alles ist zunächst Theorie. Man kann viel unternehmen, viel guten Willen beweisen, nur hilft das alles nichts, wenn missmutige Kollegen oder ein ätzender Chef einem den Spaß gewaltig vermiesen. Sich darüber zu grämen, bringt aber nichts. Erstens, weil Sie die anderen damit ganz bestimmt nicht verändern werden; zweitens, weil Ihr Leben dadurch nicht komfortabler wird. Sie ärgern sich nur länger. Viel klüger und wirkungsvoller ist, wenn Sie einfach lächeln. Kein Witz: Grinsen Sie den Ärger weg. Lächeln hebt nachweislich die Laune – selbst wenn es künstlich oder zwanghaft ist. Dazu gibt es ein – im doppelten Sinn – amüsantes Experiment aus dem Jahr 1988: Der Würzburger Psychologe Fritz Strack erzählte seinen Probanden zunächst eine rührende Geschichte von Menschen, die ihre Hände nicht mehr benutzen konnten und deshalb mit ihrem Mund schreiben mussten. Augenscheinlich ging es darum, sich in die Lage der Gehandicapten zu versetzen, denn anschließend sollten die Versuchsteilnehmer deren Problem nachahmen und einen Stift auf eine bestimmte Weise zwischen die Zähne nehmen, um Cartoons durch Ankreuzen auf einem Fragebogen zu bewerten. Was die Teilnehmer freilich nicht wussten: Der ganze Versuchsaufbau war pure Tarnung.

In Wahrheit ging es Strack und seinen Kollegen darum, die Gesichtsmuskulatur der Probanden genau so zu verändern, als ob sie lächeln würden – nur eben manipuliert und mithilfe eines Bleistifts. Das Resultat ist wirklich erstaunlich: Diejenigen, die unbewusst zum Grinsen gebracht wurden, bewerteten die Bildgeschichten prompt lustiger als der Rest der Gruppe. Selbst ihre Stimmung war wesentlich gelöster und heiterer als bei den anderen. Anders ausgedrückt: Unserem Gehirn ist es letztlich egal, ob wir aus Freude oder grundlos lächeln. Die daran beteiligten Muskeln (für ein Lächeln benötigen wir übrigens weit weniger Muskeln als für eine missmutige Miene) signalisieren den grauen Zellen in jedem Fall, dass gegrinst wird, woraufhin diese Glückshormone durch unsere Blutbahnen pumpen. Diese wirken wiederum entzündungshemmend, angstlösend und verbessern die Wahrnehmung. Das hilft dann zum Beispiel beim Lernen. Kristy A. Nielson und Mark Powless vom Psychology/Integrative Neuroscience Research Center der Marquette -Universität in Wisconsin zeigten: Wird 30 Minuten nach einem Lernvorgang gelacht, können die Wissbegierigen das Gelernte besser behalten.

Und um das Ganze auf die Spitze zu treiben: Wer häufiger lächelt, lebt sogar länger. Das behaupten zumindest kanadische Forscher der McMaster-Universität in Hamilton. Sie untersuchten 2004 rund 5000 über 40-Jährige und errechneten, dass die positiv eingestellten Probanden aufgrund der Gesundheitseffekte – Stärkung des Immunsystems, Stressreduktion – eine bis zu sieben Jahre höhere Lebenserwartung hatten.

Übertreiben Sie es mit dem Lächeln jetzt aber bitte auch nicht: Ein 90-sekündiges Strahlen reicht völlig, um sich unmittelbar besser zu fühlen. Krampfhaftes Permagrinsen, das sogenannte Lächelmasken-Syndrom, kann hingegen zu Depressionen führen, weiß zum Beispiel die Psychologin Makoto Natsume von der Universität Osaka. Im Land des Lächelns ist sie Expertin auf diesem Gebiet. Darüber hinaus gibt es noch weitere Wege, seine Stimmung umgehend zu heben. Diese zum Beispiel:

- **Seien Sie gut gelaunt.** Das Diktum klingt etwas anmaßend. Aber letztlich können Sie alle nachfolgenden Punkte erfüllen und trotzdem griesgrämig bleiben. Gute Laune bleibt vor allem eines: Entscheidungssache. Wenn Sie lernen, die Miesepeter in Ihrem Umfeld zu ignorieren und stattdessen beschließen, Ihren Job gerne zu machen, werden Sie bessere Laune bekommen. Bestimmt.
- **Vergleichen Sie nicht.** Mein Auto, mein Eckbüro, mein Handy, meine Prämie. Sich fortwährend mit anderen zu vergleichen und ihrem Erfolg oder Besitz hinterherzuhecheln, macht garantiert nicht glücklicher. Irgendeiner ist immer besser. Ehrgeiz ist zwar gesund, aber nur in Maßen. Seien Sie lieber dankbar für das, was Sie schon erreicht haben.
- **Treiben Sie Sport.** Wer seinen Körper spürt und anstrengt, und sei es nur, dass man im Büro öfter die Treppe statt des Aufzugs nutzt, setzt Endorphine frei. Und die heben die Stimmung nachweislich.
- **Erinnern Sie Schönes.** Wir Menschen haben die dumme Angewohnheit, Negatives und peinliche Momente besonders intensiv zu memorieren und so die schönen Zeiten gedanklich zu verdrängen. So kann einem ein einziger Fauxpas einen ganzen Tag vermiesen. Das Gegenteil aber wäre richtig: Genießen Sie die Gegenwart, an der Vergangenheit können Sie eh nichts mehr ändern.
- **Suchen Sie sich Freunde.** Die Motivation im Job steigt automatisch, wenn wir uns mit Menschen umgeben, die auf derselben Wellenlänge liegen und ebenfalls von ihrer Arbeit begeistert sind. Wer dagegen den Pessimisten und Trübsalbläsern Gehör schenkt, wird bald so wie sie. Zudem ist es gut, wenn wir uns mit anderen Menschen unterhalten: Egal, ob über Probleme im Projekt oder generellen Frust im Büro – die Aussprache

erleichtert die Seele nicht nur, sie verbessert auch nachhaltig die Stimmung, wie Untersuchungen des Psychologen Matthew Lieberman von der Universität von Kalifornien in Los Angeles bewiesen. Bedrückendes zu benennen und uns darüber mit anderen auszutauschen aktiviert das Gehirn wesentlich stärker als über den Kummer alleine zu grübeln. Das wiederum hat zur Folge, dass die negativen Emotionen schneller nachlassen sowie besser verarbeitet werden.

- **Machen Sie mehr Licht.** Gerade in der dunklen Jahreszeit wandert die Laune gerne in den Keller. Schuld ist unter anderem der Mangel an Vitamin D. Der menschliche Körper kann dieses Provitamin selbst aus Cholesterin herstellen. Voraussetzung dafür ist aber eine ausreichende Bestrahlung der Haut mit UV-Licht. Im Winter bekommen wir meist zu wenig davon. Dagegen hilft ein regelmäßiger Mittagsspaziergang im Freien, eine Tageslichtlampe im Büro oder der Besuch einer Sonnenbank. Ausreichend Tageslicht mindert zudem den Heißhunger auf Süßes.

- **Lesen Sie Aufmunterndes.** Wie beginnen Sie Ihren Tag? Mit Schlagzeilen über Krieg, Verbrechen, Korruption und andere menschliche Abgründe? Nichts gegen Nachrichten. Ich bin Journalist, ich lebe davon. Aber sie bauen nicht wirklich auf und gehören nicht an die erste Stelle. Erhebender ist, sich täglich ein paar positive Ideen durch den Kopf gehen zu lassen, von einem inspirierenden Vorbild zu lernen, Mut machende Verse zu studieren. Am besten schon morgens. Die beste Methode dafür ist: lesen. Ich persönlich empfehle dazu übrigens das Buch der Bücher – die Bibel.

- **Essen Sie besser.** Ernährungsstudien zeigen: Wer sich gesund und ausgewogen ernährt, bekommt bessere Laune. Gutes Essen senkt den Stress, belastet den Kreislauf (und die Figur) weniger und kann Giftstoffe neutralisieren. Erst vor wenigen Monaten führte ich dazu ein Interview mit Dirk Gratzel, einem Aachener Personalexperten und Co-Autor des Buchs *Launologie*. Darin vertritt er die These, der positiv eingestellte Mensch sei kreativer, könne besser sehen und hören und sei ungleich erfolgreicher als der Miesepeter. Obendrein führt Gratzel gleich ein ganzes Kapitel über stimmungsfördernde Ernährung an.

Also fragte ich ihn: Kann man Heiterkeit wirklich herbeiessen? Seine Antwort: »Zumindest nicht in zwei Minuten an der Pommesbude. Sicher aber ist: Sie können sich mit der falschen Ernährung die Laune ganz wunderbar dauerhaft vermiesen. Raffinierter Zucker, Fast Food, Weißmehl, die meterlangen Süßigkeitenregale der Discounter und unendlich viele industrielle Produkte strotzen nur so vor Substanzen, die auch das heiterste Gemüt in arge Mitleidenschaft ziehen. Sie wirken auf den Blutzucker- und Säure-Basen-Haushalt wie hoch dosierte Stimmungskiller.« Man muss kein Ernährungswissenschaftler sein, um selbst festzustellen, dass eine Woche mit Pommes, Pizza, Cola und Schokoriegeln als Zwischenmahlzeit belastet – und zwar die Waage ebenso wie das Gemüt.

Es wird höchste Zeit, dass wir uns um bessere Laune bemühen. Zunächst jeder Einzelne für sich im Sinne eines selbstverantwortlichen, entschiedenen Handelns. Danach in unseren Büros – erst recht, falls Sie selbst Manager und damit für das Klima in Ihrer Abteilung sowie die Motivation Ihrer Mitarbeiter verantwortlich sind. Die Leidenschaft in anderen Menschen (neu) zu entfachen, ist schließlich nicht nur eine hehre Aufgabe – es ist *die* Managementaufgabe schlechthin. Andere dazu anzuspornen, das Beste aus sich herauszuholen, gibt tiefe Befriedigung – und spornt auch selbst an. Womöglich wissen Sie das längst und haben es auch schon selbst erlebt. In diesem Fall verstehen Sie die folgenden sechs Punkte bitte als Anregung, wie sich gute Stimmung noch weiter steigern lässt. So liefern diverse Untersuchungen inzwischen eine Menge Anhaltspunkte, was Menschen im Job nachhaltig begeistert:

- **Eine sinnvolle Arbeit.** Das Gefühl, nur ein unbedeutendes Rädchen im Getriebe zu sein, lähmt auf Dauer jeden Arbeitseifer. Jeder Mensch will wissen, dass seine Arbeit Mehrwert schafft, dass sie wichtig und unverzichtbar ist. Wer seinen Mitarbeitern genau das vermittelt, weckt ihren Elan aufs Neue.
- **Teamarbeit.** Ich weiß, das ist ein längst überstrapazierter und ebenso inflationär gebrauchter wie missbrauchter Begriff. Aber er trifft den Nagel auf den Kopf: Menschen sind soziale Wesen, und Unternehmen sind soziale Organisationen. Auch wenn

man eine Zeitlang für sich wurschtelt – Kooperation, Zusammenarbeit sowie Anerkennung und Ermutigung durch andere, kurz Teamgeist, ist das, was wir im Job neben einer sinnvollen Arbeit am meisten suchen. Wer so einen Job findet, leistet mit Freuden mehr.

- **Fairness.** Teamgeist schließt mit ein, dass sämtliche Gratifikationen wie Prämien oder verbales Lob transparent, nachvollziehbar und gerecht verteilt werden. Nichts ist der Arbeitsmotivation abträglicher als Vetternwirtschaft oder ungerechte Bezahlung.

- **Beachtung.** Der Punkt hängt stark mit dem ersten zusammen, verdient aber besonderes Augenmerk. Geld ist zwar der Mühe Lohn, aber es kompensiert niemals fehlende Anerkennung. Egal, was einer kreiert oder produziert – er möchte, dass das Kollegen und Kunden wohlwollend registrieren, vor allem wenn es gut war. Lob ist eine besonders wirkungsvolle Form von Beachtung. Und gerade gegenüber Leistungsträgern kann man gar nicht genug Brimborium um deren Verdienste machen. So werden sie am Ende sogar zum Vorbild und Ansporn für andere.

- **Wachstum.** Das geflügelte Wort vom lebenslangen Lernen klingt stets appellativ, dabei ist es unser ureigenes Interesse: Wir wollen uns weiterentwickeln, im Job wachsen, uns mehr Verantwortung und Gestaltungsspielräume erarbeiten. Aber nur wo Menschen das auch können, gedeiht Leidenschaft. Gläserne Decken und fehlende Förderung durch Vorgesetzte oder entsprechend geschulte Dienstleister sind Motivationskiller – und nicht selten ein wesentlicher Grund, den Job zu wechseln.

- **Autonomie.** Für die meisten Unternehmer war genau das der springende Punkt, sich selbstständig zu machen: Sie wollten unabhängiger werden – in ihren Entscheidungen, in ihrem Schaffen und ihrem Arbeitsalltag. Angestellte wollen das auch. Und tatsächlich sind Freiheit und Selbstbestimmung enorm große Antriebskräfte. Wo immer Sie können: Zeigen Sie den Menschen, wie sie unabhängiger werden – und Sie werden Leidenschaft wecken und für nachhaltige Hochstimmung sorgen.

8.31 Uhr
Erst mal alles strukturieren!

Die wichtigsten Methoden für das Zeit- und Selbstmanagement ▪ To-do-Listen und ihre Alternativen ▪ Das Problem des Prokrastinierens ▪ So stoppen Sie den E-Mail-Terror ▪ Ein paar Tipps zur Büroorganisation

>»Man sollte seine Möglichkeiten nicht ausschöpfen,
> sondern darunterbleiben.
> Wenn man drei Elemente bewältigen kann,
> beschränke man sich auf zwei.
> Wenn man zehn bewältigen kann, genügen fünf.
> So arbeitet man gründlicher, mit mehr Meisterschaft
> und bewahrt sich das Gefühl,
> noch Kräfte in Reserve zu haben.«
> **Pablo Picasso**, Künstler

Manchmal, wenn der Wind leise durch die Binsen pfeift, dann erzählt er den Leuten, die vorbeikommen, eine Geschichte, aus der dann irgendwann wie im griechischen Mythos eine Weisheit wird, weil es immer dieselbe Leier ist. Eine dieser Geschichten lautet etwa so: Zeitmanagement ist die Kunst, seine Zeit optimal zu nutzen. Das jedenfalls verbreiten die einen, und das klingt schon ziemlich binsig. Zeitmanagement ist definitorischer Quatsch, sagen die anderen. Denn Zeit kann man nicht managen. Sie vergeht immer gleich schnell – unabhängig davon, was wir damit anstellen. Jeder Tag hat für jeden Menschen gleich viele Stunden, egal, ob man ihn managt oder nicht. Das ist unbestreitbar richtig und auch höchst gerecht. Andererseits lässt sich nicht leugnen, dass einige Menschen mit dieser Zeitfreiheit mehr Probleme haben als andere.

Um es kurz zu machen: Diese Menschen verzetteln sich. Und zwar regelmäßig. Für sie ist wahrscheinlich der Monumentalfilmheld Ben Hur längst so etwas wie eine Galionsfigur, weil der, nach ein paar Differenzen mit der römischen Obrigkeit, die Weltmeere auf einer Galeere bereisen durfte und deshalb als guter Beleg dafür taugt, dass man sich ordentlich am Riemen reißen und doch nicht recht vorankommen kann. Immerhin: Bei Ben Hur nahm die Geschichte ein halbwegs gutes Ende. Im Büro kommt das seltener vor. Dort erwarten die Betroffenen vermutlich schon morgens jene Aufgaben, die gestern im Arbeitswust liegen geblieben sind oder aufgeschoben wurden, weil sie so viel Annehmlichkeit verheißen wie mit den Fingernägeln über eine Schiefertafel zu kratzen. Über den Tag kommen dann neue dringende Jobs dazu: Der Chef schneit rein und braucht umgehend einen Lagebericht zu Projekt XY, der Kollege bittet um Rat, der Kunde hofft auf schnelle Hilfe und aus dem E-Mail-Eingang piept unerbittlich Post mit der Dringlichkeitsstufe »hoch«. Aufschub unmöglich. Just do it.

Wer also nicht gerade über vier Arme wie der indische Gott Vishnu verfügt, den umgibt spätestens am Nachmittag ein veritables Büro-Tohuwabohu. Das in dem Zusammenhang gerne angeführte Klischee – Frauen seien multitaskingfähig, Männer hingegen nicht –, ist übrigens grober Unfug. Wie der Neurowissenschaftler Earl Miller vom MIT längst belegen konnte, ist Multitasking reine Fiktion. »In den meisten Fällen können wir uns auf nicht mehr als eine Sache fokussieren. Das Einzige, was wir lernen können, ist, uns besonders schnell nacheinander auf wechselnde Dinge zu konzentrieren.« Wissenschaftliche Studien zeigen, dass aber auch das wenig bringt, weil man nur Zeit verliert, wenn man zu viel auf einmal macht.

Wer seine Zeit und damit auch seinen Büroalltag besser in den Griff bekommen will, sollte sich deshalb weniger über Zeitmanagement Gedanken machen, dafür umso mehr über besseres Selbstmanagement. Denn genau darum geht es auch bei Ersterem: sich selbst besser zu organisieren, sich schon morgens einen Überblick zu verschaffen, seine Aufgaben zu planen, zu priorisieren und natürlich über den Tag motiviert zu bleiben – oder anders gesagt: Es geht darum, bessere Entscheidungen zu treffen.

> Sinnlose Anwesensheitspflicht erhöht die Bereitschaft, drei oder mehr Tage im Jahr blauzumachen. Das gestanden 15,9 Prozent der Büroarbeiter Forschern der Durham Business School in der Studie »Effektives Arbeiten im 21. Jahrhundert«. Zweites Ergebnis: Sobald jemand seine Arbeit selbstständig organisieren kann, erhöht sich seine Produktivität. Den Effekt erklären die Forscher mit einer Art Grundrauschen aus sich ständig ändernden Anweisungen im Büroalltag.

Das allerdings ist harte Arbeit. Rund 20 000 Entscheidungen treffen wir täglich, die meisten davon binnen Sekunden. Das macht diese erstens nicht gerade leichter und zweitens tückisch. Insbesondere im Job geraten wir immer wieder in Situationen, in denen wir blitzschnell reagieren müssen. Denn dort stehen wir mit einer Wahrscheinlichkeit von etwa 60 Prozent unter Zeitdruck, hat einmal das Deutsche Institut für Wirtschaftsforschung in Berlin ermittelt. Keine guten Voraussetzungen. Wer viel entscheiden muss, büßt dabei einen Gutteil seiner geistigen Kapazitäten ein. Die Psychologin Kathleen Vohs hat das in einigen Experimenten untersucht und festgestellt, dass viele Entscheidungen die Anfälligkeit für Fehler erhöhen und müde machen. Bei einem ihrer Experimente wurden die Probanden etwa zum Shoppen in ein Einkaufszentrum geschickt. Dort trafen sie zweifellos eine Menge Konsumentscheidungen. Anschließend mussten sie einen Mathetest absolvieren. Dabei machten die Einkaufsbummler keine gute Figur, im Gegenteil: Ihre Lösungsbögen strotzten im Gegensatz zur Kontrollgruppe nur so von Fehlern. Egal also, ob man freiwillig oder unter Druck eine Wahl trifft, ob sie Spaß macht oder nicht – sie powert einen aus.

Der Mensch hat dafür eine Art Schutzmechanismus entwickelt: den Instinkt. Über 20 Jahre ist es her, dass dem US-Neurophysiologen Benjamin Libet aufgefallen ist, dass unser Gehirn etliche Sekunden vor der eigentlichen Entscheidung aktiv wird. Damals entstand eine heftige Diskussion über die tatsächliche Willensfreiheit des Menschen – denn womöglich haben wir schon entschieden, bevor wir das bewusst tun. Nehmen wir ein einfaches Beispiel aus dem prallen Leben: eine Flirt-Situation. Sie wollen Ihr attraktives Gegenüber gerne ansprechen, weil Sie sich extrem angezogen fühlen. Gleichzeitig spüren Sie aber Angst, abgewiesen zu werden. Was anschließend in Ihrem Kopf passiert, sind zwei parallel laufende Prozesse – oder kurz: Sie wägen ab, welches Risiko überwiegt und welche Entscheidung den größeren Erfolg verspricht. Nun haben Wissenschaftler der Harvard-Universität untersucht, wie schnell diese emotionalen beziehungsweise rationalen Denkvorgänge auf einen solchen Entscheidungsreiz folgen und was dabei passiert. Das Merkwürdige: Die emotionale Reaktion erfolgt fast doppelt so schnell wie die rationale. 220 bis 260 Millisekunden nach dem auslösenden Impuls fühlen wir: »Das will ich« oder »Das will ich nicht«. Erst ab der 480. bis 640. Millisekunde setzt der Verstand ein und kalkuliert, verifiziert, rationalisiert. Im neuronalen Kosmos ist die erfolgte Wahl da freilich längst ein Greis. Deshalb übernimmt der Verstand eine andere Aufgabe: er suggeriert. Wir versuchen damit unsere Entscheidung zu begründen. Also etwa: *Ich kann dieses Stück Schokolade ruhig essen, denn heute Abend mache ich ja sowieso Sport.* Das Ganze basiert häufig auf dem psychologisch tief verwurzelten Bedürfnis, recht zu haben. Man könnte auch sagen: Wir neigen zum Selbstbetrug.

Seien Sie sich dieser Wirkungen also bewusst, wenn Sie Ihre Prioritäten setzen oder Ihren Tag planen. Nicht selten spielen Ihnen dabei Ihre Vorlieben einen Streich, die der Verstand hernach auch noch rechtfertigt (»Das hat doch noch Zeit bis morgen …«). Und wo Sie schon einmal dabei sind: Ebenso essenziell für die Selbstorganisation ist, sich schon vorher zu überlegen, was man mit der gewonnenen Zeit anstellen will. Mehr Zeit zu haben, macht weder zufriedener noch haben Sie deswegen früher frei. Die Erfahrung lehrt vielmehr: Freunde, Chefs und Kollegen haben ein hoch entwickeltes Sensorium für Menschen mit Freizeit und nehmen ihnen diese gerne wieder weg, Motto: »Was, du bist schon fertig? Na, dann kannste ja gleich noch das hier erledigen …«

Nun gibt es inzwischen gefühlte 15 Meter Ratgeber zum Thema Zeitmanagement mit – mehr oder weniger – hilfreichen Tipps zur idealen Zeitgewinnung. Nicht wenige Autoren mutieren dabei zu Akronym-Akrobaten und Komponisten angeblich völlig neuer Managementtechniken. Ein paar Beispiele:

- Die **ABC-Methode** etwa nimmt Rücksicht auf sogenannte Links- und Rechtshirner. Heißt: Bei manchen Menschen dominiert die linke Gehirnhälfte, sie mögen Zahlen, Fakten, Pläne, Systeme. Etwa 90 Prozent der Zeitmanagement-Bücher sind für sie gemacht. Für Rechtshirner, die dazu neigen, chaotisch, kreativ, spontan zu sein, ist das aber nichts. Bei ihnen sträuben sich schon die Nackenhaare, wenn sie nur an Pläne oder feste Termine denken. Sie entscheiden lieber spontan und intuitiv. Einer Studie zufolge gehört nur eine Minderheit zu den Linkshirnern, dafür sind fast alle Kinder bis ins Teenageralter und rund 41 Prozent der Erwachsenen in Zentraleuropa eher Rechtshirner. Für sie gibt es die ABC-Methode: Sie steht dafür, anfallende Aufgaben lediglich nach ihrer Wichtigkeit zu ordnen: A für sehr wichtig (sofort erledigen), B für weniger wichtig (später erledigen oder delegieren) und C für kaum wichtig bis unwichtig (delegieren oder verwerfen). Ist also eine ziemlich simple Sache – *ABC-Methode* klingt aber besser.
- Die **Eisenhower-Methode** ist vermutlich der Ursprung der ABC-Methode. Sie geht auf den amerikanischen General und US-Präsidenten Dwight D. Eisenhower zurück und erinnert im Kern an eine klassische Postkorbübung. Eisenhower empfahl damals, Aufgaben jeweils in zwei Kategorien zu unterteilen: Sind sie wichtig oder unwichtig, eilig oder nicht eilig? Um das Ganze etwas anschaulicher zu gestalten, empfahl er – wie in der Abbildung – ein Koordinatensystem für diese Kategorien anzulegen, in das die Aufgaben später eingetragen werden – wenn schon nicht physisch, dann wenigstens gedanklich. Der Quadrant rechts unten ist eigentlich nichts weiter als ein Papierkorb. Diese Aufgaben kann man getrost vergessen: weder eilig noch wichtig. Eine Spalte darüber sieht das schon anders aus (un-

wichtig zwar, aber eilig). Diese Jobs sollten Sie delegieren. Aufgaben wiederum, die nicht eilig, aber wichtig sind (unten links), gehören in den Kalender eingetragen und Schritt für

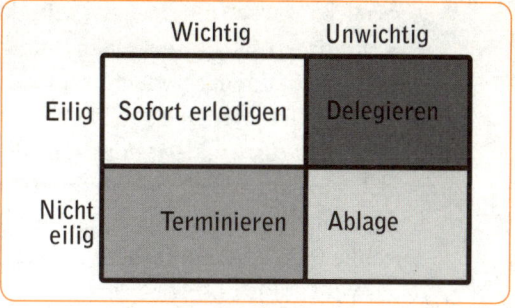

Schritt abgearbeitet. Bleiben die Obliegenheiten oben links: eilig und wichtig. Also sofort erledigen! Natürlich wäre es müßig, ein solches Koordinatensystem täglich anzulegen. Ziel ist deshalb, das Prinzip zu verinnerlichen, sodass Sie es bald intuitiv anwenden können.

- Die **ALPEN-Methode** ist so eine Art Tagesplan und steht für: **A**ufgaben aufschreiben, **L**änge einschätzen, **P**ufferzeit einplanen (maximal 60 Prozent der Arbeitszeit verplanen), **E**ntscheidungen priorisieren und **N**achkontrollieren (was man erreicht hat). Unerledigtes wird dann auf den nächsten Tag übertragen.

- Das **GTD-Prinzip** wiederum steht für »**G**etting **T**hings **D**one« und geht auf den Bestseller-Autor David Allen zurück. Dahinter steckt die Idee, zuerst alle Aufgaben zu sammeln, die erledigt werden müssen, und sie dann in einem logischen System (etwa einem Kalender) zu notieren, um so den Kopf für Wichtigeres freizubekommen. Anschließend muss man nur noch für jede neue Aufgabe diszipliniert entscheiden, ob diese sinnvoll ist und in den Plan integriert wird, damit man stets weiß, was der nächste Schritt ist. Oder kurz: Reduziere Projekte auf den nächsten elementaren Teilschritt und strukturiere diese Schritte nach Zeitpunkt und Ausführungsort! Klingt kompliziert, ist aber nichts anderes als jeden Tag neue Prioritäten zu setzen.

- Die **PIDEWaWa-Methode** steht für: **P**ositiv, **I**st-Zustand, **D**etailliert, **E**rreichbar, **Wa**nn, **Wa**rum und wurde von der Zeitmanagement-Autorin Cordula Nussbaum erfunden. Sie bedeutet eigentlich nichts anderes als seine Ziele positiv, im Präsens und konkret zu formulieren, damit man motiviert bleibt und sofort beginnen kann. Entscheidend ist dabei: Die Ziele müssen erreichbar, sprich realistisch sein. Man sollte sich dafür einen Zeitrahmen setzen (bis wann?) und auch begründen können, was einem daran so wichtig ist (warum?).

- Die **SMART-Methode** soll beim Formulieren von Zielen helfen und steht für: Ziele so spezifisch wie möglich beschreiben, sich dabei an messbaren Fakten orientieren, aktionsorientiert denken – heißt: so, dass man auch Lust hat, das umzusetzen – und schließlich ebenso realistisch wie termingerecht zu planen, also etwa: Bis Ende des Jahres will ich zehn Prozent mehr verdienen.

- **Edwards Gesetz** wiederum ist gar keine Methode, sondern besagt nur, dass der Aufwand, den man in eine Sache investiert, umgekehrt proportional zur verbleibenden Zeit steigt. Oder einfacher ausgedrückt: Je näher die Deadline rückt, desto mehr klotzt man ran. Auch eine Art, seine Dinge geregelt zu kriegen.

Sie merken schon, bei alldem ist viel Wortgeklingel und Pseudo-Novität dabei. Die Methodik bleibt im Kern immer dieselbe: Überblick verschaffen, Aufgaben planen, priorisieren und in realistische Teilschritte zerlegen, die man tagsüber auch erreichen kann, damit man motiviert bleibt. Wer will, darf das gerne auch die ÜVAPPTEM-Methode nennen. Besser wird sie dadurch aber nicht.

To-do-Listen und ihre Alternativen

»Unsere Hauptaufgabe ist nicht, zu erkennen, was unklar in weiter Entfernung liegt, sondern zu tun, was klar vor uns liegt«, schrieb der Historiker Thomas Carlyle. Das klingt gut, aktiv und ist vermutlich auch das, was sich viele Bürokräfte jeden Morgen vornehmen. Es setzt aber voraus, dass man tatsächlich den sprichwörtlichen Durch- oder Überblick hat. Genau dafür hat sich irgendwann einmal ein schlauer Mensch die sogenannte To-do-Liste ausgedacht. Dabei macht man im Grunde nichts anderes, als zunächst alle Aufgaben, die an diesem Tag anstehen, aufzuschreiben, diese anschließend nach Wichtigkeit zu ordnen und daraus eine neue Liste zu erstellen mit dem wichtigsten und dringendsten Punkt auf Platz 1 und so weiter. So sieht man dann schnell, was man schaffen muss (und kann) und vermeidet gleichzeitig Überlastung oder Unterforderung. Also eigentlich ganz einfach?

Auf den ersten Blick. Auf den zweiten steckt mehr drin. Der Nutzen solcher Listen besteht nämlich nicht nur darin, sich einen Überblick über anstehende Aufgaben zu verschaffen, das ist trivial, sondern auch über jene Arbeiten, die bereits erledigt wurden. To-do-Listen sind beides: Plan und Erfolgskontrolle. Leider läuft es in der Praxis aber ganz anders. Derlei Punkt-für-Punkt-Programme werden oft nur sporadisch eingesetzt. Die Leute sehen vor sich das Chaos und einen riesigen Aufgabenberg und beginnen sofort, eine Liste zu schreiben. Die arbeiten sie dann Schritt für Schritt ab und fühlen sich kurzfristig enorm produktiv. Das sind sie auch, keine Frage. Aber danach sind sie es nicht mehr: Mit dem letzten Häkchen kehren sie zu ihren alten Gewohnheiten zurück – bis das nächste Chaos kommt. Das ist ineffektiv.

> Egal, was Neurologen über einen brillanten Geist und dessen Einfluss auf den Erfolg wissen – Selbstdisziplin ist wichtiger. So untersuchten die Psychologen Angela Duckworth und Martin Seligman von der Universität von Pennsylvania die Lebensläufe von 164 Studenten und stellten dabei fest: Die Selbstdisziplin entschied mehr als doppelt so stark über deren Erfolg wie deren Intelligenz.

Der Schlüssel zu mehr Produktivität ist nicht das Führen einer To-do-Liste selbst. Es ist vielmehr die Gewohnheit, solche Listen regelmäßig zu nutzen. Vor allem wenn man Probleme damit hat, seine Tagesaufgaben zu überblicken und zu erledigen. Entsprechend vielseitig können Sie Ihre To-do-Liste gestalten: Die simpelste Form ist die bereits oben beschriebene Tabelle mit nur einer Spalte: erstens, zweitens, drittens … Solche Listen können auch komplexer werden, wenn Sie zu den Aufgaben noch den geschätzten Zeitaufwand, die benötigten Mittel, Abgabetermine und dergleichen ergänzen. Genauso gut können Sie die jeweiligen Aufgaben in Teilschritte zerlegen und diese wie in einem wissenschaftlichen Aufsatz subsumieren: 1.0, 1.1.a, 1.1.b, 2.0, 2.1. Das hat den Vorteil, dass unüberwindlich scheinende Problemberge überwindbarer werden und sich (Teil-)Erfolgserlebnisse schneller einstellen. Es verlängert aber leider auch die Liste.

Eine weitere Gestaltungsalternative ist, Ihre Aufstellungen nicht handschriftlich, sondern am PC oder gar im Internet zu verfassen, um sie so anschließend mit Kollegen abzustimmen und zu koordinieren. *Ta-da-List* (tadalist.com) zum Beispiel ist das derzeit einfachste Internet-Werkzeug dafür und die dort erstellten Listen können anderen zugänglich gemacht werden. Das schmucklose Programm ist allerdings eher etwas für Puristen. *Remember the milk* (rememberthemilk.com) ist da schon deutlich eleganter, und auch bei diesem Dienst können die To-do-Listen bequem mit anderen Nutzern verwaltet werden. Der Service erinnert zudem per E-Mail oder Instant Messenger an zu erledigende Aufgaben. Und *Voo2do* (voo2do.com) ist ein schönes Programm, mit dem man seine Listen per E-Mail ergänzen, publizieren und in verschiedene Formate übertragen kann. Bevor Sie sich jetzt gleich durchs Internet klicken, bedenken Sie aber: Jede Variante hat ihre spezifischen Vor- und Nachteile. Computerbasierte Listen sind relativ zeitaufwendig und ohne Internetzugang bleiben sie unsichtbar, dafür lassen sie sich sauber umstellen, ergänzen und korrigieren. Handschriftliche Notizen dagegen haben einen hohen Merkeffekt, können aber schnell zur Zettelwirtschaft entarten. Letztlich sollten Sie damit ein wenig experimentieren, um herauszufinden, welches Medium Ihren Bedürfnissen am nächsten kommt.

Für den Fall, dass Ihnen diese Listen-Schreiberei so gar nicht behagt und Sie eher auf starke visuelle Reize reagieren, können Sie auch eine sogenannte Mindmap oder Gedankenlandkarte anfertigen. Der Engländer Tony Buzan entwickelte sie in den Siebzigerjahren, um die Synergieeffekte zwischen beiden Gehirnhälften besser zu nutzen. Im Gegensatz zu linearen To-do-Listen werden die Gedanken (und Aufgaben) hierbei bildhaft in einer Art Baumstruktur notiert. Das geht dann so:

1. Verwenden Sie ein unliniertes (!) Papier im Querformat. Der Trick ist, dass so die Dominanz der linken Hirnhälfte (hierarchische Struktur: oben/unten) egalisiert wird. Beginnen Sie Ihre Zeichnung deshalb auch nicht oben links, sondern in der Blattmitte – möglichst mit einem einprägsamen Symbolbild, etwa dem Motto des Tages.

2. Drumherum lassen Sie Ihre Aufgaben in alle Himmelsrichtungen ausstrahlen. Verbinden Sie diese Unterpunkte per Linien

mit dem Zentralmotiv. Von diesen Hauptaufgaben zweigen weitere Unterkapitel (oder Teilschritte) ab, bis eine Art Baumkrone entsteht. Es ist wichtig, dass Sie dabei nur Schlagworte verwenden, keine Sätze. Falls Sie diese auch noch in Versalien schreiben, können Sie Ihr kreatives Rechtshirn zusätzlich kitzeln: Es nimmt diese dann nicht als Wort, sondern als Bild wahr.

3. Damit das Ganze übersichtlich bleibt, sollten Sie zusammenhängende Punkte Farbfamilien zuordnen. Pfeile, Symbole oder unterschiedlich dicke Linien (wichtig/unwichtig) geben der Karte zusätzliche Struktur.

Gerade eher optisch orientierten Menschen hilft die bildhafte Darstellung, die Komplexität mancher Projekte zu reduzieren und sie in übersichtliche Teilaufgaben zu zerlegen. Sie offenbart aber auch Lücken im Plan: Wo gibt es zu viele Punkte? Was ist immer noch zu komplex?

Eine hübsche Weiterentwicklung dieser Idee fand ich übrigens neulich im Internet: das *Chronotebook*. Dazu nehmen Sie sich ein unliniertes Notizbuch, etwa ein klassisches Moleskin, und malen in die Mitte der Seite einen kleinen Kreis. Beginnen Sie mit einer Doppelseite – links schreiben Sie in den Kreis »V« für Vormittag und rechts »N« für Nachmittag. Nun sortieren Sie Ihre Termine wie bei einer Uhr ringförmig (aber nach dem Prinzip einer Mindmap) um den jeweiligen Kreis. So sehen Sie sehr schnell Ihre wichtigen Termine und der Tagesverlauf bekommt eine völlig neue, nichtlineare Struktur.

Denken Sie aber bitte daran: All das sind nur Werkzeuge – keine Zwangsjacken. Sie sollten Ihre Übersichten deshalb immer wieder hinterfragen, überarbeiten, neu sortieren. Deadlines und Prioritäten können sich verschieben, Teilschritte obsolet werden – und damit zugleich die Pläne. To-do-Listen oder Mindmaps können ein wunderbares Training sein, Tage, Wochen und Monate besser zu strukturieren, um eines Tages keine Listen oder Karten mehr zu brauchen. Sie sind ein Mittel, nicht der Zweck. Damit Sie von solchen Plänen dauerhaft profitieren, sollten Sie diese zu einer gedanklichen Routine werden lassen. Dabei hat es sich bewährt, sich die Listen und Maps regelmäßig vor Augen zu führen. Etwa in Form eines Notizblocks oder Organizers, den Sie ständig bei sich tragen. Anstelle eines Tischkalenders. Oder indem Sie Kopien dorthin hängen, wo sie Ihnen immer wieder begegnen: am Kühlschrank, neben dem Monitor, auf Ihrem Schreibtisch als Unterlage, auf der Innentür der Toilette (das aber bitte nur zu Hause). Sie können Ihre Pläne auch online notieren und zu Ihrer Browser-Startseite machen oder als Bildschirmschoner einrichten. Alternativen gibt es viele. Hauptsache, Sie verinnerlichen das Prinzip und nutzen es kontinuierlich.

Das Problem des Prokrastinierens

All diese Planungsinstrumente haben die Eigenschaft, den Dingen den Nachdruck des Beschlossenen zu verleihen. Kritiker warnen jedoch, dass dies ebenso gut eine Illusion sein kann und sprechen von einer *planning fallacy*, dem Planungstrugschluss. Demnach sitzen die Menschen beim Planen von Projekten regelmäßig denselben Denkfehlern auf: Zuerst unterschätzen sie die benötigte Zeit, die Kosten und Risiken – nicht zuletzt, weil sie glauben, in Zukunft werde alles besser sein, sobald das Chaos geordnet ist. Zum Zweiten unterstellen sie sich in dieser Utopie ein künftig besseres Organisationstalent. Kurzum: Sie schmieden wunderbare Tagespläne, malen perfekte Gedankenkarten, weisen Projekten die richtige Priorität zu – und kommen trotzdem nicht zu Potte. Mal ganz konkret gefragt: Kommen Ihnen die folgenden Sätze bekannt vor?
»*Das hat noch Zeit.*«
»*Erst mal einen Kaffee machen.*«
»*Das bekomme ich heute eh nicht mehr fertig.*«
»*Wo soll man denn da anfangen?*«
»*Das Bürogeschirr müsste eigentlich mal wieder gespült werden.*«
Wenn Sie gleich an mehreren Stellen stumm genickt haben, sind Sie womöglich ein Aufschieber. Wer nur ab und an so denkt, muss sich freilich nicht sorgen. Jeder tut das irgendwann. Die Gründe? Trägheit, Verdruss, Unlust, null Bock, so was. Erst wenn die Aufschieberitis chronisch wird und jemand gewohnheitsmäßig Aufgaben vertagt, die eigentlich erledigt werden müssen, spricht man von Prokrastination. Das kann sich sogar zu einer regelrechten

Krankheit auswachsen. Bei Untersuchungen von Psychologen aus Deutschland und den USA kam heraus, dass weltweit fast jeder Fünfte von diesem Phänomen betroffen ist. Der US-Psychologe Joe Ferrari von der DePaul-Universität in Chicago ist einer der führenden Forscher auf diesem Gebiet und sogar der Meinung, dass chronische Aufschieber nur durch eine Verhaltenstherapie geheilt werden können. Wobei Wissenschaftler zunächst zwei Typen unterscheiden:

1. **Der Erregungsaufschieber.** Er reagiert erst auf den letzten Drücker und genießt den Kick, den der Hochdruck zum Schluss erzeugt. Meist behauptet er, nur so kreativ zu werden.

2. **Der Vermeidungsaufschieber.** Er leidet unter der Angst zu versagen. Deshalb meidet er den Leistungsdruck, den die Aufgabe erzeugt. Dafür ist er ein Meister der Ausreden.

Egal, welcher Typ man selbst ist, das Kernproblem vieler Aufschieber ist häufig dasselbe: Sie tun sich schwer damit, sich lange auf eine Sache zu konzentrieren, Prioritäten zu setzen und leiden unter einem latent schlechten Gewissen, weil sie nicht schaffen, was sie sich vornehmen, was wiederum permanent an ihrem Selbstwertgefühl nagt. Also streben sie nach schnellen Erfolgserlebnissen. Bei zu großen Aufgaben liegen diese jedoch subjektiv zu weit entfernt, Folge: Die Prokrastinierer ziehen kurzfristige kleinere Aufgaben vor, wie aufräumen, abwaschen, beschäftigt aussehen. Die versprechen Instanterfolg. Und wer über zu viel Arbeit klagt, erntet außerdem meist noch Mitgefühl.

In der Tat hat Aufschieben zuweilen Vorteile: Manche Aufgaben erledigen sich tatsächlich von alleine. Andere erledigen sich nach einiger Zeit leichter, weil man bis dahin bessere Informationen darüber hat. Und manche Entscheidungen stellen sich im Lauf der Zeit als gefährliche Irrtümer heraus. Gut also, dass man nichts zu deren Umsetzung unternommen hat! Langfristig aber sorgt Prokrastinieren für Frust. Dann beginnt ein Teufelskreis aus Aufschieben, Überforderungs- und Minderwertigkeitsgefühlen. Damit es erst gar nicht so weit kommt, raten Experten zu ganz unterschiedlichen Wegen. Der Psychologe Elliot Aronson sieht etwa in der geschickten Erzeugung des Gefühls von Scheinheiligkeit den effektivsten Weg, um Gewohnheiten zu verändern. Kein Witz. Offensichtlich ist es nämlich so, dass Menschen sich einer Sache viel mehr verschreiben und diese wirklich durchhalten, wenn sie das Gefühl haben, nicht nur ihren eigenen Vorsätzen untreu zu werden, sondern dies auch öffentlich bemerkt werden könnte.

Aronson hat das selbst erlebt. Damals war er noch Professor an der Universität von Kalifornien in Santa Cruz, und in jener Zeit spielte die Gefahr von AIDS in den Medien gerade eine große Rolle. Aronson machte sich deshalb Sorgen um seine Studenten. Das Unileben war aufregend, keine Frage. Auf dem Campus wurde viel geflirtet, es gab viele wechselnde Paare – und die hatten reichlich Sex. Aber eben ungeschützten, ohne Kondom. Also fragte sich Aronson, wie er es wohl anstellen könne, dass seine Studenten mehr auf ihre Gesundheit achten beziehungsweise mehr Kondome benutzen würden.

Nun muss man dazu sagen, dass sich der Mann ungefähr sein ganzes Leben lang damit beschäftigt hat, wie man Menschen dazu bringt, ihr Verhalten grundlegend zu ändern. Die Erkenntnisse, die er und seine Wissenschaftskollegen dabei gewonnen haben, fließen regelmäßig in Empfehlungen ein, wie man etwa gute (und auch wirksame) Neujahrsvorsätze trifft, dauerhaft abnimmt oder ein besserer Mensch wird. Was also machte Aronson mit seinem AIDS-Problem?

Nahezu reflexartig entschied sich der Psychologe zunächst für die Variante Abschreckung. Wie bei Anti-Raucher-Kampagnen dachte er, es sei eine gute Idee, seine Studenten mit möglichst schockierenden Bildern von AIDS-Kranken und Fakten über diese Krankheit aufzurütteln. Er verteilte Flugblätter, hielt Konferenzen über die Risiken von ungeschütztem Sex. Und die Studenten waren tatsächlich geschockt. Dennoch stieg der Anteil derjenigen, die beim Beischlaf ein Kondom benutzten, anschließend von 17 Prozent auf 19 – also praktisch nicht.

Deshalb wechselte der Prof seine Strategie und setzte nun auf positive Konditionierung. Er dachte sich: Wenn die Studenten in Pornofilmen sehen, dass die Darsteller mit Lust und Wonne Kondome überstreifen, nutzen sie diese vielleicht auch. Also verlegte Aronson seinen Forschungsfokus in die Rotlichtszene, besuchte zwielichtige

Videoverleiher, sah sich zig Pornofilme an und fand: nichts Brauchbares. Aus lauter Frust entschied er sich, selbst einen Sexstreifen zu drehen. Mitten im Vorspiel kramte der Darsteller ein Kondompäckchen hervor, das die Darstellerin lasziv mit ihren Zähnen öffnete, um ihm den Gummi anschließend übers Gemächt zu stülpen. Der Rest blieb wie eh und je: Bang-bang-uh-uuuh-ah-aaah. Alles recht sexy, wie Aronson fand. Nur das Publikum sah das anders: Die Studenten verstanden zwar die Botschaft, probierten danach aber allenfalls einmal die Gummi-Nummer aus. Der Film war ein Flop.

Also wählte Aronson einen dritten Weg: Er machte die Studenten zu Botschaftern. Genauer gesagt, warb er Studenten an, Videos zu drehen, die zum Beispiel Schüler über die Gefahren von AIDS aufklären sollten. Oder er ließ sie Vorträge darüber halten, mit der Begründung, damit womöglich Leben zu retten. Kurzum: Er entwickelte eine Kampagne, bei der die Studenten eine Botschaft verkünden mussten, die sie selbst so vielleicht gar nicht lebten. Wissenschaftlich ausgedrückt könnte man auch sagen: Er erzeugte bei seinen Probanden *kognitive Dissonanzen*. Zu Deutsch: ein schlechtes Gewissen. Das wirkte. Wer öffentlich für Safer Sex warb, gleichzeitig aber keine Kondome nutzte, kam sich heuchlerisch vor – und griff zum Verhüterli. Auch sechs Monate später, als Aronson seine Probanden noch einmal interviewen ließ, stellte sich heraus, dass bis zu 70 Prozent der Studenten, die die Videos gedreht hatten, jedes Mal Kondome benutzten, wenn sie Sex hatten. Ein voller Erfolg.

Damit dieser psychologische Trick zur Verhaltensänderung jedoch funktioniert, sind zwei Dinge essenziell: Die Menschen müssen glauben, dass ihre Botschaft (ihr Vorsatz, ihr Ziel) wichtig und richtig ist – und sie müssen spüren, dass ihre Scheinheiligkeit negative soziale Auswirkungen haben könnte. Andernfalls ist ihnen das ziemlich schnuppe.

Ich gebe zu, dass es nicht jedem liegt, mittels öffentlicher Mitteilung sein Prokrastinationsproblem in den Griff zu kriegen. Vielleicht reicht das Geständnis aber auch schon im kleinen Kreis der Familie. Für alle anderen bleiben zudem die folgenden Alternativen. Nicht alle passen zu jedem Typ, dazu ist das Problem wirklich zu individuell. Verstehen Sie die folgenden Tipps also bitte als Sammlung von Methoden – und picken Sie sich die für Sie besten heraus:

- **Beginnen Sie sofort.** Die sogenannte 72-Stunden-Regel sagt: Alles, was Sie sich vornehmen, müssen Sie innerhalb von 72 Stunden beginnen, sonst sinkt die Chance, dass Sie das Projekt jemals umsetzen, auf ein Prozent. Schuld daran ist nicht nur der innere Schweinehund, sondern mangelnde Entschlossenheit. Der erste Schritt ist nun mal der wichtigste – und schwerste. Halten Sie also den Graben zwischen Entschluss und Erledigung so schmal wie möglich. In der Fachsprache wird das Prinzip auch OHIO genannt: *Only handle it once* – was man einmal in die Hand genommen hat, wird sofort erledigt.
- **Hinterfragen Sie sich.** Warum schieben Sie bestimmte Aufgaben auf? Prokrastination ist eine Gewohnheit, sie läuft automatisch ab. Ein Schritt in Richtung Besserung ist, sich sein Verhalten bewusst zu machen und die Gewohnheit zu durchbrechen. Dabei hilft, seine Verhaltensweisen über einen Zeitraum schriftlich zu notieren: Was machen Sie ungern? Warum? Was löst Stress aus? Was hätten Sie anders machen können?
- **Machen Sie weniger Druck.** Sagen Sie sich selbst oft »Du musst«, »Du sollst«, »Mach jetzt, sonst ...«? So wird das nichts. Allenfalls verstärken Sie so nur den Fluchtreflex. Machen Sie sich bewusst, eine Wahl zu haben und setzen Sie Ihre eigenen Prioritäten.
- **Hören Sie auf, perfekt zu sein.** Perfektionismus ist nichts weiter als ein selbst auferlegter Zwang, bei dem sich die Betroffenen in Details verrennen und darüber das große Ganze aus den Augen verlieren. Ein klassischer Tunnelblick also. Dem kanadischen Psychologen Gordon Flett verdanken wir etwa die Erkenntnis, dass Perfektionismus unsere Leistungskraft schmälern kann, insbesondere bei besonders ehrgeizigen Sportlern, die sich intensiv mit ihrem Image und den Erwartungen anderer an sie beschäftigen. Ebenfalls aus solchen Studien weiß man, dass Menschen Aufgaben motivierter erledigen, wenn sie die Ziele dahinter erkennen. Weisen Sie Mängeln also den Stellenwert zu, den sie verdienen: Sie sind Kulisse. Denken Sie nur: Ohne seine Schlampigkeit hätte Alexander Fleming nie das Penicillin entdeckt!
- **Beginnen Sie mit dem Unangenehmsten.** Packen Sie den Stier bei den Hörnern: In der Regel wird es die unangenehmste Auf-

gabe sein, die Sie die ganze Zeit vor sich herschieben. Warum die nicht morgens als Erstes hinter sich bringen, wenn Sie noch frisch sind? Der Rest des Tages wird Ihnen umso leichter von der Hand gehen.

- **Setzen Sie sich Limits.** Sie kennen vielleicht das *Parkinson'sche Gesetz*. Es geht auf den britischen Historiker und Publizisten Cyril Northcote Parkinson zurück. Danach dehnt sich Arbeit in genau dem Maß aus, wie Zeit für ihre Erledigung zur Verfügung steht – und nicht etwa wie viel Zeit man tatsächlich dafür bräuchte. Geben Sie sich also eine klare Deadline, wann Sie was erledigt haben wollen. Und seien Sie eisern zu sich selbst.

- **Loben Sie sich.** Um Prokrastination in den Griff zu bekommen, ist Selbstdisziplin nötig. Umso wichtiger ist die Belohnung danach. Belohnen Sie sich für Teilerfolge. Denn fehlen positive Rückmeldungen, tendieren Menschen dazu, aufzugeben. Umgekehrt wirkt Wertschätzung enorm positiv, wie etwa Albert Bandura, Psychologieprofessor an der Stanford-Universität, herausfand. Bei seinen Studien zeigte sich, dass sich die Gelobten anschließend höhere Ziele steckten und diesen sogar stärker verpflichtet fühlten. Vor allem aber unterstellen sie sich bessere Fähigkeiten – und das steigerte ihre Leistungen enorm.

So stoppen Sie den E-Mail-Terror

Die Zahlen sind alarmierend: Sechs Billionen Geschäftsmails werden jährlich weltweit verschickt und anschließend abgearbeitet. Bis zu zwei Stunden täglich sind die Menschen inzwischen mit ihren E-Mails beschäftigt, allerdings ist mindestens ein Drittel davon irrelevant, so das Ergebnis einer europaweiten Befragung des britischen Henley Management College unter 180 Führungskräften. Das heißt, dass tagein, tagaus 40 Minuten hoch bezahlte Arbeitszeit durch E-Mails unproduktiv vernichtet werden. Oder hochgerechnet: Die Leute vergeuden im Schnitt

E-Mail-Inhalte

Hilfreich

Zeugs

drei wertvolle Lebensjahre mit dem Sichten und Löschen von völlig unnützer Post. Eine Milliarden-Verschwendung!

Michael Nippa, Professor für Unternehmensführung und Personalwesen an der TU Freiberg, hat 2008 eine umfassende E-Mail-Studie für Deutschland erstellt, die leider nicht repräsentativ ist, weil er die sogenannte Schneeballtechnik anwendete. Dabei wurden zwischen dem 16. April und dem 4. Juni 2008 ausgewählte Probanden angeschrieben und ihrerseits gebeten, die Umfrage an ihre Freunde weiterzuleiten. Insgesamt haben so 327 E-Mail-Nutzer teilgenommen – mit bemerkenswerten Antworten:

- 28,7 geschäftliche E-Mails erhielten die Befragten im Schnitt pro Tag, Führungskräfte sogar noch mehr: 31,3 Prozent von ihnen bekommen täglich bis zu 37,7 Geschäftsmails.
- 63 Prozent dieser Mails stammten von internen Absendern, nur 37 Prozent von außerhalb des Unternehmens. In Konzernen ist das Verhältnis noch dramatischer: 69 Prozent interne, 31 Prozent externe E-Post.
- 29 Prozent der Mails stuften die Befragten als völlig unwichtig ein, 32 Prozent als immerhin noch »bedingt wichtig«, 39 Prozent als »sehr wichtig«. Aber nur 20 Prozent waren wirklich dringend.
- Dennoch wendeten die Befragten für deren Bearbeitung jeden Tag im Schnitt eineinhalb Stunden auf, Führungskräfte kamen sogar auf eine Stunde und 45 Minuten. Weshalb 28 Prozent von ihnen ihre E-Mails einfach an ihre Mitarbeiter delegierten (so kann man das auch machen) und 36 Prozent beantworteten unwichtige Mails gar nicht mehr.

Verstehen Sie mich nicht falsch: E-Mails sind praktisch und aus dem Alltag nicht mehr wegzudenken. Binnen kurzer Zeit lässt sich damit das gesamte Team über den aktuellen Projektstand informieren, Termine werden schnell mal abgestimmt, Fragen geklärt, Notizen archiviert, Dokumente verschickt. Eine ebenso einfache wie effiziente Blitzkommunikation. Doch genau darin liegen auch die Tücken. Wer eine Mail verschickt, hat hernach das gute Gefühl, eine Sache erledigt zu haben. Abgehakt und ab geht die Post. Denkste! Denn wenn alle mal eben was verschicken, entsteht daraus ein

Schneeballeffekt, der sich zur veritablen E-Mail-Lawine auswachsen kann. Unlängst ist mir das in der Redaktion passiert: Es ging um eine gemeinsame Aktion. Ein Beteiligter schickte eine Mail an alle mit der Frage: Wer sieht das genauso? Der Effekt: Der Reihe nach gaben die anderen ihre Stimme ab – indem sie jedes Mal auf »Allen antworten« klickten. Aus einer Mail wurden 20. Ein ständiges Gebimmel und Gepiepe im Posteingang. Forscher haben einmal ausgerechnet, dass mit jeder versendeten E-Mail eine Konversation um den Faktor 2,3 wächst. Die digitale Version von Pandoras Büchse.

Ich kann jeden verstehen, der sich durch diesen E-Mail-Terror regelrecht belästigt fühlt und in seiner Arbeit ununterbrochen unterbrochen. Das ist schädlich für Produktivität und Leistungskraft. Wissenschaftler der Universität in Kalifornien kamen schon 2004 zu dem Ergebnis, dass ein Büromensch sich gerade einmal elf Minuten einer Aufgabe widmen kann, bevor er abgelenkt wird. Ein einziges intellektuelles Stop-and-go. Nach der unfreiwilligen Pause dauert es im Schnitt 25 Minuten, bis man den Faden wieder aufgenommen hat. Der Geistesblitz von vorhin ist da natürlich längst vergessen. Und die wirklich wichtigen Mails gehen in diesem Chaos auch verloren.

Was aber lässt sich dagegen tun? Einfach abschalten ist keine Lösung. Ich könnte das nicht, Sie vermutlich auch nicht. Erstens, weil der Chef etwas dagegen hätte, wenn Sie seine elektronischen Anweisungen plötzlich ignorierten; zweitens, weil schon eine kurze Auszeit böse bestraft wird. Wenn ich etwa zwei Wochen in den Urlaub fahre, erwarten mich hinterher rund 2000 E-Mails, die bis dahin aufgelaufen sind – trotz Abwesenheits-Assistent. Allein die abzuarbeiten, verbraucht mindestens einen halben Tag.

Gut, im Urlaub lässt sich das kaum vermeiden, es sei denn, Sie bleiben dauerhaft online. Aber im Alltag helfen ein paar Kniffe, wie Sie die E-Mail-Flut eindämmen und unnötige Unterbrechungen verringern können:

- Wechseln Sie – falls möglich – ab und an Ihre E-Mail-Adresse, und sei es nur die private (die viele Menschen inzwischen aufs Büro oder ihren BlackBerry weiterleiten). Der Computersicherheitsexperte Richard Clayton hat mehr als 550 Millionen E-Mails ausgewertet, die an Konsumenten über die größten britischen Internet-Service-Provider zwischen Februar und März 2008 versendet wurden, und dabei festgestellt: Mail-Adressen, die mit A, M, P, R und S begannen, erhielten bis zu 40 Prozent Spam-Mails. Begannen die Adressen dagegen mit den seltener verwendeten Buchstaben Q, Y und Z, sank die Quote auf 20 Prozent. Der Buchstabe »U« verursachte übrigens am meisten Mail-Müll – ganze 50 Prozent. Clayton vermutet als Grund hierfür, dass einige E-Mail-Adressen mit »User1«, »User2« etc. beginnen.

- Lesen Sie Ihre Post nur noch zwei oder drei Mal am Tag. Zum Beispiel morgens, kurz vor dem Mittagessen und kurz vor Feierabend, wenn es den Arbeitsfluss ohnehin nicht mehr stört. Wer diesen Weg wählt, sollte aber zugleich in seiner Signatur darauf hinweisen: »Ich beantworte E-Mails zwischen 11 und 12 sowie zwischen 18 und 19 Uhr. In sehr dringenden Fällen rufen Sie mich bitte an unter 0123–456 789.« So wundern sich die Absender nicht, dass die Antwort etwas später kommt und können Sie gegebenenfalls telefonisch erreichen.

- Deaktivieren Sie den E-Mail-Signalton. Sonst stieren Sie jedes Mal auf den Bildschirm, wenn es bei Ihnen piept. Damit Sie auch weiterhin reagieren können, falls sich der Chef mit einer dringenden Frage meldet, können Sie sich ein kleines Fenster mit dem Posteingang auf dem Desktop anlegen, das stets im Vordergrund bleibt. So reicht ein kurzer Blick, um Absender und Betreffzeile zu erkennen und ob Sie das sofort oder später lesen müssen.

- Sortieren Sie die E-Mails nach Namen, nicht nach Datum, wenn Sie ein paar Tage nicht da waren. Das erleichtert die Postkorbübung enorm, weil Sie so Mails von wichtigen Absendern sofort identifizieren und den Spam auf einen Schlag löschen sowie längere Pingpong-Konversationen bis auf die letzte Mail reduzieren können.

- Achten Sie beim Versenden von E-Mails darauf, dass diese möglichst abschließend und lösungsorientiert formuliert sind. Wer viele Fragen stellt und vage bleibt, darf sich nicht wundern, wenn noch mehr Fragen zurückkommen. Ganz schlecht sind in diesem Zusammenhang E-Mails vom Typ BIV: »Bevor ich's vergesse ...«

- Versenden Sie E-Mails nur an Personen, die für das Thema relevant sind. So beugen Sie dem Mailterror schon im Ansatz vor. Und greifen Sie ab und an lieber zum Telefonhörer, das kann Zeit sparen und ist obendrein persönlicher. Insbesondere bei hitzigen Diskussionen wirken Telefonate im Gegensatz zu E-Mails deeskalierend.

Ein paar Tipps zur Büroorganisation

Ordnung ist das halbe Leben. Woher dieser Mythos kommt, ist schwer zu sagen. Zumal sich damit sofort die Frage nach der anderen und womöglich besseren Hälfte aufdrängt. Fest steht aber: Zumindest Chefs lieben aufgeräumte Büros. Laut Studien des britischen Psychologen Cary Cooper schätzen 70 Prozent aller Manager Mitarbeiter mit ordentlichen Schreibtischen. Sie assoziieren damit einen ebenso strukturierten wie aufgeräumten Geist. So ganz abwegig ist das nicht. Tatsächlich können Papierstapel auf Ihrem Schreibtisch, die zu Wanderdünen mutieren, oder Aktenberge, die Pausenbrote erst

> Spiegel machen produktiver: So strengen sich Mitarbeiter, die in einem Büro mit großen Spiegeln arbeiten, mehr an, sind hilfsbereiter und tricksen auch weniger in Sachen tatsächlicher Leistung. Wer sein Spiegelbild ständig vor Augen hat, lästert sogar seltener über Kollegen, so eine Studie von C. Neil Macrae, Galen V. Bodenhausen und Alan B. Milne, die im *Journal of Personality and Social Psychology* veröffentlicht wurde.

nach längeren Ausgrabungen wieder freigeben, die Produktivität erheblich belasten. Wer hingegen schon morgens ein (halbwegs) aufgeräumtes Büro betritt, wird sich auch mit der Tagesstruktur leichter tun.

Nun ist das mit dem Aufräumen aber so eine Sache. Wer etwa zum Messie neigt, wird mit einer Hauruck-Putzaktion kaum etwas bewirken. Er schafft damit allenfalls Platz für neuen Tumult. Die einzige Chance, Ordnung dauerhaft zu etablieren, ist, sie sich zur Gewohnheit zu machen und alles, was man anpackt, danach sofort wieder wegzuräumen. Entsprechend raten erfahrene Ordnungshüter dazu, allen Arbeitsutensilien feste Plätze zuzuweisen: alle Stifte in einen Stifthalter; Tacker, Locher, Tesafilm, Büroklammern & Co. in eine bestimmte Schublade; Briefe und Zettel in spezielle Ablagen und so weiter. Manche Profis sortieren die Arbeitsgeräte gar zu sogenannten Themeninseln – also Stifte, Radierer und Spitzer zusammen oder Brieföffner zu Tacker und Locher. Das spart Suchzeit. Ein weiterer Weg ist, seine Utensilien zu hierarchisieren. Manche Dinge braucht man öfter als andere, Kalender und Stifte zum Beispiel. Die gehören in die unmittelbare Nähe des Arbeitsplatzes, am besten in Griffweite. Andere Dinge können dafür im Umfeld platziert werden. So werden auch die Arbeitsabläufe schneller. Aber nur, wenn Sie auch den dritten Tipp beherzigen: reduzieren. Wie viele Stifte liegen in Ihrer Schublade? Wie viele zusätzlich auf dem Tisch? Und wie viele davon benutzen Sie regelmäßig? Eben. Stifte, die nicht mehr schreiben, gehören in den Mülleimer. Ansonsten reichen in der Regel ein Bleistift, ein Kuli, ein Fineliner und vielleicht noch ein paar Textmarker. Den Rest können Sie zurück ins Sekretariat oder Depot bringen – oder wegschmeißen. Die Kunst, Ordnung zu halten, besteht im Wesentlichen darin, sich von Überflüssigem zu trennen – und zwar bevor man den Rest organisiert.

Keine Bange, das wird jetzt kein Ordnungs-Absolutismus, wie ihn uns mancher Werbespruch einbimst: Work smart, work clean. Pedanterie ist nicht gut für Kreativität. Und Papierstapel können gelegentlich der Humus für allerlei Innovationen sein. Die These lässt sich wissenschaftlich stützen: Ein ordentlicher Schreibtisch sei zwar gut für das Image – zu viel Ordnung aber blockiere, schreibt zum Beispiel Eric Abrahamson, Professor an der New Yorker Columbia-Universität. Übermäßige Ordnungsliebe könne sogar Unfälle verursachen, findet wiederum der Kölner Psychologe Stephan Grünewald. So sind etwa Autofahrer, die sich besonders streng an die Verkehrsregeln halten, auffällig häufig in Crashs verwickelt, fand er in einer Untersuchung für den Deutschen

Der US-Forscher Alan Hedge von der Cornell-Universität hat herausgefunden, dass Mitarbeiter in einem warmen Büro deutlich mehr schaffen als in einem kalten. Dazu ließ er die Angestellten einer Versicherung in Florida bei 20 Grad arbeiten. Die Assekuranzler malochten 54 Prozent ihrer Zeit und hatten eine Fehlerquote von 25 Prozent. Dann drehte Hedge die Heizung auf 25 Grad. Prompt schufteten die Leute nahezu 100 Prozent und machten auch nur noch 10 Prozent Fehler. Allerdings muss man einräumen: In Florida ist es auch sonst wärmer als hierzulande. Für deutsche Büros schreibt die Arbeitsstättenverordnung mindestens 20 Grad vor.

Verkehrssicherheitsrat heraus. Begründung: Prinzipienreiter sind untrainiert, spontan zu reagieren. Einige Psychologen schließen daraus, dass jeder Mensch dann am effektivsten arbeitet, wenn er seinen individuellen Chaoslevel findet. Sie raten, sich im Alltag bewusst limitierte Oasen der Konfusion zu schaffen, weil diese den Ordnungsstress mindern und den Bürobewohnern zugleich Struktur geben – wenn auch eine höchst individuelle.

Nur allzu groß sollten diese Chaosecken nicht werden, sonst riskieren Sie den *Broken-Windows-Effekt*. Den hat der Niederländer Kees Keizer zusammen mit Kollegen von der Universität von Groningen nachgewiesen. Grob gesagt bedeutet dieser Effekt: Wenn in einer Straße nur ein Haus mit ein paar zerborstenen Fensterscheiben steht, dann dauert es nicht lange, bis der ganze Wohnblock verfällt. In einem seiner beeindruckendsten Versuche packte Keizer eine Fünf-Euro-Note in ein Briefkuvert – jedoch so, dass diese sichtbar blieb. Das Kuvert steckte er anschließend ebenso sichtbar in einen Briefkasten. Was passierte, war äußerst unterschiedlich: War der Briefkasten mit Graffiti beschmiert, stieg die Wahrscheinlichkeit, dass der Brief geklaut wurde, auf 27 Prozent; war er von Müll umgeben, lag das Diebstahlrisiko immer noch bei 25 Prozent. Anders aber, wenn die Umgebung picobello aussah: Dann bekamen nur 13 Prozent der Passanten lange Finger. Die holländischen Wissenschaftler schlossen aus ihren Untersuchungen in erster Linie, dass sich unsoziales Verhalten offenbar selbst verstärkt: Fängt einer damit an, ohne dass das Folgen hat, dann erodieren sehr bald auch die Sozialmanieren der Nachbarn. Der Effekt lässt sich auch im Büro beobachten. Ich bin sicher, Sie erleben den Broken-Windows-Effekt regelmäßig in der Kaffeeküche. Sobald einer damit anfängt, seine schmuddelige Kaffeetasse nicht mehr direkt in die Spülmaschine zu stellen, sondern obendrauf, gesellen sich bald darauf weitere Tassen dazu – bis die komplette Spüle vor versifften Bechern, bekleckerten Tellern und besudeltem Besteck überquillt. Auf dem Schreibtisch läuft das nicht anders – auch wenn für dessen Zustand nur Sie selbst verantwortlich sind. Zwei ungespülte Tassen, ein paar unsortierte Zeitungsausrisse, Memos mit Eselsohren und ein angeknabbertes Brötchen genügen, und binnen Tagen verwandelt sich die Arbeitsplatte in ein Kunstwerk von Beuys'schem Ausmaß. Dann vielleicht doch lieber eine verborgene Krimskrams-Schublade?

9.00 Uhr
Klasse, Konferenz …

Was in Meetings tatsächlich passiert ▪ Was die Sitzord-
nung über die Kollegen verrät ▪ So werden die täglichen
Konferenzen besser (erträglich) ▪ Tipps für produktive
Videokonferenzen

»Wenn zwei Menschen
immer die gleiche Meinung haben,
ist einer von ihnen überflüssig.«
Winston Churchill

Es ist schon seltsam: Bei einem Meeting scheint die Meinungsvielfalt im Büro regelmäßig abzunehmen. Eben noch strotzten die Kollegen vor Eloquenz und dezidierten An- und Einsichten, jetzt sitzen sie stumm da, wortlos, einsilbig, maulfaul. Vor allem wenn sie glauben, in der Minderheit zu sein. Der Boss dominiert die Runde. Und irgendwie sieht es so aus, als wären sich längst alle einig, also hält jeder die Klappe. Bloß nicht anecken! Bloß nicht auffallen, schon gar nicht negativ – als Abweichler und Querulant! Stimmt ja auch, Minderheiten werden tatsächlich mitunter für ihre divergenten Standpunkte bestraft, mindestens mit bösen Blicken oder Kopfschütteln. Darin liegt allerdings auch – und zwar gar nicht so selten – ein gewaltiger Denkfehler. Denn ob die anderen anderer Meinung sind, wissen wir ja erst dann, wenn sie diese öffentlich äußern. Ganz häufig interpretieren wir Schweigen fälschlicherweise als Zustimmung, mit dem Effekt, dass im Extrem alle schweigen und glauben, jeder sei dafür, während in Wahrheit alle das Gegenteil wollen. In Fachkreisen heißt dieses Phänomen auch *Abilene-Paradoxon*. Es besagt, dass manche Entscheidungen nur so aussehen, als würden sie auf einem Konsens basieren, stattdessen aber allein auf falsche Wahrnehmungen zurückzuführen sind.

Entdeckt hat das Paradox Jerry Harvey, ein Professor an der George-Washington-Universität. Der brach im Jahr 1974 zu einer Reise mit seiner Frau und ihren Eltern in seine Heimatstadt Abilene (USA) auf – und zwar nur, weil jemand im Familienkreis den Trip vorgeschlagen hatte, in der Annahme, dass die anderen etwas Abwechslung bräuchten. Spontan willigte jeder ein, weil alle glaubten, die Familienmitglieder seien für die Reise. Bei der völlig entnervten Rückkehr aber stellte sich heraus: Eigentlich wären alle lieber zu Hause geblieben. Harvey übertrug diese leidvolle Erfahrung später auf typisches Missmanagement und Abstimmungsverhalten in Organisationen, insbesondere in Meetings. Jim Westphal, sein Kollege an der Universität von Michigan, konnte wenig später nachweisen, dass dieses Paradoxon selbst auf höchster Ebene, etwa in einem Direktoren-Board, vorherrscht. Dazu sammelte er Daten aus mehr als 228 solcher Runden mit dem Ergebnis: Ganz oft widersprechen die Manager der einmal gewählten Strategie und einander nicht mehr, obwohl sie längst starke Zweifel an der Richtigkeit dieser Wahl haben. Ein klassischer Fall des ebenso gängigen Prinzips TINA:

There Is No Alternative. Das klingt harmlos, die Folgen aber sind es nicht: Die Unternehmen fallen im Wettbewerb zurück, machen Murks oder scheitern gar. Trotzdem hält die Führungsriege weiterhin an ihrer Strategie fest, weil noch immer alle davon überzeugt sind, die anderen würden das auch tun. Beängstigend, nicht wahr?

Überhaupt sind Meetings Brutstätten allerlei denkwürdiger psychosozialer Gruppenphänomene. Nicht wenige Menschen verbringen die Hälfte ihrer Arbeitszeit in Konferenzräumen, diskutieren dort Wenn und Aber, grübeln über Szenarien, malen auf Flipcharts und ziehen sich eine um die andere Powerpointfolie rein – und mögen doch nicht recht zugeben, was sie längst spüren. Dass nämlich solche Zusammenkünfte zuweilen nichts weiter sind als ein enges Korsett. Es sind Marktplätze der Eitelkeiten – mit hohen Risiken und Nebenwirkungen. Die dort versammelten Mitarbeiter berauschen sich an der fortwährenden Kakophonie der Gedanken, inhalieren sich selbst und mühen sich darum, möglichst viel knappe Redezeit und Aufmerksamkeit für sich zu beanspruchen – sei es durch geschicktes Phrasendreschen, hochspuriges Zahlenzitieren oder schlichtes Namedropping, mit wem man neulich erst wieder essen war. Und selbst wenn schon alles gesagt wurde, dann eben noch nicht von allen, weshalb die dominanten Beiträge stets dieselben zwei bleiben: Zustimmung und Wiederholung.

Wer häufiger solchen Konferenzen beiwohnt, stellt zudem fest, dass dort auf zwei Ebenen kommuniziert wird. An der Oberfläche geht es um die Sache, die Tabellenkalkulationen, um Ideen, Innovationen, Informationen. Das klingt hoch professionell. Aber unter diesem Zuckerguss aus Freundlichkeit und Profession geht es ebenso um Selbstdarstellung, Konkurrenz und Karriere. Und das ist irgendwie infantil. Alle wissen, dass sie sich kooperativ zeigen müssen. Sie wissen aber auch, dass wer sich geschickt inszeniert, eigene Ideen gut präsentiert, Rückfragen und rhetorische Spitzen pariert, Moderationsstärke und Kritikfähigkeit demonstriert, wichtige Pluspunkte beim Team und beim Chef sammelt. Die Lust auf echtes Teamspiel ist also ziemlich begrenzt.

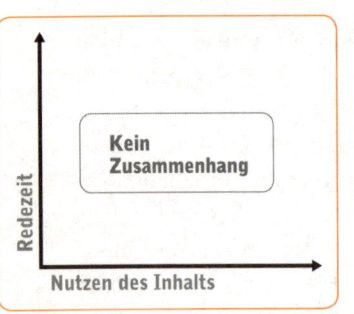

Schon deshalb sind Konferenzen ein wunderbarer Weg, großartige Ideen – speziell von anderen – vorzeitig zu beerdigen. Strategie eins: »Es ist zu einfach, um wahr zu sein.« Strategie zwei: »Es funktioniert sowieso nicht.« Diese Strategie existiert auch in Form des Allzwecksatzes, der von jeglicher Denkanstrengung entbindet: *Hamwerschonimmersogemacht.* Schließlich Strategie drei: »Es gibt bestimmt noch eine Alternative.« Die gibt es zwar immer. Aber mit der Suche danach lassen sich Euphoriker prima mürbe und Engagierte müde machen. »Ach, Sie hatten eine Idee? Schade.« Annahme verweigert. Return to sender. Statt mehrmaligen Heureka-Erlebnissen kommt dann das heraus: nichts.

Kein Wunder also, dass selbst 30 Prozent der Manager inzwischen eine Gelaber-Intoleranz entwickeln und Meetings für unproduktiv bis überflüssig halten, so eine Umfrage unter 800 leitenden Angestellten in Deutschland, Österreich und der Schweiz.

Aber auch das wiederholt sich in den alltäglichen Sitzungsrunden: Die Teilnehmer erscheinen unvorbereitet, wissen nicht, was auf der Agenda steht oder was genau sie gleich erarbeiten sollen und driften deshalb ständig ab. Zudem bleiben Zuständigkeiten oft unklar: Soll die Gruppe nur Material sammeln oder umsetzen? Hat sie ein Vorschlagsrecht? Oder gar eine Entscheidungsbefugnis? Nicht selten ist das Team schon mit der Definition seiner Aufgabe so sehr beschäftigt, dass für die Aufgabe selbst kaum noch Zeit bleibt. Als die Kieler Managementberaterin Angelika Behnert einmal die Sinnhaftigkeit solcher Meetings untersuchte, stellte sie ernüchtert fest: Bis zu 30 Prozent davon kann man sich getrost schenken. Der Chef hat in diesen Fällen schon vorher eine Entscheidung getroffen und spielt allenfalls noch Demokratie und Brainstorming. Große Oper!

Was die Sitzordnung über die Kollegen verrät

Welche subtilen Botschaften und tiefere Symbolik solchen Konferenzen zum Teil innewohnen, versuchen Wissenschaftler, allen voran Psychologen und Verhaltensforscher, schon seit Jahren zu dekodieren. Herausgekommen ist dabei allerlei Heiteres, Nachdenkliches und Nützliches. Aber auch viel Falsches. So dachte man etwa bisher, der Stammplatz, also jener Ort, den wir im Meeting

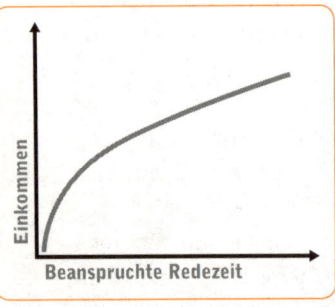

immer wieder gerne einnehmen, markiere vor allem eine Art Territorium, das sich jemand mit wachsender Betriebszugehörigkeit erkämpft und nun besetzt hält. Falsch. Heute weiß man: Der Sitzplatz am Konferenztisch markiert vielmehr unseren Rang und die Rolle, die wir in der Gruppe einnehmen (wollen). Die US-Psychologin Sharon Livingston hat die Geheimnisse der Konferenzrituale intensiv ergründet und dazu mehr als 40 000 Arbeitnehmer und Vorgesetzte interviewt, beobachtet und analysiert. Ihrer Theorie zufolge bestimmen insbesondere sieben Typen die Alltagskonferenzen – angefangen vom Chef über den hartnäckigen Widersacher bis hin zum eifrigen Zustimmer. Warum es ausgerechnet sieben Typen sind? Keine Ahnung. Vielleicht hängt es mit dem *Blue-Seven-Phänomen* zusammen: Die meisten Menschen lieben die Farbe Blau, Sieben ist eine globale Lieblingszahl. Vielleicht prägen sich aber auch exakt so viele Archetypen einfach besser ein. Wenn Sie das nächste Mal zu einer Besprechung pilgern, achten Sie einmal darauf, wer sich wo hinsetzt und wie er sich dabei verhält. Livingston zufolge sind folgende Plätze verräterisch:

- **Das Kopfende.** Hier pflegen die Chefs Platz zu nehmen – insbesondere, wenn Sie dabei die Wand im Rücken und die Tür im Blick haben. Notorische Zuspätkommer werden so sofort entlarvt, heimliche Davonschleicher aber auch. Umgekehrt ist der Platz mit dem Rücken zur Tür der statusniedrigste Ort. Wer dort sitzt, wird bei fehlenden Unterlagen gerne gebeten, sie mal eben zu holen. Ein Laufburschenjob.

- **Rechte Flanke.** Nur im Sprichwort sitzt zur Rechten des Chefs automatisch seine rechte Hand. Eher nimmt dort ein eifriger Zustimmer und Schleimer Platz. Hier sucht er dann vor allem die Nähe zum Herrscher, um von dessen Aura und Gunst zu profitieren. Die Gruppe oder das Thema sind für ihn zweitrangig.

- **Linke Flanke.** Auch hier sucht jemand die Nähe zum Chef und drückt damit Verbundenheit aus. Die linke Seite deutet aber auf jemanden hin, der unabhängig bleiben und seine eigene Sicht behalten will. Zugleich dokumentiert diese Person ihren Machtanspruch, denn ihre Position ist die nächste zum Kopfende. Oft sitzt hier der Kronprinz.

- **Das Mittelfeld.** Dieser Platz ist perfekt für alle, die mit den Kollegen Blickkontakt halten, aber auch gesehen werden wollen. Entsprechend sitzen hier häufig Extrovertierte, aber auch Moderatoren, die zwischen beiden Tischseiten vermitteln. Ungünstig ist dieser Platz erst, wenn jemand dabei gegen das Fenster schauen und andere Teilnehmer deshalb im Gegenlicht anblinzeln muss. So geblendet gerät seine Erscheinung leicht ins Zwielicht, er wirkt irritiert und unsicher.

- **Die Ecke.** Wo die Tischmitte eine Bühne bietet, ist die Außenposition der bessere Ort für Kollegen, die sich lieber in der Gruppe verstecken, die Introvertierten. Hier lehnen sie sich zurück, beobachten, hören zu, warten ab. Das muss kein Handicap sein. Oft sagen die Eckensitzer wenig, aber was sie sagen, ist dafür durchdacht. Nicht selten hocken hier Analytiker ohne größeren Führungsanspruch.

- **Der Gegenpol.** Was für die Wurst gilt, trifft auch auf Sitzungstische zu: Sie haben zwei Enden. Und dem Boss gegenüber platzieren sich meist seine ärgsten Kritiker. Sie bilden damit nicht nur ein verortetes Gegengewicht, sondern machen ebenso deutlich: Sie haben einen ähnlich großen Überblick wie der Chef – nur seitenverkehrt und mit weniger Macht.

- **Der Restposten.** Im Grunde sitzt dieser Meetingteilnehmer gar nicht am Tisch, sondern daneben oder dahinter. Im günstigsten Fall verrät das jemanden, der das große Ganze im Blick behalten will und nach einer übergeordneten Perspektive strebt. Im anderen hockt dort jemand, der zu spät gekommen ist und einen Platz von der Rundenresterampe nehmen musste. So oder so: Wer hier sitzt, ist sicher nicht die Alpha-Person in der Konferenz.

Wer diesen Sitzcode kennt, kann davon gleich zweifach profitieren. Einmal, indem er das Verhalten seiner Mitstreiter besser durchschauen und beurteilen kann. Er kann so aber auch aktiv seine eigene Rolle innerhalb der Gruppe oder des Unternehmens beeinflussen und neu definieren. Autoritäre Chefs, die zum Beispiel vom Kopfende zur Mitte des Tisches rücken, wirken automatisch volksnäher. Rutscht der smarte Analytiker wiederum aus seiner stillen Ecke zur Linken des Chefs, steigt sein Status unmittelbar, und er wird stärker als Co-Manager wahrgenommen.

So werden die täglichen Konferenzen besser (erträglich)

Damit Meetings wirklich funktionieren, müssen sie sich von den typischen Schwafelrunden wegentwickeln, in denen der Wert eines Beitrages an dessen Dauer sowie der Anzahl der verschossenen Worthülsen und gedroschenen Phrasen bemessen wird. Der erste und einfachste Schritt dazu ist, auf die ebenso überflüssigen wie zermürbenden Anmoderationen zu verzichten, die jeden Zuhörer wahlweise in den Wahnsinn oder ins Wachkoma treiben. Die schlimmsten sind:

»Grundsätzlich ist es ja so ...« – (dass die Sonne morgens aufgeht und abends unter.)
»Also, um ehrlich zu sein ...« – (war bisher etwa alles gelogen?)
»Wenn Sie mich fragen ...« – (nein. Keiner fragt.)
»Machen wir uns nichts vor ...« – (wir nicht, du vielleicht!)
»Jetzt mal im Ernst ...« – (echt jetzt, kein Scherz?)
»Man müsste, man sollte, man könnte ...« – (ja, wäre toll ...)
»Ich würde mir wünschen, dass ...« – (auf solche Einleitungen künftig verzichtet wird.)

Ich bin mir sicher, Ihnen fallen noch so manch andere Beispiele ein. Aber Vorsicht: Einige dieser Floskeln können mehr als unnötiges

Herumgelaber enthalten. Möglicherweise lauern hinter den augenscheinlich netten Umgangsformen der Kollegen doch sublime Gemeinheiten.

Nicht, dass ich Sie dazu anstiften wollte, die folgenden Bosheiten an Ihren Kollegen auszuprobieren. Aber es schadet auch nicht, sich die Botschaften dahinter bewusst zu machen und manch vermeintlich nette Phrase dechiffrieren zu können. Oder positiv ausgedrückt: Wer seine Kollegen beim nächsten Treffen nicht düpieren will, sollte folgende Sentenzen vermeiden:

- *»Sie haben da wirklich gute Arbeit geleistet!«* Klingt nett und ist es auch, wenn das Lob vom Chef kommt und der das ehrlich meint. Kommt es jedoch vom Kollegen, ist Vorsicht geboten. Wer lobt, stellt sich über den Gelobten, er besitzt offenbar Beurteilungshoheit. Womöglich will sich der Huldiger also nur profilieren.

- *»Fakt ist: …«* Wer so beginnt, impliziert, dass sich das Folgende auf harte, nachprüfbare Tatsachen stützt. Damit sagt derjenige auch: Der Käse davor war allenfalls eine Vermutung, ein Eindruck, eine Fabel. Also nicht der Rede wert.

- *»Was ist eigentlich mit XY? Krause, können Sie dazu etwas beitragen?«* Ein Klassiker. Der Fragende offenbart einen wunden Punkt, aber statt die Lösung mitzuliefern, spielt er den schwarzen Peter direkt an Krause weiter. Der kann dabei nur verlieren: Weiß er nichts, ist er blamiert. Glänzt er durch eine gute Idee, war es der andere, der ihm das Wort erteilt hat. Welch Weitblick! Richtig gemein wird die Taktik, wenn derjenige schon vorher weiß, dass Krause davon keine Ahnung hat oder seinen üblichen Vorschlag machen wird, der – wie ebenfalls bekannt – völlig unreif ist.

- *»Was Krause versucht zu sagen, ist …«* Bravo! Hier geriert sich einer nicht nur als empathischer, hilfsbereiter Kollege, sondern auch noch als begnadeter Zuhörer. Obendrein bereichert er die Runde mit den klaren Worten, um die der simple Herr Krause leider verlegen war. Ziemlich link.

- *»Die Details interessieren mich weniger. Was ist der Kern der Sache?«* Wer so fragt, degradiert den anderen zum technikverliebten Kleingeist. Nur er hat den Überblick über das große Ganze –

oder ist zumindest daran interessiert. Eine noble Geste, die den Kollegen ziemlich winzig aussehen lässt.

- »*Vermutlich haben Sie recht.*« Eine fiese Attacke. Natürlich glaubt so jemand nicht eine Sekunde daran, dass der andere recht hat. Aber er signalisiert Toleranz und Offenheit, während er gleichzeitig die Glaubwürdigkeit und Reputation des anderen untergräbt.
- »*Anfangs habe ich es auch so gesehen …*« Der erste Satzteil klingt nur verständnisvoll. Tatsächlich geht es darum, den anderen alt und ewiggestrig aussehen zu lassen. Denn die unausgesprochene Fortsetzung lautet: … *aber intellektuell bin ich längst weiter!*

Neben dieser verbalen Kommunikation gibt es klassischerweise noch die nonverbale. Und damit meine ich nicht die oben schon erwähnte Sprache der Sitzordnung. Eines der stärksten Signale geht bereits vom Besprechungsstart selbst aus: der Pünktlichkeit. »Unpünktlichkeit ist die Höflichkeit der Könige«, lautet ein altes Bonmot. Leider versammeln sich in Büros eine Menge Könige. Die Leute kommen zu spät zur Arbeit, zum Essen, sie sind säumig bei Projektabschlüssen und natürlich erscheinen sie auch zu spät zum Meeting. Entschuldigt wird das gerne damit, dass nur der Deutsche ein solcher Pedant sei, kein anderer Arbeitsschaffender im globalen Dorf nehme die Zeit so ernst wie die teutonische Bürokratenseele. In Lateinamerika zum Beispiel sei immer noch pünktlich, wer zu einer Verabredung eine Stunde später erscheine – mehr oder weniger. Mag sein. Aber Lateinamerika ist weit weg und hierzulande bleibt das Versäumnis ein Ärgernis. Und nicht mal nur bei uns: Eine Umfrage des Personaldienstleisters Randstad hat etwa für die USA erfragt, dass 54 Prozent der Arbeitnehmer regelrecht vor Wut kochen, wenn sich die Leute notorisch verspäten. Getoppt wird das nur durch das Ärgernis Klatsch und Tratsch (60 Prozent).

Die Gründe, warum sich einer verspätet, variieren natürlich. Bei dem einen ist es Überheblichkeit, beim Chaoten dagegen mangelndes Zeitmanagement oder eine chronische Fehleinschätzung: Seit 20 Jahren fährt er denselben Weg zur Arbeit, früher brauchte er dafür eine halbe Stunde. Dass die Verkehrsdichte seitdem drastisch gestiegen ist, auf der Strecke seit Kurzem eine Baustelle liegt, sieht er nicht und plant es auch nicht ein. Seine Entschuldigung:

der Stau! Eine wirkliche Entschuldigung ist das aber nicht, allenfalls eine Erklärung.

Um es klar zu sagen: Unpünktlichkeit ist kein Schicksal, sondern unverschämt, eine – more or less – subtile Form von Arroganz. Sie sagt: »Anderes ist mir wichtiger, und ich bin so wichtig, dass ich euch warten lassen kann. Ich muss mein Verhalten nicht euch anpassen, sondern um-

> Das *Come-to-Jesus-Meeting* ist alles andere als ein heiliges Treffen: Darin liest der Chef seinen Leuten die Leviten, tadelt wiederholtes Fehlverhalten und droht mit Konsequenzen. Oder der Kunde moniert schlechte Leistungen, miesen Verhandlungsstil und warnt vor dem Abbruch der Geschäftsbeziehungen. Eine Straf- und Bußpredigt eben. Der Legende nach hat der Meeting-Titel seinen Ursprung am Beginn des 19. Jahrhunderts in der Gegend von New Jersey, wo christliche Prediger in ihren Versammlungen den Leuten ihre Sünden vor Augen führten.

gekehrt.« So wird die Bummelei obendrein zur Macht- und Dominanzstrategie für jene, die durch ihr spätes Erscheinen dokumentieren, dass Meetings ohne sie nicht anfangen können.

Sicher, Pannen passieren. Dafür kann man sich entschuldigen, Besserung geloben und sie auch hernach beweisen. Alles andere aber ist ein Karrierekiller. Der Unpünktliche befindet sich mit dem Überheblichen und dem Unzuverlässigen auf Augenhöhe. Mögen andere Nationen toleranter sein – sie schätzen am peniblen Germanen exakt die Tugend seiner Zuverlässigkeit. Es ist einfach lästig, wenn Personen zu Besprechungen regelmäßig zu spät kommen. Noch verdrießlicher ist es, wenn es immer wieder dieselben sind. So werden Meetings sicher nicht effizienter, im Gegenteil: Die Pünktlichen werden auch noch für ihre Disziplin bestraft und passen sich dem schlampigen Usus irgendwann an.

Was also können Sie als Leiter eines Meetings gegen notorische Zuspätkommer unternehmen?

1. **Bestrafen Sie Unpünktlichkeit.** Form und Umfang müssen Sie freilich individuell anpassen, beides hängt von den Umständen ab. Sie könnten aber zum Beispiel eine Art Verspätungskasse einführen, in welche die Betreffenden mit jeder verspäteten Minute einen Euro einzahlen. Nachdrücklicher, aber nicht weniger wirksam ist, nach einer geringen Karenzzeit den Besprechungsraum einfach abzuriegeln. Fairerweise sollten Sie das vorab bekanntgeben. Die dritte Alternative ist die simpels-

te: Blamieren Sie den chronisch Unpünktlichen öffentlich und blaffen Sie ihn wegen seines Vergehens (auch wiederholt) an. Schon im eigenen Interesse wird er die Schmach beim nächsten Mal vermeiden.

2. **Beginnen Sie pünktlich.** Und zwar kategorisch, um den Dingen den Nachdruck des Beschlossenen zu verleihen – egal,wer oder wie viele fehlen. Auch das ist eine Art Strafe. Viele Bummelkandidaten lassen sich gerade deshalb so viel Zeit, weil sie wissen, dass nie pünktlich begonnen wird. Beweisen Sie ihnen das Gegenteil.

3. **Starten Sie mit dem wichtigsten Punkt.** Oft folgt die Meetingagenda dem Motto: Das Beste zum Schluss. Falsch. Beginnen Sie lieber mit den wichtigsten Punkten, insbesondere mit jenen, die die Zuspätkommer betreffen, und sie werden ihre Schritte beschleunigen. Klar, dass die Reihenfolge der Besprechungspunkte vorher aus der Einladung hervorgehen muss, sonst wirkt sie nicht und Sie setzen sich unnötig dem Verdacht der persönlichen Sabotage aus.

4. **Beginnen Sie zu ungewöhnlichen Zeiten.** Wer sagt eigentlich, dass Konferenzen stets zur vollen oder halben Stunde starten müssen? Genauso könnten sie um 10.20 Uhr oder um 9.09 Uhr beginnen. Diese scheinbar völlig willkürlich gewählten und krummen Zeiten erhöhen die Aufmerksamkeit für den Termin. Der Effekt lässt sich weiter steigern, wenn Sie die Startzeiten im Laufe der Woche mehrfach wechseln.

Zudem raten Kommunikationsforscher, die Teilnehmerzahl von Meetings so klein wie möglich zu halten. So arbeite eine Gruppe mit mehr als acht Mitgliedern kaum noch effizient. Auch die Zusammensetzung des Teams hat erheblichen Einfluss auf das Ergebnis. Vereinfacht ausgedrückt: Je mehr die Teilnehmer untereinander harmonieren, desto weniger Reibereien gibt es. Ist die Gruppe jedoch zu gleichartig, entstehen keine brillanten Ideen mehr. Diamanten brauchen schließlich auch den Schliff zur Veredelung. Kurzum: Die Mischung macht's – ein optimaler Mix aus Eintracht und Kontroverse. Und Gestaltung. Schließlich ist der Rahmen einer Konferenz nicht nur Kulisse. Um also etwas Pep in Meetings zu bringen, empfehle ich durchaus auch mal ungewöhnliche Wege zu gehen:

- **Eröffnen Sie das Treffen mit einer Umfrage.** Dabei geht es weniger um ins Kraut schießende Meinungsäußerungen. Fragen Sie die Teilnehmer lieber zuerst, was die heute Erfreuliches erlebt haben. Oder starten Sie mit einer Anekdote, einer Sache, die Sie kürzlich gelernt haben oder auf die Sie sich in dieser Woche freuen. Erzählen Sie eine Geschichte von Menschen, die zum Vorbild taugen – entweder aus der Historie oder aus dem Unternehmen. Psychologische Studien zeigen deutlich, dass der Auftakt eines Treffens den gesamten Verlauf enorm beeinflusst. Je inspirierender Sie starten, desto anregender wird das Gespräch.

- **Nutzen Sie Schweigeminuten.** Meetings zeichnen sich oft dadurch aus, dass pausenlos geredet wird. Die meisten Menschen empfinden plötzliche Stille als unerträglich oder als Zeichen von akuter Ahnungslosigkeit. Das ist Quatsch. Wer schweigt, denkt vielleicht noch nach und erspart der Runde so Unausgegorenes. Zudem braucht unser Gehirn Zeit, die zahlreichen vorgebrachten Ideen zu einem neuen Gedanken zu verknüpfen. Wenn aber dauernd jemand dazwischenquasselt, ist der kreative Funke schon wieder verglimmt. Warum also nicht ab und an ein paar verordnete Schweigeminuten einsetzen, um Gehörtes zu verarbeiten?

- **Unterbrechen Sie Ihr Meeting unregelmäßig.** Kaum etwas blockiert Kreativität so sehr wie Routinen. Und nichts ermüdet schneller als eine Sitzung, die sich scheinbar endlos zieht. Überraschende und kurze Pausen durchbrechen diese Abwärtsspirale. Zudem sorgen Sie dafür, dass die Blickwinkel nicht zementiert werden. Fünf Minuten Zeit für Aufstehen, Strecken, Umherlaufen, Lüften, Trinken, Plaudern … reaktivieren Motivation und Vitalkräfte.

- **Verzichten Sie auf Tische.** Halten Sie Ihr Meeting im Stehen ab. Erstens, weil sich damit die Laberzeit automatisch verkürzt; zweitens, weil sich die Leute so mehr und besser aufeinander zubewegen. Ein Tisch symbolisiert immer auch eine Art Schutzwall. Allein die aufrechte Haltung sorgt für weniger Herumlümmeln und mehr Engagement. Wenn überhaupt taugen Tische, um darauf Getränke oder Gebäck für die Pausen abzustellen.

Das alles mag beim ersten Mal befremdlich, vielleicht sogar surreal wirken. Entscheidend ist aber doch, um es mit den Worten eines Bundeskanzlers zu sagen, was hinten rauskommt.

Was mich zum letzten Punkt bringt: Je häufiger solche Treffen stattfinden, desto mehr fragmentieren sie den Tag der Teilnehmer in immer kleinere und deshalb kaum noch produktive Einheiten. Der vielbeschworene Flow findet dann einfach nicht mehr statt. Studien zeigen, dass die Stimmung und Motivation der Belegschaft im nahezu gleichen Maß abnahm, wie die Anzahl der Meetings stieg. Korreliert das mit der Statistik, dass überall auf der Welt die Zahl der Zusammenkünfte zunimmt, sind das nicht gerade aufmunternde Aussichten. Deshalb ist der vielleicht wichtigste Tipp für bessere Meetings: Wann immer Sie darauf verzichten können, sparen Sie sich die Konferenz.

Tipps für produktive Videokonferenzen

Die nahezu flächendeckende Verbreitung billiger Breitbandverbindungen hat in den vergangenen Jahren eine Sonderform moderner Businesstreffen ermöglicht: die Videokonferenz. Via Telefonleitung oder Internet können wir heute global miteinander arbeiten und uns austauschen. Das hat zweifellos zahlreiche Vorteile: Videokonferenzen ermöglichen räumliche Unabhängigkeit bis hin zur Heimarbeit, sie senken Reisekosten (was zudem gut für die Umwelt ist), und sie sparen Zeit. Sie haben aber auch einige Nachteile. Es ist nun mal ein großer Unterschied, ob man sich physisch gegenübersitzt und miteinander diskutiert oder nur mit einer Mattscheibe. Obwohl die Videokommunikation zwei wichtige Kanäle enthält – akustische und visuelle Signale –, kann es leicht zu Missverständnissen kommen oder zu unproduktiven Talkrunden à la Anne Will & Co. Deshalb zum Schluss dieses Kapitels noch ein paar praktische Hinweise, wie speziell Videokonferenzen produktiver werden können:

Vor dem Meeting:

1. Machen Sie eine Agenda für alle: Was soll das Ziel der Konferenz sein? Was soll besprochen werden? Wer muss dazugeschaltet werden? Wann beginnt die Schaltung? Wann ist sie definitiv vorbei?

2. Schalten Sie Störquellen aus. Die meisten Videokonferenzsysteme sind mit Kugelmikrofonen ausgestattet. Im Gegensatz zu Richtmikrofonen nehmen diese alle Geräusche rundherum gleichmäßig auf – und damit auch Straßenlärm von offenen Fenstern, Handyklingeln, hereinplatzende Kollegen. Versuchen Sie solche Störer zu eliminieren, vor allem die akustischen. Tatsächlich ist bei der TV-Konferenz ein guter Ton wichtiger als ein brillantes Bild. Dennoch gilt: Leuchten Sie den Raum ordentlich aus und setzen Sie sich nicht unbedingt ins Gegenlicht, sonst sehen Sie aus wie der leibhaftige Schattenmann.

3. Behalten Sie die Sitzordnung im Auge. Damit ist nicht gemeint, dass Sie sich sorgen sollten, wer neben wem sitzt, sondern dass alle von der Kamera erfasst werden und damit sichtbar bleiben. Stimmen, die aus dem Off zu allen sprechen, irritieren enorm.

4. Vermeiden Sie auffällig gemusterte Kleidung. Fernsehleute scheuen aus gutem Grund Karomuster, leuchtfarbene Hemden, Blusen oder Krawatten sowie starke Kontraste: Diese lassen das Bild flimmern – und das lenkt die Betrachter mächtig ab. Ähnliches gilt für stark funkelnden Schmuck oder andere reflektierende Gegenstände im Raum.

5. Falls Sie das Meeting organisieren: Erscheinen Sie überpünktlich und stellen Sie sicher, dass die Verbindungen stehen, bevor es losgeht. Nichts nervt mehr als Sound- und Funktionschecks während der eigentlichen Sitzung. Das ist wie bei Präsentationen, bei denen der Redner erst einmal sein Betriebssystem reparieren muss, bevor er loslegt, Motto: »Komisch, gestern ging's noch ...«.

6. Ernennen Sie einen Moderator, der das Rederecht verteilt. Während sich bei Meetings, in denen alle physisch anwesend sind, meist der Lauteste durchsetzt, kommt es bei Videokonferenzen (insbesondere bei transkontinentalen) oft zu Übertragungsverzögerungen. Dadurch entstehen bizarre zeitversetzte Konversationen. Spätestens dann braucht es jemanden, der

festlegt, wer noch ausreden darf und wer als Nächster spricht. Und gerade bei Videokonferenzen gilt: Es kann nur einer reden.

Im Meeting:

7. Stellen Sie die Teilnehmer kurz vor oder lassen Sie diese sich selbst präsentieren, falls es keine regelmäßige Runde ist. Das ist nicht nur höflich, sondern ermöglicht hinterher die direkte Ansprache mit Namen. Das wiederum verbindet und baut Konflikten vor. Was auch hilft: übergroße Namensschilder, die auch auf dem Bildschirm noch zu lesen sind.

8. Verhalten Sie sich natürlich: Sprechen Sie in die Kamera, betonen Sie Ihre Sätze normal, aber vermeiden Sie ausladende Gesten. Diese sehen bei Bildübertragungen immer unvorteilhaft und latent aggressiv aus.

9. Wenn Sie etwas gesagt haben, geben Sie anderen mehr Zeit als sonst zu antworten. So erhalten auch die Zugeschalteten die Chance, sich zu Wort zu melden.

10. Bleiben Sie höflich: Flüstern Sie nicht mit dem Nachbarn, checken Sie nicht Ihre E-Mails am BlackBerry und lesen Sie keine Zeitung. Das gilt zwar für alle Meetings, noch mehr aber für TV-Besprechungen, weil es die Übertragungsakustik enorm stört und den Zugeschalteten erst recht ein Gefühl von Abwesenheit vermittelt.

11. Aufpassen mit Kaffeetassen, die Sie ins Meeting mitbringen! Insbesondere wenn Sie diese immer wieder auf dem Tisch abstellen, auf dem die Mikrofoneinheit steht. Das gibt dann sehr laute und sehr hässliche Übertragungsgeräusche. Wenn Sie schon während der Konferenz Kaffee (Tee, Wasser, Saft) trinken müssen, behalten Sie die Tasse (das Glas) bitte in der Hand.

Nach dem Meeting:

12. Fassen Sie die Ergebnisse zusammen und verteilen Sie das Protokoll an alle – zum Beispiel per E-Mail. Das verhindert Missverständnisse und späteren Widerspruch.

Bei mir piept's wohl!

Wenn das Handy fünf Mal klingelt ▪ Wie E-Mails wirken ▪
Tipps für Telefonate mit schwierigen Leuten

»Im Leben eines jeden Büromenschen
gibt es drei einschneidende Ereignisse:
Erstens einen Wechsel des Vorgesetzten,
zweitens den Tod der Topfpflanze
und drittens eine neue Telefonanlage.«
Christian Ankowitsch, Autor

Reden, reden, immer nur reden. Nie hat man seine Ruhe. 97 Millionen Handyanschlüsse gibt es bereits in Deutschland – 18 Prozent mehr als Einwohner. Und als wäre man mit einem Bürotelefon nicht schon kommunikativ ausgelastet genug, klingelt, summt und vibriert es neuerdings auch noch rund um die Uhr in Jacken-, Hosen- und Schultertaschen – BlackBerry, Handy und iPhone sei Dank. Rund 37 Prozent der Menschen fühlen sich offenbar ganz gut dabei, sie halten ihre Sprechhilfen und SMS-Mitteilungen für unverzichtbar. Vor allem für den Job. Am PC kommen dann noch diverse E-Mails dazu. In deutschen Unternehmen erhalten Mitarbeiter täglich schätzungsweise zwischen 30 und 40 solcher Nachrichten. Etwa jeder zweite Arbeitnehmer hat eine eigene Mail-Adresse im Büro, bei den Selbstständigen sind es sogar 76 Prozent, hat einmal eine Forsa-Umfrage ergeben. Immer ansprechbar, immer im Einsatz? Eigentlich eine gute Sache. Zeigt doch das ewige Geklingel auch, dass die Welt ohne einen nicht funktioniert. Es piept, also bin ich wichtig.

Leider sieht die Wahrheit etwas anders aus. Jede dritte Bürokraft hat heute das Gefühl, durch E-Mails, SMS & Co. mit Informationen regelrecht zugeschüttet zu werden (DAK-Gesundheitsreport, 2008). Und erst kürzlich ergab eine Studie unter amerikanischen Internetnutzern, dass die Zahl der Medien, die wir parallel einsetzen, stärker steigt als die Zeit, die wir online verbringen.

Stellen Sie sich bitte vor, wie sich das auf den Job auswirken muss. Ach was – sehen Sie sich einfach nur um! Die »permanente Halbaufmerksamkeit«, die dadurch ausgelöst wird und die die amerikanische Autorin und Ex-Microsoft-Managerin Linda Stone einmal so genannt hat, beeinträchtigt bereits in gravierendem Maß unseren Alltag, unsere Lernfähigkeit, unsere Kreativität und unser Ausdrucksvermögen. Zwar amüsieren wir uns nicht zu Tode, wie es einst der Medienkritiker Neil Postman befürchtete. Dafür aber kommunizieren wir bis zur geistigen Flatrate. Sogar wörtlich. Als Forscher des Londoner King's College Büroangestellte beobachteten, die neben ihrer Arbeit fortwährend E-Mails lasen und schrieben, stellten sie ernüchtert fest, dass diese Leute so arbeiteten, als hätten sie einen um bis zu zehn Punkte geringeren Intelligenzquotienten als sonst. Zum Vergleich: Das Rauchen eines einzigen Joints verringert das geistige Potenzial allenfalls um vier IQ-Punkte.

Verstehen Sie mich nicht falsch. Ich sage nicht, Handys machen so dumm wie kiffen. Man kann dem Hammer schließlich auch nicht vorwerfen, dass er auf den Finger drischt. Aber ich fürchte, wir sind an dieser Dauersendungsmisere selbst schuld. »Man kann nicht nicht kommunizieren«, wusste zwar schon der Philosoph Paul Watzlawick und meinte damit vor allem die subtilen Signale, die selbst vom Schweigen ausgehen. Der Satz stimmt aber auch in seiner doppelten, modernen Bedeutung: Egal, welchen Beruf Sie ausüben – an der Multi-Kanal-Kommunikation kommen Sie heute einfach nicht mehr vorbei. Erst recht, wenn Sie im Beruf weiterkommen und Karriere machen wollen. Es gehört mittlerweile zum guten Ton, auf allen Kanälen zu senden. Niemand wirkt monotoner als ein verortetes Funkloch. Und die besten Ideen, die meisten Erfahrungen, die höchste Fachkompetenz nutzen nichts, wenn man sein Wissen nicht präsentieren, weiterleiten und uploaden kann. Selbst wer nur mit Geschäftspartnern in spe ins Gespräch kommen, eine angenehme Atmosphäre aufbauen oder sich einfach nett unterhalten will, braucht heute kommunikative Stärken – in Wort, Schrift und in maximal 140 Zeichen wie etwa bei Twitter.

Allerdings gibt es Unterschiede zwischen belanglosem Plaudern, einer kunstvollen Präsentation und echter Konversation. Erstere ist immer irgendwie amüsant, Zweites hoffentlich lehrreich, aber ein gutes Gespräch zu führen ist mehr. Der Unterschied zwischen Reden und Gerede liegt schlicht und ergreifend im Fokus, in der Konzentration auf das Gegenüber. Ein Beispiel dazu: Eine junge Frau geht durch die Klapptür einer U-Bahn in London und bleibt stecken. Sie ruft in die Menge, dass ihr bitte jemand helfen möge. Niemand reagiert. Alle gehen weiter, keiner hilft. Die Frau wird immer verzweifelter. Doch dann erinnert sie sich an einen Schlüsselsatz während ihrer Kampfsportausbildung: Wenn du ein Problem hast, fokussiere deine Energie. Also sucht sie sich gezielt einen Menschen aus der Menge heraus und spricht ihn direkt an: »Hey Sie, ja, Sie da, im braunen Mantel! Ich stecke hier fest. Bitte rufen Sie sofort die Aufsicht und helfen Sie mir!« Und tatsächlich: Der Mann reagiert und die Frau wird kurz darauf befreit.

Die Anekdote lässt sich problemlos auf den Büroalltag übertragen: Nur weil wir ständig und mit vielen Menschen parallel quatschen, heißt das nicht, dass wir wirklich mit ihnen reden. Deswegen kommt ja auch häufig so wenig dabei heraus. Wir glauben, wir wären kommunikativ, aber in Wahrheit sind wir allenfalls unterhaltsam. Es gibt Studien, die zeigen, dass Menschen ein Gespräch dann als besonders wertvoll einstufen, wenn sie die meiste Zeit selbst geredet haben – vor allem über sich selbst: die eigenen Stärken, Erfolge, die Arbeit, ihre Genialität. Männer sind darin nahezu unschlagbar – vor allem in Gegenwart von attraktiven Frauen. Ein Irrglaube. Ein echtes Gespräch kommt erst zustande, wenn wir die Beziehung zum Gegenüber ins Blickfeld rücken. Es verbindet zwei Menschen, die nicht nur jeweils eigene Ideen austauschen, sondern sich wirklich annähern wollen. Auch wenn es in diesem Kapitel mehrheitlich um die Bewältigung aufdringlicher Mentalathleten mit Besinnungsdiarrhö geht: Behalten Sie bitte im Hinterkopf, dass das zum Teil auch eigenes Verschulden sein kann und man selbst von solchen Menschen lernen und den eigenen Horizont erweitern kann – vorausgesetzt, man behandelt sie wie einen neuen Kollegen: Dem gibt man ja auch erst mal eine Chance.

Wie E-Mails wirken

Die Kommunikation via E-Mail ist im Büroalltag längst an die Stelle gerückt, die früher Memos, Aktennotizen oder Kurztelefonate eingenommen haben. Eine E-Mail ist schnell geschrieben und genauso schnell beantwortet. Doch schnell ist nicht gleich gut. Eine flüchtig versandte Anfrage hier, eine impulsive Reaktion auf ein Ärgernis dort, ein paar Rechtschreibfehler und fehlender Stil – schon entsteht beim Empfänger ein bestimmtes Bild vom Verfasser und damit womöglich ein dauerhaft schlechter Eindruck. Es gehört zu den Eigentümlichkeiten dieser digitalen Textbotschaften, mehr Emotionen auszulösen als sie de facto enthalten.

Und es ist schon interessant, was da so alles in einer simplen E-Mail mitschwingt. Deren Wirkung beginnt offenbar schon bei der Absenderkennung. Vor einigen Jahren untersuchten zum Beispiel die Psychologen Mitja Back, Stefan Schmukle und Boris Egloff von der Universität Leipzig die E-Mail-Adressen von rund 600 Schülern im Alter zwischen 15 und 18 Jahren und verglichen diese mit deren Persönlichkeitseigenschaften, die sie zuvor per Fragebogen ermittelt hatten. Normalerweise würde man vermuten, dass es da keinen Zusammenhang gibt. Doch weit gefehlt: E-Mail-Adressen, so die Forscher, taugen durchaus als Psychogramm des Absenders, sie sind ein Spiegel seiner Persönlichkeit. So waren die Schüler mit ausgefallenen, kreativen und witzigen E-Mail-Adressen auch im realen Leben extrovertiert und offen. Niedliche Namen wiederum stellten sich als starkes Indiz für einen gutmütigen und verträglichen Menschen heraus, während großspurige (der_macher@ alleskoenner.de) oder gar anzügliche Adressen (honey.

> Wer mailt, lügt mehr, so eine Studie der DePaul-Universität in Chicago. Bei dem Experiment bekamen die Probanden 89 Dollar, von denen sie einen Teil abgeben sollten – wie viel blieb ihnen überlassen. Die Empfänger wiederum wussten nur, dass es sich um einen Ursprungsbetrag zwischen fünf und 100 Dollar handelte. Ganze 92 Prozent der Spender logen jedoch gezielt und gaben per Mail an, im Schnitt nur 56 Dollar erhalten zu haben, andere behaupteten gar, mit 29 Dollar den größeren Teil abzugeben.

bunny69@hotmail.de) eher einen Narziss entlarvten. Nun werden Sie vielleicht sagen: »Das sind ja auch Kinder. Die wissen es nicht besser. Und in der Firma kann ich mir meine E-Mail-Adresse sowieso nicht aussuchen.« Stimmt. Aber Sie haben ja vielleicht auch eine private E-Mail-Adresse. Außerdem bemerkenswert an dieser Studie ist, dass auch solche Probanden von Fremden als besonders gewissenhaft eingestuft wurden, deren Mailbox auf »de« endete. Hinter einer »com«-Endung vermutete die Mehrheit der Umfrageteilnehmer eine weniger penible Person. Jedenfalls in Deutschland.

E-Mails sind – unabhängig vom Inhalt und ihrer Länge – komplexe Botschaften. Und die sagen immer zweierlei: a) etwas über den Sender und b) etwas darüber, was der vom Empfänger hält. Viele vergessen, dass E-Mails, so schnelllebig sie auch sind, vom Empfänger gelesen werden wie Papierbriefe. Allein aus diesem Grund sollten E-Mails an wichtige Leute (zum Beispiel den Chef oder wertvolle Kunden) nicht mal eben so weggetippt wirken. Spam sieht so aus. Aber doch bitte nicht Ihre Korrespondenz? Deshalb gilt für elektronische Briefe wie für gedruckte Schriftstücke: Fasse dich kurz, sei präzise und bleibe immer (!) höflich.

Apropos: Achten Sie einmal auf die Grußformeln am Ende einer E-Mail. Diese Schlusssentenzen sind keinesfalls eine obligate Dreingabe – auch wenn sie sich wie Floskeln lesen. Tatsächlich drücken sie, wenn auch subtil, Wertschätzung und Kundenorientierung aus und können der Post einen ganz persönlichen Dreh geben – oder auch nicht. Zur Verdeutlichung habe ich Ihnen die wohl gängigsten Grußformeln samt deren Subtext zusammengestellt:

»Mit freundlichen Grüßen« Der Klassiker. Daran ist nichts falsch. Nur ist der Gruß wegen seiner häufigen Verwendung eben auch sehr unpersönlich. Selbst Arbeitgeber, die kündigen, oder Anwaltsschreiben enden so. Wenn Sie schon freundlich grüßen wollen, warum dann nicht durch »Beste Grüße«, »Schöne Grüße« oder »Herzliche Grüße«? Übrigens: Laut DIN 5008 wird die Grußformel immer (!) durch eine Leerzeile vom vorherigen Text abgesetzt.

»Beste Grüße aus Köln« Klingt innig, tatsächlich aber lautet die sublime Botschaft hierbei: Ich grüße dich aus meiner Hochburg, du Wicht im Nirgendwo! De facto nimmt der Absender sich selbst wichtiger als den Empfänger. Wesentlich wertschätzender wäre: »Liebe Grüße nach Köln, München, Berlin …« Kleines Wort, große Wirkung! Das »nach« drückt sofort echte Empfängerorientierung aus.

»Hochachtungsvoll« Ist vielleicht ein bisschen antiquiert und liest sich deshalb distanziert – und doppeldeutig. Zuweilen verbirgt sich dahinter auch Ironie.

»Herzlichst« Superlative wie »Freundlichst«, »Herzlichst«, »Allerliebst« sind im Geschäftsalltag definitiv zu viel des Guten. Erstens, weil sowieso jeder weiß, dass das nicht stimmt; zweitens, weil sich dadurch die Wirkung verkehrt.

»Liebe Grüße« genauso wie »Viele liebe Grüße« sind sehr persönliche Formeln. Sie bleiben in der Regel guten Freunden und engen Vertrauten vorbehalten. In der Geschäftskorrespondenz sind sie eher unangebracht. Wer neutral bleiben will, schließt besser mit »Viele Grüße«.

»MfG«, »LG« Die Kurzformen von »Mit freundlichen Grüßen« (MfG) beziehungsweise »Liebe Grüße« (LG) haben sich durch SMS und E-Mail stark verbreitet, wirken aber immer seltsam lieblos und geringschätzig, Motto: *Für dich hab ich nicht mal die Zeit, das auszuschreiben.* Bei schnellen Mitteilungen unter Kollegen oder Bekannten spricht nichts dagegen – hier dominiert schließlich die Information vor der Form; gegenüber Kunden, Geschäftspartnern oder Chefs ist es aber respektlos.

»Gruß« Wegen ihrer Kürze wird die Formel ebenfalls gerne in Mails oder Kurzmitteilungen verwendet, sie gilt inzwischen jedoch als Standard-Gruß, falls dieser eben nicht mehr ganz so freundlich gemeint ist. Also etwa bei Streitigkeiten mit seinem Vermieter, seiner Bank, einem Dienstleister. Die Formulierung kann deshalb leicht zu Missverständnissen und atmosphärischen Störungen führen.

»Mit den besten Wünschen für ein schönes Wochenende!« Kreative Grüße wie dieser oder »Grüße ins sonnige [Ort]« sowie Adaptionen à la »Freundlich grüßt Sie« werden zwar immer beliebter, weil sie individuell sind und auffallen. Aber: Wenn der Satz nicht sitzt, sieht das nur bemüht aus. Knapp vorbei ist dann leider völlig daneben und die freundlichen Grüße mutieren zur Profil-Prosa.

Nicht minder verräterisch sind die unterschiedlichen Mitteilungsstile, die manche im Berufsalltag pflegen. Denken Sie etwa an jene Kollegen, die ihre Mails stets mit der Priorität »hoch« versenden und zugleich eine automatische Lesebestätigung anfordern. Das finden Sie unsympathisch? Sie haben völlig recht damit. Denn unterschwellig spüren Sie längst einen Kontrollfreak mit ausgeprägtem Anspruch, der Sie offenbar auch noch unter Druck setzen will: *Ich weiß, dass du weißt, dass ich weiß, dass du die Mail gelesen hast. Also: antworte, aber zack-zack!* Auch jene, die immer das letzte Wort haben müssen, die auf alles antworten und erst aufgeben, wenn nichts mehr zurückkommt, die Epilog-Terrier eben, können ungemein anstrengend sein. Gut zu erkennen sind diese Pingpong-Mailer daran, dass sich ihre Betreffzeile immer weiter mit Replikhinweisen füllt (Betreff: Re: Re: Re: Re:) statt mit echtem Inhalt. Schade um die Zeit.

Deutlich angenehmer ist da schon der Kollege, der auf sehnenscheidengefährdende Anrede- oder Grußformeln prophylaktisch verzichtet und sie durch kryptische Buchstabenfolgen ersetzt. Wer seine Mitteilungen derart wortkarg mit »z. k.« (zur Kenntnis), »fyi« (for your information) oder u. a. w. g. (um Antwort wird gebeten) anmoderiert, dokumentiert zwar nicht unbedingt Sinn für Sprachästhetik, ist dafür aber ganz sicher jemand, der in seinem Job voll aufgeht und vor allem eines tut: funktionieren. Solche Kollegen sind langweilig, aber harmlos.

Ganz im Gegensatz zu den Absendern von Betreffzeilen à la: »An: Alle. Wir sollten das dringend erledigen!« Nicht nur, dass es extrem aufdringlich ist, seine Eingebungen über den großen Verteiler zu jagen. Es verrät auch die Windmaschine dahinter. Hier schreibt jemand mit ausgeprägtem Aufmerksamkeitsdefizitsyndrom, der Beifall heischend ausdrücken will: »Heureka, ich hab's!«, daraus aber ableitet, dass das Problem bitte »alle« (also andere als er) erledigen sollen. Lassen Sie sich von dem auffällig oft verwendeten »Wir« in seinen Mails nicht blenden. In ihm wohnt in Wahrheit ein »Ihr«. So einer verdient nur eine Antwort: »Gute Idee. Kümmerst du dich bitte darum?«

Bei all diesen gerade beschriebenen und sicher oft auch berechtigten Repliken sollten Sie allerdings vorsichtig sein. Denn anders als bei der verbalen Kommunikation fehlen beim Schreiben körpersprachliche Signale wie Tonfall, Gestik oder Mimik. Dadurch kommt weniger Information beim Empfänger an als bei einem Telefonat oder Vieraugengespräch und manch hektisch getippte Zeilen geraten schnell in den falschen Hals. Ironie oder scherzhaft Gemeintes wird zum Beispiel fast nie erkannt – auch der sonst übliche Smalltalk, dessen Zweck es ist, eine gute Atmosphäre zu schaffen, funktioniert bei elektronischen Mitteilungen nicht. Das anfängliche Wie-geht's-den-Kindern-Ritual gibt es online zwar auch – nur verpufft seine Wirkung, weil sich E-Mail-Konversationen häufig über Stunden oder sogar Tage hinziehen. Hinzu kommt, dass Menschen in der Regel dazu neigen, Fehlverhalten anderer entsprechend zu

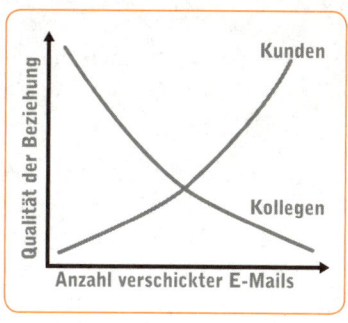

quittieren: Sie rächen sich. In einem persönlichen Gespräch bemerkt man schnell, wenn man in einen Fettnapf getreten ist, kann das Gesagte dann sofort korrigieren oder ergänzen, sich entschuldigen und den Dialog auf die Sachebene zurücklenken. Bei E-Mails ist das unmöglich. Der Verärgerte kann den unliebsamen Passus immer und immer wieder studieren – so lange, bis er sich vollends in Rage gelesen hat. Wehe dem, der dann seine Antwort erhält! Schlimmer noch: Da der Adressat zum Zeitpunkt des Empfangs meist in seinem Mikrokosmos Büro hockt, wird seine Reaktion auch noch maßgeblich vom Umfeld und nicht von Ihren Worten beeinflusst. Wer gerade Ärger mit dem Chef, dem Kollegen oder seinem PC hatte, interpretiert womöglich selbst neutrale Worte schon als Affront und kontert mit einer gewaltigen Retourkutsche. Nicht selten ist das der Beginn einer digitalen Vendetta.

Schenken Sie deshalb bitte auch scheinbar bedeutungslosen Füllwörtern oder Satzzeichen besondere Beachtung. Die Frage »Weiß jemand, wo Kollege Müller ist?« bedeutet etwas völlig anderes als die mit drei Fragezeichen versehene und um ein Hilfswort angereicherte Variante: »*Weiß überhaupt jemand, wo Kollege Müller ist?*???« Sogenannte *Emoticons* oder *Smileys* können manchen Botschaftsmangel zwar lindern – im Geschäftsverkehr wirken sie aber albern und entlarven letztlich nur die Hilflosigkeit des Autors bei der Suche nach dem treffenden Wort. Wer besser mailen möchte, sollte deshalb folgende Empfehlungen beherzigen:

1. Schreiben Sie so, als würde Ihnen der Empfänger über die Schulter schauen. Könnten Sie ihm dasselbe auch ins Gesicht sagen? Falls nicht: Formulieren Sie um!

2. Beantworten Sie Mails auf der Beziehungsebene, auf der sie geschrieben wurden: Beginnt der Brief mit der Anrede »Sehr geehrte Damen und Herren«, antworten Sie bitte nicht mit »Hi!«

3. Überladen Sie Ihre Mails nie mit einer Aneinanderreihung von Argumenten. Gehen Sie stattdessen Punkt für Punkt vor, Mail für Mail – auf diese Weise verhindern Sie, dass sich der andere überrollt fühlt und sich Missverständnisse anhäufen. Erinnern Sie Ihren Konversationspartner lieber ab und zu an Ihre Beziehung und gemeinsame Erlebnisse. Das relativiert vieles.

4. Verzichten Sie darauf, Mails in Kopie ungefragt an Dritte weiterzuleiten. Vor allem, wenn Sie so ein Publikum für Ihren Disput suchen. Wer auf diese Weise in die Kampfarena gezerrt wird, fühlt sich zu Recht genötigt. Ähnliches gilt für die Blindcopy-Funktion, mit der eine Mail unbemerkt weitergeleitet wird. Ein feiger Heckenschützenangriff.

5. Und selbst wenn Sie mal persönlich angegriffen werden: Schießen Sie nicht zurück. Beleidigungen und Beschimpfungen können ein juristisches Nachspiel haben. Und alles, was Sie schreiben, ist spätestens mit dem Versand der E-Mail dokumentiert. Bevor Sie also eine wütende Mail abschicken, schlafen Sie besser eine Nacht darüber. Drängt die Zeit, dann zeigen Sie den Text einem Vertrauten und bitten Sie um sein Urteil.
6. Vermeiden Sie alles, was vom Empfänger als aggressiv, misstrauisch oder herabwürdigend gewertet werden könnte. Schon eine E-Mail, die ausschließlich in Kleinbuchstaben verfasst ist, kann vom Empfänger als Zeichen der Geringschätzung gewertet werden. Vermeiden Sie umgekehrt aber auch die Schreibweise in Großbuchstaben: Das wirkt aggressiv und bedeutet im allgemeinen Verständnis, dass Sie den anderen anschreien.
7. Falls ein Konflikt eskaliert, verzichten Sie auf jede weitere E-Mail und greifen Sie zum Telefonhörer, noch besser: Suchen Sie das Vieraugengespräch. Alles andere könnte nur wieder missverstanden werden.

Es gibt allerdings noch einen Sonderfall: Die Kurzmitteilung an den Chef. Ich sage bewusst *Kurzmitteilung*, denn niemand sollte versuchen, seinen Boss durch die Länge seiner Zeilen zu beeindrucken. Das Gros der Manager hat wenig Zeit und noch weniger Lust, die Essenz aus 100 Zeilen zu destillieren. Kommen Sie gleich zum Punkt, dann wird Ihre Notiz umso lieber gelesen. Selbst wenn es um komplizierte oder detaillierte Projektbeschreibungen geht, ist es besser, das Manuskript in Bulletpoints zu unterteilen – beginnend mit den wichtigsten Punkten. Das gliedert die Mail in übersichtliche und leichter verdauliche Happen. Ideal ist etwa auch, Stichwörter zu Beginn jedes Punktes zu verfassen und diese zu fetten. Die jeweiligen Themen springen so als Signalgeber ins Auge und der Chef muss nicht lange nach den für ihn relevanten Punkten suchen. Diese Logik sollten Sie ebenso auf die Betreffzeile übertragen. Viele Briefautoren formulieren diesen Anreißer deskriptiv und deshalb falsch, Motto: »Die Antworten zu Ihren Fragen zum Projekt XY«. Das klingt so aufregend wie die Einladung zu einem Diavortrag. Ich behaupte, dass Ihre Mail schneller und aufmerksamer gelesen wird, wenn Sie auch an dieser Stelle eine

Art Reizwörter-Stakkato einsetzen: »Erste Erfolge des Projekts XY / Was nun zu tun ist«.

Was bei Ihrem Boss buchstäblich ankommt und was nicht, ist allerdings letztlich eine Frage seines Kontaktstils. Der eine bevorzugt regelmäßige Wasserstandsmeldungen, sogenannte *status reports*. Andere wollen nur angemailt werden, wenn sie etwas entscheiden müssen. Wieder andere bekommen lieber eine Mail, in der alle wichtigen Meldungen und Fragen auf einmal enthalten sind. Außerdem bleibt noch die Frage, ob Ihr Chef seine Post schon morgens abarbeitet oder eher am Abend. Im zweiten Fall ist es klüger, die Mail möglichst spät am Tag abzuschicken, dann liegt sie im Posteingang nämlich relativ weit oben und wird schneller beantwortet als eine, die dort schon einen ganzen Tag gammelt.

Tipps für Telefonate mit schwierigen Leuten

Moderne Kommunikationsmittel hin oder her – das Telefon ist im Berufsalltag noch immer das Medium Nummer eins. Insbesondere beim Erstkontakt. Damit ist es zugleich eines der wichtigsten Aushängeschilder von Mitarbeitern und Unternehmen. Denn die Art, wie wir mit Anrufern sprechen, oder reagieren, wenn wir angerufen werden, reflektiert sofort, wie offen und kundenorientiert wir und damit das Unternehmen, für das wir arbeiten, sind. Und manchmal spiegelt es sogar das Betriebsklima wider – etwa, wenn im Hintergrund keiner Rücksicht darauf nimmt, dass Sie gerade telefonieren müssen.

Ein Mindestmaß an Manieren ist deshalb Pflicht. Konkret heißt das: Wer anruft, grüßt und stellt sich selbstverständlich auch vor; wer angerufen wird, meldet sich mit Nachnamen oder mit Vor- und Nachnamen, nicht aber in der dritten Person mit Herr oder Frau (»Hier ist Frau Mustermann …«). Bewährt hat sich bei Angerufenen die Formel: Name, Firma, gegebenenfalls noch ein »Guten Tag«. Der Anrufer hat so etwas Zeit, um sich auf Ihre Stimme einzustellen und merkt gleich, ob er richtig verbunden ist.

Es kommt allerdings vor, dass man von einem Wüterich angerufen wird, der sofort mit der Tür ins Haus fällt und mit übelsten Beschimpfungen loslegt. Auch in diesem Fall gilt: souverän und ruhig bleiben und versuchen, den Streit zu deeskalieren. Also nicht: »Sie vergreifen sich im Ton! Wenn Sie nicht aufhören, lege ich sofort auf.« Das wäre zwar gerechtfertigt, ist aber der letzte Schritt. Besser Sie sagen erst: »Sie werden gerade persönlich. Ich gehe davon aus, dass das nicht Ihre Absicht war. Worum geht es denn genau?« Wer dabei noch seine Stimme im Zaum hält, langsam und entspannt weiterspricht, bekommt einen Diplomatiepreis.

Darüber hinaus gibt es drei klassische Methoden, wie sich Vielschwätzer stoppen lassen. Die erste und simpelste ist der *Namensruf*. Dabei nennt man so lange den Namen des Anrufers, bis der- oder diejenige sich angesprochen fühlt und innehält: »Frau Schmidt ... Frau Schmidt! ... Frau Schmidt!!!« Voraussetzung ist allerdings, dass Ihr Gesprächspartner seinen Namen nennt. Und bei Anrufern mit Doppelnamen empfehle ich diese Technik gar nicht. Das führt allenfalls zu unfreiwilliger Komik. Hier eignet sich eher die zweite Taktik, die im Fachjargon *Unterbrechung mit Simultansequenzen* genannt wird. Das klingt komplizierter als es ist: Gemeint ist, die Schwatzbacke einfach totzureden. Dazu schnappen Sie sich ein Stichwort aus dem unheiligen Monolog, holen tief Luft und reden dann möglichst laut über sein Gelaber hinweg. Verloren hat, wer leiser ist und wem zuerst die Puste ausgeht. Die dritte Masche ist zum Teil nonverbal und funktioniert daher nur bedingt am Telefon, verfügt aber über enorme Durchschlagskraft. Dabei wird der Permaplauderer durch Räuspern, verstärkte Gestik und eifriges Mitschreiben derart verunsichert, dass er aus dem Konzept kommt. Entscheidend dafür ist aber, dass der andere das alles mitbekommt. All diese Manöver sind freilich nur mit Bedacht einzusetzen. Schließlich ist der Kunde König, richtig?

Falsch. Denn wie immer gibt es auch hier Ausnahmen. Dann etwa, wenn Sie es mit einem völlig durchgeknallten Tyrannen zu tun bekommen. Solche Kunden (oder Klienten) blockieren nur wertvolle Ressourcen und treiben Mitarbeiter wie Chefs in den Wahnsinn. Die fünf klassischen Typen hat vermutlich jeder schon erlebt, der im Vertrieb arbeitet oder regelmäßig Kunden betreut. Da gibt es etwa ...

- **... den Durchblicker.** Dieser Typ beherrscht die Alle-sind-doof-außer-mir-Attitüde aus dem Effeff. Er weiß alles grundsätzlich besser – dazu gehört auch, wie Sie Ihren Job zu machen haben oder wie Ihr Unternehmen endlich erfolgreich werden würde. Sein Wissen bezieht er in der Regel aus der Lektüre einschlägiger Periodika, dem Internet und dem,»was man so hört«. Was er hingegen überhört, sind Ihre Erfahrung und Expertise, die er aber eigentlich gerade gerne ausnutzen würde.
- **... den Reklamierer.** Egal, ob Sie eher liefern als vereinbart, besser oder billiger – der Typ ist nie zufrieden. Irgendeinen Makel findet er. Er sucht ja auch danach. Weshalb er Ihnen das Ergebnis umgehend mitteilt. Mindestens. Manchmal zieht er den vermeintlichen Mangel auch gleich von der Rechnung ab und schwärzt Sie bei Ihrem Chef an.
- **... den Nimmersatt.** Reichen Sie ihm den kleinen Finger, zerrt er schon am Schultergelenk. Dieser Typ versucht immer noch mehr herauszuschlagen. Schamgrenzen kennt er nicht, genauso wenig Fairness. Was zählt, ist allein sein maximaler Vorteil.
- **... den Zeitfresser.** Zuhören ist seine Stärke nicht. Während der Angebotsphase lauscht er allenfalls mit einem Ohr Ihren Einschränkungen und Erläuterungen zum Lieferumfang. Dafür bombardiert er Sie später mit gefühlten 1000 Rückfragen – natürlich nie ohne Sie gleichzeitig darauf hinzuweisen, wie viel er Ihnen dafür eigentlich bezahlt.
- **... den Terroristen.** Erst fragt er Sie nach Ihrer Privat- oder Handynummer – natürlich nur für Notfälle! Dann ruft er Sie an: pausenlos, an Wochenenden, abends um 23 Uhr, morgens ab 6 Uhr – und immer nur wegen Kleinigkeiten, die aber nie Aufschub dulden. Selbstverständlich erwartet er prompten Service ohne Aufpreis.

Ob Sie diese Nervensägen nun in Reinform kennen oder als Komposita aus mehreren Typen – es gibt für Sie nur eine sinnvolle Empfehlung: Trennen Sie sich von solchen Leuten. Und wenn Sie das nicht dürfen, überzeugen Sie Ihren Boss davon. Die Erfahrung lehrt: Solche Kunden bringen nur selten großen Umsatz, belasten aber das Unternehmen und die Mitarbeiter über Gebühr. Falls Sie also den Entschluss fassen, auf diese fleischgewordenen Konfliktherde zu verzichten, stehen Ihnen ein paar Trennungsoptionen zur Auswahl. Je mehr Sie davon umsetzen, desto besser:

1. **Trennen Sie sich schriftlich.** Das lässt sich am besten steuern, vermeidet Missverständnisse und hält die Emotionen klein.
2. **Seien Sie ehrlich, aber nicht zu ehrlich.** Bleiben Sie unbedingt professionell und höflich. Sagen Sie ihm nett, dass Sie sich eine weitere Zusammenarbeit nicht mehr vorstellen können. Oder dass Ihr Unternehmen sich künftig anders orientieren möchte. Lassen Sie sich aber nicht dazu hinreißen, dem Kunden zu sagen, was für eine Pfeife er ist. Das versteht er sowieso nicht, dafür schürt es Aggressionen. Machen Sie im Büro nach erfolgreicher Mission lieber eine Flasche Schampus auf.
3. **Bieten Sie Alternativen.** Setzen Sie den Kunden nicht einfach so vor die Tür. Gut, er hat Sie schäbig behandelt. Aber müssen Sie sich auf sein Niveau begeben? Empfehlen Sie ihm doch einen alternativen Dienstleister – womöglich Ihren ärgsten Widersacher. So schlagen Sie gleich zwei Fliegen mit einer Klappe.
4. **Achten Sie darauf, dass alle Rechnungen bezahlt sind.** Bevor Sie mit einem ungemütlichen Klienten Schluss machen, sollten alle Rechnungen beglichen sein. Sie ersparen sich so eine Menge Ärger bei der Abwicklung. Verschmähte Nervensägen haben die Angewohnheit, säumig zu zahlen.
5. **Bleiben Sie nichts schuldig.** Umgekehrt gilt das genauso: Nehmen Sie dem Kunden jeglichen Wind aus den Segeln, indem Sie sich durchweg korrekt und professionell verhalten. Alles andere könnte er nutzen, um Ihren Ruf zu schädigen.
6. **Wenn nichts hilft: Erhöhen Sie die Preise.** Und zwar saftig. Wenn der Typ schon nicht von Ihnen lassen will, dann kassieren Sie eben ab sofort eine Schmerzzulage. Bilanzieren Sie nüchtern, was Sie der Typ tatsächlich kostet und lassen Sie ihn das auch bezahlen. Zieht er dann immer noch nicht Leine, ist wenigstens Ihre Bilanz ausgeglichen.

Komm, oh schöpferischer Geist!

Schalten Sie ab, wenn Sie kreativer werden wollen ▪ Was
kreative Menschen auszeichnet ▪ So sprudeln die Ideen

»Alle großen Ideen scheitern an den Leuten.«
Bertolt Brecht, Dichter

Es ist leider so: Die besten Ideen werden regelmäßig fernab vom Schreibtisch geboren. Beim Duschen etwa, beim Joggen, im Schlaf oder, nun ja, auf der Toilette. Als die Schweizer Universität St. Gallen einmal Ingenieure danach befragte, wo diese von Geistesblitzen heimgesucht würden, war der Arbeitsplatz überraschenderweise nicht dabei. Stattdessen erhielten 76 Prozent der Befragten ihre Eingebungen im Urlaub, beim Spazierengehen oder beim Zähneputzen.

Psychologisch lässt sich das leicht erklären. Damit der menschliche Geist kreativ werden kann, muss er entspannt sein. Druck, Monotonie und vier immer gleiche Wände um einen herum sind pures Gift für die Inspiration. Nicht ohne Grund zog und zieht es Künstler, Dichter und Gelehrte zur Ablenkung vom Alltag beharrlich in die Natur. Wer dagegen den ganzen Tag im Büro hockt, stur auf seinen Bildschirm starrt, Akten wälzt und dabei auf eine zündende Idee hofft, wird höchstwahrscheinlich lange warten. Routinen zwingen die Gedanken in eine lineare und damit vorhersehbare Richtung. Kreativität entsteht aber erst dann, wenn ein Teil des Gehirns freie Assoziationen vornehmen kann, wenn es ungewöhnliche Reize empfängt und beginnt (neue neuronale Netze) zu spinnen. Zudem verbinden die meisten Menschen mit ihrem Schreibtisch instinktiv Begriffe wie »Arbeit«, »Ärger«, »Stress«. Das hemmt zusätzlich. Bedauerlicherweise, muss man sagen.

> Dösen macht erfinderisch. In diesem Zustand erwacht die rechte Gehirnhälfte, während die linke, logisch ordnende Gehirnhälfte abschaltet. Sie kommt erst später wieder zum Einsatz, wenn aus den Phantastereien eine brauchbare Idee entsteht. Während des Tagträumens aber genießt unser Geist die Frischluft der freien Assoziation und bekommt die nötige Zeit, damit er bekannte Informationen zu neuen Gedanken verknüpfen kann

Denn auf kreative Impulse kommt es heute an. Überall fordern Bosse ihre Belegschaften zu mehr Inspiration und Innovationen auf, weil das die einzige Chance ist, im globalen Wettbewerb zu bestehen. Billig produzieren können viele, aber nur wenige können es besser. Bundeskanzlerin Angela Merkel entwickelte deshalb sogar das Diktum eines »kreativen Imperativs« für Deutschland. Das war allerdings eine Schnapsidee. Geistesblitze gibt es nicht per Dekret. Allenfalls lassen sie sich fördern. Wie es zum Beispiel der Automobilhersteller Audi vormacht. Zu dem Zweck hat das Unternehmen eine *Ideen-Agentur* eingerichtet. Wer dort gute und verwertbare Einfälle abliefert, erhält nicht nur eine Prämie, sondern auch Einladungen zu Events oder speziellen Workshops, die man so nicht buchen kann. Viele spornt das offenbar an, denn nach eigenen Angaben bringt Audi diese gezielte Förderung von Geistesblitzen in der Belegschaft einen finanziellen Vorteil von rund 50 Millionen Euro im Jahr.

Am Arbeitsplatz die Devise auszugeben: *Seid jetzt mal alle schön kreativ!* ist jedenfalls so effektiv wie einem Depressiven zuzurufen: *Sei doch mal wieder froh!* Als sich *Die Zeit* Ende 2008 dem Thema Innovationsmanagement widmete, merkte die Autorin Alexandra Werdes völlig zu Recht an, dass der Einfall immer auch ein Störfall ist. Er bricht mit Traditionen und verlangt Anpassung. Das mögen aber die wenigsten. Deshalb braucht es für mehr Kreativität im Büro eine entsprechende Kultur, die Andersdenken und Andersdenkende respektiert und Anregungen zulässt, statt sie sofort zu zensieren. Das schließt mit ein, dass der bessere Gedanke auch mal aus einer anderen Abteilung kommen darf oder eben nicht vom Chef, sondern vom sogenannten kleinen Mann – der dafür aber ganz nah dran ist am praktischen Problem. »Das Thema ist nicht, die Kreativität zu steigern, denn entweder ist ein Mitarbeiter kreativ oder er ist es nicht. Ich muss nur verhindern, dass Kreativität in der Bürokratie untergeht oder an Budgets scheitert«, sagte zum Beispiel Hermut Kormann, Mitgründer der Wissensfabrik, in einem *Handelsblatt*-Interview. Wer also auf die Erleuchtungen seiner Mitarbeiter setzt, tut gut daran, diese einen Teil ihrer Arbeitszeit vom Schreibtisch zu verbannen und auf Reisen, Messen, Seminare, Kongresse oder sonst wohin zu schicken, um sie auf andere Gedanken zu bringen. So wie bei Google, wo Angestellte seit jeher nebenbei kickern, flippern, telespielen und sogar 20 Prozent ihrer regulären Arbeitszeit in eigene Projekte investieren dürfen – und dabei so amüsante Dinge geschaffen haben wie etwa den Flugsimulator für GoogleEarth.

Die Harvard-Professorin Teresa Amabile gehört zu den Koryphäen im Bereich der Kreativitätsforschung. Für eine ihrer Studien wertete sie einmal rund 12 000 Tagebucheinträge von 238 Menschen aus, die sich kreativ betätigt hatten. Ihr Fazit: Zeitdruck eignet sich überhaupt nicht, um Büros eine mentale Frischzellenkur zu verpassen. Im Gegenteil: Wer unter Zeitdruck stand, war sogar besonders unkreativ. Der permanente Stress nahm den Leuten jede Gelegenheit, sich mit einem Thema intensiver zu beschäftigen und ihre Ideen reifen zu lassen. Fast noch schlimmer daran aber war: Selbst als sich die Mitarbeiter wieder entspannten, blieben sie unproduktiver als sonst – über mehrere Tage hinweg.

Falls Sie also gerade an der zündenden Idee laborieren und sich bemühen, etwas besonders Originelles auszubrüten, einen pfiffigen Einstieg für Ihre Präsentation heute Nachmittag zum Beispiel: Lassen Sie es! Der Weg zum lichten Moment führt sicher nicht über ein geistiges Martyrium. Vielmehr entsteht Innovation durch eine Art Gärungsprozess: Man nehme ein paar Anregungen, lenke sich ab, spreche mit Kollegen oder Freunden darüber und lasse die (gemeinsamen) Gedanken köcheln, blubbern und sich entfalten. Oder wie es der US-Psychologe und renommierte Kreativitätsforscher Mihály Csikszentmihályi (gesprochen übrigens: Mihai Tschick-Sent-Mi-Haji) einmal sinngemäß ausgedrückt hat: Kreativität findet nicht im eigenen Kopf statt, sondern durch den Austausch unserer Gedanken mit anderen, weil erst die Gemeinschaft eine Idee als wirklich wertvoll anerkennt.

Sich im Laufe des Tages immer mal wieder eine bewusste Kreativpause zu nehmen, ist notwendig, um die eigene Leistungsfähigkeit zu erhalten. Im Leistungssport ist dieses Prinzip längst als *work-rest-ratio* bekannt. Es besagt, dass auf eine Periode der Aktivität und Anstrengung eine bewusste Auszeit und Ruhephase folgen sollte. In praxi sind sich die Wissenschaftler heute einig, dass der menschliche Organismus seine Leistungskraft wellenförmig erzeugt und abgibt. Diese sogenannten ultradianen Rhythmen sorgen dafür, dass sich energiereiche Zustände mit physiologischen Tälern abwechseln. Signale, dass ein solches Leistungstief naht, sind etwa Konzentrationsstörungen, Gähnen oder plötzliches Hungergefühl. Wer diese Hinweise einfach übergeht oder mit Unmengen Kaffee betäubt, riskiert, seine Kraftreserven über den Tag hinweg völlig aufzubrauchen. Das ist nicht nur ungesund, sondern rächt sich meist schon am nächsten Tag. Da geht dann gar nichts mehr. Zu der Sinnhaftigkeit von regelmäßigen Pausen erzähle ich Ihnen aber am Nachmittag, so gegen 15.00 Uhr, noch mehr.

Überdies ist Kreativität selten das Ergebnis eines einzigen Moments. Wir sprechen zwar gern vom Geistesblitz, aber der tritt genauso flüchtig in Erscheinung wie sein Namensgeber. Die großen innovativen Durchbrüche der Geschichte waren eher die Folgen anhaltender Gedankenkaskaden. Wie zum Beispiel bei Charles Darwin, dessen Sammlung von Beobachtungen und Hypothesen schließlich in seiner epochalen Beschreibung der Evolution mündete. Lassen Sie sich also mit Ihrer Kreation ruhig etwas Zeit, schalten Sie ab, gehen Sie kurz raus in die Natur oder aufs Klo – Hauptsache, weg vom Schreibtisch. Mag sein, dass Qualität von Quälen kommt, aber Eingebungen lassen sich nicht erzwingen.

Was kreative Menschen auszeichnet

Für Erleuchtungen ist der Vormittag die beste Zeit. Unser Geist ist entspannt von der Nacht, die Eindrücke des Tages sind noch nicht so diffus und intensiv, dass sie uns zu sehr vereinnahmen und in dieser Zeit haben beide Chronotypen (siehe 7.00 Uhr) ihr erstes großes Leistungshoch. Gleichwohl sind nicht alle Menschen zu dieser Zeit gleichmäßig kreativ, weshalb sich die Frage aufdrängt: Gibt es Eigenschaften, die manche Menschen kreativer machen als andere?

Mihály Csikszentmihályi geht dieser Frage seit rund 40 Jahren nach und untersuchte immer wieder, wie kreative Menschen leben und arbeiten und welche Prozesse hinter ihren Ideen stecken. 2008 veröffentlichte er einen bemerkenswerten Artikel in *Psychology Today*, in dem er feststellt, dass es tatsächlich einige auffällige Gemeinsamkeiten von Kreativen gibt. Seine Analyse lässt sich allerdings auf ein Wort verdichten: Komplexität. Kreative, so der Psychologe, seien nicht nur enorm vielseitig, sie seien offenbar zugleich sehr widersprüchliche Menschen, die gegensätzliche Eigenschaften auf famose Weise vereinen. So sind Kreative zum Beispiel häufig smart und naiv zugleich. Eine nahezu paradoxe Konstellation. Bei Licht betrachtet, erklärt sie sich jedoch: Naivität kann auch eine Form von Neugier sein, so wie sie bei Kindern vorkommt. Weil sie noch nicht so abgeklärt sind, nehmen sie ihre Umwelt aufmerksamer wahr, hinterfragen mehr und kommen so zu neuen Erkenntnissen. Kreative nutzen diese Naivität, um unvoreingenommen an die Dinge heranzugehen. Eine der ältesten Studien zum Thema Intelligenz stammt von Lewis Terman von der Stanford-Universität aus dem Jahr 1921. Er konnte zeigen, dass Kinder mit einem hohen Intelligenzquotienten im späteren Leben zwar kaum Probleme hatten. Übermäßig hohe Intelligenz allerdings korrelierte nicht zwangsläufig mit größerem Lebenserfolg. Jüngere Studien bestätigen, dass dieser Scheitelpunkt bei einem IQ-Wert um 120 liegt. Csikszentmihályi vermutet, dass es unter diesem Wert schwer ist, ausgesprochen kreativ zu sein, weil den Menschen dann die Fähigkeit fehlt, gegenteilig oder widersprüchlich (Fachjargon: *divergent* statt *konvergent*) zu denken. Intelligenz ist also eine Voraussetzung, ein übermäßig hoher Intelligenzquotient muss aber nicht automatisch kreativer machen.

Eine weitere Eigenschaft kreativer Zeitgenossen ist, ebenso verspielt wie diszipliniert zu sein. Das Spielerische ist zweifellos eine Haupteigenschaft von Erneuerern. Imagination und Vorstellungskraft sind Bedingungen, um innovativ zu wirken. Während die meisten Menschen zuerst fragen »Warum?«, fragen sich Kreative lieber: »Warum eigentlich nicht?« Gleichzeitig können sie sich in ihre Sache verbeißen und entsprechend konzentriert bis spät in die Nacht daran arbeiten, wenn etwas fertig werden muss. Deshalb sind Kreative immer auch enorm leidenschaftlich. Ohne diese Leidenschaft würden sie irgendwann die Lust an der Sache verlieren und aufgeben – erst recht, wenn sich der Erfolg nicht gleich einstellt.

Zudem tendieren kreative Menschen dazu, ebenso introvertiert wie extrovertiert zu sein. In der aktuellen psychologischen Forschung ist man sich schon länger darüber einig, dass *Extraversion* (oder deren Gegenteil) die stabilste Ausprägung einer Persönlichkeit ist. Sie verändert sich im Leben kaum. Kreative Menschen aber vereinen beide Varianten auf sich. Einerseits sind sie zum Beispiel stolz auf ihren brillanten Einfall, was sie dann auch in irgendeiner Form extrovertiert äußern. Gleichzeitig wissen sie um den Zufallsfaktor und das Glück, die womöglich zur Entdeckung geführt haben. Das macht sie wiederum bescheiden. Häufig sind sie so auf neue Inspirationen fokussiert, dass sie in Gedanken schon wieder bei der nächsten bahnbrechenden Idee sind, während andere sie vielleicht noch für die erste feiern wollen. Das lässt sie ebenfalls introvertiert aussehen.

So sprudeln die Ideen

All diese widersprüchlichen Eigenschaften und Rollenmuster lassen sich freilich auch nutzen, um die grauen Zellen gezielt anzuregen. Eine der bekanntesten Methoden dazu stammt von dem Erfinder von Micky Maus, Donald Duck & Co.: Walter Elias Disney. Der US-Filmproduzent entwickelte seinerzeit eine Technik, um seine eigenen Denkblockaden zu lösen und verkrustete Abläufe aufzubrechen. Den Durchbruch erlebte die Methode jedoch erst durch Robert Dilts, den Mitbegründer des Neuro-Linguistischen Programmierens, kurz NLP genannt. Auch er stellte fest, dass Kreativität leichter entsteht, wenn verschiedene Persönlichkeitstypen zusammenwirken. Walt Disney nannte sie

- den Träumer,
- den Realisten,
- den Kritiker.

Angeblich soll es in Disneys Büro drei Sessel gegeben haben, die er exakt so nutzte – einen zum Träumen, einen zum Planen, einem zum Verbessern. Die Aufgabe des Träumers ist es dann, möglichst bildhaft und visionär zu denken, ohne jedwede Denkverbote. Anschließend tritt der Realist auf den Plan und prüft, wie das Ganze umsetzbar wird. Konkret: Was müsste dazu unternommen werden? Was würde es kosten? Wen braucht man dazu? Danach erst darf der Kritiker ran. Wo der Realist noch pragmatisch fragt, ob die Idee machbar ist, analysiert der Kritiker kühl, ob sie sich auch lohnt. Den gesamten Prozess kann man wieder und wieder durchlaufen – bis der Träumer begeistert, der Realist überzeugt und der Kritiker zufrieden ist. Ob Disney dieses Trio jedes Mal gedanklich durchgespielt hat, bevor er etwas Neues ausprobiert hat, ist nicht überliefert. Vielleicht ist es nur eine Geschichte. Letztlich ist das aber unerheblich, denn die Masche funktioniert.

Der britische Psychologe und renommierte Lehrer für kreatives Denken, Edward de Bono, erweiterte dieses recht simple Modell sogar zu seiner sogenannten Sechs-Hüte-Methode. Er verdoppelte Disneys Perspektiven und ordnete jedem seiner Typen einen unterschiedlichen Blickwinkel zu: Der erste betrachtet die Fakten – nüchtern, analytisch, wertfrei. Der zweite ist emotional, intuitiv und bewertet diese Fakten. Der Skeptiker untersucht, wo unbedachte Risiken und Gefahren lauern. Soweit entspricht dies den Disney-Rollen. Hinzu kommen: der Optimist, der weitere Chancen sucht und formuliert. Der Kreative beflügelt dank seiner assoziativen Gedanken den Geist der anderen. Und der Dirigent ordnet schließlich alles, moderiert den gesamten Ablauf und entscheidet, was am Ende gemacht wird.

All diese Kreativtechniken haben letztlich eines gemein: Sie schärfen die Selbstwahrnehmung. Welche Rolle entspricht mir am ehesten? Wie kann ich mich im Team optimal einbringen? Oder: Welche Rolle fehlt dort noch? Wer seine optimale Funktion für die Gruppe erkennt, kann seine Stärken besser ausspielen und seine Defizite gezielt ausgleichen. Das ist entscheidend, da die Wahrscheinlichkeit für Teamversagen nachweislich sinkt, je kleiner die Kluft zwischen Eigen- und Fremdwahrnehmung der einzelnen Mitglieder ausfällt.

Um kreativer zu werden, können Sie sich allerdings auch eine andere Figur zum Leitbild nehmen: Don Quijote. Für den pensionierten Managementprofessor der Stanford Business School, James March, ist der tragikomische Windmühlenbezwinger die ideale Leitfigur für innovative Prozesse. »Wir leben in einer Welt, die realistische Erwartungen und klare Erfolge betont. Quijote aber bezog sich auf nichts davon«, sagt March. »Und trotz einer Fehlentscheidung nach der anderen hielt er an seiner Sichtweise und an seinen Bekenntnissen fest.« Das klingt ein wenig trotzig, nach Ignoranz und Arroganz. Auf jeden Fall klingt es nicht nach einem Ideal. Für March aber sind Pläne und angebliche Kausalitäten allenfalls dazu da, um Entscheidungen nachträglich zu legitimieren. Nichts davon sei wirklich sicher, und deshalb zeige das Beispiel Quijotes, dass komplexe Entscheidungen, die ja auch nichts anderes sind als Ideen, häufig weit weniger rational getroffen werden als viele behaupten. Oder kompakter formuliert: Kreativ werden bedeutet, alles infrage zu stellen und völlig atypisch zu denken.

March selbst entwickelte daraus 1972 zusammen mit Michael Cohen und Johan P. Olsen das sogenannte *Mülleimer-Modell* (das heißt wirklich so). Dessen Kernthesen lauten:

1. **Begreifen Sie Ziele als Hypothesen.** Jedes noch so hehre Ziel, jeder noch so ernsthafte Vorsatz ist letztlich veränderbar und damit flüchtig. Entsprechend sollen Individuen wie Organisationen spielerischer mit ihren Konzepten umgehen. Denn erstens kommt es anders und zweitens, als man denkt.

2. **Intuitionen sind real.** Nicht reale Gefühle. March meint tatsächlich Realität. Schließlich ist nicht jede Wirklichkeit mit Kausalketten erklärbar. Wer aber an alle Entscheidungen mit klassischen Rechtfertigungsmechanismen herangeht, verhindert letztlich Innovationen. Intuition dagegen sei zwar ein Störfaktor, öfter aber auch der Schlüssel zu guten Ideen.

3. **Betrachten Sie Erinnerungen als Feind.** Unser Gedächtnis ist keineswegs das verlässliche Archiv, für das wir es gerne halten. Die menschliche Erinnerung arbeitet selbstreferenziell: Unser Gehirn wählt Eindrücke aus, ergänzt sie, formt sie neu, und zwar so, wie es für das Überleben in einer komplexen Welt nützlich ist. Beim Memorieren vermischen wir dann Erfahrungen mit Erlebnissen, die wir gar nicht selbst gemacht haben. So hat das, was wir erinnern, oft extrem wenig mit der Vergangenheit zu tun. Und die Regeln, die wir daraus ableiten, haben oft extrem wenig Aussagekraft.

4. **Sehen Sie in Traditionen in erster Linie eine Theorie.** Erfahrungen werden meist rückwirkend gedeutet. Folglich bieten sie nicht mehr als einen Anhaltspunkt. Wenn wir etwas Neues lernen, dann zwar oft auf der Basis von Erfahrungen. Die nutzen uns aber nichts, wenn wir sie nicht an aktuelle Chancen anpassen. Sonst verhindern sie diese eher.

Falls Ihnen diese Empfehlungen nicht ungewöhnlich und inspirierend genug waren: Es gibt noch reichlich Spielmaterial, wie Sie Ihren Geist stimulieren können:

- **Machen Sie alles mit links.** Putzen Sie morgens Ihre Zähne, kämmen Sie sich die Haare, rasieren Sie sich, cremen Sie sich ein – alles so wie jeden Morgen. Nur diesmal machen Sie es nicht mit Ihrer dominanten Hand, sondern mit der anderen. Rechtshänder also mit links und umgekehrt. Das kann enorm amüsant werden. Anregend für die Oberstube ist es allemal.

- **Knobeln Sie.** Machen Sie ein bisschen Gehirnjogging und lösen Sie ein paar Logikrätsel, wie zum Beispiel dieses: *Die Ziffern von 1 bis 9 wurden in eine neue Reihenfolge gebracht, sie lautet: 8 3 1 5 9 6 7 4 2. Welches Ordnungsprinzip steckt dahinter?* Solche Querdenkeraufgaben fördern enorm Ihre Assoziationskraft, und falls Sie die Kollegen dabei mit einbinden (etwa indem Sie vor jedem Meeting eine solche Aufgabe stellen), deren gleich mit. Das obige Rätsel ist mit Mathematik übrigens nicht zu lösen. Die Zahlen wurden alphabetisch sortiert: acht, drei, eins, fünf, neun, sechs, sieben, vier, zwei. Weitere Logikrätsel finden Sie hier: http://karrierebibel.de/denksport-uber-40-brainteaser-und-logikratsel.

- **Teilen Sie Ideen.** Richten Sie auf Ihrem Flur eine Pinnwand ein, auf der jeder Probleme vermerken kann, für die er eine Lösung sucht, und fordern Sie anschließend alle Kollegen auf, ihre Ideen und Lösungen dazuzuschreiben – zum Beispiel mit Haftzetteln. Diese optische Lösung wirkt wesentlich inspirierender als Rundmails – und zwar auch auf jene, die die Wand bloß betrachten.

- **Sammeln Sie Sinneseindrücke.** Gehen Sie zum Beispiel mittags auf einen Markt und nehmen Sie dort bewusst Gerüche und Geräusche wahr. Schließen Sie für ein paar Minuten die Augen und versuchen Sie, einzelne Gewürze oder Stimmen zu identifizieren. Indem Sie Ihre Wahrnehmung schärfen, bekommen Sie künftig mehr mit.

Na? Woran denken Sie jetzt? Ich könnte mir vorstellen, dass Sie diese kleinen Hinweise bereits angeregt haben. Nutzen Sie das ruhig, lassen Sie sich gleich noch weitere Regelbrecher einfallen und schreiben Sie diese sofort auf, bevor Sie sie wieder vergessen – wenn Sie mögen, gleich auf der folgenden Seite:

Das Prinzip, das dahintersteckt, ist letztlich immer dasselbe: mentale Stimulanz. Unser Gehirn giert nach Neuem, nach Ungewohntem, nach sensorischen Reizen. Unser Geist will lernen. Dafür ist er gemacht. Und wann immer Sie Ihre grauen Zellen mit Neuem füttern, regen Sie diese enorm an. Und steigern so Ihre kognitiven wie kreativen Fähigkeiten.

Autsch! Kopfschmerzalarm ...

Ursachen für plötzliche Kopfschmerzattacken ▪ Zwölf Tipps,
wie Sie Kopfschmerzen effektiv bekämpfen

»Die gefährlichsten Kopfschmerzen
werden durch mangelhaft
verdaute Ideen verursacht.«
Claude Chabrol, Filmregisseur

Nach so viel Kreativität und geistigem Höhenflug brummt einem schon mal der Schädel. Tatsächlich leiden über 70 Prozent aller Erwachsenen zeitweise unter heftigen Kopfschmerzen im Büro, bei zehn Prozent ist es eine Migräne, also ein einseitiger, pochender und pulsierender Schmerz. Rund 20 bis 30 Prozent der Erwachsenen bekommen einmal pro Monat Spannungskopfschmerzen. Bei etwa drei Prozent sind die dumpf-drückenden Beschwerden sogar chronisch, sie leiden dann im Schnitt an mehr als 180 Tagen pro Jahr darunter.

Die Ursachen für Kopfschmerzen sind vielfältig: Wetterfühligen dröhnt die Birne, weil skandinavische Tiefausläufer mal wieder mit Azorenhochs wetteifern, anderen hämmert der Schädel, weil sie krumm oder zu nah am Bildschirm sitzen oder eigentlich eine Brille brauchen. Wieder andere leiden, weil ihr Büro schlecht durchlüftet ist oder falsch beleuchtet, weil der Lärm an ihren Nerven zehrt oder Stress und schlechter Schlaf. Die Internationale Kopfschmerzgesellschaft unterscheidet über 160 Arten des Brummschädels, darunter die Migräne, den Spannungskopfschmerz, die in Attacken auftretenden einseitigen Clusterkopfschmerzen, bis hin zu Exoten wie Kopfweh bei sexueller Aktivität oder den Donnerschlagkopfschmerz. Der fühlt sich genau so an, wie er heißt.

> Die Größe macht es doch. Jedenfalls beim Bildschirm: Ein 24-Zoll-Monitor sorgt nicht nur für weniger Kopfschmerzen, sondern lässt die Leute um 52 Prozent, mit einem 20-Zoll-Bildschirm immer noch um 44 Prozent schneller arbeiten als ihre Kollegen mit einem mickrigen 18-Zöller, so das Ergebnis einer Untersuchung der Universität von Utah. Zu groß ist allerdings auch nicht gut: Bei einem 26-Zoll-Monitor fiel die Zeitersparnis deutlich geringer aus – vermutlich, weil man darauf die Desktop-Icons zu lange suchen muss.

Kopfschmerzen können aber auch ein Warnsignal Ihres Körpers sein. Etwa dann, wenn Sie es mit eigentlich positiven Einstellungen wie Leidenschaft, Engagement oder Ehrgeiz übertrieben haben – oder wie Paracelsus sagen würde: Die Dosis macht das Gift. *Workaholism* – oder zu Deutsch: Arbeitssucht – sollte man nicht auf die leichte Schulter nehmen. Menschen, die daran leiden, arbeiten nicht einfach nur besonders viel oder besonders hart. Sie sind schlichtweg nicht in der Lage, ihre Arbeit zu beenden, weder physisch noch mental. Einen echten Feierabend kennen sie nicht.

Selbst in der Freizeit wälzen sie Probleme, im Urlaub bleiben sie – der modernen Technik sei Dank – mit dem Büro verbunden, und erholsamer Tiefschlaf ist für sie nur eine andere Bezeichnung für Koma. Kurz: Die Arbeit ist nicht Teil ihres Lebens, sie IST ihr Leben.

Die Folgen sind offensichtlich: Wer immer nur arbeitet, arbeitet, arbeitet, ohne sich je zu erholen oder den Kopf frei zu bekommen, wird früher oder später ausbrennen. Erst bleiben die guten Ideen weg, dann der Spaß und schließlich werden auch Leistungskraft und Ergebnisse leiden. Falls Sie sich nun fragen, ob Sie zu den Gefährdeten gehören, können Sie sich leicht einem kleinen Selbsttest unterziehen. Es gibt mindestens vier deutliche Anzeichen dafür, dass Sie auf dem besten Weg sind, ein Workaholic zu werden:

- **Sie können nicht delegieren.** Die meisten Workaholics tun sich schwer damit, Verantwortung zu teilen oder gar einzelne Aufgaben abzugeben. Entweder weil sie fürchten, die Kontrolle darüber zu verlieren. Oder weil sie glauben, das Ergebnis wäre dann nur halb so gut. Falls überhaupt. Solche Menschen neigen zum Perfektionismus oder aber in Richtung Kontrollfreak oder zu beidem. Und beides sind sichere Wege in Frustration und soziale Isolation.

- **Sie sprechen immerzu vom Job.** Egal, ob Sie in der Kaffeeküche stehen, einen Kongress besuchen oder sich abends mit Freunden in einer Bar treffen – es dauert nicht lange, bis Sie das Gespräch auf den Job gelenkt haben: Branchenzahlen, Projektfortschritte, Personalien, Ihr Chef, die Karriere – das ist es, worum Ihre Gedanken kreisen. Umgekehrt: Sobald das Gespräch nicht darum geht, beginnen Sie sich zu langweilen. Das kann nicht gesund sein.

- **Sie vernachlässigen private Aufgaben.** Schauen Sie sich einmal kritisch in Ihrer Wohnung um: Türmen sich dort Schmutzwäscheberge oder Geschirr in der Spüle? Die Haushaltsmitglieder monieren längst überfällige Reparaturen? Sie vergessen regelmäßig einzukaufen oder die Besorgungen, die man Ihnen aufgetragen hat? Auch das sind typische Anzeichen, dass sich Ihre Prioritäten einseitig verschoben haben und Ihr Kopf kaum noch frei ist.

- **Sie vereinsamen.** Je mehr Sie sich in die Arbeit stürzen, desto weniger Zeit haben Sie für die Familie, Freunde, Bekanntschaften. Logisch, aber gefährlich. Damit fehlt Ihnen zunächst die Inspiration durch Fachfremde – denken Sie nur an das Studium generale: Je mehr man über den Horizont der eigenen Disziplin hinausblickt, desto größer der Lerneffekt. Zum anderen fehlt so aber auch das soziale Korrektiv: Oft sind es allein die guten Freunde, die einem unverblümt sagen, dass man sich zum Nachteil verändert hat.

Wohlgemerkt, mir geht es hierbei nicht um einen Appell zu mehr Work-Life-Balance. Die ist ohnehin eine Utopie, weil es im Leben immer Phasen geben wird, wo mal das eine, mal das andere überwiegt. Es geht mir aber darum, bei aller Leidenschaft und allem Ehrgeiz für den Beruf eines nicht zu vergessen: Es gibt noch ein Leben außerhalb des Büros!

Da, wo die Leute sich übermäßig mit ihrem Beruf beschäftigen, wo Konkurrenzdenken, Stress und Druck am Arbeitsplatz stetig zunehmen und mit normalen Mitteln kaum noch zu bewältigen sind, da greifen viele zu pharmazeutischen Hilfsmitteln und leistungssteigernden Pillen. Umfragen haben ergeben, dass fast zwei Drittel der Arbeitnehmer inzwischen übermäßigen Zeitdruck im Job spüren; drei von vier fühlen sich überlastet; jeder Dritte klagt über schlechten Schlaf, jeder Zehnte glaubt sogar, wegen des hohen Stresspegels irgendwann umzukippen. Der damit einhergehende Drogen- oder Medikamentenmissbrauch ist allerdings auch ein häufiger Kopfschmerzauslöser.

Das vielleicht bekannteste Dopingmittel im Büro ist Ritalin. Das Medikament mit dem Wirkstoff Methylphenidat wurde eigentlich für Kinder mit Aufmerksamkeitsdefizits- und Hyperaktivitätsstörung (ADHS) entwickelt. Wer es nimmt, kann sich anschließend besser konzentrieren und auch Nächte durcharbeiten. Allein Johnson & Johnson hat mit Methylphenidat-Präparaten 2007 erstmals über eine Milliarde Dollar verdient. In Deutschland hat sich die Zahl der verschriebenen Tagesdosen seit 1998 mit 46 Millionen fast verzehnfacht. Es ist schwer vorstellbar, dass dieser plötzliche Nachfrageboom allein auf einen Anstieg der ADHS-Patienten zurückzuführen sein soll. Modafinil-Präparate wie Provigil wiederum sind für Menschen gedacht, die an der Schlafstörung Narkolepsie leiden. Doch auch sie werden gerne im Büro geschluckt, weil sie Gesunde munterer, konzentrierter, leistungsfähiger machen. So mancher, der sich gar nicht mehr zu helfen weiß, greift sogar zu Drogen wie Amphetamin und Kokain. All diese Mittel haben jedoch Nebenwirkungen, darunter heftige Kopfschmerzen – entweder weil man es mit der Dosierung übertrieben hat oder weil man die Droge nach übermäßigem Konsum wieder absetzen will.

Mein Kollege Jens Tönnesmann, der dazu Ende 2008 eine preisgekrönte Geschichte in der *WirtschaftsWoche* recherchierte, kam zu dem Ergebnis, dass das Problem bei Weitem nicht nur Bürokräfte betrifft, sondern auch in Hörsälen weit verbreitet ist. In den USA greifen Schätzungen zufolge bereits 25 Prozent der Studierenden zu rezeptpflichtigen Psychopharmaka, die in den USA mit einem »Rx« gekennzeichnet sind. Experten sprechen deshalb schon von einer »Generation Rx«. Das Vorbild dazu liefern ausgerechnet die Professoren selbst. Unter Wissenschaftlern ist der Konsum von stimulierender Nervennahrung anscheinend Usus: Als das Fachmagazin *Nature* zu Beginn dieses Jahres anonym 1400 Forscher aus 60 Ländern befragte, gestanden 62 Prozent freimütig, schon einmal Ritalin konsumiert zu haben. Rund 44 Prozent setzten auf das Narkolepsie-Mittel Provigil.

Auch wenn es bei Drogenmissbrauch nichts schönzureden gibt: Wen der Schmerz trifft, dem ist es egal, wie die Pein ausgelöst wurde – Hauptsache, sie hört schnell wieder auf. Ob es nun halbseitig im Hirn pocht, ob sich das Stechen vom Nacken her bis in die Stirn zieht oder man sich fühlt, als würde jemand ein Eisenband um den Schädel allmählich enger ziehen – an Arbeiten ist dann kaum noch zu denken. Eine Studie hat einmal ermittelt, dass etwa die Hälfte der Migränikerinnen und mehr als ein Drittel der betroffenen Männer wegen ihrer Kopfschmerzen durchschnittlich sechs Tage pro Jahr nicht zur Arbeit gehen können. Zwar gibt es inzwischen einige gute und verlässliche Medikamente gegen Kopfschmerzattacken, darunter etwa Ibuprofen, Naproxen oder Ergotamin. Vor deren Anwendung sollten Sie jedoch immer Ihren Arzt oder Apotheker fragen! Darüber hinaus können Sie aber etwas anderes tun, um den Schmerz zu bekämpfen – oder noch besser: ihn erst gar nicht entstehen zu lassen. Deshalb ...

Zwölf Tipps, wie Sie Kopfschmerzen effektiv bekämpfen

1. **Trinken.** Ist die natürlichste und beste Prophylaxe gegen Kopfschmerzen. Trinken Sie viel frisches Wasser (weniger Kaffee oder Tee), bis zu zwei Liter Flüssigkeit sollte ein Erwachsener pro Tag zu sich nehmen.
2. **Massieren.** Eine leichte Schläfenmassage kann den akuten Schmerz manchmal lindern. Dazu reiben Sie mit leichtem Druck von zwei Fingern sowie langsam kreisenden Bewegungen auf Schläfe oder Nacken. Wenn Sie einen hilfsbereiten Kollegen haben, kann der mit seinen beiden Daumen und etwas Akupressur den Nacken bearbeiten. Dabei drückt man mit den Spitzen der Daumen auf bestimmte Muskelregionen, bis der Behandelte ein deutliches Druck-, Taubheits- und Schweregefühl bekommt. Ziel ist, dadurch die Durchblutung anzuregen und Blockierungen in den Meridianen zu beseitigen. Oft reichen dafür schon fünf bis zehn Minuten.
3. **Naturmittel.** Gegen Kopfschmerzattacken können auch einige Naturextrakte helfen: Reines Pfefferminzöl zum Beispiel erweitert die Gefäße, fördert die Durchblutung und entspannt die Muskeln, wenn Sie es zum Beispiel in die Schläfen einreiben. Nebenwirkungen sind mir nicht bekannt, für Kleinkinder und Säuglinge soll es jedoch ungeeignet sein. Pestwurzextrakt beziehungsweise die Wirkstoffe Petasin und Isopetasin wirken krampflösend und entzündungshemmend und helfen damit besonders bei Spannungskopfschmerzen und Migräne. Eine Studie zeigte, dass eine dreimonatige Pestwurzkur Migräneattacken um über 50 Prozent reduzierte. Der Stoff ist jedoch nicht immer magenverträglich. Und bei all diesen Mitteln gilt: Fragen Sie vorher trotzdem Ihren Arzt oder Apotheker!
4. **Essen.** Gesunde, vitaminreiche Kost macht nicht nur fit, sie wehrt auch Kopfschmerzen ab. Essen Sie viel frisches Obst im Büro, keine Vitaminpillen. Die sind kein Ersatz. Andere Nahrungsmittel wiederum sollten Sie meiden, weil die darin enthaltenen sogenannten biogenen Amine Kopfweh auslösen können. Zu diesen Triggern gehören Rotwein, Schokolade, Käse, Weizenbrot oder Schweinefleisch. Auch auf den Ge-

schmacksverstärker Glutamat reagieren manche mit Kopfschmerzen.

5. **Bewegung.** Die brauchen vor allem Hals und Nacken. Insbesondere Menschen, die den ganzen Tag tumb auf den Bildschirm glotzen, sind gefährdet, in diesem Bereich zu verspannen. Bei Verspannungskopfschmerzen helfen oft schon leichte Streck- und Dehnübungen. Profis nutzen auch Yoga. Das lässt sich allerdings nicht in jedem Büro realisieren.

6. **Sitzen.** Wer acht Stunden am Tag auf seinem Bürostuhl hockt, darf sich nicht wundern, wenn sein Körper in sich zusammensackt. Die krumme Sitzhaltung – auch hervorgerufen durch eine zunehmend erschlaffende Bauchmuskulatur – ist eine der Hauptursachen für die unter Büroarbeitern weit verbreiteten Rückenschmerzen und ein klassischer Kopfschmerzauslöser. Versuchen Sie deshalb häufiger Ihre Sitzposition zu wechseln (das trainiert die Muskeln). Sitzen Sie bewusst aufrecht und gerade. Stehen Sie öfter auf und gehen Sie ein paar Schritte über den Flur (vielleicht, um einen Kollegen zu besuchen) und achten Sie auf eine ergonomisch richtige Tisch- und Stuhlhöhe: Wenn Sie aufrecht sitzen, sollten Ihre Unterarme waagerecht auf dem Tisch aufliegen können.

7. **Lüften.** Sauerstoff ist der Treibstoff für Ihre grauen Zellen. Führen Sie ihnen deshalb regelmäßig Frischluft zu – verbrauchte Luft macht einen Brummschädel. Die Raumtemperatur sollte zwischen 19 und 22 Grad liegen. Und achten Sie im Sommer wie im Winter auf ausreichend Luftfeuchtigkeit. Pflanzen erzeugen ein gutes Raumklima, zur Not tut es aber auch eine Schale mit Wasser (das Sie bitte täglich wechseln – Fäulnisgefahr). Seien Sie indes vorsichtig mit Raumparfüms. Per se schaden sie nicht, sie können aber die Luft frischer erscheinen lassen, als sie tatsächlich ist.

8. **Licht.** Das Büro sollte gleichmäßig ausgeleuchtet und der Bildschirm nicht direkt beschienen werden. Zu starke Kontraste (Bildschirm im Gegenlicht vor dem Fenster) können die Augen übermäßig anstrengen und entsprechend zu Augenflimmern, abendlichem Augenbrennen oder eben Kopfschmerzen führen.

9. **Kälte.** Ein Rezept aus Omas Zeiten ist, die Unterarme für wenige Minuten in kaltes Wasser zu tauchen und danach kräftig abzurubbeln. Funktioniert wirklich.

10. **Ruhe.** Baulärm, Straßenlärm, lautes Telefonklingeln, Faxgeräte, Drucker und Kopierer, sogar Lautsprecher in menschlicher Gestalt können empfindlich an den Nerven zehren. Versuchen Sie solche Störquellen zu minimieren, indem Sie etwa lärmende Geräte so weit wie möglich aus dem Büro verbannen und Kollegen bitten, leiser zu sein. Letztlich haben alle etwas davon. Ansonsten: Ziehen Sie sich regelmäßig in kleine Ruheoasen zurück, etwa in die Kantine nach der Rushhour.

11. **Entspannen.** Sie haben es bereits gegen 8.31 Uhr gelesen: Multitasking oder das ständige parallele E-Mailen, Telefonieren und Arbeiten sind Gift für die Nerven. Schalten Sie deshalb zwischendurch immer wieder mal ab, wortwörtlich. Also: Handy aus, Telefon aus, E-Mail aus, PC aus, Tür zu, Licht dimmen, nicht aus dem Fenster starren, sondern einen Punkt im Raum fixieren und versuchen, die Gedanken treiben zu lassen. Auch hierbei reichen meist schon fünf bis zehn Minuten, um aufkommende Schmerzen wieder abklingen zu lassen.

12. **Runterfahren.** Bei all diesen Tipps: Versuchen Sie unbedingt, langsam zu entspannen. Die Wissenschaft kennt das Phänomen der sogenannten Entlastungsdepression: Wer zu schnell herunterfährt, vor allem nach einer besonders stressigen Phase, riskiert erst recht Kopfschmerzen, Erschöpfungsattacken und Übelkeit. Und das sind nur einige Symptome, die eine Studie der holländischen Tilburg-Universität auflistet. Erzeugen Sie also bei ersten Anzeichen bloß nicht noch mehr Druck, Motto: »Ich muss ganz schnell den Schmerz loswerden, damit ich weiterarbeiten kann ...« Gehen Sie die Sache lieber ruhig und langsam an, dann entspannen Sie sich schneller.

Oh, là, là!

Warum wir so gerne im Büro flirten ▪ Büroaffären sind gefährlich ▪ Wenn schon bezirzen, dann richtig ▪ So reagieren
Sie auf sexuelle Belästigung

»*Eine Affäre ist wie
ein Überbrückungskredit,
der schnell eine schwere
Hypothek werden kann.*«
Unbekannt

Hand aufs Herz: Wie oft haben Sie einer Kollegin oder einem Kollegen schon mal hinterhergeschaut und sich anschließend über die Vorzüge seiner oder ihrer körperlichen Attribute ausgelassen? Willkommen im Club: Sie sind – im besten Sinne – ordinär. Denn Lust und Liebe am Arbeitsplatz sind eher die Regel als eine Ausnahme. 8,8 Millionen der insgesamt rund 40 Millionen deutschen Berufstätigen bekennen sich dazu, schon einmal eine Affäre im Job gehabt zu haben, also knapp jeder Vierte, so eine repräsentative Umfrage der Online-Stellenbörse Jobscout24 im Februar 2009. Fast jeder Zweite (45 Prozent) fand das Flirten in der Kantine oder neben dem Kopierer völlig okay. Nahezu jeder zweite Mann gesteht, bereits in eine Kollegin verliebt gewesen zu sein, so wiederum das Ergebnis einer Umfrage der Partnervermittlung Elitepartner. 31 Prozent davon allerdings nur heimlich. Auch die Frauen sind der Liebelei am Arbeitsplatz keinesfalls abgeneigt. Zwar ist für 31 Prozent von ihnen Flirten im Büro tabu, 43 Prozent aber bekennen, sich schon einmal auf eine Beziehung mit einem Kollegen eingelassen zu haben. Im EU-Vergleich ist das nichts Ungewöhnliches: Über ein Drittel der europäischen Arbeitnehmer gaben an, schon eine Büroaffäre gehabt zu haben, kam bei einer Umfrage der Jobbörse Monster heraus. Besonders heißblütig ging es in Großbritannien und Irland zu: Dort hatten ganze 41 Prozent der Befragten schon einmal Sex mit einem der Kollegen. Die Spanier hingegen entpuppten sich mit 29 Prozent als überraschend flirtfeindlich.

So eine Büroromanze hat durchaus Vorteile. Zunächst für die Betroffenen selbst: So ist der Arbeitsplatz neben dem Freundeskreis und der Ausbildungsstelle die drittwichtigste Partnerbörse. Bis zu 35 Prozent aller Ehen bahnen sich hier an. Aus gutem Grund: Dabei kauft keiner die Katze im Sack. Meist stimmen schon Interessen und Bildung der Kollegen innerhalb einer Abteilung überein. Aber auch am Mittagstisch erfährt man allerlei Privates und kann den potenziellen Partner dort abklopfen und besser einschätzen. Die gründliche Auswahl bewährt

> Häufiges Augenklimpern, wie es Frauen gerne anwenden, wenn sie einem Mann Interesse signalisieren wollen, ist eigentlich eine Unterwürfigkeitsgeste. Sie appelliert an seinen Beschützerinstinkt. Sympathisch macht die Größe der Augen – vor allem beim Flirten. De facto weiten sich Pupillen und heben sich Augenlider, wenn wir andere attraktiv finden – Fachbegriff: *brow-flash-response*.

sich offenbar: Im Büro angebahnte Beziehungen halten statistisch gesehen länger.

Hinzu kommt, dass diverse Arbeits- und Organisationsforscher fortwährend darauf verweisen, dass Flirten akuten Stress mindert und die Arbeitslaune schlagartig verbessert. Bei sexueller Erregung schüttet der Körper vermehrt sogenannte Endorphine aus, deren euphorische Wirkung bis zu 24 Stunden anhalten kann. Und als wäre das nicht genug, engagieren sich verliebte Mitarbeiter bewiesenermaßen stärker und übernehmen gerne Zusatzaufgaben – wohl auch, um noch länger in der Nähe des oder der Angebeteten zu sein. Kein Wunder also, dass in den Umfragen unter deutschen Chefs diese keinerlei Bedenken gegen Beziehungen innerhalb der Belegschaft hegen. Womöglich ist das aber voreilig.

Büroaffären sind gefährlich

Wen Amors Pfeil im Büro trifft, der sollte aufpassen. Büroflirts sind ein heikles Terrain. Im globalen Wirtschaftsverkehr gilt längst die doppeldeutige Warnung: *Never fuck the company!* Allen selbst ernannten Schreibtisch-Casanovas und Herzensbrechern auf der Pirsch sollte klar sein, dass ihre Avancen arbeitsrechtlich nicht ungefährlich sind. Schlimmstenfalls riskieren sie damit eine Anzeige wegen sexueller Belästigung oder (bei Wiederholungstätern) gar eine Kündigung. So legte zum Beispiel ein zuvor unbescholtener Ausbilder ungefragt seinen Arm um eine Kollegin, die das nicht wollte – Abmahnung (Landesarbeitsgericht Hamm, 17 SA 1544/96). Ein Verkäufer wiederum betatschte eine Kollegin regelmäßig trotz deren Gegenwehr an Hüfte und Rücken – fristlose Kündigung (Arbeitsgericht Frankfurt am Main, 15 CA 7402/01).

Natürlich sind das Extreme, und solche Mittel werden auch erst angewandt, wenn feststeht, dass der oder die Betroffene klar erkennbar derlei Avancen abgelehnt hat. Bei einem Reiseleiter, der eine Diensttour überraschend zum Techtelmechtel mit einer Kollegin nutzen wollte, reichte es daher nicht zum Rauswurf (Bundesarbeitsgericht, 2 AZR 341/03), wohl aber zur Ermahnung. Umso gefährlicher sind Liebesbriefe. Wer seine sexuellen Anspielungen mit obszönen Witzchen garniert, zu Papier bringt und das Ganze an Kollegen verschickt, stört nach Meinung der Gerichte den Betriebsfrieden und kann deshalb rausfliegen (Bundesverwaltungsgericht, 1 DB 5.96). Das gilt ebenso für Sexmails per SMS (Landesarbeitsgericht Rheinland-Pfalz, 9 SA 853/01). Vorsicht also mit allzu aggressiven Schmachtbeweisen.

Ernsthafte Folgen können aber nicht nur solche hilflos-groben Annäherungsversuche haben. »Auch wenn es zwischen beiden ernsthaft funkt, kann das – bei allem Liebesglück – Probleme machen«, erklärte mir der Fachanwalt für Arbeitsrecht in Frankfurt, Peter Groll. So kann zum Beispiel eine Einkäuferin in ernste Schwierigkeiten geraten, wenn ihr Partner ein großer Lieferant ist – vor allem, wenn die geheime Liaison rückwirkend enttarnt wird und danach Fragen über die Preisgestaltung eines Produkts gestellt werden. Sollte es die Produkte anderswo billiger geben, ist das womöglich schon ein Kündigungsgrund. »Allein dieser Verdacht kann zu einer Kündigung führen, falls es nicht gelingt, diesen vollständig zu entkräften«, warnt Groll.

Nicht minder problematisch sind sogenannte vertikale Liebschaften, also zwischen Boss und Untergebenen oder zwischen Partnern unterschiedlicher Gehaltsgruppen. Die Amerikaner nennen das »No hanky-pank with the payroll« – keine Affäre mit Angestellten! Den Bossen droht bei solchen Konstellationen leicht ein Imageverlust, den Geliebten wiederum wird gerne nachgesagt, die Beziehung basiere allein auf einem karrieretaktischen Kalkül. So oder so: Beides ist Gift für Liebe und Karriere.

Und natürlich sind Job und Privatleben im alltäglichen Miteinander ohnehin nur schwer zu trennen. Früher oder später kommt es zu Beziehungsproblemen und damit nicht selten zum öffentlichen Krach – sowohl beim Pärchen als auch mit den Kollegen. Büroliebespaare sitzen schließlich immer in einer Art Glashaus. Was sie tun, wird genau registriert. Einmal natürlich, weil es spannend ist, aber auch, weil es womöglich strategische Vorteile bringt, ein paar private Geheimnisse notfalls ausplaudern zu können. Das macht das (heimliche) Paar früher oder später erpressbar oder führt zu Klatsch und Unruhe im Team: *Warum macht Marie länger und häufiger als sonst Pausen? Knutschen die etwa im Aktenkeller?* Hinter derlei Flurfunk sammeln sich schnell Zweifel an der Kompetenz. Und Vorteile, die beide aus der Liaison ziehen, haben stets den Beigeschmack von Bevorzugung und Klüngel. Eine einzige Reputations-Zeitbombe. Und wehe, wenn die vermeintlich große Liebe in die Brüche geht. Nicht selten wird daraus dann entweder eine verhängnisvolle Affäre, die das Betriebsklima belastet, oder aber beide ertragen die gegenseitige Nähe nicht mehr, weshalb – so oder so – eine(r) der beiden den Job wechseln wird, manchmal auch muss. Schon aus diesen Gründen sollten Büropärchen ihr erotisches Abenteuer geheim halten, solange sie nicht sicher sind, dass die Beziehung hält. Also kein Händchenhalten, kein Fummeln im Fahrstuhl und erst recht keine Kopulationen am Kopierer! Besser ist, klare Regeln zu vereinbaren und im Büro möglichst Distanz zu halten – auch dann, wenn sich beide als Paar offenbart haben.

Wenn schon bezirzen, dann richtig

Egal, wie verschieden Männer und Frauen auch sein mögen – tief im Inneren lieben wir es alle, ein wenig verführt zu werden, weil es unserem Ego schmeichelt, attraktiv gefunden zu werden. Komplimente hört jeder gern – vorausgesetzt, sie werden charmant vorgetragen und sind glaubwürdig. Dann machen sie sogar sympathisch. Außerdem bereitet es den meisten von uns großes Vergnügen, mit dem Feuer zu spielen und durch ein wenig Abenteuer wenigstens etwas Abwechslung in den vielleicht sonst öden Job zu bringen. Suggestion ist bei dieser Art der Verführung jedoch essenziell. Sprücheklopfende Draufgänger mag keiner. Spielerisches Flirten bedeutet, seine wahren Absichten nie zu offenbaren. Stattdessen geht es darum, das Objekt seiner Begierde immer wieder auf falsche Fährten zu locken, es zu verwirren, zu faszinieren und zu unterhalten. Denn erst solche Kapriolen erregen nachhaltig.

Die Buchhandlungen sind freilich längst voll mit Liebesliteratur und Promiskuitätsprosa. Wenn Sie mich fragen, eignen sich die meisten Ratgeber jedoch ausschließlich für abendliche Aufreißerausflüge und nur selten fürs Büro. Das liegt nicht nur daran, dass sie bei Tageslicht betrachtet allenfalls Abschlepphilfe leisten, sondern überdies ein gewieftes Phantasiespiel in eine törichte Treibjagd verwandeln. Waidmannsheil.

Nicht selten spielen diese mutmaßlichen Beischlafbeschleuniger mit den Nöten schüchterner Menschen. Und das sind, glaubt man einschlägigen Untersuchungen, gar nicht mal so wenige. In Deutschland schätzt etwa der Sozialpsychologe Bernardo Carducci ihre Zahl auf bis zu 50 Prozent der Bevölkerung. Sicher, wir alle erleben immer wieder Situationen, in denen wir gehemmt sind, mit feuchten Händen oder Fluchtgedanken reagieren. Doch erst wenn die Hemmung zur Obsession wird und die Angst, sich lächerlich zu machen, einen völlig blockiert, wird Schüchternheit gefährlich. Dann isoliert sie die Betroffenen und macht es

> Das bei Männern im Blut vorkommende Sexualhormon Testosteron wirkt sogar auf den beruflichen Erfolg: Das konnte der Psychologe John Coates von der Universität Cambridge in einer Studie unter 17 Händlern der Londoner Börse nachweisen. Zwar trieben erfolgreiche Geschäfte den Testosteronspiegel der Händler in die Höhe, erstaunlicher aber war: Die besten Händler wiesen schon morgens eine hohe Testosteronkonzentration im Blut auf.

ihnen nahezu unmöglich, auf Fremde zuzugehen. Tatsächlich leiden derart Gehemmte an einer geradezu selbstquälerischen Eigenwahrnehmung: Alles, was sie sagen oder tun möchten, unterziehen sie vorab einer Zensur, wie es auf andere wirken könnte oder wie sie damit im Vergleich zu anderen abschneiden.

Das aber ist, um es einmal ganz klar zu sagen, letztlich ein antrainiertes Verhalten. Und das lässt sich auch wieder verlernen. Selbstvertrauen gewinnt man zwar nicht im Spurt, aber falls Sie sich gerade angesprochen fühlen, sehen Sie es doch mal positiv: Sich nicht permanent in den Vordergrund zu drängeln, ist auch eine Tugend, die viele schätzen. Genauso wie zuhören zu können. Wenn Sie also anfangs Sorge haben, das Falsche von sich preiszugeben, stellen Sie eben Fragen und gehen auf die Antworten Ihres Gegenübers ein. Schon bald wird der Sie mehr schätzen als jeden Draufgänger und Sprücheklopfer. Und falls ein süßer Kollege oder eine feurige Kollegin gerade Ihren Hormonspiegel in Wallung bringt, dann helfen Ihnen womöglich die folgenden Hinweise für einen unverfänglichen Büroflirt weiter:

- **Freundschaft.** Bevor Sie jemanden anflirten, sollten Sie versuchen, ihn wirklich kennenzulernen. Nichts wirkt so anziehend wie aufrichtiges Interesse an der eigenen Person. Gerade Männer machen den Fehler, beim Flirten viel zu ungeduldig zu sein. Den umgarnten Frauen wird dann schnell klar, dass es den Männern nur darum geht, etwas zu bekommen – Anerkennung oder die Frau ins Bett. Derart hofiert fühlen sich Frauen völlig zu Recht nur wie eine Trophäe in spe. Nicht gerade erstrebenswert. Lernen Sie sich lieber ausgiebig kennen und lassen Sie sich dabei Zeit. Das hat den zusätzlichen Vorteil, dass Sie so womöglich herausfinden, dass Sie den oder die Angebetete(n) zwar unglaublich attraktiv finden, mehr aber auch nicht.

- **Amüsieren.** Lachen verbindet. Menschen, die uns unterhalten, finden wir sofort sympathisch. Sie reißen uns aus dem Alltagsgrau heraus, heben die Laune und erspüren subtil Gemeinsamkeiten. Über welche Witze wir lachen, zeigt schließlich indirekt, was wir gut finden und was nicht. Dennoch sollten Sie Ihren Humor zügeln: Sexwitze sind immer tabu, schwarzen Humor finden nicht alle lustig und über Kalauer wie *Treffen sich zwei Gedichte. Sagt das eine zum anderen: Vorsicht, du hast da was zwischen den Zeilen* ... können manche allenfalls schmunzeln.

- **E-Mails.** Studien zeigen: Die gängigsten Flirtformen sind freche E-Mails und Notizen mit zweideutigem Inhalt. Gefährlich! Was immer Sie verschicken, ist automatisch dokumentiert und kann gegen Sie verwendet werden. Wählen Sie also im Schriftverkehr ausnahmslos harmlose Formulierungen und machen Sie nur neutrale Komplimente. Allein richtig: »Ihre Präsentation vorhin war einfach großartig! Sie waren durchweg kompetent. Ihre Stimme fand ich übrigens bezaubernd.« Falsch: »Sie haben bei Ihrer Präsentation heute eine tolle Figur gemacht. Auch in Ihrem Kostüm.«

- **Komplimente.** Jeder liebt Komplimente. »Der Schmeichelei gehen auch die Klügsten auf den Leim«, wusste schon der Dramatiker Molière. Nur: Auch hier macht die Dosis das Gift. Als Kollege dürfen Sie der Kollegin, die Sie gut kennen, gerne sagen: »Du siehst heute umwerfend aus.« Als Chef ist das schon zu viel des Guten. Je mehr Sie ins Detail gehen (»Dieses Dekolleté, diese Beine, deine Figur ... Wahnsinn!«), desto belästigender kann das auf den anderen wirken. Und jede Anzüglichkeit ist eine zu viel. Loben Sie lieber die Qualität der Arbeit oder spenden Sie Trost bei Stress. Es ist ein Irrglaube, dass sexuelle Anspielungen schneller zum Ziel führen würden. Das Gegenteil ist der Fall: Wer den anderen intelligent umgarnt, ohne dabei seine Absichten durchblicken zu lassen, spielt mit dessen Phantasie und erobert sein Herz.

- **Helfen.** Bieten Sie Ihre Mithilfe bei einem Projekt an. Erstens, weil das eine kollegiale und unverfängliche Geste ist; zweitens, weil Sie so viele Gelegenheiten schaffen, sich zu begegnen, zu unterhalten und sich näherzukommen.

- **Essen gehen.** Fragen Sie den oder die Verehrte(n) doch einfach, ob er/sie einmal mit Ihnen zusammen mittagessen geht. Das ist eine relativ harmlose und im Jobumfeld übliche Offerte – erst recht, wenn Sie einen beruflichen Anlass finden. Etwa, um ein gemeinsames Projekt zu besprechen. Und falls Sie anfangs zu schüchtern sind oder keinen Verdacht wecken wollen, nehmen Sie einfach einen eingeweihten (und vertrauenswürdigen!) Kollegen mit. Der wird sich dann vor dem gemeinsamen Kaffee aus einem wichtigen Grund vorzeitig verabschieden. Vorsicht aber mit opulenten Einladungen ins Restaurant. Es heißt zwar immer, der Kavalier lädt die Dame ein, doch manche Frauen spüren wegen des sogenannten Reziprozitätsprinzips hinterher eine Art Verpflichtung und fühlen sich deshalb unwohl. Fragen Sie lieber vorher, ob sie damit einverstanden ist, wenn Sie zahlen.

- **Diskretion.** Belästigung beginnt da, wo Sie ein »Nein« nicht mehr akzeptieren. Antwortet er oder sie auf die Frage, ob Sie beide einmal essen oder einen Kaffee trinken wollen, abweisend, dürfen Sie gerade noch fragen, ob Sie die Einladung vielleicht nächste Woche wiederholen dürfen. Wird auch das abgelehnt, sollten Sie die Versuche einstellen und die Entscheidung akzeptieren. Druck ändert an der Abfuhr nichts, macht aber vieles schlimmer. Umgekehrt: Falls Sie jemandem mal einen Korb geben möchten, dann versuchen Sie das bitte so, dass der- oder diejenige dabei das Gesicht wahren kann.

- **Kaffeetrinken.** Jemandem eine Tasse heißen Kaffee zu servieren (Motto: »Als kleine Aufmunterung für den Tag«), ist nicht nur aufmerksam, sondern auch eine fürsorgliche Geste, mit der vor allem Männer punkten können. Frauen aber auch. Die volle Punktzahl erreicht, wer vorher recherchiert, wie der- oder diejenige den Kaffee mag: mit Milch, ohne Zucker? Oder ob er/sie gar Tee (grünen? schwarzen?) bevorzugt. Geduldige Könner machen daraus mit der Zeit ein wöchentliches Ritual: den Mittwoch-4-Uhr-Kaffee.

- **Abstand.** Achten Sie auf körperliche Signale und halten Sie die üblichen Distanzzonen ein. Ein physischer Abstand von 60 Zentimetern ist wirklich nur engsten Freunden, Familienangehörigen oder eben dem Partner vorbehalten. Wer näher kommt, muss mit Ablehnung oder gar Aggression rechnen. In einigen Bürokulturen ist heute zwar die Akkolade, der angedeutete Wangenkuss zur Begrüßung, üblich. Entscheidend dabei ist jedoch, dass dieser Kuss wirklich nur angedeutet wird. Also bitte kein lautes Schmatzen, kein Berühren der Wange mit den Lippen. Denken Sie an den Kollegentratsch! Interpretieren Sie lieber zunächst die nonverbalen Botschaften Ihres Gegenübers: Üblicherweise stehen Menschen, die sich nicht gut kennen, in Form eines V zueinander, also leicht in den Raum geöffnet. Finden sie sich anziehender, geht die Form allmählich in ein U über – sie stehen sich jetzt parallel gegenüber, für Außenstehende ein klares Signal: Wir wollen unter uns bleiben. Kommt es dann noch zu flüchtigen Berührungen – etwa Hände, die sich zufällig treffen –, ist das ein starkes Sympathiesignal. Aufschlussreich ist übrigens auch die sogenannte Spiegeltechnik: Ahmen Sie unauffällig die Körpersprache Ihres Gegenübers nach und achten Sie darauf, ob er/sie auch Ihren Gesten folgt. Menschen, die sich mögen, synchronisieren unbewusst ihre Mikrogesten wie Haarezupfen, Nasereiben, Kaffeetasse zum Trinken heben, lächeln. Lächelt er/sie zurück, ist er/sie dem Flirt nicht abgeneigt.

- **Fragen.** Flirten heißt, den anderen zu respektieren. Und was wirkt stärker, als jemanden um Rat oder nach seiner Meinung zu fragen? Vorteil zwei: Wenn Sie Fragen stellen oder sich nach der Meinung des anderen erkundigen, haben Sie hinterher ein gutes Anschlussthema. Sobald Männer sich für Frauen interessieren, beginnen sie in der Regel damit, sich aufzuplustern und zu prahlen. Zuhörer haben mehr Erfolg. Allerdings sollten Sie auch keine dämlichen Fragen stellen wie *»Wo legt man hier* *das Kopierpapier ein?*«. Aus diesem Grund sollten Frauen nicht in die Mäuschen-Falle tappen: Wenn Sie sich klein machen, wecken Sie vielleicht seinen Beschützerinstinkt; geht der Flirtversuch jedoch fehl, nimmt er Sie danach nicht mehr ernst.

So reagieren Sie auf sexuelle Belästigung

Das eben Gesagte trifft natürlich nur für den Fall zu, dass sich beide zueinander hingezogen fühlen. Ganz anders sieht die Sache aus, wenn eine(r) durch die Avancen bedrängt oder gar belästigt wird. Sexuelle Belästigung am Arbeitsplatz ist kein Kavaliersdelikt. Laut juristischer Definition tritt sie bereits durch ein unwillkommenes Verhalten ein, durch das Sie sich peinlich berührt, eingeschüchtert oder gar gedemütigt fühlen. Dazu zählen Worte, Gesten, Handlungen, anzügliche Bemerkungen über Ihr Aussehen oder Privatleben, sexistische Witze, das Zeigen von pornographischen Darstellungen sowie unerwünschte Berührungen. Der Unterschied zu Komplimenten oder einem Flirt besteht im Wesentlichen darin, dass das Verhalten von den Betroffenen als entwürdigend erlebt wird. Ob Sie nun als Mann oder – was wahrscheinlicher ist – als Frau belästigt werden (zwei Drittel aller Frauen geben an, im Büro sexuell belästigt worden zu sein): Entscheidend ist, dass Sie dazu auf keinen Fall schweigen, sondern reagieren – umgehend, energisch und selbstbewusst.

Vermutlich kennen Sie diesen Rat schon. Nicht wenige verstehen ihn jedoch falsch. Denn er bedeutet nicht, dass Sie ausrasten sollten. Auch wenn Ihre lautstarke Empörung zunächst anders wirkt, macht sie Sie doch indirekt zum Opfer – und genau das bestärkt manchen in seiner Obsession. Zudem eröffnen Sie dem Provokateur die Chance, Sie anschließend als zickig oder frigide abzustempeln, was ihm vielleicht sogar noch Sympathien einbringt. Was also tun?

Rein juristisch können Sie sich über den Kollegen ohne Weiteres beschweren oder ihn gar anzeigen. Nach dem Allgemeinen Gleichbehandlungsgesetz (AGG) ist der Arbeitgeber verpflichtet, seine Beschäftigten vor sexuellen Belästigungen zu schützen. Für den Täter selbst bedeutet das einen schweren Imageschaden, womöglich gar das Karriere-Aus. Ändert er sein Verhalten nicht, kann er fristlos gefeuert werden. Das hängt allerdings auch vom Ausmaß der sexuellen Belästigung ab: Grabschen, Fummeln, auf den Po klatschen, eine eindeutige Aufforderung zu einer sexuellen Handlung – all das kann eine sofortige Kündigung bereits rechtfertigen. Schon »wer die allgemein übliche minimale körperliche Distanz nicht wahrt, sondern die Betroffene gezielt unnötig und wiederholt unerwünscht anfasst oder berührt, begeht eine sexuelle Belästigung«, urteilte das Landesarbeitsgericht Schleswig-Holstein (3 Sa 163/06). Folge: Fristlose Kündigung.

Was aber tun Sie bei nichtkörperlichen Angriffen wie anzüglichen Blicken oder zotigen Sprüchen, die deutlich über einen Scherz oder ein unbeholfenes Kompliment hinausgehen? Sie können denjenigen ignorieren. In der Regel hilft das aber nicht, sondern fordert den Täter eher noch heraus. Oder Sie stellen sich dumm: »Was haben Sie da gerade gesagt? Ich glaube, ich habe Sie nicht recht verstanden …« Das zwingt den Unhold immerhin zur Wiederholung, womit Sie das Interpretationsvakuum gefüllt und einen Straftatbestand geschaffen hätten – vorausgesetzt, Sie können es hinterher beweisen. Was die allgemeine Tauglichkeit solcher Empfehlungen leider empfindlich einschränkt. Sagen sollten Sie in jedem Fall etwas. Nach Einschätzung von Experten wirkt die Replik, insbesondere bei leichteren Fällen, aber viel souveräner, wenn Sie diese mit einem Lächeln garnieren. Etwa so:

- **Irritiertes Lächeln:** »*Ich kann nicht glauben, dass Sie das gerade gesagt haben. Zu Ihrem Besten vergesse ich das wohl gleich wieder.*«
- **Verächtliches Lächeln:** »*Hahaha. In Ihren Träumen vielleicht …!*«
- **Ungläubiges Lächeln:** »*Das können Sie unmöglich ernst meinen!*«
- **Mitleidiges Lächeln:** »*Sie Ärmster. Sie brauchen wirklich dringend Urlaub!*«
- **Ironisches Gelächter:** »*So jemand hat mir heute noch gefehlt!*«

Lachen unterstreicht, wie unbeeindruckt Sie von dem Ausfall sind und bringt den Nötiger aus dem Konzept. Die von ihm womöglich geplante Attacke oder Offerte verpufft und bekommt eine für ihn überraschende Wendung. Genau das ist Ihr Plan: Sie machen das

Spiel ohne viel Aufhebens kaputt. Egal, wie Sie letztlich reagieren, merken Sie sich auf jeden Fall diese dreiteilige Strategie:

1. Lassen Sie sich auf keinen Fall einschüchtern und sprechen Sie den Belästiger sofort auf sein inakzeptables Verhalten an.
2. Sagen Sie ihm unmissverständlich, dass er (oder sie) damit sofort aufhören soll und machen Sie ihn darauf aufmerksam, dass sein Verhalten strafbar ist und er (oder sie) damit gegen die Unternehmenskultur verstößt.
3. Bestehen Sie notfalls auf einer Entschuldigung und dem Versprechen, Sie nicht wieder zu belästigen. Nur so stellen Sie sicher, dass Ihre Botschaft angekommen ist.

Ups, das war jetzt irgendwie peinlich!

Zu viel Offenheit im Büro ist gefährlich ▪ Peinliche Situationen kann jeder meistern ▪ Wie Sie mit verbalen Aussetzern und Cholerikern umgehen

> »Es gibt zwei Sachen,
> die ich wirklich peinlich finde:
> Das eine ist FKK und das andere ist,
> wenn erwachsene Menschen
> zum Ententanz tanzen.«
> **Günther Jauch**, TV-Moderator

Den »Allen antworten«-Button im E-Mail-Programm hat der Teufel höchstpersönlich erfunden. Da bin ich ganz sicher. Ich sah seine lachende Fratze erst neulich, als ich sein jüngstes Opfer wurde: Mein Chef bekam einen Themenvorschlag, leitete die Mail an mich weiter und bat um eine Einschätzung. Ich schrieb, dass jedes amtsdeutsche Plädoyer für Vierkanthölzer mehr Esprit und Nachrichtenwert habe als dieser Vorschlag und dass der Absender sich höchstwahrscheinlich auf dem Scheitelpunkt seiner Biografie befände. Ich schrieb das sehr schnell und voll brennendem Eifer, um drohende Gefahr für unser Produkt abzuwenden. Deshalb skizzierte ich das Ganze damals noch plastischer als hier. Sehr plastisch, Sie verstehen? Leider klickte ich anschließend auf den falschen Knopf, weshalb die Mail nicht nur mein Chef bekam – auch der Urheber befand sich unter den Empfängern. Mir ist das bis heute sehr peinlich.

Ohne das Missgeschick exkulpieren zu wollen: Ich war damit sicher kein Pionier. So ziemlich alle Menschen treten im Job irgendwann gewaltig in einen Fettnapf, manche sogar mit Anlauf und Ansage. Nun ja, Kamikaze kann man auch als Sportart verstehen. Für alle anderen sind derlei Pleiten, Pech und Pannen jedoch peinliche Offenbarungen der eigenen Fehlbarkeit, die sie erröten lassen und manchmal bis in den Schlaf verfolgen. Oder am nächsten Tag bis in die Kantine. Nicht umsonst hat es das deutsche Wort »Schadenfreude« zu internationaler Bekanntheit gebracht.

Der Mikrokosmos Büro ist nicht arm an Beispielen für unfreiwillige Komik, provozierten Spott und ungeplante Offenbarungen. Schon der Gedanke daran lässt manche schaudern. Da lächeln einen Kollegen unverhofft an und garnieren ihr Zahnweiß mit Schnittlauchresten von der Frühstücksstulle. Das Telefon klingelt, ein guter Kunde ist dran, und weil man weiß, wie Sozialkompetenz klingt, begrüßt man ihn inbrünstig mit: »Ach, Sie sind's! Ich hab Ihre Stimme gleich erkannt, wie geht's Ihrer Tochter, der, äh, ja also … wie war doch gleich ihr Name?« Nicht zu vergessen die Auskünfte von Kollegen, die mehr Delikates von sich preisgeben als man eigentlich wissen möchte. »Neulich kam er grad frisch von der OP. Künstlicher Darmausgang. Na schönen Dank – mein Hunger war passé«, singen »Die Ärzte« zynisch. Der Song illustriert pointiert einen zivilisatorisch weit verbreiteten Betriebsunfall, den viele unterschätzen – allen voran die Berufseinsteiger und die Extrovertierten: zu viel Offenheit im Büro. Mit innerbetrieblichen Bekenntnissen ist es nämlich wie mit Bierkrügen in Sprichwörtern: Ihr Maß ist irgendwann voll. Ein bisschen Freimut, etwas Mitteilsamkeit, ein gesundes Maß an gegenseitigem Vertrauen sind eine feine Sache. Das verbessert jedes Betriebsklima und – glaubt man einschlägigen Studien – kann sogar die Produktivität steigern. Zu viel Enthüllung aber, und die Leute sehen nur noch einen nackten Kaiser.

Entziehen kann man sich dem Dilemma nicht wirklich. Offenheit wird heute in nahezu jedem Unternehmen stillschweigend erwartet. Wer mit den Kollegen mittagessen geht, zwischendurch einen Kaffee oder abends mal ein Bier trinkt, kann nicht nur über die Firma quatschen. So jemand gilt schnell als Langweiler oder Workaholic. Mehr noch: Die Mimikry, das Versteckspiel und Verschanzen hinter einer positiven Scheinwelt aus Berufserfolgen und Superprojekten, macht verdächtig. Es riecht nach Profilneurose, nach Blendwerk und Schwindelei. Also muss man ab und an auch ein paar persönliche Offenbarungen zum Besten geben, Schwächen inklusive. Nicht ungefährlich. Oft entwickeln diese Beichtrunden eine sich gegenseitig verstärkende Dynamik. Wo Konfessionen lossprudeln, bricht bald der Schamdamm. Und hat man erst einmal sein Herz und seine wahren Gedanken über den Boss, einen Kollegen, den Partner daheim oder gar seine sexuellen Eroberungen ausgebreitet, lässt sich das nicht mehr zurücknehmen. Wer sich dabei dem Falschen anvertraut, darf damit rechnen, dass sich das Geständnis in Windeseile herumspricht. Die Informationen entziehen sich damit jeglicher Kontrolle, wo sie landen, wie sie dort aufgenommen werden und ob sie einem irgendwann um die Ohren fliegen.

Das Schlimme daran ist nicht einmal das Verbreiten der Beichte – es ist ihre Bewertung: Egal, welche Rolle Sie in Ihrer Geschichte spielen (Held, Opfer, Witzbold) – entscheidend ist, was beim anderen ankommt. Vielleicht halten Sie sich für unschuldig oder ungerecht behandelt; womöglich haben Sie Großartiges geleistet, den Laden oder eine wunderschöne Frau aus einem flammenden Inferno gerettet. Das alles ist aber nichts weiter als heiße Luft, wenn Ihr Zuhörer dieselbe Geschichte ganz anders aufnimmt. Womöglich kommt ihm Ihre Heldentat wie ein Sturm im Wasserglas vor. Dann stehen Sie da wie ein Prahlhans und Hundertsassa. Dummerweise wird er aber nur diese Version erinnern und weitersagen. Genauso ist es mit dem, was zwischen den Zeilen steckt. Sie erzählen freimütig vom letzten Streit mit Ihrem Partner, geben ein paar Frustkäufe zum Besten und gestehen Ihre Unzufriedenheit über Fettpölsterchen und erste Bindegewebsschwächen – was bei den anderen aber hängenbleibt, ist: Die ist nicht belastbar und hat ihr Leben nicht im Griff. Die nächste Beförderung rückt in weite Ferne. Dumm gelaufen.

Klatsch ist ein Karrierekiller, kein Blatt vor den Mund zu nehmen aber auch: So formieren sich leicht Zweifel am Charakter oder an der Leistungskraft. Zudem können selbst die dicksten Bürofreundschaften eines Tages ins Gegenteil kippen. Ein heftiger Streit, etwas verletzte Eitelkeit und leichte Rachegelüste – und Sie müssen damit rechnen, dass das Anvertraute plötzlich gegen Sie verwendet wird, Motto: »Hättest du gedacht, dass der Schulze seine Frau betrügt und heimlich Kopierpapier mitgehen lässt?« Überlegen Sie sich also genau, wie tief Sie sich in die Karten schauen lassen wollen, was Sie unter Kollegen offenbaren und wie es auf diese wirken könnte, denn es prägt Ihren Ruf nachhaltig. Oder anders formuliert: Wer bei allem offen ist, kann nicht mehr ganz dicht sein.

Umgekehrt, wenn Sie etwas hören, was vielleicht zu viel des Guten war – schweigen Sie charmant. Schon ein Lächeln könnte den anderen ermuntern, sich noch weiter um Kopf und Kragen zu reden. Und falls er dennoch keine Grenzen kennt, halten Sie es mit den Ärzten: »Danke, das war jetzt mehr, als ich wissen wollte.« Das Gros versteht den Wink.

Peinliche Situationen kann jeder meistern

Augenscheinlich gibt es aber auch Situationen, in denen schon alles zu spät ist. Mitten in der Präsentation bemerken Sie die Entschlossenheit Ihres Reißverschlusses, der damit zugleich die Motiv-Unterwäsche freilegt. Oder Sie stolpern mit dem Aktenberg direkt in die Kaffeetasse des Chefs. Oder versenken beim Businesslunch den Rotwein in den Hosenanzug der Verabredung. Deren Reaktion: hochgezogene Augenbrauen, fragende Blicke, entgleiste Mundwinkel. Sehr unangenehm, das. Und nur selten gelingt es uns, damit souverän umzugehen.

Nicht wenige stammeln, stottern und eiern daraufhin schlimmer herum als Faust beim armen Gretchen. Ihr Gesicht bekommt die Farbe von gekochten Krebsen – und genau so fühlen sie sich auch: heiß und elend. Aber wussten Sie, dass allein das Erröten, was viele von uns so fürchten, allenfalls eine Minute dauert und nach 15 Sekunden bereits seinen Höhepunkt erreicht hat? Also bitte keine Panik deswegen. Überhaupt sind die falschesten Reaktionen in einer peinlichen Situation, entweder abgeklärte Coolness zu mimen oder in überbordene Hektik zu verfallen. Fragen wie: »Hab ich was Falsches gesagt?« oder Ausrufe vom Typ »Oh nein! Oh nein!« verstärken das Problem nur. Das gilt übrigens auch für den umgekehrten Fall eines sogenannten falschen Helfers. Der Satz »Das muss Ihnen nicht peinlich sein!« entschärft die Lage keineswegs, im Gegenteil: Spätestens jetzt ist der Fauxpas amtlich.

Das kann sogar für die Zeugen der Entgleisung unangenehm werden. Dass Peinlichkeit regelrecht ansteckend wirkt, hat schon die ProSieben-Kultserie *Stromberg* eindrucksvoll gezeigt und dabei gleich einen neuen Ausdruck geprägt: das *Fremdschämen*. In diesem Fall nötigt uns jemand mit seinem Schnitzer Schamgefühle auf, die er oder sie selbst haben müsste. Und wer mag so jemanden schon? Der Münchner Journalist und gute Bekannte von mir, Matthias Nöllke, hat vor einiger Zeit einen Ratgeber für peinliche Situationen geschrieben, über den wir ein wenig diskutiert haben. Im Kern sind wir uns einig, dass es für Fettnapftreter nur drei richtige Reaktionen gibt:

1. **Durchatmen und nichts sagen.** Noch nicht einmal, wenn der andere tobt, weil wir ihn brüskiert oder beleidigt haben, sollten wir sofort etwas sagen. Jede Erklärung, jede Rechtfertigung erhöht unmittelbar die Peinlichkeit. Das heißt nicht, dass man die Lage später nicht bereinigen, sich nicht entschuldigen oder um Verständnis bitten sollte. Nur eben nicht sofort. Erst einmal gilt es, sich zu sammeln, die Souveränität zurückzugewinnen und die Welle abebben zu lassen. Selbst wenn Sie dumm gestolpert sind, machen Sie sich bitte nicht zum Clown! Selbstironie im Übermaß lässt Sie nur wie eine Witzfigur aussehen. Und wo-

möglich ist den anderen ja gar nichts aufgefallen. Dumm, wenn man dann alle darauf hinweist.

2. **Zeigen Sie sich peinlich berührt.** Klar, Sie würden sich jetzt am liebsten verkriechen, aber damit geben Sie nur ein noch jämmerlicheres Bild ab. Den Coolen zu markieren, wirkt wiederum reichlich abgebrüht. Der Grund für diese Trotzreaktion ist oft, dass wir den Fauxpas als Bedrohung für unser Selbstwertgefühl erleben und nun mit aller Macht versuchen, dagegenzuwirken. Dennoch wird die Mehrheit denken: Dem ist wohl gar nichts peinlich? Nur Menschen ohne Ruf und Gewissen handeln so. Humor wiederum – sonst ein guter Trumpf, um peinliche Situationen zu retten – wirkt zuweilen noch desaströser: Dann etwa, wenn Sie Ihr Gegenüber emotional verletzt, bloßgestellt oder etwas sehr Geschmackloses von sich gegeben haben. Dann noch zu scherzen, dokumentiert, dass Ihnen das Missgeschick herzlich gleichgültig ist. Ein Scherz verhöhnt Opfer nur. Daher: Sagen Sie ruhig, dass Ihnen das peinlich ist und entschuldigen Sie sich dafür. Punkt.

3. **Bieten Sie Wiedergutmachung an.** Scham ist nur dann konstruktiv, wenn Sie aus Ihren Fehlern lernen. Sie haben Ihrem Tischnachbarn versehentlich Wein über den Anzug, das Kleid, den Rock geschüttet? Dumm gelaufen, aber menschlich. Ein wahrer Gentleman entschuldigt sich jetzt, ruft den Keller und bittet ihn, das Malheur zu beseitigen und mit einem Handtuch auszuhelfen. Und natürlich bietet er sofort an, für sämtliche Reinigungskosten aufzukommen. Wichtig ist dabei, dass Sie sich nicht rechtfertigen (das wird als unverschämter Versuch interpretiert, den Fehler herunterzuspielen). Sie wollen sich schließlich nicht freikaufen, sondern den entstandenen Schaden wirklich ausgleichen. Das gilt auch für den Fall, dass Sie über jemanden gelästert haben und der das blöderweise mitgehört hat. Allein richtig: sofort schweigen, sich peinlich berührt entschuldigen und nachher unter vier Augen Wiedergutmachung anbieten.

Schwieriger wird der Fall, wenn ein Kollege etwas Peinliches anstellt und das gar nicht mitbekommt. Was tun: ihn darauf ansprechen oder schweigen?

Tja, es kommt darauf an. Und zwar darauf, ob es sich dabei um ein einmaliges Malheur, einen Ausrutscher handelt (den man souverän übersieht) oder um einen Zustand. Im zweiten Fall sollten Sie etwas sagen – erst recht, wenn Sie die Führungskraft sind. Bemühen Sie sich aber gleichzeitig um Diskretion. Fragen Sie sich selbst: Wie würden Sie behandelt werden wollen, wenn Sie derjenige wären, der sich regelmäßig die Blöße gibt? Mit Fingerspitzengefühl ist ein entsprechender Hinweis ein Akt der Nächstenliebe. Manchen Menschen ist schließlich gar nicht bewusst, dass sie sich schon eine ganze Weile lächerlich oder zum Flurthema Nummer eins machen, weshalb sie auf einen fürsorglichen Hinweis entsprechend dankbar reagieren. Wie die übrigen Mitarbeiter anschließend auch.

Wie Sie mit verbalen Aussetzern und Cholerikern umgehen

Je enger der Raum, desto schneller entwickelt sich Streit. Auch wenn es euphemistisch Großraumbüro heißt, hocken die meisten doch in einer Art kollektiver Intensivhaltung dicht an dicht beisammen. Oftmals reichen dann schon ein paar flapsige Bemerkungen oder ein missverstandener Scherz und die Stimmung kippt. »Jeder kann wütend werden, das ist einfach. Aber wütend auf den Richtigen zu sein, im richtigen Maß, zur richtigen Zeit, zum richtigen Zweck und auf die richtige Art, das ist schwer«, sinnierte schon Aristoteles – und der malochte ganz bestimmt nicht im Großraumbüro.

Wer es mit einem notorischen Wüterich und cholerischen Anfall zu tun bekommt, womöglich gar mit dem eigenen Chef, der sollte sich zu 90 Prozent in Körperbeherrschung üben. Zurückkeifen? Lachen? Peinlich dreinschauen? Alles verkehrt. Nichts davon hilft, im Gegenteil: Es macht die Sache nur noch schlimmer.

Da hilft oft nur eines: Schweigen. Schließlich ist es nicht immer klug, einen schlagfertigen Konter, der einem gerade in den Sinn kommt, auch auszusprechen (falls einem einer einfällt). Meist schaffen Sie sich damit nur einen Erzfeind. Und falls es Ihr Chef ist, der gerade ausrastet, wäre es zwar gerechtfertigt, den in seine Schranken zu weisen, aber selten klug, sich dabei auf einen offenen

Schlagabtausch einzulassen. Wer weiß, was Ihnen dabei über die Lippen huscht und hernach arbeitsrechtliche Konsequenzen hat.

Schweigen ist da wesentlich vielsagender: Sie schauen dem Aggressor nur intensiv in die Augen und legen eine Schweigeminute ein. Die nun eintretende erwartungsvolle Stille wirkt zu Ihren Gunsten. Denn während die Unverschämtheit noch durch den Raum hallt, mutiert sie zur peinlichen Niedertracht. Sie aber bleiben souverän, zeigen die Größe darüberzustehen und sich völlig unter Kontrolle zu halten. Danach machen Sie weiter, als sei nichts gewesen. Auch diese Geste signalisiert: Es perlt an Ihnen ab, auf so ein Niveau begeben Sie sich nicht. Der andere hingegen hat sich mit seinem Schuss unter die Gürtellinie selbst disqualifiziert. Und das ganz ohne Anstrengung. Bravo!

11.55 Uhr
Jetzt noch? Muss das sein?

Achtung: Gefälligkeitsfalle ▪ Wie Sie lernen, Nein zu sagen

»Ist nicht alles, was wir im Leben unternehmen,
darauf ausgerichtet,
ein bisschen mehr geliebt zu werden?«
July Delpy, in *Before Sunrise*

Nette, hilfsbereite Kollegen sind der Humus, auf dem das gute Betriebsklima gedeiht. Solche Mitarbeiter mag jeder. Sie machen das Leben leichter – das eigene vor allem. Nie schlagen sie eine Bitte aus oder lehnen Hilfe ab. Wenn andere schon murren oder offen rebellieren, opfern sie sich immer noch selbstlos auf. Das ist, keine Frage, ungeheuer sozial, aber auch ungeheuer blöd. Wer anderen seine Hilfe allzu bereitwillig zukommen lässt, zahlt dafür einen hohen Preis: Nicht nur, dass sich derjenige hernach fühlt wie ein Teebeutel nach dem dritten Aufguss, Stress wegen Überforderung gehört heute zu den häufigsten Bürokrankheiten. Zeitdruck, steigende Arbeitslast, ausbleibende Anerkennung – all das zählt längst zu den Hauptursachen dafür, dass die Fehlzeiten aufgrund seelischer Erkrankungen in den vergangenen Jahren kontinuierlich gestiegen sind. 2008 waren deutsche Arbeitnehmer allein wegen Burnout-Symptomen zusammengerechnet rund zehn Millionen Tage krankgeschrieben, ergab eine Studie der Techniker Krankenkasse. Acht von zehn Deutschen fanden ihr Leben stressig, jeder Dritte litt an Dauerstress. Nicht wenige wünschen sich, ihr Tag hätte 30 Stunden oder mehr. Dann, so die hehre Hoffnung, hätten sie endlich mal genug Zeit für alles, was ihnen so angetragen wird oder anfällt.

Besonders Hilfsbereite stehen in der Gefahr, skrupellos ausgenutzt zu werden. Zum Beispiel durch jemanden, der sich vor einer unangenehmen Arbeit drücken möchte. Oder vom Chef, der einen mit einem zusätzlichen Projekt überrumpelt, obwohl man schon bis über beide Ohren mit Arbeit eingedeckt ist. Mal geht es darum, Arbeit einfach nur abzuwälzen, mal um Risikostreuung: Geht der Auftrag in die Hose, ist der Helfer schuld. Schafft er es, fühlt sich der Boss bestätigt: »Sehen Sie, geht doch!« Eine böse Zwickmühle. Obendrein laufen die Wohltäter permanent Gefahr sich zu verzetteln, weshalb sie wenig souverän wirken und am Ende sogar weniger respektiert werden als jene, die zögern und ab und an einfach »Nein« sagen. Es ist das Gesetz von Angebot und Nachfrage: Was leicht zu haben ist, hat weniger Wert. Wer sich dagegen vornehm zurückhält, verweigert und rar macht, wird viel mehr geachtet.

Klar, wir alle landen im Büro immer wieder in Situationen, in denen wir Ja sagen, obwohl wir Nein meinen. Das passiert. Falls Sie solche Momente aber häufiger erleben, tappen Sie vermutlich regelmäßig in die sogenannte Gefälligkeitsfalle. Der Klügere gibt eben nur so lange nach, bis er der Dumme ist. Die Gründe hierfür sind zwar individuell verschieden. Dennoch ist der wesentliche Schritt aus dieser klassischen Entscheidungsfalle, sich selbige bewusst zu machen. Es geht darum zu erkennen, was Ihre wahren Gefühle und Motive dabei sind und wie diese womöglich – bewusst oder unbewusst – von den Kollegen manipuliert werden. Die Maschen hierbei reichen von sanftem Druck, Erpressung, Überrumpeln, Schmeicheln bis hin zu vermittelten Schuldgefühlen und der obligaten Mitleidstour. Bevor Sie also eine Hilfsentscheidung treffen, nehmen Sie sich eine kurze Auszeit und fragen Sie sich, warum Sie angeblich nicht Nein sagen können. Oft steckt das dahinter:

- **Sie fühlen sich geschmeichelt.** Allein schon die Tatsache, dass man Sie fragt, imponiert Ihnen. Sie fühlen sich aufgewertet, wichtig, zentral. Kurz: Sie mutieren zum Retter und Ratgeber. Ein kurzer Anflug von Macht umweht Ihr Ego. Und weil Sie dieses Gefühl lieben und fürchten, dass es sich nie mehr einstellt, wenn Sie die Bitte jetzt ablehnen, sagen Sie Ja. Womöglich war aber genau das der hinterlistige Plan des Bittstellers. Der schillernde Retter kann schließlich auch bloß ein schnöder Notstopfen sein.
- **Sie leiden am Helfersyndrom.** Betroffene brauchen das Gefühl, gebraucht zu werden. Hinter ihrem Zwang, Ja zu sagen, steckt dann entweder die falsche Vorstellung, die eigene Unersetzbarkeit zu demonstrieren. (Ein Kurzschluss übrigens: Jeder Mensch ist ersetzbar!) Oder aber der Versuch, Minderwertigkeitsgefühle zu kompensieren. Auch das ist ein Irrweg, da die kurzfristige Anerkennung, die mit dem Gefallen erzielt wird, nur in eine Abwärtsspirale führt: Viele Dienstbarkeiten mindern die Qualität der eigenen Arbeit, das wiederum beschädigt deren Ruf und damit die Anerkennung im Job. Also versuchen Betroffene das durch weitere Gefälligkeiten zu kompensieren. So führt das Helfersyndrom zu noch mehr Stress und mündet nicht selten in totaler Erschöpfung und einem Burnout.
- **Sie fürchten, Sympathien zu verlieren.** Nicht wenige Menschen plagt die Sorge, dass es die Beziehung zum Kollegen nachhaltig

belastet, wenn sie seine Bitte ablehnen. Womöglich quält sie dabei auch ein schlechtes Gewissen, weil sie früher einmal gelernt haben, dass man Hilfe nicht verweigern darf. Wer es dennoch tut, gilt in ihren Augen als egoistisch oder herzlos. Die Frage ist aber: Wer ist egoistischer – derjenige, der eine Bitte ausschlägt, weil er nicht anders kann, oder derjenige, der seine Sympathien davon abhängig macht, wer nach seiner Pfeife tanzt? Hüten Sie sich vor solchen Menschen! Sie versuchen nur, Sie zu manipulieren, sind berechnend und selten dankbar. Zudem: Sie müssen nicht von allen gemocht werden – und schon gar nicht von Menschen, deren Zuneigung Sie sich erst erkaufen sollen.

- **Sie haben Angst, etwas zu versäumen.** Eigentlich müsste die Tabellenkalkulation dringend fertig werden – trotzdem geht man mit den Kollegen Kicker spielen. Und natürlich wird auch die Einladung zum Feierabendbier nicht abgesagt, obwohl der Körper längst bedrohlichen Schlafmangel signalisiert. Hauptsache mittendrin, immer dabei und bloß kein Spalter sein. Riesenfehler! Auch hier werden Sie vermutlich manipuliert. Die Kollegen gaukeln Ihnen vor, hier und jetzt eine einmalige Chance zu bekommen – wie bei einem Sonderangebot. Dabei können Sie mit der Gruppe doch sicher auch ein andermal einen Kaffee trinken? Wohl wahr: Sich abzusondern, schadet der Karriere. Aber das tut schlechte Arbeit auch. Wer alles schleifen lässt, damit er ja nichts verpasst, offenbart vielmehr dreierlei: latente Einsamkeit, gepaart mit hoher Abhängigkeit von der Meinung anderer, sowie die Schwäche, keine Prioritäten setzen zu können. Hand aufs Herz: Einmal oder zweimal nicht dabei zu sein, ist doch keine Schande?
- **Sie fürchten negative Folgen.** Gerade wenn der Chef hinter der Bitte steht, wäre es gefährlich, dessen Wunsch zu ignorieren. Frustrierte Vorgesetzte können nachtragend sein oder wegen Insubordination abmahnen. Dennoch sollten auch Chefs lernen, wann Schluss ist. In diesem Fall hilft meist, sie auf mögliche Konsequenzen ihrer Forderungen hinzuweisen: »Wenn ich das jetzt auch noch übernehme, muss Projekt X zwei Wochen warten.« Dazu aber später noch mehr.
- **Sie fühlen sich verantwortlich.** Und zwar für die Bürostimmung im Allgemeinen und das Bedürfnis des Kollegen nach Entlas-

tung und persönlichem Glück im Besonderen. Der Arme: Schon seit fünf Wochen sitzt er an dem Projekt, heute Nachmittag muss er es präsentieren – und was er hat, ist alles andere als spruchreif. Es ist zwar nobel, dem Tropf jetzt unter die Arme zu greifen. Er hätte Sie aber auch einfach eher bitten können. Oder ist das vielleicht seine spezielle Masche, immer auf den letzten Drücker zu fragen, damit keiner die Hilfe ablehnen kann? Überhaupt: Hat er Ihnen eigentlich auch schon mal geholfen? Oder würde er dasselbe tun, wenn Sie einen Gefallen benötigen? Nicht, dass man im Büro immer alles verrechnen sollte. Aber einem Trödler vom Stamme Nimm muss man auch nicht jedes Mal in den Sattel helfen.

- **Sie vergleichen sich.** Jeder Mensch hat ein anderes Arbeitspensum. Wer sich jedoch häufig mit Besseren vergleicht, erliegt bald der Illusion, Gleiches schaffen zu müssen. Zusatzaufgaben sind dann wie ein Leistungsdarlehen, das man abbezahlt. Sicher, Sie sollen und wollen das Beste aus sich herausholen, aber doch bitte nicht das Beste Ihrer Kollegen dazu. Nichts versetzt Menschen mehr in Stress als der Versuch, ständig den Ansprüchen anderer zu genügen.

Um aus solchen Denk- und Tretmühlen herauszufinden, hilft nur eines: Gewinnen Sie zu sich selbst und dem Anliegen Abstand und entlarven Sie mögliche Fallen, die Sie sich selbst oder die Ihnen die lieben Kollegen stellen. Auch wenn es zum Leben gehört, hin und wieder eigene Interessen zurückzustecken – an manchen Stellen muss man beherzt Nein sagen. Alles andere führt nur dazu, dass wertvolle Zeit verloren geht und Kräfte zerstreut werden, die dann für die eigene Arbeit fehlen. In der Folge nimmt die Arbeitsbelastung zu, vielleicht sogar der Ärger darüber, nachgegeben zu haben. Und spätestens wenn Jasager ihre Projekte nur noch mittelmäßig bis mangelhaft abschließen, nutzt ihnen alle Kollegialität nichts mehr: Der Ruf ist ramponiert, sie gelten als unfokussiert, unorganisiert, unfähig. Unnötig!

Der zweite Schritt, nachdem Sie Ihre Motive hinterfragt haben, ist, die negativen Konsequenzen Ihrer Ablehnung einzuschätzen – und zwar realistisch. Dazu gehört, dass Sie genau verstanden haben, was der Kollege eigentlich von Ihnen will oder welche Resultate er erwartet. Möchte er nur eine kurzeitige Zulieferung? Oder die Aufgabe vollständig delegieren? Fragen Sie im Zweifel ruhig noch einmal nach. Vielleicht ist die Bitte ja auch gar nichts Großes, klang aber so. Andernfalls: Jede Entscheidung hat einen Preis, den man sich bewusst machen sollte. Wie viel Zeit kostet das? Was wären die Folgen? Was ist dadurch zu gewinnen? Ist es das wert? Wer bittet mich da eigentlich um etwas? Hat derjenige mich schon einmal ausgenutzt? Auch Ihre Kraft ist nicht endlos, und auch Sie haben Bedürfnisse – weniger Stress, mehr Spaß am Job, Anerkennung für gute Arbeit. Das ist nicht weniger wert als die Bedürfnisse des Kollegen.

Wäre es also wirklich eine Katastrophe, Nein zu sagen? Im Zweifel erklären Sie eben, dass Sie sich zwar geschmeichelt, aber ebenso überrumpelt fühlen, und erbitten sich Bedenkzeit. Zeigen Sie Verständnis für die Bedürfnisse des anderen, legen Sie aber auch Ihre eigenen dar – und gewinnen Sie so die Entscheidungshoheit zurück. Selbst wenn Sie das nicht müssen: Begründen Sie Ihren Rückzieher ruhig mit den identifizierten Konsequenzen. Das macht es dem anderen leichter, Ihre Absage zu akzeptieren. Sie können aber auch einen Kompromiss in der Form eines *Jetzt nicht, aber später* schließen. Und für die ganz Hartnäckigen, die einfach kein Nein dulden, gilt: Standhaft bleiben und diplomatisch in die Metaebene wechseln: »Auch wenn Sie mein Nein nicht gutheißen – ich bleibe dabei: diesmal nicht!«

Wie Sie lernen, Nein zu sagen

Wenn Sie im Büro jemandem einen Korb geben müssen, dann kommen dafür letztlich nur drei Gruppen infrage: Kollegen, Kunden oder Chefs. Für alle drei gilt, dass Sie ihnen die Abfuhr möglichst schonend beibringen sollten. Das heißt nicht, dass Sie lange um den heißen Brei herumreden sollen, im Gegenteil: Eine klare, deutliche Absage gehört sich einfach. Mit einer Wischiwaschi-Abfuhr tun Sie sich keinen Gefallen, weil die nur Missverständnisse erzeugt, und Sie stehen am Ende da wie ein Wortbrüchiger.

Verletzend und respektlos werden sollten Sie auch nicht. Einem Boss einen Korb zu geben, ist immer heikel, erst recht, wenn der gerade schlecht auf einen zu sprechen ist, miese Laune hat oder künftig Entlassungen drohen. In diesem Fall ist ein achtungsvoller Ton, gepaart mit einer subtilen Ausweichstrategie essenziell für das Gelingen Ihrer Mission. Oder anders formuliert: Die richtige Antwort gegenüber dem Chef beginnt immer mit der Phrase: »Ja, aber …« Mindestens genauso wichtig ist dabei allerdings, dass Sie ihm aufmerksam zuhören und ihn nicht unterbrechen. Das dokumentiert Ihren Respekt und unterstreicht Ihren grundsätzlich guten Willen. Bleiben Sie zu jedem Zeitpunkt höflich, auch wenn der Antrag noch so unverschämt war. Heben Sie niemals die Stimme (wirkt aggressiv) und spielen Sie auch nicht beleidigt (wirkt infantil), sondern versuchen Sie vielmehr sanft auszuweichen, etwa indem Sie …

- **… Alternativen anbieten.** »Ich habe leider nicht die Zeit, später bei der Präsentation dabei zu sein. Aber ich könnte helfen, vorher die Folien aufzubereiten.« »Ich muss unbedingt vorher noch diese Sache für den Kunden fertig machen. Aber morgen könnte ich mich dann darum kümmern. Falls es eilig ist, vielleicht hat Klaus ja gerade etwas Zeit …«
- **… die Folgen verdeutlichen.** »Danke, dass Sie mir so viel Vertrauen entgegenbringen. Aber ich habe bereits mehrere laufende Projekte, um die ich mich kümmern muss. Wenn ich diese Aufgabe zusätzlich übernehme, wird sich der Abgabetermin von Projekt X zwangsläufig nach hinten verschieben. Ist das in Ihrem Sinne?« »Ich kann das gerne machen, Sie wissen aber, dass ich dafür nicht die qualifizierteste Person im Team bin?«
- **… dramatisieren.** »Ich bin zurzeit enorm eingespannt, sodass ich diesem Projekt nicht die Aufmerksamkeit widmen könnte, die es verdient hätte. Das würde dem Ergebnis schaden.« »Ich fühle mich bei dieser Sache sehr unwohl.« »Ich kann das mit meinem Gewissen nicht vereinbaren.«
- **… den Chef an sein Wort erinnern.** »Wir hatten seinerzeit verabredet, dass das andere Projekt unbedingt Vorrang hat. Können Sie mir bitte kurz erklären, wieso die Prioritäten gewechselt haben?« »Sie hatten mir für heute Nachmittag freigegeben. Inzwischen habe ich eine paar wichtige Termine, die ich nicht mehr absagen kann.« Mit solchen Erinnerungen dürfen Sie den

Boss allerdings weder bedrängen noch brüskieren. Sie wollen ihn schließlich nicht zum Armdrücken herausfordern.

- **... um Mithilfe bitten.** »Sie wissen, ich arbeite gerade auch an X und Y. Um alles tiptop zu erledigen, bräuchte ich Unterstützung, sonst wird das nichts.« Der Vorteil dieser Strategie ist: Wenn Sie den Beistand gut begründen, der aber nicht greifbar ist, sucht Ihr Boss womöglich selbst nach einer Alternative.

Einige Ratgeber empfehlen, die Begründungen so knapp wie möglich zu halten, weil sie sonst wie eine Rechtfertigung aussehen könnten – und deren Glaubwürdigkeit sinkt zudem mit steigendem Textumfang. Das stimmt. Dennoch empfehle ich diese Strategie wirklich nur bei verständnisvollen Bossen. Andernfalls braucht er eine plausible Erklärung. Sonst laufen Sie Gefahr, dass er Sie für einen renitenten Phlegmatiker hält. Unabhängig davon, wie Ihr Chef tickt, gilt eines jedoch bei allen Abfuhren: Niemals, wirklich niemals sollten Sie Ihren Vorgesetzten anlügen, wenn Sie Ihr Nein begründen! Früher oder später kommt so etwas heraus, und dann ist Ihre Reputation flöten. Sie haben einen schweren Vertrauensbruch begangen und obendrein dem Chef die Hilfe versagt. Spätestens jetzt stehen Sie auf seiner persönlichen Abschussliste.

Das eben Gesagte trifft Kunden gegenüber übrigens genauso zu. Doch haben die zuweilen die Angewohnheit, deutlich verständnisloser und unbarmherziger zu sein – zumal, wenn sie sich wie Könige fühlen, weil sie einen Großteil zu Ihrem Umsatz beisteuern. Bei solchen Typen lässt sich ein Ja manchmal partout nicht vermeiden. Sie können dann aber wenigstens versuchen, künftige Anfragen vorsorglich zu kanalisieren, indem Sie ...

- **... gemeinsam vorplanen.** Zeigen Sie zunächst Verständnis (»Ich sehe Ihren Punkt«) und kommen Sie dem Wunsch des Kunden bereitwillig entgegen. Sagen Sie ihm aber auch, dass es Ihre Kapazitäten gewaltig belastet. Fragen Sie deshalb: »Wie können wir unsere Zusammenarbeit verbessern, um künftig auszuschließen, dass so etwas erneut passiert?«
- **... eine Frist vorgeben.** Sagen Sie Ja, setzen Sie zugleich aber ein Zeitlimit: »Ich kümmere mich sehr gerne darum. Dann müssen Sie mir aber bis Ende der Woche dafür Zeit geben.« Oder: »Ich

erledige das sofort, aber nur, wenn es nicht länger als eine Stunde dauert. Danach habe ich einen wichtigen Termin.«

- **... einen Gefallen einfordern.** »Ich werde sehen, was sich machen lässt. Wir können dann ja einen Ausgleich finden, wenn ich einmal in Bedrängnis gerate.«

Bei Kollegen wiederum sieht die Sache noch mal anders aus. Befüllen die Ihren Schreibtisch zum wiederholten Mal mit zusätzlicher Arbeit, haben Sie etwas mehr Reaktionsspielraum. Allerdings: Auch hier sollten Sie Ihrem Ärger nicht ungebremst Luft machen und lospoltern. Besser, Sie hören sich deren Anliegen erst einmal an und lehnen dann gegebenenfalls ab, indem Sie ...

- **... um Verständnis werben.** Ein Büronachbar fragt Sie, ob Sie sich an einem Geburtstagsgeschenk für einen Kollegen beteiligen wollen. Sie denken: *Wenn ich jetzt Nein sage, halten mich alle für geizig und einen Eigenbrötler.* Tatsache aber ist: Keiner ist verpflichtet, einem Kollegen etwas zu schenken – erst recht, wenn man sich kaum kennt. Deshalb wäre es völlig ausreichend, wenn Sie die Frage mit einem »Eigentlich kenne ich Klaus kaum. Ich denke, ich werde ihm lieber persönlich gratulieren.« quittieren. Alternative Antworten in anderen Situationen sind: »Ich finde das Angebot sehr schmeichelhaft, aber ich habe offen gestanden gerade andere Pläne.« »Ich weiß, das wird Sie enttäuschen, aber ich kann das dieses Jahr nicht schon wieder übernehmen.«
- **... konsequent bleiben.** Auch Sie haben Pläne, Abgabetermine, Grundsätze. Das alles sind gute Gründe, warum Sie der Bitte nicht stattgeben können. Und die dürfen Sie durchaus nennen: »Ich fühle mich geschmeichelt, aber die Wochenenden gehören meiner Familie.« »Ich habe vorhin schon jemand anderem meine Hilfe zugesagt. Ich bitte um Verständnis, dass ich nicht noch mehr übernehmen kann.« »Ich helfe dir gerne – aber nicht bei diesem Projekt.« »Es tut mir leid, aber ich leihe Freunden grundsätzlich kein Geld.«
- **... den Ball zurückwerfen.** Vielleicht steckt hinter der Bitte auch nur Unsicherheit: Statt selbst die Verantwortung zu übernehmen, versucht der Kollege die Last zu verteilen. Verant-

wortungsvoller von Ihnen wäre es, den Mitarbeiter an seiner Herausforderung wachsen zu lassen: »Ich kann verstehen, dass du dich bei der Aufgabe unsicher fühlst. Aber ich bin davon überzeugt, dass du das schaffst. Versuch es doch erst einmal selbst, unterstützen kann ich dich später immer noch.« Oder: »Ich kann dir da wirklich nicht helfen. Der Chef hat dir die Aufgabe übertragen. Er hat sich sicher etwas dabei gedacht.« Das ist überhaupt nicht herzlos. In der größten Not können Sie immer noch einspringen. Und wenn Ihre Motivation dabei wirklich ist, den anderen indirekt zu fördern, wird er das spüren – und verstehen.

- **... die Unverschämtheit der Bitte offenbaren.** »Mir macht diese Arbeit auch keinen Spaß – aber es ist deine Aufgabe!« Auch das ist zulässig, wenn Sie das Ganze nicht scharf, sondern mit einem Lächeln sagen. Wenn es allzu offensichtlich ist, dass der Kollege nur einen lästigen Job loswerden wollte, wird er spüren, dass er Sie nicht für dumm verkaufen kann. Versucht er das weiterhin, dürfen Sie ihn auch öffentlich bloßstellen. Das ist nicht unkollegial – er ist es.
- **... sich sehr kurz fassen.** »Nein.« (Und für internationale Kollegen: Unter der folgenden Internetadresse finden Sie das Wort Nein in 520 Sprachen: elite.net/~runner/jennifers/no.htm)

Ich weiß, die Versuchung ist groß, einem Konflikt auszuweichen und zu sagen: »Ich denke darüber nach und sage dir dann Bescheid.« Wobei diejenigen allerdings nie Bescheid sagen, sondern hoffen, das Problem aussitzen zu können. Glauben Sie mir, so verschieben Sie den Ärger nur und machen ihn noch größer. Nicht wenige werten eine unbestimmte Antwort als Zusage und sind dann (zu Recht) stocksauer, weil Sie sie haben sitzenlassen. Wie heißt es so schön in der Bibel: »Eure Rede sei ja, ja oder nein, nein. Alles andere ist von Übel.«

Mahlzeit!

Warum Sie rausgehen und richtig essen sollten ▪ Warum
Sie nie alleine Mittagspause machen sollten ▪ Das Knigge-
ABC für Geschäftsessen

»Geschäftsessen sind ein Ausdruck äußerster Effizienz.
Wo gibt es das sonst alles gleichzeitig:
man redet dir die Ohren voll,
du schlägst dir den Bauch voll
und nimmst den Mund voll!?«
Gerald R. Ford, Politiker

Es ist schon faszinierend, womit wir Menschen unsere Zeit verbringen. Die Statistiker des dafür zuständigen Bundesamtes untersuchen das regelmäßig und erstellen daraus dann ein amtsdeutsches Begriffsungetüm wie die *Zeitbudgeterhebung*. Darin erfährt der Leser zum Beispiel, dass der Durchschnittsdeutsche mehr als 24 Jahre seines Lebens im Bett verschläft. Oder dass er fünf Jahre mit Fernsehen verbringt. Zwei Jahre und sechs Monate sitzt er in einem Auto, sechs Monate davon jedoch im Stau. Erstaunlicherweise ist das dieselbe Zeitspanne, die er auch auf der Toilette verbringt. Das Küssen fällt dazu vergleichsweise bescheiden aus: zwei Wochen unseres Lebens nehmen wir uns dafür Zeit, die sexuellen Höhepunkte kommen gar nur auf 16 Stunden. Zum Vergleich: Um unseren Lebensunterhalt zu verdienen, hocken wir im Schnitt sieben Jahre im Büro.

Das sind natürlich akkumulierte Zahlen, deren Aussagekraft eher symbolischer Natur ist, die man aber trotzdem dann und wann erwähnen sollte, weil ihre Ermittlung den Steuerzahler, also Sie und mich, schließlich Geld gekostet hat. Das vorausgeschickt, ist es geradezu erschreckend, mit wie wenig Muße wir uns der mittäglichen Nahrungsaufnahme hingeben. Gerade einmal rund 20 Minuten Mittagspause gönnen sich Büroangestellte im Schnitt und am Tag. Jeder Dritte (29 Prozent) verschlingt seine Mahlzeit direkt am Schreibtisch. Und wer rausgeht, ernährt sich in der Regel mit fetthaltigem, ballaststoffarmem und kalorienreichem Fast Food. Zwei Drittel mampfen mittags das Zeug vom Imbiss um die Ecke oder naschen Esswaren vom Bäcker, jeder Vierte verzichtet sogar ganz auf eine Mahlzeit. Das hat das private Marktforschungsinstitut Innofact Ende 2008 in einer Umfrage unter mehr als 1500 Beschäftigten ermittelt.

In der Teppichetage der Führungsmannschaft sehen die Essgewohnheiten übrigens keinesfalls besser aus: Laut einer Umfrage des IWD Forschungsinstituts unter 500 Managern machen weniger als die Hälfte der Chefs regelmäßig Mittagspause. 26,5 Prozent der Manager möchten die Pause alleine verbringen, vor allem, »um mal Ruhe zu haben«. Nur neun Prozent hätten Lust, die Zeit mit anderen Führungskräften zu verbringen.

Also das kann nun wirklich nicht gut sein. Gesund ist es ohnehin nicht. Auch wenn man vor lauter Arbeit nicht weiß, wo einem der Kopf steht – die mittägliche Auszeit ist unerlässlich für Körper und Geist. Sie entspannt und schafft gedankliche Distanz zu Alltag und Aktenbergen. Jedenfalls wenn Sie sich vom Schreibtisch erheben und sich bewegen. Neueste Studien zeigen: Wer sich tagsüber kaum noch körperlich bewegt, riskiert, schon bald an Alzheimer oder Parkinson zu erkranken. Umgekehrt: Mehrere (moralisch unbedenkliche) Tierversuche, unter anderem an der Yale-Universität, belegen, dass bei regelmäßiger Bewegung Proteine ausgeschüttet werden, die sowohl die Bildung neuer Blutgefäße im Gehirn (und damit dessen Sauerstoffversorgung) fördern als auch das Wachstum frischer Nervenzellen im Hippocampus anregen. Zudem helfen die Bausteine, die grauen Zellen besser miteinander zu vernetzen. Sogar das Depressionsrisiko sinkt durch Bewegung. So haben US-Forscher des National Institute of Mental Health rund 1900 kerngesunde Menschen über einen Zeitraum von acht Jahren beobachtet. Ergebnis: Die Depressionsrate derjenigen, die sich in dieser Zeit kaum bewegten, war doppelt so hoch. Eine Untersuchung der Universität in Athens unter 4600 Kindern bestätigt ebenfalls: Faule, bewegungsarme Kinder wiesen häufiger depressive Verstimmungen auf als die körperlich aktiven.

Sie sehen schon, wohin das führt: Ich erspare uns an dieser Stelle den Appell, sage aber dennoch, dass 15 Minuten Bewegung an der frischen Luft mittags drin sein sollten. Schon Ihrem Intellekt zuliebe. Wer länger kann, darf seine grauen Zellen auch gerne mit einem Kurzbesuch im Museum, einem Ausflug ins Café oder einem Gebet in der Kirche füttern. Tatsächlich entspannt Meditation nicht nur, sie steigert auch unsere kognitiven Fähigkeiten, wie Richard Davidson vom Waisman Laboratory for Brain Imaging and Behavior herausgefunden hat. Davidson untersuchte dazu die Hirnströme von Mönchen, die in ihrem tibetanischen Kloster zuvor mehr als 10 000 Stunden meditiert hatten. Als sie in dem Experiment erneut in sich gingen, waberten durch den Kopf der Geistlichen Gammawellen, die 30-mal stärker waren als die von gewöhnlichen Studenten. Die Glaubensbrüder waren geistlich wie geistig high.

Abwechslung und Bewegung schaffen jene kognitiven Freiräume, in denen wir von alleine Lösungen für Probleme finden, an denen wir zuvor stundenlang herumgeknobelt haben. Ich könnte jetzt noch mehr ins Detail gehen und weitere Studien aufzählen, letztlich kommen aber alle zum selben Schluss: Wer nach der Hälfte des Arbeitstages eine längere Pause einlegt, arbeitet danach besser.

Die Ernährung hat auf unser Leistungsvermögen allerdings ebenso entscheidenden Einfluss. Wer zum Beispiel gar nichts isst, rutscht nachmittags irgendwann ins Tief – zwangsläufig. Dem Körper fehlen dann einfach Energie und Nährstoffe. Oder aber Sie bekommen von Ihrem ausgezehrten Leib eine veritable Heißhungerattacke serviert. Auch nicht viel besser. Denn die bekämpfen rund zwölf Prozent der Arbeitnehmer mit Süßigkeiten oder salzigen Snacks – allesamt klassische Dickmacher, die zudem nur kurzfristig den Hunger stillen. Apropos satt: Die Ernährungsstudie des Lebensmittelkonzerns Nestlé aus dem Jahr 2008 kommt zu dem Schluss, dass jeder zweite Mann mittags Portionen bevorzugt, die ihn richtig satt machen. Bei den Frauen sind das nur etwa 25 Prozent, von denen jede Fünfte zumindest noch auf Inhaltsstoffe, Abwechslung und Kalorien achtet. Die Folgen dieser Sättigungsgelage sind jedenfalls nicht zu übersehen. 64 Prozent der Männer und 46 Prozent der Frauen in der Innofact-Umfrage waren übergewichtig. Laut Statistischem Bundesamt hat sogar nahezu jeder zweite Deutsche zwischen 18 und 79 Jahren heute Übergewicht.

Grundlage dieser Aussage ist der sogenannte Body-Mass-Index (BMI). Er wird errechnet, indem man das Körpergewicht (in Kilogramm) durch die Körpergröße (in Metern, quadriert) teilt. Übergewichtig ist ein Erwachsener laut Weltgesundheitsorganisation dann, wenn sein BMI über 25 liegt. Mit einem Wert über 30 gilt man bereits als fettleibig. Das trifft bei einem 1,86 Meter großen Erwachsenen schon etwa ab 104 Kilo Körpergewicht zu. Schätzungen zufolge kommen rund neun Millionen Deutsche auf so einen XXL-BMI.

Neben den gesundheitlichen Risiken wie Diabetes, Schlaganfall, Herzinfarkt und Darmkrebs hat das besonders berufliche Nachteile: Dicke Menschen werden im Job häufiger diskriminiert oder erst gar nicht eingestellt. Übrigens ein klassischer *Halo-Effekt*. Der Begriff wurde von Edward Lee Thorndike eingeführt und beschreibt einen Wahrnehmungsfehler, bei dem einzelne Eigenschaften einer Person so dominant wirken, dass sie den Gesamteindruck überstrahlen. Wer dick ist, wird dann vor allem über seinen Körperumfang wahrgenommen – und steht damit sofort im Generalverdacht, maßlos, faul, willensschwach oder gar dumm zu sein. Sicher, das sind Stereotype, die nichts, aber auch gar nichts über den Charakter eines Menschen und seine tatsächliche Leistungskraft aussagen. Aber nicht wenige denken nun mal so.

> Übergewicht ist ansteckend. Eine US-Studie mit über 12 000 Erwachsenen hat ergeben: Wer mit einem Übergewichtigen besser bekannt ist, dessen Risiko steigt um 57 Prozent, innerhalb der nächsten vier Jahre ebenfalls dick zu werden. Sind beide befreundet, steigt die Wahrscheinlichkeit gar um 171 Prozent. Dabei spielt es keine Rolle, ob die Freunde Tür an Tür wohnen oder 500 Kilometer voneinander entfernt leben.

Du bist, was du isst – der Satz gilt somit gleich in mehrfacher Hinsicht. Auch wenn die Versuchung noch so groß ist, zwischen Tisch und Termin, zwischen Konferenz und Kundengespräch einen kompakten Sattmacher in sich hineinzuschlingen – allemal klüger ist es, auf gesunde, vitaminreiche und leichte Kost zu setzen. Nicht nur wegen einer statthaften Figur, sondern weil gutes Essen den Stress senkt, den Kreislauf weniger belastet und regelrecht schlau machen kann.

Angeblich futtert James Joseph deshalb jeden Tag zwei Tassen Blaubeeren und dazu noch einmal rund 30 Gramm Walnüsse. Der Mann lebt nicht etwa wie Catweazle im Wald, sondern im betuchten Boston und lehrt dort Verhaltensbiologie an der Tufts-Universität. Zugleich beschäftigt sich Joseph seit einiger Zeit mit der Wirkung von sogenannten Polyphenolen, die in Beeren, Weintrauben oder Rotwein enthalten sind und die menschliche Geisteskraft vor Alterung und anderem Schaden bewahren. Bei einem seiner Experimente verabreichte der Wissenschaftler seinen Probanden zwölf Wochen lang jeden Tag zwei Gläser Blaubeersaft aus dem Supermarkt. Ich weiß zwar nicht, wie glücklich seine

Versuchsobjekte nach der Saftkur waren, Fakt ist aber, dass sie kognitive Aufgaben signifikant besser lösen konnten als zuvor.

Aus einem verwandten Grund konsumiert Josephs Kollege, der Neurobiologe Fernando Gómez-Pinilla von der Universität von Kalifornien in Los Angeles, nahezu täglich Lachs. Denn der enthält enorm viele Omega-3-Fettsäuren. Besonders der Stoff Docosahexaensäure (DHA) hat es Pinilla angetan. Die Omega-3-Fettsäure spielt offenbar bei der Übertragung von Nervensignalen – was für die Intelligenz nicht unwesentlich ist – eine wichtige Rolle. Nur kann der Körper DHA leider nicht selber herstellen, sondern muss sie über die Nahrung aufnehmen. Schon 2007 wiesen norwegische Wissenschaftler nach, dass bereits zehn Gramm Fisch pro Tag die Denkleistung ihrer Probanden – 2000 Männer und Frauen im Alter von 70 bis 74 Jahren – deutlich steigerten. Wer täglich 75 Gramm Fisch aß, erzielte sogar Bestnoten. Bekräftigt wird das durch Studien kanadischer Forscher über die Essgewohnheiten von rund 4500 Fünftklässlern. Je mehr Obst und Gemüse und je weniger gesättigtes Fett diese zu sich nahmen, desto besser konnten sie lesen und schreiben.

Damit die grauen Zellen funktionieren, brauchen sie Stoffe, die ihre Zellhüllen geschmeidig halten. Nüsse, kaltgepresstes Olivenoder Rapsöl sowie grünes Gemüse enthalten solche Transportstoffe, die die Datenübertragung im Gehirn beschleunigen und uns dabei helfen, unser kognitives Vermögen mindestens beisammenzuhalten. Schädlich wirken dagegen gehärtete Fette, wie sie in Pommes, Pizzas oder Croissants enthalten sind, sowie zu viel Zucker, zu viel Salz und zu viel Alkohol. Nun kann man mit Tipps zur richtigen Ernährung freilich Bücher füllen. Das würde hier aber zu weit führen, und dazu fühle ich mich auch nicht kompetent genug. Daher an dieser Stelle nur ein paar generelle Bemerkungen: Wer nach dem Essen nicht sofort ins Wachkoma fallen will, sollte tagsüber das essen, was er in Fast-Food-Ketten eher nicht bekommt: frische Vollkornprodukte, Nudeln, Reis; dazu leicht gegrillten Fisch, mageres Fleisch, Geflügel, Milchprodukte, frischen Salat. Das sorgt dafür, dass der Serotoninspiegel nach dem Mittagessen nicht zu stark ansteigt. Der Botenstoff löst sonst das bekannte Mittagstief aus und verlangsamt den Denkapparat (dazu mehr im nächsten Kapitel). Zudem sollten Sie nicht zu schnell essen. Das Sättigungsgefühl setzt ohnehin erst nach 20 Minuten ein. Wer vorher fertig ist, fühlt sich anschließend immer noch hungrig und greift dann fast automatisch zu den ungesunden süßen Nachspeisen. Nicht gut für den BMI, Sie erinnern sich?

Warum Sie nie alleine Mittagspause machen sollten

»Wer geht mit?«, ist vielleicht die häufigste Frage mittags um halb eins in Deutschland. Und vielleicht ist es auch eine der frustrierendsten Erfahrungen, wenn man selbst nie gefragt wird. *Obelix-Effekt* heißt das im Psychojargon. Regelmäßig muss der dicke Gallier neidvoll zuschauen, wie seine Freunde beim Zaubertrank-Ausschank zusammenkommen – nur er darf nicht. Wahrscheinlich hat das jeder schon einmal erlebt und sich anschließend über den gemeinen Ausschluss und den damit empfundenen Statusverlust auf der Beliebtheitsskala geärgert.

Wer speist mit wem? Wer wird mittags umworben? Wer unterhält die Gruppe? Wer wird beklatscht? Wer darf zu spät kommen – und trotzdem warten alle huldvoll auf ihn? All das sind untrügliche Indizien für die Rangordnung im Bürogehege, vom Alphatier bis zum Tetrapak. Rein mikropolitisch betrachtet, ist das ein völlig normales Ränkespiel, aber sonst?

Mittagspausen sind mehr als Bewegungstherapie und Frischzellenzufuhr: Sie sind ein soziales Happening. Wenn Sie denken, die

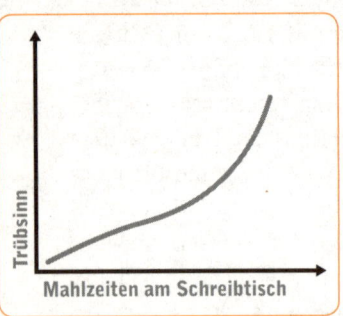

Mahlzeiten am Schreibtisch

Mittagspause allein am Schreibtisch zu verbringen – entweder weil Sie schmollen oder weil Sie ach so viel zu tun haben – würde Ihr Image als besonders engagierter und fleißiger Mitarbeiter verbessern, dann liegen Sie falsch. Aber so richtig. Im Büro zu essen, mag billiger sein, trotzdem kostet es: Nerven, Gesundheit, Freunde – Karrierechancen sowieso.

Die Erfahrung lehrt: Wer zwischen Tastatur und Tacker seine Tupperdose auspackt, nimmt sich nicht wirklich eine Auszeit. Sobald das Telefon bimmelt, geht man ja doch dran. Und die E-Mail, die gerade im Posteingang erscheint, wird natürlich auch gleich geöffnet und beantwortet. Abschalten sieht irgendwie anders aus, oder? Und, glauben Sie mir, sollte der Chef jetzt zufällig ins Büro stürmen, lässt Sie das Klappbrot im Mundwinkel nicht gerade souverän wirken. Mal ehrlich: Wenn Sie an jemanden denken, der vor seinem Schreibtisch in eine Leberwurststulle beißt und dabei in eine bunte Plastikbox schaut, sehen Sie dann vor sich den dynamischen Aufsteiger, der nächstes Jahr die Verantwortung für 300 Mitarbeiter bekommt oder den phlegmatischen Pullunderträger? Eben. Solche Bilder brennen sich unweigerlich in die Netzhaut der Kollegen, sie haben sie hundert Mal in Filmen gesehen und deswegen prägen sie irgendwann auch Ihr Image. Verstehen Sie mich nicht falsch: Es ist völlig okay, sich sein Essen ins Büro mitzubringen oder auch mal einen Office-Lunch zu zelebrieren. Aber was, wo und mit wem Sie essen, übermittelt immer auch eine sublime Botschaft, wer Sie sind und wer Sie sein könnten. Und *belegtes Brot an Tupperdose* ist nun mal nicht das Bild für Engagement und Erfolg.

Dasselbe gilt übrigens auch für Pizza, eine Fünf-Minuten-Terrine oder Currywurst mit Pommes Schranke. Pizza und Pommes verbieten sich freilich noch aus einem anderen Grund: Sie miefen. Und die Kollegen finden es sicher gar nicht dufte, derlei Dünste nach der Mittagspause zu inhalieren. Wenn Sie sich also schon Essen ins Büro bestellen, dann vielleicht eher so etwas wie Sushi. Das verströmt zumindest die Aura von Weltoffenheit, Kreativität – und Wasabi. Die zweite Subbotschaft von Selbstgemachtem (oder Selbstbestelltem) ist jedoch fast noch schädlicher: Wer sich sein Essen ins Büro mitbringt, isoliert sich freiwillig. Indirekt sagt er: »Ihr braucht mich erst gar nicht zu fragen, ob ich mitkomme. Ich hab schon alles, was ich brauche.«

Alleine essen ist wie Masturbation – man ist zwar hinterher entspannt, so recht befriedigt aber nicht. Es fehlt der soziale Kontakt. Zudem verpassen Sie so zahllose Gelegenheiten, neue Kontakte zu knüpfen oder alte zu vertiefen. Sie könnten in der Mittagspause zum Beispiel Kunden näher kennenlernen oder herausfinden, wie Sie in Zukunft besser zusammenarbeiten. Oder Sie verabreden sich mit Kollegen, mit denen Sie sonst nicht viel zu tun haben. So lernen Sie das Unternehmen besser kennen und erfahren womöglich eine wichtige Sache, die Ihnen im Job weiterhilft. Sehen Sie das Mittagessen doch mal als Investition: Es kostet Sie maximal 90 Minuten, dafür erhalten Sie ein wachsendes und immer festeres Netzwerk, gewinnen womöglich neue Einsichten und Freunde. Vermeiden Sie aber bitte trotzdem, ständig über Geschäftliches zu reden. So schalten Sie nicht ab – und langweilen Ihr Gegenüber.

Menschen, die moderat, aber regelmäßig mit Kollegen trinken, verdienen im Schnitt 17 Prozent mehr als Abstinenzler. Das haben Wissenschaftler der schottischen Universität Stirling beim Vergleich von 17 000 Arbeitnehmerkarrieren ermittelt. Begründung: Das gemeinsame Bierchen fördere Vertrauen und Kameradschaft – und das nutze später bei der Beförderung.

In ein kulinarisches Meeting mit Externen sollten Sie jedoch immer vorbereitet gehen. Dazu gehört eine Portion Smalltalk genauso wie eine Prise Selbstpräsentation. Falls Sie mit demjenigen, mit dem Sie die Pause teilen, schon öfter zu tun hatten, sorgt es für zusätzlichen Pep, wenn Sie an ein paar Details der vergangenen Gespräche anknüpfen – und sei es nur, dass Sie sich (namentlich!) nach den Kindern erkundigen. Und falls Sie sich diese Dinge nicht merken können, dann fragen Sie wenigstens. So vermitteln Sie zumindest Interesse an der Person – und das schmeichelt jedem. Achten Sie bei der Bestellung außerdem darauf, dass Sie weder zu große Portionen noch komplizierte Speisen ordern. Bei einem solchen Businesslunch geht es nicht vorrangig darum, bis zum Abend satt zu bleiben, sondern um Konversation und Kontaktpflege.

Das Knigge-ABC für Geschäftsessen

Wohl in keinem anderen Bereich assoziieren wir so stark gutes Benehmen wie bei Tisch. Gute Tischmanieren haben große Außenwirkung, beweisen Schliff und Weltgewandtheit – sind zuweilen aber auch ein Stolperstein für Bewerber oder Geschäftspartner in spe. Deshalb sollte jeder zumindest die folgenden Grundregeln beherrschen – egal, mit wem er geschäftlich essen geht:

Alkohol. Darf jederzeit abgelehnt werden – selbst von dem, der einlädt, wenn alle anderen lieber Wein oder Vergleichbares trinken möchten. Die eingedeckten Gläser am Tisch werden von rechts nach links verwendet, und alle Gläser werden am Stiel angefasst oder im unteren Drittel. Wer anderen Getränke nachgießt, sollte dies nur bis zum ersten Drittel des Glases tun.

Bouillon. Suppen sind echte Manierenminen. Die Grundregeln: nicht pusten, nicht schlürfen, nicht mit dem Brot tunken und den Löffel nur mit der Spitze zum Mund führen. Die Frage, ob Suppenreste ausgetrunken werden dürfen, entscheidet der Inhalt: Cremesuppen sowie Suppen mit Einlagen werden ausschließlich gelöffelt, klare Brühen hingegen dürfen auch getrunken werden. Sie werden in der Regel in einer Suppentasse (mit Henkel) serviert. Übrigens: Zum Auslöffeln Suppenteller möglichst nicht schräg stellen.

Couvert-Brot nennt man das Brot, das heute in nahezu jedem Restaurant vor dem Essen auf einem Teller (manchmal auch mit Öl oder salziger Butter) gereicht wird. Viele machen dann den Fehler, sich das Brot wie eine ordinäre Stulle zu schmieren und abzubeißen. Falsch! Couvert-Brot wird nur gebrochen. Die mundgerechten Happen werden einzeln mit Butter bestrichen oder in das Öl auf dem Teller getunkt und mit der linken Hand zum Mund geführt.

Drängeln. Zu manchen Anlässen werden die Speisen an Buffets gereicht. Das garantiert eine große Auswahl und ermöglicht den Gästen, nur das zu essen, worauf sie Appetit haben. Allerdings lauern auch hier einige Benimmfallen: Drängeln ist tabu, ebenso das Überhäufen von Tellern (ganz schlimm: Antipasti neben dampfendem Sauerbraten) – lieber öfter gehen. Auch Suppe darf wiederholt genommen werden. Als stillos gilt indes das Naschen am Buffet sowie das Lästern über die aufgebauten Speisen.

Espresso. Klingt banal, wird aber in besseren Kreisen gerne zum Fauxpas: Heiße Getränke, die in Tassen nach dem Essen gereicht werden, werden erst bestellt und serviert, wenn alle Gedeckteile (Messer, Gabel, Teller & Co.) abgeräumt sind. Und bitte beim Trinken nie den kleinen Finger abspreizen – affektiert.

Fisch. Wird dieser im Ganzen serviert, werden zuerst die Flossen entfernt, dann mit dem Fischmesser von Kopf bis Schwanz die Filets geteilt, der Fisch aufgeklappt und die Gräten in einem gelöst. Sie kommen auf einen Extrateller. Bei Forellen nicht die Bäckchen (liegen hinter den Kiemen) vergessen. Delikatesse! Geräucherter Fisch dagegen wird mit normalem Besteck gegessen. Ebenso Hähnchen. Nur wenn es nicht anders geht, darf man bei Geflügel die Hände hinzuziehen. Fingerschale danach benutzen. Apropos Fingerfood: Artischocken, Austern, Canapés, Garnelen, Muscheln, Spareribs, Wachteln dürfen ebenfalls mit den Fingern gegessen werden.

Getränke. Die alte Regel – weißes Fleisch, weißer Wein; rotes Fleisch, roter Wein – ist überholt. Erlaubt ist, was schmeckt. Zum ersten Schluck jedoch fordert allein der Gastgeber auf. So lange bitte warten.

Hummer. Ein zu Unrecht gefürchteter Klassiker: Zum typischen Hummeressen werden in der Regel rote Servietten gereicht, die Männer auch in den Hemdkragen stopfen dürfen (rot, weil sich eventuelle Flecken aus hellen Stoffen nur schwer entfernen lassen). Zum Essen dürfen Scheren und Beine in die Hand genommen werden. Das Scherenfleisch wird mit den Zacken der Hummergabel herausgezogen, der Rest mit Messer und Gabel des Menübestecks gegessen. Die Hummerzange dient nur für den Fall, dass der Koch den Lobster noch nicht geknackt hat. Hummer wird übrigens immer mit einem Extrateller für die leeren Schalen serviert. Am Ende gibt es ein Schälchen mit Zitronenwasser, in dem man sich die Finger säubern kann.

Interaktion. Ob iPhone oder BlackBerry – zum Business-Essen werden diese Kommunikationsbremsen abgeschaltet, mindestens aber auf Vibrationsalarm umgeschaltet. In guten Restaurants kann man sie auch beim Oberkellner hinterlegen, der einen dann ruft, falls man angerufen wird. Grob unhöflich: Das Telefon neben den Teller zu legen. Das sagt: Der potenzielle Anruf ist mir wichtiger als mein Gegenüber.

Jungbrunnen. Die Außenwirkung ist heute ein wesentlicher Baustein für die Karriere. Gepflegte Kleidung, Hände und Haare gehören zu gutem Stil dazu. Bei Frauen ebenso wie bei Männern. Allerdings ist es eine Unsitte, sein Make-up bei Tisch aufzufrischen, den Lippenstift nachzuziehen oder die Augen zu tuschen. Dazu zieht sich frau stets diskret zurück.

Karte. Hier geht es nicht um die Speise-, sondern die Visitenkarte. Niemals ungelesen wegstecken, sondern drei Sekunden aufmerksam lesen und auf eventuell vorhandene Titel achten, die mündlich nicht vorgestellt wurden. Erwähnen – das freut jeden! Bei einem Treffen übergibt der Gast als Erster seine Karte – in Gruppen erhält sie zuerst der Ranghöchste. Ist eine Hierarchie nicht erkennbar, werden die Karten der Reihe nach verteilt, beginnend mit der Ihnen nächsten Person, rechtsrum oder linksrum spielt keine Rolle. Natürlich überreichen Sie nur saubere und aktuelle Karten.

Liegenschaften. Die Lage des Essbestecks ist zugleich ein Code für das Servicepersonal. Die sogenannte 20-nach-7-Stellung (Gabel auf 8 Uhr, Messer auf 4 Uhr) sagt, dass Sie eine Pause machen; die 20-nach-4-Position (Messer und Gabel liegen parallel auf 4 Uhr) dagegen bedeutet: »Ich bin fertig«. Eine weitere Regel, die jedoch selten beachtet wird: Einmal aufgenommen, darf das Besteck die Tischdecke nicht mehr berühren.

Malheur. Das kann passieren: Sie stoßen ein Weinglas um, kleckern dem Nachbarn auf den Schoß, Brot fällt zu Boden. Alles kein Desaster – solange Sie kein Aufheben darum machen. Sprichwörtlich. Bitten Sie den Kellner diskret, die Spuren zu beseitigen. Ist Ihr Nachbar in Mitleidenschaft gezogen, entschuldigen Sie sich formvollendet und bieten Sie an, für etwaige Reinigungskosten aufzukommen. Sind Sie selbst betroffen, ziehen Sie sich mit einer Entschuldigung auf die Toilette zurück und trocknen dort Ihre Kleidung – nie bei Tisch! Für die Zuschauer gilt indes: großzügig darüber hinwegsehen, nicht kommentieren.

Niesen. Nieser unterscheiden sich in zwei Gruppen: die Unterdrücker und die Windmaschinen. Egal, zu welchem Hatschi-Typ

Sie gehören – wenden Sie sich dabei ab. Besser noch Sie benutzen ein Taschentuch. Ansonsten die linke Hand. Mit der rechten verabschieden Sie sich später noch. In einigen Kulturen (zum Beispiel im arabischen Raum oder in Indien) gilt die Rechte als besonders rein, nur mit ihr wird gegessen. Wer vorher reinniest, könnte genauso gut ins Essen spucken. Haben Sie bei Tisch eine Niesattacke sowie links und rechts Tischnachbarn, dann rucken Sie mit dem Stuhl etwas zurück und niesen ebenfalls nach links (wegen der linken Hand). Danach entschuldigen Sie sich kurz und leise. »Gesundheit!« wird nicht mehr gewünscht. Husten wird ja auch nicht kommentiert.

Ovationen. Die entscheidende Frage bei den gegenseitigen Aufwartungen: Wer trifft wen wo? Privat: Hier grüßt immer der, der dazukommt oder den anderen zuerst sieht. Geschäftlich: Hier zählt allein die Hierarchie. Allerdings sollten sich bei größeren Gesellschaften immer diejenigen zuerst begrüßen und die Hand geben, die sich kennen – also nicht zwangsläufig der Dame zuerst. Danach stellt der Rangniedrigere seine Begleitung vor, was daraufhin der Ranghöhere ebenfalls mit seiner Begleitung macht. Übrigens: Hände werden nicht sprichwörtlich geschüttelt, ein sanfter Druck von ein bis drei Sekunden reicht.

Prosten. Bei fast jedem Lunch oder Dinner lassen die Leute Gläser zusammenscheppern. Ein schöner alter Brauch – aber häufig unangebracht. Nur mit Wein, Champagner oder Sekt wird angestoßen (Ausnahme: Bier bei Volksfesten), nicht aber mit Longdrink-, Milchkaffeegläsern oder Tassen. Bei Geschäftstreffen wird heute sogar ganz darauf verzichtet. Vornehmer ist, das Glas lediglich anzuheben, sich zuzunicken und zuzuprosten. Cheers!

Quittung. Wenn Sie im Restaurant die Rechnung möchten, rufen Sie bitte nicht »Herr Ooober!« Blickkontakt reicht. Besser noch Sie begleichen die Rechnung vom Tisch entfernt, sodass Ihre Gäste davon nichts mitbekommen. Und: Behandeln Sie das Personal immer höflich. Wer hier herrisch auftritt, outet sich als Unsympath. Vielen ist es unangenehm, zuschauen zu müssen, wie einer an Angestellten sein Ego therapiert. Trinkgeld (engl. »tip«: to improve promptness) bekommen übrigens nur Angestellte, nie der Besitzer. Zehn Prozent sind inzwischen üblich. Und fragen Sie nie (!) Ihre Gäste danach, wie viel Trinkgeld Sie geben sollen. Es gibt wohl nichts Peinlicheres als jemand, der so seinen Geiz zu überspielen versucht.

Rede. Wer eine Tischrede halten will, sollte das vorher mit dem Gastgeber abstimmen (es sei denn, er ist der Gastgeber). Während der Rede wird weder serviert, nachgeschenkt, gegessen, getrunken noch das Gespräch mit dem Tischnachbarn fortgesetzt. Tischreden werden deshalb meist erst zwischen Hauptgang und Dessert gehalten. Dann sind alle satt. Reden sollten nicht länger als zehn Minuten dauern, Gäste sind durstig. Die Begrüßungsrede steht allein dem Gastgeber zu. Sie wird beim Aperitif im Stehen gehalten oder unmittelbar nach dem Servieren der ersten (kalten) Vorspeise. Dazu erhebt sich der Gastgeber vom Stuhl und wartet, bis die Gäste ruhig geworden sind. Nicht ans Glas klopfen – unfein! Das gilt erst recht für übereifrige Tischnachbarn. Blickkontakte sind souveräner. Inhaltlich ist alles erlaubt, was keinen der Anwesenden kritisiert und alle erheitert. Bei einem Businesslunch ist zudem ein Lob des Geschäftspartners wichtig.

Serviette. Sie wird ausgebreitet und einmal gefaltet stets auf den Schoß gelegt. Ausnahme: Hummer- oder Krebsessen. Hier darf sie um den Hals gebunden werden – auch von den Damen. Sollte der Stoff während des Essens versehentlich zu Boden fallen, bitten Sie das Personal, Ihnen eine neue zu geben. Nicht aufheben! Wer kurz aufstehen muss, legt die Serviette locker zusammen, links neben den Teller (amerikanisch: auf den Stuhl, gilt hierzulande allerdings als unhygienisch). Der Gastgeber deutet mit derselben Geste an, dass das Essen beendet ist. Bis dahin lassen die Gäste die Serviette auf ihrem Schoß. Danach legen sie diese ebenfalls links neben den Teller – nicht auf den Teller und auch nicht unter das Besteck.

Tischgespräche. Vor allem international ist das lockere Parlieren Geschäftsgrundlage. Wer sich so unverbindlich austauscht, lernt sich kennen, betont Gemeinsamkeiten, schafft eine gute Atmosphäre. Das ist das ganze Geheimnis und zugleich der Leitfaden für mögliche Themen: Als Einstieg taugen Gespräche rund um den

Ort, an dem man sich trifft. Alternativ: der Anlass, das Essen, die Zusammenstellung des Menüs sowie die Qualität der Getränke. Alle Bemerkungen müssen aber positiv sein. Weitere Einstiege sind gemeinsame Bekannte, Kunst, Musik, besuchte Städte in aller Welt, Sport, TV-Sendungen und Hobbys. Notfalls auch das Wetter. Tabu sind dagegen Kritik, selbst wenn sie Dritte betrifft, politische, religiöse und andere weltanschauliche Diskussionen sowie Gespräche über Krankheiten, Gebrechen und Tod.

Unpünktlichkeit. Höfliche Menschen sind pünktlich. Überpünktlichkeit ist bei einer Einladung jedoch ebenso unhöflich. Bei Veranstaltungen mit freier Platzwahl wirkt es gierig, zu früh zu kommen; bei Geschäftsessen so, als hätte man sonst nichts zu tun. Und falls die anderen Sie warten lassen: Lassen Sie sich Ihre Verärgerung nie anmerken. Bestellen Sie lieber einen Espresso und lassen Sie sich vom Kellner erklären, was er von der Karte empfiehlt. Mit dem Wissen können Sie später zumindest die Runde beeindrucken.

Verzichten. Bestimmte Beilagen oder ganze Gänge können Sie jederzeit auslassen. Diskretes Ablehnen ist erlaubt – mit Betonung auf »diskret« – nicht: »Das mag ich nicht!«, ein ablehnendes »Danke« genügt. Und falls Beilagenplatten durchgereicht werden, geben Sie diese unkommentiert weiter. Dasselbe gilt, falls Sie erst nach dem Probieren feststellen, dass es Ihnen nicht schmeckt. Es ist keine Schande, einen Rest auf dem Teller liegen zu lassen. Und wenn Sie der Kellner danach fragt, ob es nicht geschmeckt hat, können Sie charmant antworten, dass es einfach zu viel war. Es sei denn, das Gemüse war tatsächlich verkocht, dann dürfen Sie das kurz erwähnen.

Wein. Wein atmet Geschichte. Wer gekonnt den Kelch schwenkt, seine Nase tief in das bauchige Glas taucht und mit entrückter Miene Nuancen von Brombeere, Schokolade oder Pfeffer wahrnimmt, beeindruckt heute viele und suggeriert mit derlei Brimborium zugleich feinsinnigen Geschmack. Noch mehr freilich, wenn er für die Gesellschaft den passenden Wein zum Essen wählt. Achtung Minenfeld: Falls Ihnen der Kellner einen Testschluck einschenkt, tut er das nur, damit Sie die Qualität des Weines prüfen können, ob dieser richtig temperiert ist oder korkelt. Ob er Ihnen schmeckt oder nicht, steht nicht zur Debatte – das oblag bereits Ihrer Kompetenz bei der Auswahl. Ist alles in Ordnung, brauchen Sie nur zu nicken. Das ist für ihn das Signal, dass auch allen anderen eingeschenkt wird.

Xenien. So nannte der römische Dichter Martial seine Gastgeschenke – eine Sammlung von Begleitversen. Heute gehört es zum guten Ton, insbesondere bei privaten Einladungen, ein kleines Präsent zu überbringen. Aber auch im Geschäftsleben kann das eine nette Geste sein. Natürlich nichts Großes, aber eine Kleinigkeit aus Ihrem beruflichen Umfeld, eine Kostprobe zum Beispiel. Ich habe es aber auch schon erlebt, dass mir jemand ein kleines Buch überreicht hat. Nicht sein eigenes, sondern eines, das ihn inspiriert hatte und das mich nun ermuntern sollte. Ich fand allein die Geste begeisternd.

Y-Chromosom. Mit der Emanzipation haben sich auch einige Benimmregeln geändert: So war es früher Usus, der Frau auf der Treppe den Vortritt zu lassen, damit der Mann sie bei einem Sturz auffangen konnte. Heute gilt dies nur noch bei schmalen Treppen. Sind die Stufen breit genug, gehen Mann und Frau nebeneinander. Bei einem Restaurantbesuch schreitet indes nicht zwingend der Gast voran, sondern ein Mann. Das stammt noch aus dem Mittelalter, wo der Mann seine Dame stets schützen musste. Freier ist man inzwischen beim Ankleiden beziehungsweise Ablegen von Mänteln & Co. Höfliche Herren nehmen Damen zwar noch immer den Mantel ab und helfen ihnen wieder hinein. Es darf inzwischen aber auch die Dame dem Herrn helfen, wenn er allein nicht klarkommt. In beiden Fällen ist die Hilfe protestlos anzunehmen, um selbst nicht unhöflich zu sein!

Zahnstocher. Versuchen Sie bitte nicht Speisereste mit der Zunge aus den Zähnen zu lösen. Noch schlimmer: der Einsatz eines Zahnstochers bei Tisch. Da sowieso jeder weiß, was Sie hinter vorgehaltener Hand tun, sollten Sie dazu lieber die Toilette aufsuchen – wie für alle kosmetischen Reparaturen (Kämmen, Schminken, Fingernägel säubern). Und fragen Sie bitte nicht nach der »Toilette«, sondern nach den »Erfrischungsräumen«.

Ansonsten: Guten Appetit!

13.02 Uhr
Absturz ins Verdauungskoma

Nach dem Essen kommt die Müdigkeit – zwangsläufig ▪
Was beim Kurzschlaf passiert ▪ Tipps für den Powernap

»Lieber acht Stunden Büro
als gar keinen Schlaf.«
Graffiti

Die Geschichte des Mittagsschlafs ist eine Geschichte voller Missverständnisse. Wer nach dem Mittagessen im Büro wegdämmert, outet sich immer noch als Weichei und Faulpelz. Viele Chefs sehen das nicht gerne. Nicht wenige müde Mitarbeiter dösen deswegen heimlich – auf der Toilette etwa, in der Tiefgarage im Auto oder getarnt am Schreibtisch, so als würden sie gerade auf dem Boden nach etwas tasten. Nur die Klopapierrolle, die sich manche dazu vorsorglich unters Gesicht stopfen, damit es hernach keine hässlichen Schlaffalten gibt, könnte die Geschichte etwas unglaubwürdig machen.

Dabei wäre es so schön: Einfach mal kurz die Augen zuklappen, Arme verschränken, den Kopf auf die Platte legen, entspannen, wegsacken, während der Magen mit der Mahlzeit ringt – etwa ein Drittel der deutschen Arbeitnehmer wünscht sich das, hat eine Emnid-Umfrage ergeben. Die Dunkelziffer dürfte weit darüber liegen. Denn zwischen 13 und 15 Uhr kommt das Leistungsloch. Erst gähnen wir um die Wette, dann tritt dieser bleierne Zustand ein, in dem der Bewegungsapparat erlahmt, als würden wir durch Zement stapfen, und sich die Oberstube anfühlt wie in Watte gewickelt. Weil das Phänomen so weit verbreitet ist, hat es gleich mehrere Namen: *Schnitzelkoma* zum Beispiel oder *Fressnarkose* oder international: *Post-Lunch Dip*. Dagegen kann man gar nichts machen. Blutdruck und Körpertemperatur sacken dann einfach weg. Sogar unser Gehirn braucht eine Pause.

Bisher haben Wissenschaftler immer angenommen, die Müdigkeit sei eine Folge allgemeiner Ermattung durch die lästigen Routinen des Alltags. Konferenzen, Projektbesprechungen, Präsentationen – egal, mit welchen eintönigen und wiederkehrenden Tätigkeiten wir den Vormittag verbringen, irgendwann ist Feierabend, dann sind wir so eingelullt und cremig, dass nichts mehr geht. Aber diese Annahme ist falsch. Als Forscher des National Institute of Mental Health und ihre Kollegen von der Harvard-Universität ein paar Experimente dazu machten, entdeckten sie: Durch wiederkehrende visuelle Eindrücke und zahlreiche Informationen ist unser Gehirn irgendwann schlicht übersättigt und zur weiteren Datenverarbeitung nicht mehr fähig. Vergleichen lässt sich das am ehesten mit einem Computerprozessor, der zu viele Jobs auf einmal abarbeiten muss. Irgendwann wird der Rechner immer langsamer und langsamer, bis die Datenspeicher wieder aufgeräumt und frei sind – oder das Betriebssystem abstürzt. In dem Experiment selbst sah das freilich etwas anders aus: Die Probanden mussten mehrere schwierige Sehtests absolvieren, wobei ihr Tag in vier längere Testphasen unterteilt wurde. Dabei nahmen ihre Leistungen kontinuierlich ab. Erst nachdem manche zwischen der zweiten und dritten Phase eine halbe Stunde schlafen durften, sank ihre Leistung nicht weiter. Wer hingegen eine Stunde Pause machen durfte, erreichte in der darauf folgenden Übung schon wieder das Niveau der ersten, was dann sogar bis zur vierten Phase anhielt.

Mit anderen Worten: Wer nachmittags kurz mal einnickt, nutzt damit im Prinzip nur einen ohnehin toten Zeitraum aus – den aber höchst effektiv. Zwar könnten wir uns auch zusammenreißen und gegen die Natur ankämpfen, aber das rächt sich: durch noch mehr Gähnen, mehr Fehler, langsameres Tempo und mehr Unfälle. Statistisch lässt sich nachweisen, dass die Zahl der übermüdungsbedingten Verkehrsunfälle nachmittags deutlich ansteigt. Mit Kaffee lässt sich diese Mittagsmattheit zwar kurzfristig vertreiben. Sobald die aufputschende Wirkung aber nachlässt, fühlt man sich noch müder.

An der Stelle muss allerdings gesagt werden, dass Gähnen nicht zwangsläufig ein Zeichen von Müdigkeit ist. Manche Menschen gähnen allein, um Anspannung abzubauen: Olympioniken zum Beispiel gähnen sehr häufig, kurz bevor die Startpistole knallt. Aber auch Kampffische tun das, bevor sie angreifen. Den Juwelen-Riffbarsch (er hört auch auf den Namen *Microspathodon chrysurus*) kann man etwa damit ärgern, dass man ihm die Attrappe eines Artgenossen vor die Flossen stellt. Dann verharrt der aggressive Barsch zunächst regungslos, bis er so richtig sauer wird, sein Maul öffnet und den Eindringling mehrfach angähnt. Es ist nicht bekannt, ob Barsche Mundgeruch haben. Aber hässlich sieht das in jedem Fall aus.

Heute geht man jedoch davon aus, dass Gähnen in erster Linie eine soziale Funktion hat. Wie etwa bei vielen Affenarten. Gähnt einer, meist das Alpha-Tier, dann heißt das für den Rest der Horde: Schlafen gehen! Forscher vermuten, dass Gähnen aus diesem Grund auch so ansteckend wirkt, allen voran der Psychologe Robert Provine von der Universität in Baltimore. Er zeigte Probanden einen gähntechnisch veränderten Film mit 30 schnarchigen Sequenzen. Mehr als die Hälfte gähnte schon nach wenigen Sekunden (ich vermute, es war *Titanic*), die anderen Probanden fünf Minuten später (was wiederum für *Dirty Dancing* spricht). Nur von gähnenden Zeichentrickgesichtern ließ sich niemand mitreißen (womit *Garfield* ausscheidet). Die Ansteckungsgefahr beim Gähnen ist derart groß, dass allein schon der Gedanke daran, während Sie zum Beispiel diese Passage lesen, einen Gähnimpuls auslösen kann (was zugegebenermaßen auch am Text liegen könnte). Einen amüsanten Weg, sich vor drohender Ansteckung zu schützen, hat übrigens der Psychologe Andrew C. Gallup von der Universität Albany entdeckt: Wer ausschließlich durch die Nase atmet oder sich einen kühlen Wickel von 4 Grad Celsius an die Stirn klatscht, ist nahezu immun gegen den solidarischen Gähnreiz. Amüsant ist vor allem seine Schlussfolgerung daraus: Gähnen kühle ebenfalls das Hirn. Da die grauen Zellen bis zu einem Drittel aller Kalorien sowie den Großteil des Sauerstoffs im Blut verbrauchen, entsteht dort viel Wärme. Beim Gähnen werde also vor allem kühle Luft angesaugt – als eine Art biologische Klimaanlage. Na ja.

Was beim Kurzschlaf passiert

Rein biologisch betrachtet ist das Nickerchen am Nachmittag durchaus sinnvoll. Immer wieder preisen Wissenschaftler dessen positive Wirkung. Zum Beispiel, dass ein 20-minütiger Kurzschlaf am Nachmittag deutlich mehr Kraft gibt als morgens 20 Minuten Schlaf dranzuhängen. Eine Studie um Avi Karni von der Universität Haifa enthüllte, dass der Kurzschlaf das Erinnerungsvermögen stärkt. Dabei prägt sich frisch Gelerntes in unser Langzeitgedächtnis ein. Bei einer Studie der medizinischen Hochschule in Athen mit 23 500 Probanden kam dagegen heraus, dass schon eine halbe Stunde Mittagsschlaf das Herzinfarktrisiko um 37 Prozent senken kann. Versuche am Wiener Institut für Schlaf-Wach-Forschung offenbarten gar: Wer nur rund drei Minuten schlummert, ist hinterher aufmerksamer; wer zehn Minuten döst, hat beim Aufwachen prompt bessere Laune. Und das US-Fachmagazin *Archives of In-*

ternal Medicine veröffentlichte einmal eine Studie, wonach regelmäßiger Mittagsschlaf das Leben geradezu verlängern soll. Nur kriegt man davon vielleicht nicht allzu viel mit, weil man ja die Zeit verpennt. Aber gut.

Wen das noch nicht überzeugt, der könnte sich ein Beispiel an der als überaus penibel bekannten US-Raumfahrtbehörde NASA nehmen. Selbst die empfiehlt seit geraumer Zeit den strategischen Kurzschlaf, auch *Powernap* genannt. Bei Versuchen mit Piloten merkte man dort sehr schnell, dass schon ein 30-minütiger Nap das Reaktionstempo der Cockpitbesatzungen um 16 Prozent steigerte und gleichzeitig ihre Aufmerksamkeitsausfälle um 34 Prozent verminderte. Weitere Untersuchungen bestätigten schließlich, dass sich nach einem Schlafintermezzo selbst die Fähigkeit, unter Druck richtig zu entscheiden, deutlich verbesserte, ja sogar Lösungen für unsere Probleme finden wir danach leichter, jedenfalls steigt die Wahrscheinlichkeit nach einem Nickerchen von 23 auf 59 Prozent, wie der Lübecker Schlafforscher Jan Born herausfand.

Der Mensch ist zum Schlafen gemacht. Natürlich nicht die ganze Zeit, aber in Intervallen sehr wohl. Die meisten Säugetiere schlafen tagsüber immer wieder für kurze Perioden, wobei sich die intensivsten Müdigkeitsschübe beim Menschen auf den frühen Tag, so zwischen 2 und 4 Uhr morgens und den frühen Nachmittag zwischen 13 und 15 Uhr verteilen – und das unabhängig davon, ob wir mittags etwas essen oder nicht. Allerdings können sich diese Phasen individuell verschieben, je nachdem, welcher Chronotyp Sie sind. Bei den *Lerchen* (siehe auch Kapitel um 7.00 Uhr), also jenen Menschen, die in der Regel gegen 6 Uhr aufstehen und ab 22 Uhr wieder ins Bett kriechen, tritt das Mittagstief üblicherweise zwischen 12 und 14 Uhr auf. Bei den *Eulen* hingegen – sie schlafen morgens gerne mal bis 9 Uhr und

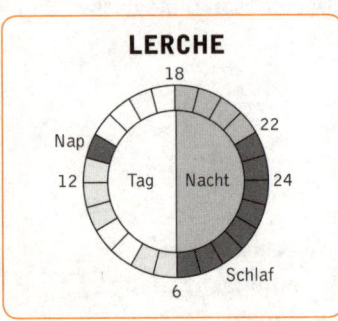

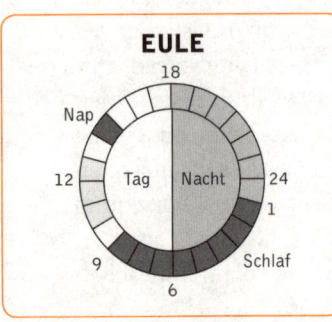

bleiben dafür bis 1 Uhr auf – kommt diese Phase meist erst zwischen 13 und 15 Uhr. Aber sie kommt.

Angesichts solch zahlreicher Argumente wundert man sich schon, warum sich der Mittagsschlaf hierzulande nicht recht durchgesetzt hat. Woanders ist er deutlich populärer. In Japan zum Beispiel kennt man die Tradition des Nickerchens als *Inemuri*, in Spanien heißt es schlicht *Siesta*. Und in China besitzen die Menschen laut Artikel 43 der chinesischen Verfassung zumindest einen Anspruch, der ihnen das gelegentliche Abschalten am Arbeitsplatz garantiert. In Deutschland dagegen legen sich allenfalls Greise und Babys mittags kurz auf die Ohren – jedenfalls, ohne dass die anderen sie deshalb für träge oder tatenlos halten.

Warum machen wir das? Eine Theorie dazu besagt, das sei eine Folge der Industrialisierung. In landwirtschaftlich geprägten Gesellschaften konnte man noch am Feldesrand rumschlummern und der Amsel beim Zwitschern zuhören, während das Gemüse von alleine wuchs. Seit das Gros der Menschen aber in Schichtdiensten und am Fließband ackerte, war für Pausen kaum noch Zeit. Dabei ist dieses Bild längst überholt. Die moderne Informationsgesellschaft mit ihren Möglichkeiten des global vernetzten Arbeitens – sogar unabhängig von einem festen Büro – befreit uns vom Takt der Maschinen und schafft wieder Platz für den Powernap. Nur nutzt das kaum einer wegen des schlechten Images. Oder eben nur heimlich, hinter blickdichten (Toiletten-)Türen. *Closet Napper* heißen solche Leute im Fachjargon.

Wobei, das muss man einräumen, ein paar positive Beispiele gibt es ja schon. Die Stadtverwaltung der Gemeinde Vechta etwa führte den Powernap bereits im Jahr 2000 ganz offiziell ein, bezog dafür zunächst nur Spott, weil es das Klischee vom schlafenden Beamten amtlich machte. Mittlerweile gibt es aber auch beim Chemiekonzern BASF eigens ein paar spezielle Schlafräume für die Mitarbeiter und ihr Nickerchen zwischendurch. Ebenso bei der Baumarktkette Hornbach. Selbst bei der Lufthansa darf auf dem Pilotensessel ganz offiziell genapt werden – allerdings abgesprochen, damit der kurzzeitige Abflug des Kapitäns ins Reich der Träume die Sicherheit an Bord nicht gefährdet.

Tipps für den Powernap

Für nicht gerade wenige Menschen ist das spontane Entspannen am Nachmittag allerdings harte Arbeit. Zu hoch liegt bei ihnen noch der Stresspegel, zu viele Termine drängen sich zu dicht aneinander und sorgen für ein schlechtes Gewissen. Aber davon sollten sie sich frei machen. Zumal sich, wer mittags schlummert, in bester Gesellschaft befindet: Bekennende Tagesschläfer waren beispielsweise der englische Premier Winston Churchill, Albert Einstein, John F. Kennedy und die Eiserne Lady Margaret Thatcher. Napoleon Bonaparte soll angeblich sogar hoch zu Ross geschlafen haben. Und selbst Microsoft-Gründer Bill Gates gab zu, in seinen kreativen Zeiten als Programmierer regelmäßig Naps unter seinem Schreibtisch abgehalten zu haben.

Der Leiter des schlafmedizinischen Zentrums der Universität Regensburg, Jürgen Zulley, erforscht den Schlaf seit nunmehr 34 Jahren und warnt davor, die ganze Sache verspannt anzugehen. Um sich beim Powernap zu erholen, müsse man nicht einmal einschlafen, »dösen reicht schon«, sagt Zulley. Denn wer zu tief wegsackt, schläft sich sprichwörtlich müde und fühlt sich nach dem Aufwachen erst recht zerschlagen. Als *Sleep Inertia* kennen Fachleute diese Schlaftrunkenheit, die manchmal eine halbe Stunde und länger anhalten kann.

Etwa 20 bis 30 Minuten sind laut Schlafmedizinern die optimale Dauer für ein Nickerchen. Danach sind die Sinne geschärft, der Körper entspannt und der Geist arbeitet konzentrierter und motivierter. Wer länger die Augen zuklappt, sollte dann schon eineinhalb bis zwei Stunden schlummern (was im Büro eher unüblich ist), weil der Körper erst in dieser Zeitspanne einen kompletten Schlafzyklus durchlaufen kann: Schon nach rund 15 Minuten fallen wir in den *Deltaschlaf*. Dabei schiebt das Gehirn die gemachten Erfahrungen und gelernten Informationen aus dem Zwischenspeicher (Hippocampus) in den Langzeitspeicher (Neokortex). Es entsorgt den Infomüll, um Platz für neue Informationen zu schaffen. Nach etwa 90 Minuten folgt der *REM-Schlaf* – die Phase, in der sich die Augen unter den geschlossenen Lidern schnell bewegen (*Rapid Eye Movement*). In dieser Traumphase speichern wir vor allem prozedurale Fertigkeiten, also Techniken wie Fußball spielen,

Radfahren, Malen. Wenn wir länger wegdämmern, sollte die REM-Phase unbedingt abgeschlossen sein, bevor wir uns wecken lassen, sonst … genau: *Sleep Inertia*.

Natürlich kann solches Dösen niemals regelmäßige Bettruhe ersetzen. Soll es auch nicht, schließlich bringt es schon genug andere Vorteile. Damit der Powernap seine volle Wirkung entfalten kann, sollten Sie sich an folgenden Empfehlungen orientieren:

1. Trinken Sie vor dem Wegdämmern ruhig eine Tasse Espresso oder Kaffee. Das Koffein darin wirkt nicht so schnell, dass es das Einschlafen hemmt. Es gibt Ihnen aber genug Schubkraft bei der anschließenden Erweckung.
2. Als Einschlafhilfe atmen Sie drei- bis fünfmal langsam und tief durch. Wenn Sie können, dunkeln Sie Ihr Büro etwas ab und sorgen Sie dafür, dass Sie sich während des regenerativen Naps wirklich entspannen können und nicht unterbrochen werden. Schließen Sie zum Beispiel die Bürotür und die -fenster, stöpseln Sie das Telefon aus und deaktivieren Sie den Signalton Ihres E-Mail-Postfachs. Vor allem: Schalten Sie auch geistig ab. Grübeln ist beim Nickern absolut tabu.
3. Wählen Sie sich für den nachmittäglichen Energieschlaf einen ruhigen Ort und eine möglichst angenehme Körperhaltung. Am bequemsten ist freilich ein Bürostuhl, an dem Sie die Lehne zurückklappen können. Bewährt hat sich aber auch: Arme auf dem Schreibtisch verschränken, Kopf seitlich darauflegen.
4. Damit Sie nicht zu lange nickern, stellen Sie sich vorher einen Wecker. Das kann zum Beispiel das Handy übernehmen. Oder die Terminfunktion in Ihrem E-Mail-Programm (falls Sie ein Tonsignal aktiviert haben).
5. Versuchen Sie nicht nach einem Plan zu schlafen, sondern nur dann, wenn Sie sich schlapp fühlen. Achten Sie auf die Signale Ihres Körpers: Ihre Lider werden schwer, die Gedanken schweifen ab, und wenn Sie jetzt konzentriert weitermachen wollen, müssen Sie sich gewaltig am Riemen reißen. Ein sicheres Indiz für ein biologisches Tief, das Sie einfach kurz verschlafen sollten.
6. Dösen Sie nicht mehr nach 16 Uhr. Die meisten Menschen bekommen sonst abends Probleme beim Einschlafen.

7. Sobald Sie wach sind, gehen Sie kurz auf die Toilette und waschen Sie Ihr Gesicht – idealerweise mit kaltem Wasser. Nicht aus hygienischen Zwecken, sondern vielmehr weil der Kältereiz kurzfristig erfrischt und zudem Ihren Kreislauf anregt. Denn auch das ist wichtig: Nach dem Nap sollten Sie zügig wieder in Schwung kommen.

Teamrunde mit Kollege Kotzbrocken

Machen Sie den Selbsttest: Welche Typen nerven Sie? ▪
Willkommen im Menschenzoo ▪ Eine Betriebsanleitung
für diverse Bürotypen

»Yippie ya yay, Schweinebacke!«
Bruce Willis in *Stirb Langsam*

Unangenehme Kollegen haben zumindest den angenehmen Nebeneffekt, dass man an ihnen wachsen kann. Nicht wenige von uns arbeiten acht Stunden und mehr am Tag mit ihnen zusammen und erleben dabei wahre Horrorgeschichten – angefangen mit Profilneurotikern, die ihnen regelmäßig die Ideen klauen, um sich damit beim Chef zu schmücken, fiesen Karrieristen, die ihnen vormittags einen scheinbar gut gemeinten Rat schenken, der sich nachmittags als gemeine Falle entpuppt, destruktiven Kotzbrocken, die jeden mundtot machen, der Widerworte wagt und bei Kritik sofort persönlich werden, Widerlingen mit rhythmischen Wutausbrüchen, bis hin zu Neidern und arroganten Aufschneidern, die so tun, als hätten sie gerade die Erstbesteigung des Mount Everest hinter sich gebracht. Nicht wenige leben nach dem Grundsatz, jemanden wie ein rohes Ei zu behandeln, kann auch bedeuten, ihn in die Pfanne zu hauen. Kurz: Im Büro geht es zuweilen zu wie im Genre des Slasher-Horrorfilms, dessen klassische Besetzung mein Freund und Kollege bei der ARD, Markus Spieker, einmal treffend auf drei Gattungen reduzierte: 1. den Kämpfer (»Du Drecksau!«), 2. den Fleher (»Lass mich leben, bitte!«), 3. den Loser (schweigen und wimmern). Kämpfer überleben oft, Fleher manchmal, Loser nie.

Na, an wen denken Sie gerade?

Wahrscheinlich geht es Ihnen wie mir, und Sie haben sich schon hundert Mal gefragt: Haben diese Menschen denn nichts Besseres zu tun als uns anderen immer wieder das Nervenkostüm zu zerknittern? Nach einigem Hadern und noch mehr Recherchieren habe ich jedoch festgestellt: Die Frage ist falsch. Sie suggeriert, dass die Kollegen eine Wahl hätten: nerven oder nett sein? Haben sie aber nicht. Büros sind lebende Organismen, in denen sich nicht nur die unterschiedlichsten Charaktere versammeln, sondern die oben beschriebenen Arsenale an menschlicher Bösartigkeit erstaunlicherweise wie in einer Petrischale gedeihen und sich virusartig vermehren. Egoismus, Missgunst, Missmut – all das wirkt hochgradig ansteckend und erzeugt ein gefährliches Mikroklima, das jedes zivilisierte Miteinander auf Dauer zerstören kann. Statt effektiv im Team zu arbeiten, neue Ideen zu entwickeln und einfach Spaß zu haben, zanken sich die Leute nur noch und schwärzen sich gegenseitig an.

Als der Stanford-Professor für Management Science, Robert

Sutton, 2007 sein Buch *Der Arschloch-Faktor – vom geschickten Umgang mit Aufschneidern, Intriganten und Despoten* veröffentlichte, und darin die alltäglichen Sticheleien, Kränkungen und anderen psychischen Misshandlungen im Kollegenkreis beschrieb, landete er prompt einen Bestseller. Die Leute fanden darin schlicht ihr Arbeitsumfeld wieder. Zwar räumt Sutton ein, dass »jeder mal einen schlechten Tag haben kann«, gleichwohl war seine Bestandsaufnahme beweiskräftig. Und es stimmt ja auch: Sarkasmus, Hänseleien und rücksichtslose Verhaltensweisen vermehren sich überall dort, wo sie stillschweigend geduldet werden. Vor allem durch den Boss selbst. Der Hollywoodproduzent Scott Rudin hat angeblich in nur sechs Jahren 250 persönliche Assistenten verschlissen. Man möchte sich nicht ausmalen, wie es in seiner Firma sonst so zugeht.

Ach was, schauen wir uns nur einfach mal hierzulande um: Rund 70000 bis 80000 Stunden im Leben verbringt ein Westeuropäer durchschnittlich an seinem Arbeitsplatz. Jeder achte Beschäftigte ist schon einmal Opfer von Demütigungen oder Diskriminierungen geworden. 43,9 Prozent derjenigen, die zur Zielscheibe von Psychoterror werden, erkranken daraufhin, die Hälfte davon länger als sechs Wochen, so eine Studie der Initiative Neue Qualität der Arbeit. Den wenigsten Chefs ist bewusst, wie sehr das lähmt und wertvolle Energien und Kreativkräfte bindet. Egal, welche Umfragen Sie sich dazu ansehen: Wenn es darum geht, was Arbeitnehmer glücklich macht, dann steht das Arbeitsklima fast immer ganz oben auf der Liste. Die meisten Büroarbeiter finden es für ihr Wohlbefinden sogar noch maßgeblicher als das Gehalt oder ihre Arbeitsplatzsicherheit. Parallel aber stellen die Demoskopen ebenso häufig fest, dass die Realität ganz anders aussieht, zum Beispiel so: 29 Prozent der Beschäftigten haben tagtäglich mit Kollegen zu tun, die sie als unfreundlich und unprofessionell empfinden, 68 Prozent fühlen sich durch das Verhalten der Kollegen geradezu belästigt. Das ergab etwa eine Umfrage des Personaldienstleisters Officeteam im Oktober 2007. Deprimierend, aber wahr: Nur 23 Prozent der Befragten bescheinigten ihren Bossen, mit den Quälgeistern umgehen zu können. Ein einziges Dokument der Ohnmacht.

Apropos: Wie geht es eigentlich in Ihrem Büro zu? Was nervt Sie am meisten? Im Folgenden werden Kollegen und Situationen beschrieben, die Sie womöglich regelmäßig unter der Decke kreisen lassen. Falls Sie Lust auf einen kurzen Selbsttest haben, kreuzen Sie jene Punkte an, die auf Sie zutreffen – aber nicht theoretisch antworten, sondern wirklich nur jene Beispiele ankreuzen, die Sie tatsächlich immer wieder im Büro erleben und die Sie in Rage versetzen. Und am besten bringen Sie diesen Test schnell hinter sich – schon die Gedanken an solche Typen können einem die Laune vermiesen …

Selbsttest: Das nervt mich!

Brüllaffen, die so laut telefonieren, dass man auch noch zwei Türen weiter jedes Wort versteht. ☐

Apokalyptiker, die bei jedem Räuspern des Chefs den Untergang des Abendlandes beschwören. ☐

Blinde, die Spülmaschinen weder ein- noch ausräumen können. ☐

Körperpfleger, die während der Konferenz Fingernägel, Ohren und Nasen reinigen. ☐

Rotznasen, die großflächig ihre Viren im Büro verteilen. ☐

Auch nicht besser: die Lautschniefer und Rotzhochzieher. ☐

Kopierstauverursacher und hinterher Nichtwegräumer. ☐

Frischluftfanatiker, die andere für zwei Promille mehr Sauerstoff der Zugluft aussetzen. ☐

Kollegen mit Hygiene-Intoleranz, die Oberteile über drei Tage tragen – ungewaschen. ☐

Essensbeschwerer, die einfach kein (Kantinen-)Gericht unkommentiert lassen. ☐

Hypochonder, die alles haben, was krank macht – und das jedem erzählen. ☐

Jammerlappen, die Diät machen, trotzdem Schokolade essen und um Mitleid werben. ☐

Hilflose, die sich extra dumm anstellen, damit ihnen ein ☐
anderer die Arbeit abnimmt.

Klo-Ferkel, die sich zu fein sind, ihre Hinterlassenschaften ☐
spurlos zu beseitigen.

Reserve-Casanovas, die jeden mit ihren Sexeskapaden ☐
belämmern.

Tuchfühler, die beim Erzählen selbst einen ☐
10-Zentimeter-Abstand unterschreiten.

Ja-aber-Sager. ☐

Multitasker, die parallel zu einer Unterhaltung SMS ☐
versenden oder E-Mails beantworten.

Speichelspucker. ☐

Ich-bin-so-wichtig-dass-ich-mein-Handy-in-der- ☐
Konferenz-nicht-abschalten-kann-Typen.

Familienmenschen, die Büro und Bildschirmschoner mit ☐
Kinderbildern zupflastern.

Prahlpapas (und -mamas), die ständig die Hochbegabung ☐
ihrer Lendenfrucht preisen.

Kollegen, die Pilzkulturen in Kaffeeküchen und ☐
Kühlschränken züchten.

Fußballfans, die über nichts anderes reden können ☐
als Bundesligaergebnisse.

Kettenraucher, die ihre Faulheit mit häufigen ☐
Zigarettenpausen kaschieren.

Fahrradfahrer, die nach oben buckeln und unten ☐
fleißig treten.

Ratschläger, die alles besser wissen und ☐
mit Tipps brillieren statt mit der Tat.

Witzerzähler, die es nicht können. ☐

Kollegen, deren E-Mails mehr Smileys enthalten als Information. ☐

Ich-war's-nicht-Sager. ☐

Hinterher-Besserwisser. ☐

Lautschwätzer, die das gesamte Großraumbüro beschallen. ☐

Oberlehrer, die verbal allen um Lichtjahre voraus sind. ☐

Kollegen, die weder Toner noch Kopierpapier nachfüllen, obwohl beides leer ist. ☐

Botaniker, die das Büro in einen Urwald verwandeln – weil das so ein gutes Klima macht. ☐

Luftterroristen, die mit ihrem Parfüm Büroflure und Aufzüge benebeln. ☐

Weicheier, die sich ständig hintenrum über andere Kollegen beschweren, denen das aber nie sagen. ☐

Montagsmuffler, die alle mit ihrem Wochenendfrust anstecken wollen. ☐

Kollegen, deren Komplimente keine sind (etwa: »DU kannst das tragen ...«). ☐

Kollegen, die zusehen, wie man es nicht mehr rechtzeitig in den Aufzug schafft. ☐

Auswertung

Zählen Sie alle Kreuze zusammen:

- **0–10 Kreuze:** Alles noch im Lot. In jedem Unternehmen gibt es solche Typen. Das Ausmaß hält sich bei Ihnen aber noch in Grenzen. Kein Grund zur Besorgnis. Machen Sie sich aber klar: Ärger beginnt immer zuerst in Ihrem Kopf. Fragen Sie sich deshalb: Warum rege ich mich eigentlich so auf? Lohnt es sich überhaupt, darüber so wütend zu werden? Oder gibt es für das

Verhalten des Kollegen vielleicht eine gute Erklärung? Solche Fragen können einiges relativieren.

- **11–20 Kreuze:** Hoppla, Rücksicht scheint bei Ihnen im Büro ein Fremdwort zu sein. Jedenfalls herrscht dort eher eine Ellbogenmentalität, bei der jeder erst mal nach dem eigenen Vorteil schaut. Zwar gilt auch hier: Der Ärger beginnt bei einem selbst, doch irgendwann ist Ihre Schmerzschwelle erreicht. Entweder Sie werden Meister im Ignorieren oder fangen an, sich zu wehren. Wer auch immer den Ärger ausgelöst hat: Weisen Sie den Kollegen unter vier Augen darauf hin. Nur möglichst frei von Vorwürfen und in der Ich-Form: »Das hat mich gerade geärgert/verletzt.« »Ich mag das nicht.« Je detaillierter man die eigene Situation beschreibt, desto wirkungsvoller der Gedankenanstoß und desto größer die Bereitschaft beim anderen, sich zu ändern. Manch einem ist die Provokation ja auch gar nicht bewusst.

- **21–30 Kreuze:** Willkommen im Panoptikum! Bei Ihnen scheint es wilder zuzugehen als im Tollhaus. Bei so vielen Chaoten ohne Kinderstube werden Sie kaum etwas ausrichten können. Haben Sie schon einmal an einen Jobwechsel gedacht? Der optimale Zeitpunkt dafür könnte bald gekommen sein.

- **Über 30 Kreuze:** Verstehen Sie Spaß? Im Ernst: Wer sich über so viel aufregt, muss sich fragen, ob er nicht womöglich an einer verzerrten Wahrnehmung leidet. Natürlich begegnet man im Berufsleben immer wieder Menschen, die Murks machen. Aber so viele und so oft? Der Alle-sind-doof-außer-mir-Blickwinkel ist gefährlich. Er isoliert und irgendwann sieht man sich nur noch als Opfer einer Mischpoke aus Versagern. Solche Menschen werden unfähig, den Wert anderer Menschen mit all ihren Macken anzuerkennen. Sie werden arrogant, bitter und sind schließlich für kein Team mehr tragbar. Vielleicht versuchen Sie auch Ihre Maßstäbe anderen überzustülpen: Wie Sie sich verhalten, ist richtig; wer abweicht, verursacht schon Bauchgrimmen. Wer hingegen versucht, in dem anderen auch eine Bereicherung für sich selbst zu sehen, fährt meistens besser. Und mehr Verständnis füreinander stärkt die Immunabwehr gegen den Kotzbrockenvirus.

Willkommen im Menschenzoo

Freunde kommen und gehen, Feinde aber sammeln sich an. Ob im Büro oder im Busch von Botswana – überall spielt sich dasselbe Affentheater ab. Alpha-Tiere dominieren sich gegenseitig, Beta-Tiere tricksen ihre Rivalen aus, es herrschen Aggression, böse Blicke und Manipulationen im Kampf um die Macht oder die Gunst der Weibchen. Nur dass wir Menschen von den Affen noch einiges lernen können – das jedenfalls sagt der Verhaltenspsychologe und Primatenforscher Frans de Waal.

Schon seit Jahren beobachtet er Schimpansen und Bonobos und hat dabei zweierlei herausgefunden: Bei Schimpansen dreht sich alles um Macht. Das Alpha-Männchen an der Spitze hat das alleinige Sagen, das Monopol darauf, Konflikte zu schlichten, sowie das Recht sich fortzupflanzen mit wem er will. Es gibt eine klare Hierarchie in der Horde, es herrscht Ordnung. Jedenfalls nach außen. Da gilt: Wir gegen den Rest der Welt. Aber nach innen beherrschen erbitterte Rangkämpfe das Geschehen in der Gruppe. Das Machtgefüge ist alles andere als stabil. Die nachrückenden Männchen streben mit allen Mitteln an die Spitze – selbst Koalitionen, Intrigen, Verrat kennen die Affen. Kurz: Es geht zu wie bei den Nibelungen.

Ganz anders bei den Bonobos. Keine Schlachten, kein Kindsmord, um eigene Gene der Nachwelt zu erhalten. Stattdessen regieren die Weibchen. Und zwar subtil, mit der mächtigsten Waffe überhaupt: mit Sex. Bonobos sind pansexuell und promiskuitiv bis in die Fellspitzen. Sie ziehen friedlich umher und gemeinsam ihre Kinder groß. Obendrein paaren sie sich mit jedem, der nicht bei drei auf den Bäumen ist. Das macht männliche Territorialansprüche ziemlich obsolet. Und der fortwährende Genmix befriedet jedes Machtstreben: Der Gegner könnte schließlich Halbbruder, Vetter, Vater, Onkel oder Sohn sein. Zudem hat es für die Männchen wenig Sinn, Leib und Leben für Sex mit Frauen zu riskieren, die sich ihnen sowieso bereitwillig anbieten. »Die Bonobos zeigen uns, wie sich friedliche Beziehungen in und zwischen Gruppen entwickeln können«, sagt de Waal.

Solche Sätze klingen ein wenig nach verkiffter Hippie-Romantik und Woodstock-Wunschdenken älterer Herren. Make love, not war!

Doch der Primatenforscher ist weit davon entfernt, ein flammendes Plädoyer für wilde Büroorgien zu halten. Die meisten Weihnachtsfeiern sind schließlich schon peinlich genug. Vielmehr, so glaubt de Waal, schenkt uns das Tierreich damit ein paar denkwürdige Lektionen für den Alltag, etwa: Überbordendes Machtstreben macht nicht glücklich – mehr noch, es mindert die Produktivität. So beobachtete der Forscher ebenfalls, dass untergeordnete Affen das Interesse an einer Zusammenarbeit sofort verlieren, wenn das Alpha-Tier die gesamte Belohnung für sich behält. Selbst auf ungleiche Bezahlung reagieren Affen äußerst mürrisch: Bei einem Experiment sollten Kapuzineraffen in den Käfig geworfene Steinchen wieder zurückgeben und bekamen als Lohn eine Gurkenscheibe. Im Käfig daneben derselbe Versuch, nur erhielt der Affe dort eine viel leckerere Weintraube. Prompt stellte die Hälfte der Affen mit Gurkeneinkommen die Arbeit ein. 80 Prozent weigerten sich gar weiterzumachen, wenn der Affe nebenan die Traube einfach so bekam. Die Lektion ist klar: All die tagtäglichen Ränkespiele und gehegten Allmachtsphantasien – sie machen das Unternehmen nicht erfolgreicher und verschaffen dem Einzelnen allenfalls kurzfristige Befriedigung. Wer dagegen Macht und Wissen teilt, fördert den Gruppenfrieden und bündelt zudem die vorhandenen Stärken.

Im Grunde ist das ein alter Hut: Was da im Sozialgehege Büro tagein, tagaus abläuft, hat der kalifornische Psychologe Stephen Karpman bereits 1968 in seinem sogenannten Dramadreieck kompakt zusammengefasst. Für ihn übernehmen Menschen in der Sozialdynamik von Gruppen drei ständig wechselnde Rollen: Verfolger, Opfer, Retter. Am besten stellen Sie sich das so vor: Erst beschimpft der Chef seine Mitarbeiter, dass deren Leistungen unterdurchschnittlich seien. Damit mutiert er zum Verfolger, der seine Mitarbeiter zu Opfern degradiert. Dagegen opponiert aber der Betriebsrat, rechtfertigt die Leistungen als gut und verweist auf das gute Geschäftsergebnis im Vorjahr.

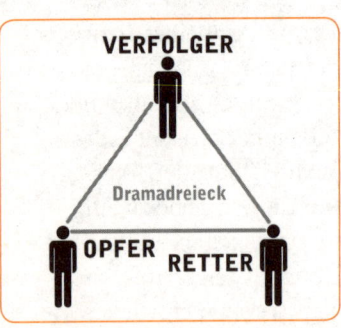

Er wird zum Retter. Doch der Chef reklamiert: »Letztes Jahr war die Wirtschaftslage auch besser. Und wenn sich jetzt nicht alle mehr anstrengen, gibt es bald Entlassungen.« Kurzum: Er schiebt die Verantwortung auf die Mitarbeiter (jetzt: Verfolger) und macht sich selbst zum Opfer. Und so weiter. All diese Rollen können mehrfach wechseln, doch es bleibt, was es ist: ein belastendes, manipulatives Miteinander, bei dem Verantwortungen, Schuldzuweisungen und Enttäuschungen nur hin- und hergeschoben werden.

Karpmans Dramamodell verdeutlicht zugleich: Wir sind nie nur Opfer, sondern ebenso Täter. So sehr uns Chef, Kollegen und all die anderen Affen auch auf die Pelle rücken, jeder Einzelne von uns ist für die Stimmung im Büro mitverantwortlich. Wie wir mit unseren Büronachbarn umgehen, mit ihnen reden, ob wir überhaupt den Mund aufmachen und sie loben oder nur kritisieren – all das prägt entscheidend die Atmosphäre am Arbeitsplatz. Wer sich als Opfer fühlt, muss ja nicht ausschließlich jammern – er oder sie kann genauso gut die Initiative ergreifen. Wer den alleinigen Retter mimen soll, kann die Kollegen gleich mit in die Verantwortung nehmen. Und Verfolger sollten schlicht negative durch konstruktive Kritik ersetzen sowie den Kollegen mehr vertrauen. Glaubt man der Psychologin Sabrina Deutsch Salamon von der York-Universität in Kanada, hat das Gefühl, dass einem im Job vertraut wird, unmittelbaren und äußerst positiven Einfluss auf die Leistungsbereitschaft.

In Köln gibt es ein schönes Sprichwort: »Jeder Jeck ist anders«, was übersetzt so viel bedeutet wie: »Wir alle haben unsere Eigenarten und sind auf unsere individuelle Weise verrückt.« Die einen laborieren noch immer an Komplexen, die sie seit der Kindheit mit sich herumschleppen, andere sind so empathisch wie ein Nudelholz und wieder andere besitzen das Nervenkostüm von Bruce Darnell: »Drama, Drama, Drama!« Nobody's perfect – damit müssen wir leben.

Die daraus entstehenden Konflikte im Berufsleben müssen ja zunächst nichts Negatives sein. Ohne Meinungsverschiedenheiten, Kritik und Diskussionen gäbe es keinen Fortschritt. Gerade die unterschiedlichen Blickwinkel und Persönlichkeiten sind es, die Innovationen fördern – zumal wenn sie in gesundem Maß (!) miteinander konkurrieren. Harmonie dagegen lullt ein und macht blind für die eigenen Mängel und Marotten. Auch wenn Sie sich zuweilen angegriffen und genervt fühlen, schlagen Sie nicht sofort zurück. Das setzt nur eine Eskalationsspirale in Gang. Ebenso sollten Sie sich davor hüten, andere maßregeln oder gar erziehen zu wollen. Auf Vorwürfe wie Vorschriften reagiert jeder empfindlich. Erst wenn das Verhalten der Kollegen Ihre eigene Arbeit behindert, das Team belastet oder die Gruppenleistung herabsetzt, haben Sie einen redlichen Grund einzuschreiten. In allen anderen Fällen ist es klüger, abzuwarten und zuzusehen. Die Chinesen haben dafür ein schönes Sprichwort: »Wenn du lange genug am Fluss sitzt, siehst du irgendwann die Leichen deiner Feinde vorbeitreiben.«

Eine Betriebsanleitung für diverse Bürotypen

Mit der Gelassenheit ist das aber so eine Sache. Die einen fressen ihren Frust und ihre Wut stumm in sich hinein und bekommen davon Sodbrennen, Magengeschwüre und Depressionen. Das ist dumm. Andere kanalisieren ihren Zorn, Motto: Büro ist wie Boxen – ständig gibt's was auf die Nase, doch nur wer auch ordentlich austeilen kann, kommt eine Runde weiter. Wieder andere lassen den Ärger anschließend an ihren Lieben daheim aus. Bei einer Umfrage des Ifak Instituts 2008 gab das jeder vierte Beschäftigte (27 Prozent) zu. Und Frauen sind davon anscheinend häufiger betroffen als Männer: 30 Prozent von ihnen (Männer: 25 Prozent) gestanden, im Monat an mindestens drei Tagen aufgrund von beruflichem Druck gegenüber Familie und Freunden auszurasten. Vielleicht nicken Sie jetzt gerade stumm, während Sie diese Zeilen lesen, und denken: Ist mir auch schon mal passiert. Kommt vor. Kann man nichts machen. Vielleicht aber doch. Es gibt Studien, die zeigen wollen, dass in deutschen Büros 70 Prozent der Arbeitszeit dadurch unproduktiv verplempert wird, weil die Leute mit ungeklärten Konflikten belastet und beschäftigt sind. Ich halte diese Zahl zwar für eine derbe Schätzung, zugleich zweifle ich keine Minute daran, dass tatsächlich viele Aufgaben liegen bleiben, weil sich die Kollegen gegenseitig das Leben schwer machen.

Bevor Sie Gegenmaßnahmen einleiten, sollten Sie ein paar Grundregeln der Konfliktforschung beachten. Die wichtigste: zuerst zuhören und den richtigen Moment abwarten. Den eigenen Frust unmittelbar zu ventilieren, schadet fast immer. Bleiben Sie also

Der griechische Arzt Hippokrates ordnete seinerzeit vier typische Temperamente den vier Elementen Erde, Feuer, Wasser, Wind zu und entwickelte daraus später ein Modell, in dem er den Charaktereigenschaften auch noch bestimmte Körpersäfte zuschrieb. Heute mag man darüber schmunzeln, rund 400 Jahre vor Christus aber war das enorm innovativ:

Typ	Element	Körpersaft	Temperament
Sanguiniker	Luft	Blut	leidenschaftlich, fröhlich, eifrig
Choleriker	Feuer	Gelbe Galle	heißblütig, reizbar, übellaunig
Melancholiker	Erde	Schwarze Galle	schwermütig, düster, deprimiert
Phlegmatiker	Wasser	Phlegma, Schleim	schwerfällig, ruhig, emotionslos

ruhig, taktvoll und suchen Sie für eine Aussprache den optimalen Zeitpunkt. Bereiten Sie zudem Ihre Argumente solide vor – nur was Sie belegen können, zählt – und bringen Sie diese ebenso klar wie sachlich rüber. Beispiele können manchmal als Beleg helfen, zuweilen lotsen sie das Gespräch aber auch auf Nebenschauplätze, in denen sich dann beide aufreiben, ohne das eigentliche Problem zu lösen.

Unabhängig davon, was Sie besprechen – ein Ziel lautet immer: Sie müssen danach weiterhin zusammenarbeiten können. Eine Diskussion, die darauf abzielt, den anderen niederzumachen, ist per se unkonstruktiv und unsinnig. Achten Sie also darauf, die Situation zu deeskalieren. Weder dürfen Sie die Beherrschung noch hässliche Kommentare verlieren. Irgendwann fällt das auf Sie zurück. Ebenso gilt: Was Sie einmal unter vier Augen geklärt haben, gehört hinterher nicht an die große Glocke. Das wäre unprofessionell.

Jetzt aber zu den unterschiedlichen Bürotypen und wie Sie ihnen am besten begegnen, beziehungsweise sie befrieden können. Die folgende Betriebsanleitung liefert Ihnen ein paar Hinweise und Anregungen, jedoch nur archetypisch, wie das anders in einem solchen Buch nicht möglich ist:

Der Blender

Verhalten: Kann nichts – hat aber gut reden. Seine einzige Stärke ist die Selbstvermarktung, sein einziges Ziel der Ruhm. Das Mittel dazu: der Superlativ. Als Chef ist er durchaus zu gebrauchen, solange er den Rest der Truppe machen lässt und der Laden läuft. Denn Superstars an der Spitze beflügeln die Marke. Im Mittelmanagement und als Kollegen sind sie jedoch Klimakiller.

Umgang: Stehlen Sie der Niete bloß nicht die Schau! Dann wird dieser Typ zum Rächer. Solchen Kollegen schenkt man am besten Beifall und den Glauben, ihre Idee sei gut. Das ist Balsam für ihr Ego. Und falls Sie der Strahlemann zu sehr nervt, entlarven Sie sein Dilettantentum am besten durch eigene Spitzenleistung. Ausschließlich.

Der Bulldozer

Verhalten: Vor allem laut. Dieser Polterer ist ein Macher, entscheidet gern und schnell und kennt kein Pardon. Ein Alpha-Tier, das – solange es Erfolg hat – ebenso verehrt wie gefürchtet wird.

Umgang: Entweder Sie sind für ihn – oder sein Gegner. Jedenfalls sieht er das so. Grauzonen kennt er nicht. Das heißt jedoch nicht, dass er keinen Widerspruch schätzt. Im Gegenteil: Kühnheit und einem starken Auftritt zollt er Respekt. Feingeister indes werden von ihm einfach platt gewalzt.

Der Bürokrat

Verhalten: Sein Motto ist: Vertrauen ist gut, Kontrolle besser. Was auch immer im Unternehmen passiert, er wird es dokumentieren, protokollieren, archivieren – und wieder vorlegen. Im Zweifel wird er sagen: »Wir haben noch nicht alle Eventualitäten geprüft.« Oder: »In meinem Memo am Montag habe ich bereits gewarnt, dass ...« Bürokraten sind – ähnlich wie Pedanten – detailversessen und oft borniert.

Umgang: Unordnung oder Kontrollverlust machen so jemandem

Angst. Falls der Typ Ihr Boss ist: Informieren Sie ihn immer rechtzeitig und wirken Sie beruhigend auf ihn ein – idealerweise, indem Sie ihn mit vielen, sehr vielen Details füttern. Ist er ein Kollege: Schenken Sie ihm etwas Wärme und Geselligkeit. Viele tauen dabei auf – und werden am Ende zu loyalen Büronachbarn.

Der Choleriker

Verhalten: Brüllt gern und oft und explodiert schon wegen Kleinigkeiten. Er reagiert ebenso unberechenbar wie unkontrolliert. Seine Wutproben an spezielle Auslöser zu knüpfen, wäre sinnlos – alles kommt infrage. In der Regel ist dieser Typ ein emotionales Wrack, nicht selten gepaart mit einer ausgeprägten Profilneurose.

Umgang: Niemals versuchen, einem Schreihals mit Argumenten zu kommen! Zwecklos. Besser wirkt: Selbstbewusstsein zeigen, Blickkontakt halten und völlige Ruhe bewahren. Das nimmt ihm den Wind aus den Segeln. Und nehmen Sie seine Launen bloß nicht persönlich. Der Typ kann nicht anders. Im Zweifel vertagen Sie das Gespräch, bis eine sachliche Ebene wieder möglich ist.

Die Diva

Verhalten: Egozentrisch, hochgradig sensibel und nachtragend bis in die Steinzeit. Ein falsches Wort, und die Diva reagiert beleidigt. Meist hält sie sich für ein verkanntes Genie – und das nagt an ihrem Ego. Natürlich gehört sie längst befördert, natürlich hat sie die Katastrophe lange kommen sehen, natürlich weiß sie es besser. Jedenfalls erzählt sie das hinterher auf dem Flur. Ihre Lieblingsvokabel: ich.

Umgang: Diven muss man mit Samthandschuhen anfassen. Kritik vertragen sie nicht, selbst wenn sie das behaupten. Aber nicht selten haben sie tatsächlich einige nützliche Talente. Schenken Sie ihnen also ruhig Gehör, Applaus und geben Sie ihnen Freiräume. Wer so über die Stränge schlägt, lässt sich am ehesten über seine Sucht nach Anerkennung dressieren.

Der Hypochonder

Verhalten: Wenn er nicht gerade krankgeschrieben ist, läuft er verschnupft durch die Flure, ächzt, stöhnt, keucht, japst, hinkt, klagt – und hat garantiert ein ganzes Arsenal an Pillen und homöopathischen Tropfen auf seinem Schreibtisch.

Umgang: Falls Sie mal einen Tag blaumachen wollen und zu irgendeinem läppischen Krankheitssymptom ein lebensbedrohliches Szenario brauchen – der Typ weiß Rat. Ansonsten lassen Sie ihn am besten in Ruhe. Er steckt Sie nur an. Im doppelten Wortsinn. Und falls Sie sein Chef sind: Geben Sie dem Typ ordentlich was zu tun, dann vergisst er seine eingebildeten Krankheiten.

Der Intrigant

Verhalten: Dieser Partisan erledigt seine Konkurrenten gerne aus dem Hinterhalt – vorzugsweise durch Lügen, Gerüchte, gesäten Zweifel. Das Mittel zum Zweck ist fast immer Rufmord, Motto: irgendwas wird schon hängen bleiben. Offenbarte Schwächen nutzt er sofort zu seinem Vorteil aus.

Umgang: Geben Sie ihm nichts in die Hand, was er gegen Sie verwenden könnte. Und vermeiden Sie jeden privaten Kontakt. Wagt sich der Heckenschütze aus der Deckung, müssen Sie umgehend kontern, seine Behauptungen richtigstellen und ihn als fiesen Taktierer enttarnen. Entscheidend ist aber auch, dass Sie dabei cool bleiben. Sonst bieten Sie nur weiteres Futter.

Der Karrierist

Verhalten: Er will unbedingt nach oben – schnell und um jeden Preis. Alles ist für ihn ein Wettkampf, jede Niederlage eine Demütigung, die er so schnell nicht vergisst. Für ihn gibt es nur zwei Sorten Kollegen: Konkurrenten und Verlierer.

Umgang: Meiden Sie den Typ, wo Sie können. Er ist pures Gift. Entweder stellt er Ihnen ein Bein oder er lacht Sie aus. Beides macht den Job nicht besser. Und falls so ein Machtmensch mal Ihr Boss wird: Seien Sie unbedingt loyal, sagen Sie stets Ja zu seinen Entscheidungen – oder suchen Sie sich einen neuen Job.

Der Kumpel

Verhalten: Höflich, hilfsbereit, harmlos. Sein Ehrgeiz hält sich genauso in Grenzen wie seine Leistungen. Auskommen und Gemütlichkeit sind ihm wichtiger. Ärger geht er möglichst aus dem Weg – Entscheidungen deshalb auch.

Umgang: Nehmen Sie ihn wie er ist: Der will nur spielen. Prüfen Sie aber genau, ob er auch wirklich ein Kumpeltyp ist. Manchmal versteckt sich hinter dieser Geste ein Karrierist, der Ihnen gerade eine Falle stellt. Ist der Kumpel Ihr Boss: Nutzen Sie seine Großzügigkeit nie aus und zeigen Sie immer Respekt. Dieser Chef gibt Ihnen gerne Freiraum – will diesen aber auch gewinnbringend genutzt sehen.

Die Mimose

Verhalten: Sie kriegt nichts auf die Reihe – schuld sind aber immer die anderen: der Chef, die Kollegen, die Umstände. Egal, ob sich diese Leute gleichzeitig für alles verantwortlich fühlen – ihre Hilflosigkeit stellen sie in jedem Fall zur Schau. Obacht! Solche Opfertypen sind gewiefte Manipulierer (siehe »Dramadreieck« weiter vorne). Entweder sie spekulieren auf Ihr Mitleid oder bimsen Ihnen ein schlechtes Gewissen ein. Nicht selten dient die Ohnmacht nur einem Zweck: unangenehme Arbeit abgenommen zu bekommen.

Umgang: Bloß nicht kritisieren! Von dem Schock erholt sich die Mimose nie. Analysieren Sie allenfalls gemeinsam das wahre Ausmaß der Katastrophe sowie die wahren Hintergründe. Mehr als eine Anleitung zur Selbsthilfe sollten Sie nicht leisten. Sonst werden Sie zu ihrem Opfer.

Der Parasit

Verhalten: Geschickter Taktiker und Meister der Organisation. Lästige Aufgaben kann er perfekt durch Schmeicheleien oder per Gefallensdienst delegieren, während er unangenehme Arbeit vermeidet. Geht das Projekt schief, wäscht er seine Hände in Unschuld. Andernfalls reklamiert er die Idee und damit auch das Lob für sich.
Umgang: Alarmstufe Rot! Der Typ missbraucht jeden, wenn er kann. Falls Sie eine gute Idee haben, präsentieren Sie diese nur vor Zeugen, damit sichern Sie Ihre Urheberschaft. Auch Probleme besprechen Sie besser nie unter vier Augen – im Zweifel streitet der Parasit später alle Mitverantwortung ab. Und bevor Sie in seine Gefallensfalle tappen: Bieten Sie nur Tauschgeschäfte mit Vorauskasse an!

Der Pedant

Verhalten: Nie zufrieden, kleinkrämerisch und obendrein altklug. Seine übertriebene Sorgfalt und Kontrollsucht hält er für eine Tugend. Als Chef neigt er zu einem autoritären, tyrannischen Führungsstil – als Kollege zur Bescheidwisserei. Widerspruch zwecklos.
Umgang: Da gibt es nur eins: Überzeugen Sie durch Leistung, machen Sie keine Fehler und schenken Sie dem pedantischen Kollegen einfach nur ein vieldeutiges Lächeln.

Der Pessimist

Verhalten: Sieht alles schwärzer als es ist. Lieblingswörter: »Desaster«, »Katastrophe«, »furchtbar«, »schlimmer«. Oft ist dieser Typ dauerhaft unzufrieden und neigt zum notorischen Nörgeln, weil er in allem nur das Negative sucht.
Umgang: Entweder hinter der Masche steckt ein schwaches Selbstbewusstsein, dann sollten Sie ihn einfach nur ein bisschen loben und sanften (!) Optimismus dagegensetzen (»So schlimm wird's wohl nicht werden«). Oder aber dahinter steckt pure Manipu-

lation: Kommt es besser als erwartet, freuen sich ohnehin alle; wird es genauso schlimm wie prophezeit, steht der Pessimist als Seher da: »Ich hab's doch gleich gesagt!« Nehmen Sie ihn deshalb immer in die Pflicht: »Und was sollen wir tun, um das Schlimmste abzuwenden?«

Der Possenreißer

Verhalten: *Kommt 'ne Frau beim Arzt …* Dieser Typ kennt garantiert jeden Witz – insbesondere die jenseits der Geschmacksgrenze. Als Sprücheklopfer und Kalauerkomiker unterhält er gerne die komplette Kaffeeküche, findet aber leider auch kein Ende mehr. Der Possenreißer hält sich für beliebt, sucht aber letztlich nur eine Bühne.
Umgang: Dieser Typ ist einfach gestrickt und ungefährlich. Letztlich bettelt er um Aufmerksamkeit. Geben Sie ihm ein wenig davon, zum Beispiel durch leichtes Lächeln, dann müssen Sie nicht ständig seine Mätzchen ertragen. Ansonsten hilft nur eins: schweigen, umdrehen, weggehen.

Der Routinier

Verhalten: Er kennt alles aus eigener Erfahrung, besitzt bereits eine eigene Inventarnummer und drosselt jegliche Kreativität mit Belehrungen vom Typ: »Das haben wir schon immer so gemacht – und machen wir auch noch so, wenn du schon lange nicht mehr da bist.« Sein Motto ist: Wer sich bewegt, kann stolpern; seine Attitüde: Ich weiß es besser; seine Haltung: Kommt gar nicht erst in die Tüte.
Umgang: Alte Bäume lassen sich nicht versetzen, dann gehen sie ein. Zu neuer Blüte bringt man Routiniers nur, indem man ihnen zuhört und das Gefühl gibt, dass ihre Erfahrung geschätzt wird. Dann bringen sie sich auch wieder in neue Prozesse und Projekte ein.

Der Schleimer

Verhalten: Unterwürfig. Der Typ dient sich jedem an, der hierarchisch über ihm steht, denn er weiß: Sein Überleben hängt nicht von seinem (meist nicht vorhandenen) Können ab, sondern von der Gunst der Könige.

Umgang: Chefzäpfchen sind zwar peinlich – aber auch nützlich. Sobald sie glauben, dass eine Aufgabe den Chef erfreut, übernehmen sie den Job nur allzu gern. Das kann die eigene Arbeit herrlich erleichtern – alles eine Frage der Darstellung.

Der Schweigsame

Verhalten: Er redet wenig und selbst dann sagt er nichts. Jedenfalls kein überflüssiges Geschwätz. Eigentlich eine gute Sache, so nervt er wenigstens nicht. Nicht selten verbirgt sich hinter der Mauer des Schweigens ein brillanter Kopf und geschickter Rhetoriker, der die Phrasendrescher durch sein Schweigen bestrafen und zugleich entlarven will. Denn er hat längst raus: Seine Worte bekommen umso mehr Gewicht, je seltener er sie äußert und je ausgereifter sie sind.

Umgang: Verwechseln Sie die Selbstbeherrschung des Maulfaulen nie mit Schüchternheit. Nutzen Sie vielmehr seinen messerscharfen Geist und ziehen Sie ihn bei Ihren Analysen zurate. Er wird Ihnen gerne helfen – vorausgesetzt, Sie texten ihn dabei nicht zu.

Die Sensible

Verhalten: Hört gerne zu, nimmt sich Zeit, ist immer hilfsbereit. Im Grunde eine sympathische Gesellin. Doch wehe, es hagelt Rüffel. Dann klappt sie sofort zusammen, heult oder schnappt ein. Das macht das Arbeiten mit ihr enorm anstrengend.

Umgang: Was ihr fehlt, ist Durchsetzungsvermögen. Das hat nun mal nicht jeder. Deshalb werden diese Typen häufig ausgenutzt, das erklärt auch ihre Dünnhäutigkeit. Solche Typen brauchen einen Anwalt, dann finden Sie in ihnen wunderbare Freunde. Und wenn

Sie schon mal nörgeln müssen, dann verpacken Sie das bitte stets in viel Lob und betonen Sie die Stärken von so viel Mitgefühl. Übrigens: Diese Type gibt es auch als männliche Variante.

Der Streber

Verhalten: Rackert sich ohne Murren bis zum Umfallen ab. Er ist morgens der Erste im Büro und abends der Letzte. Mittagspausen sind für den Streber Zeitverschwendung, Partnerschaften oft auch.
Umgang: Falls er obendrein intelligent ist, ist er ungemein nützlich. Falls nicht, dient er wenigstens als Fleißvorbild. Lassen Sie ihn machen – auf Dauer nur nicht ungebremst. Sonst brennt er Ihnen sehenden Auges aus. Vor allem braucht so jemand menschliche Zuwendung: Streber sind meistens einsam.

Das Tratschmaul

Verhalten: Weiß alles – und lässt das jeden wissen. Keine Information bleibt vor diesem Typ verborgen, aber auch keine ist banal genug, nicht weitererzählt zu werden. Natürlich dient der permanente Nachrichtenfluss der Flurfunker beim Netzwerken genauso wie beim Anschein, besonders gut verdrahtet zu sein.
Umgang: Die Nähe zu Klatschtanten ist ambivalent. Einerseits erfährt man viel und bekommt drohendes Unheil frühzeitig mit. Andererseits gelten undichte Stellen als unehrlich und unberechenbar: Man weiß nie, ob man nicht selbst gerade ausgehorcht wird. An der Spitze sind sie sogar gänzlich unwillkommen. Wer zu nah dranhängt, gerät deshalb leicht in Sippenhaft.

Der Wankelmütige

Verhalten: Mal ist er euphorisch, dann wieder extrem ablehnend, dann begeistert und plötzlich wieder superkritisch. Meinungen kommen und gehen bei diesem Typ wie die Farben bei einem Chamäleon. Wobei es zwei Sorten gibt: Jene Kollegen, die ihre Launen ausleben – und jene, die sie still ertragen.

Umgang: Problematisch ist nur der erste Typ, denn er kann das Büroklima tyrannisieren – vor allem, wenn es allen besser geht als ihm. Solchen Menschen fehlt es oft an Empathie. Da hilft nur eins: Rückkopplung. Sprechen Sie ihn auf sein Verhalten an und bitten Sie um Rücksicht. Andernfalls spiegeln Sie ihm sein Verhalten. Spätestens dann kapiert er es.

Der Weiberheld

Verhalten: Immer unangenehm. Flirten ist sein eigentlicher Beruf, das Büro nur ein Nebenjob und Jagdrevier. Wenn er nicht gerade Süßholz raspelt, setzt er sich auf Schreibtischkanten, um seine neuesten Amouren detailreich zu schildern. Gefährlich sind Begegnungen in Fahrradkellern und engen Fluren. Dort kann es zu unfreiwilligen Annäherungen kommen, vor allem wenn Sie eine Frau sind.

Umgang: Niemals ermuntern, Frauen sollten seine Annäherungsversuche ignorieren und sich nicht provozieren lassen. Bedrängt er Sie, weisen Sie ihn strikt ab und scharf in seine Grenzen. Bei Wiederholungstätern drohen Sie mit dem Chef. Falls Sie ein Mann sind: Sehen Sie den Aufreißer bloß nicht als Konkurrenten und lächeln Sie dazu. Ein wahrer Verführer würde ohnehin schweigen.

Der Wirbelwind

Verhalten: Energisch, dynamisch, aggressiv. Der Typ ist ein Macher – allerdings von der ungeduldigen Sorte. Wer nicht genauso schnell schaltet wie er, sinkt sofort in seinem Ansehen. Also eigentlich alle. Falls er tatsächlich so blitzgescheit ist, wie er sich darstellt, dann steckt er voller Tatendrang, hat zu allem etwas zu sagen und sprudelt fortlaufend bessere Ideen hervor, die er bitteschön alle zackzack umgesetzt sehen will.

Umgang: Solche Machertypen neigen zu autoritärem Gehabe – auch wenn sie keine Vorgesetzten sind. Dafür diskutieren sie die Kollegen in Grund und Boden und hören ungern zu. Die eloquenten Blitzmerker nutzen jede gezeigte Schwäche sofort aus. Deshalb: Lassen Sie sich nicht provozieren, bieten Sie möglichst wenig Angriffsfläche, fassen Sie sich kurz und verzichten Sie auf jegliche Gefühlsduselei. Ansonsten: Lassen Sie ihn machen!

Die Zicke

Verhalten: Hochgradig launisch, selbstverliebt, eigensinnig. Am besten kann die Bürozicke lästern, Fehler bei anderen entdecken und den allgemeinen Spaß bremsen. Zu ihrem Repertoire gehören Augenrollen, Stirnkräuseln, Weggucken, Abwinken, Auslachen. Ihr Selbstwertgefühl ist stets relativ: Wirken andere schlechter, geht's der Zicke besser. Auch wenn der Name anderes suggeriert: Zicken können ebenso männlich sein.
Umgang: Ignorieren. Zicken haben nur den Einfluss, den Sie diesen Spaßbremsen einräumen.

Der Zweifler

Verhalten: Vermeidet jede Form von Veränderung, Entscheidung, Stress – könnte ja schiefgehen! Probleme sitzt er am liebsten aus. Verbesserungsvorschläge werden verschleppt, Kreativität ausgetrocknet, Kritik ignoriert. Seine Innovationsfeindlichkeit tarnt der Zweifler durch Besonnenheit, Tiefenanalyse und Rückfragen. Solche Typen werden selten Chef – blockieren aber den ganzen Laden.
Umgang: Als Advocatus Diaboli hat er seine Berechtigung, denn er bremst auch blinde Euphorie und hilft Fehler zu vermeiden. Lassen Sie ihn den Berater spielen, das schmeichelt ihm. Und üben Sie keinen Druck auf ihn aus – dann liefert er wenigstens fundierte Entscheidungshilfen.

Der Zyniker

Verhalten: Achtung! Dieser Typ verfügt über einen wachen Verstand, eine schnelle Auffassungsgabe gepaart mit Eloquenz und beißendem Humor. Im Gegensatz zum Possenreißer sind seine Pointen brillant, schneidend und oft böse. Gerne legt er den Finger in die Wunde, stellt andere bloß und bleibt zugleich unantastbar: War doch nur ein Scherz!

Umgang: Verbal ist dem Zyniker kaum beizukommen. Was er sagt, hat meist Hand und Fuß; wenn er etwas anprangert, dann zu Recht. Solche Typen muss man pflegen – auch wenn sie unangenehm sind. Sie sind die Hofnarren der Moderne und bewahren vor Katastrophen. Außerdem schult die Auseinandersetzung mit ihnen den Geist.

13.59 Uhr
Überraschungsgast Chef

Über private Reservate und Sympathien ▪ Was Räume über ihre Bewohner verraten ▪ Warum Ordnung und Chaos sich nicht ausschließen müssen

»Als Chef musst du ein Wolf im Wolfspelz sein.
Wenn du als Chef beliebt bist,
hast du schon irgendwas falsch gemacht.
Dann kannst du gleich auf deiner Nase
eine Diskothek eröffnen,
wo die anderen rumtanzen können.«
Christoph Maria Herbst alias Bernd Stromberg

Zum Beispiel Stefanie. Eine attraktive Mittdreißigerin, nicht sehr groß, sportlich, ein hinreißendes Lächeln. Ich kenne sie gut genug, um sagen zu können, dass sie ein wirklich geduldiger Mensch ist, deren Wesen genauso aufgeschlossen ist wie die Türen zu ihrem Büro – also immer. Sie arbeitet im Controlling eines mittelgroßen Unternehmens, ist beliebt bei der Belegschaft, beim Boss sowieso. Und das ist vielleicht auch ihr Problem. Egal, ob sie gerade telefoniert oder sich konzentrieren will – irgendjemand poltert garantiert in ihr Büro. Und natürlich erwartet keiner, dass sie ihm das übel nimmt. *»Die Stefanie? Ach was, die ist doch total lieb!«* Eben. Zu lieb.

Bis zu jenem Donnerstag. Dann war plötzlich Schluss mit Liebsein. Nach ungefähr 37 gefühlten Unterbrechungen an diesem Tag stürmte ausgerechnet der Chef in ihr Zimmer und redete auf sie ein. Allerdings nicht lange. Stefanie erklärte ihr Büro umgehend zum Notstandsgebiet und redete retour. Sehr gereizt. Sehr laut. Sie könne so nicht arbeiten, auch sie brauche wenigstens ab und an ihre Ruhe, und überhaupt: Wisse denn in diesem Laden keiner mehr, wie man anklopft? Betretenes Schweigen. Die emotionale Eruption war noch Tage später ein Thema, manche Kollegen haben sich entschuldigt, auch der Chef hat ihr den Ausraster glücklicherweise nicht krummgenommen. Wie gesagt, sie hat ein wirklich bezauberndes Lächeln …

Büros – egal, wie offen sie stehen – sind kleine private Reservate. Wer sie betritt, dringt in einen persönlichen Schutzraum ein, den viele durch gerahmte Bilder von der Familie, Urlaubssouvenirs, Auszeichnungen, Kunstobjekte, Bücher oder Pflanzen markieren. All das dient nur einem Zweck: Es soll zeigen, dass dieser Raum besetzt ist – und sei es nur die eigene Schreibtischnische im Großraumbüro. Oft lässt sich an solchen Memorabilia sogar der Identifikationsgrad des Mitarbeiters mit seinem Unternehmen ablesen: Je wohnlicher der sein Büro gestaltet, desto mehr fühlt er sich dort zu Hause und mit dem Unternehmen verbunden. Das Büro – ein Stück Heimat.

Es gibt Studien, die zeigen, wie sehr Menschen auf Warteschlangen, Verkehrsstaus oder Bahngedränge mit Stress reagieren. Und zwar nicht etwa, weil sie dadurch unter Termindruck geraten, sondern aufgrund der menschlichen Nähe. Sogenannte Crowding-

Situationen, in denen wir Fremden näher sein müssen, als uns lieb ist, können enormen psychischen Druck ausüben. Dahinter stecken subtile Territorialansprüche, die jeder von uns instinktiv hegt. Und so ist es auch im Büro: Ein Kollege, der unangemeldet hereinstürmt, den Stuhl zu sich heranzieht oder sich ohne zu fragen auf die Tischkante setzt, wirkt auf uns wie ein Eindringling, der unsere Privatsphäre verletzt. Entsprechend wenig Sympathie bringen wir ihm entgegen. Mit der Folge, dass, wer diese unsichtbaren Grenzen überschreitet, für seine Ideen und Vorschläge kaum noch Gehör findet. Das aufsteigende Unbehagen überschattet dann selbst den bestgemeinten Rat.

Nicht selten beginnen so atmosphärische Störungen im Betrieb. Auch, weil manche Chefs meinen, es sei ihr Privileg, sich um derlei Rückzugsräume wenig kümmern zu müssen.

Nun ist es eine Sache, wenn Chefs unwirsch in Büros stürmen und so womöglich Sympathiewerte verspielen. Die andere ist: Der Überraschungsbesuch kann auch Ihre Imagewerte ramponieren. Wie das?, werden Sie fragen. Ganz einfach: Vielen ist schlicht nicht bewusst, dass der ganze Klimbim in ihrer Bude – die Familienfotos, Bilder, Bücher und Gimmicks auf dem Bildschirm – etwas über sie aussagt und viel über ihre Motivation, Arbeitsweise und ihren Charakter verrät. Oder frei nach dem Psychotherapeuten Paul Watzlawick: Sie können einen Raum nicht davon abhalten, nicht zu kommunizieren. Nicht einmal die Firmentoilette. So gibt es bereits die sogenannte *Toilettenpapier-Theorie*. Kein Witz. Sie besagt, dass man sich nur anschauen müsse, wie gepflegt das stille Örtchen ist – schon erkennt man die wahre Firmenkultur. Sind etwa die Mitarbeiter selbst dafür verantwortlich, dass die Klorollen gewechselt werden beziehungsweise dem Nachfolger ein benutzbares WC hinterlassen wird und geschieht dies nicht, so sagt das: *Hier denkt jeder nur an sich.* Ein einziges Hauen und Stechen. Und da der Fisch vom Kopf stinkt, hausen in der Teppichetage vermutlich ebensolche Egomanen. Aber das ist, wie gesagt, nur eine Theorie. Fakt dagegen ist: Sollten der Chef, die Kollegen oder vielleicht auch mal ein Kunde überraschend in Ihr Büro schneien, bekommen die zwangsläufig einen ersten bis bleibenden Eindruck. Welchen – das hängt ganz von Ihnen ab.

Was Räume über ihre Bewohner verraten

Von den rund 17 Millionen Menschen, die in Deutschland in einem Büro arbeiten, bewohnen gut 33 Prozent ein Einzelbüro, 27 Prozent teilen sich die Arbeitswabe mit noch einem Kollegen, die Mehrheit von rund 40 Prozent aber sitzt in einem Mehrpersonen- oder Großraumbüro. Man sollte meinen, dass es dabei relativ uniform zugeht: Einheitsgrößen, Einheitsmöbel, Einheitsgedanken. Denkste. Nahezu 90 Prozent der amerikanischen Arbeitnehmer personalisieren ihre Büros oder Cubicals, haben Forscher der Eastern-Kentucky-Universität herausgefunden. Für Deutschland liegen zwar keine vergleichbaren Studien vor, aber das Ergebnis dürfte ähnlich ausfallen. Die Gründe dafür? Erstens: Gemütlichkeit. Vielen dient das Dekor in erster Linie als zusätzlicher Komfort. Umgeben von vertrauten Dingen fühlen sich Arbeitnehmer automatisch wohler und sind dadurch meist auch produktiver. Zugleich dokumentieren die persönlichen Gegenstände Anspruch und Ansehen – ob nun bewusst oder unbewusst. Fleiß, Loyalität, Kreativität, Organisationstalent, Erfolg – all das sind abstrakte und allgemein nur schwer messbare Größen. Weil das so ist, haben wir Menschen jedoch im Laufe der Evolution ein Sensorium dafür entwickelt, manche Charakterzüge, aber auch den Status von Personen an ziemlich banalen, dafür jedoch berechenbaren Größen festzumachen. Etwa an der Größe von Nachbars Auto, an der Attraktivität seiner Frau, am Einkommen ihres Mannes, dem Preis ihrer neuen Manolo Blahniks – oder eben an der Ausstattung der persönlichen Arbeitswabe. Gewissenhaftigkeit oder wie aufgeräumt ein Arbeitnehmer ist, wird in seinem Büro genauso sichtbar wie dessen Loyalität oder Leidenschaft für den Job. Oder was, glauben Sie, wird der Chef über jemanden denken, in dessen Zimmer er eine mit Nadeln gespickte Voodoo-Puppe findet, die ihm verdächtig ähnlich sieht?

Solche Indizien nimmt jeder von uns »binnen Sekundenbruchteilen wahr, sobald er einen Raum betritt«, sagt zum Beispiel der US-Psychologe Samuel Gosling von der Universität Austin, Texas, der solche Zusammenhänge seit Langem untersucht und dazu auch mal wildfremde Leute in die Büros seiner Probanden schickt. Nicht der Geselligkeit wegen, sondern vielmehr, damit diese nach der Visite den Charakter des abwesenden Bewohners einschätzen.

Das Erstaunliche an solchen Experimenten ist: Die Fremden kamen der Wirklichkeit, beziehungsweise der Selbsteinschätzung, jedes Mal erstaunlich nahe, mehr noch: Sie beurteilten die Bürobewohner zwar nur anhand der herumstehenden Kaffeetassen, Papierstapel und Drehstühle, dennoch waren ihre Charakterisierungen zutreffender als die der besten Freunde, wie ein Kontrollexperiment zeigte. Nach zehn Jahren Forschung ist Gosling deshalb überzeugt: »Die Art, wie wir unsere Umgebung gestalten, spiegelt unser Inneres wider.« Wer etwa viele Bücher im Schrank hat, erscheint automatisch gebildeter – auch wenn die Bände ungelesen im Regel stehen. Wer Bilder aktuell angesagter Künstler an seine Wand hängt, wirkt kreativer und lebensfroher als der Kollege im kahlen Nachbarzimmer. Und wer im Büro Tischkalender, Telefon, Uhr und Laptop stets im Blick behält, scheint bestens organisiert – allerdings nur, wenn er auch daran denkt, in den zur Schau gestellten Planer ein paar Termine einzutragen. Jeder Raum, sagt Gosling, enthalte zwei grundsätzliche Objekttypen: Identitätskörper, die der Bewohner bewusst drapiert hat und mit denen er sich ausdrücken will, wie etwa Bilder, Schmuckstücke oder Trophäen – und Verhaltensrückstände, die unbewusst Rückschlüsse auf seinen Charakter zulassen, wie etwa eine vollgekritzelte Schreibtischunterlage mit Kaffeerändern oder schlicht: Unordnung auf dem Schreibtisch.

Der ist ohnehin das verortete Aufmerksamkeitszentrum eines jeden Büros. Der Tisch bildet bei fast allen Büroräumen den Arbeitsmittelpunkt und damit auch die primäre Projektionsfläche. Das lässt sich schon etymologisch erklären. So leitet sich der »Büro« von dem französischen »Bure« oder »Burel« ab, was auf Deutsch so viel bedeutet wie »grober Wollstoff«. Mit diesem waren früher die Schreibtische oder Pulte bespannt, die mit dem Aufstieg des Kaufmannsberufs gegen Ende des Mittelalters zum bedeutendsten Möbel seines Kontors avancierten. Die britische Verhaltenspsychologin Donna Dawson hat im Laufe ihrer Karriere Hunderte Büros und Schreibtische inspiziert und dabei diagnostiziert, dass sich das Gros auf sechs typische Arbeitsplatten und Persönlichkeitstypen kondensieren lässt:

- **Die Funktionsfläche.** Dieser Arbeitsplatz ist picobello aufgeräumt, durchorganisiert und hochfunktional aufgebaut. Mousepad, Stift und Kalender sind akkurat angeordnet und ergonomisch sinnvoll ausgerichtet. Hier greift ein Rädchen in das andere. Hier haust ein Kontrollfreak, würde man denken. Falsch. Für Dawson sind das vielmehr Signale für einen Bewohner mit starken Stimmungsschwankungen. Jemand, der gebraucht und beachtet werden will – und sich als Organisationstalent empfiehlt. Somit haust hier auch jemand, der gerne hilft, wenn man ihn fragt.

- **Das Oberflächenchaos.** Dieser Schreibtischtäter wäre gerne aufgeräumter, organisierter – schafft es aber nicht. Das Chaos führt hier eine Art Eigenleben mit unbedingtem Überlebenswillen. Das Ergebnis ist ein oberflächliches Tohuwabohu, jedoch mit System. Verloren geht hier

  > Schreibtische können krank machen. Der durchschnittliche Büroarbeitsplatz wird von hundert Mal mehr Bakterien bevölkert als eine Klobrille, haben Forscher entdeckt.

  nichts. Hunderte von Zeitungsschnipseln und Merkzetteln, die drei Kaffeetassen, die längst eine Spülung vertragen könnten und die Wanderdünen aus Aktendeckeln deuten auf einen liebenswerten Workaholic hin, der immer ein bisschen gestresst wirkt – nicht zuletzt, weil er ein Schwätzchen mit den Kollegen der längst überfälligen Aufräumaktion vorzieht. Dieser Typ ist flexibel einsetzbar und ein brillanter Kopf bei Brainstormings.

- **Der Schautisch.** Auch hier türmen sich Papierberge, Bücherstapel und Merkzettel. Jedoch bewusst, um Vielseitigkeit und ein breites, kreatives Interesse zu signalisieren. Moderne Technik findet sich hier nur, wenn die Geräte gerade angesagt sind und als trendy gelten. Dieser Schreibtischtyp sieht sich als kreativer Kopf, denkt lateral und in großen Visionen. Details dagegen schätzt er gar nicht. So jemand vernachlässigt gerne seine Sorgfaltspflichten.

- **Der Trophäentisch.** Der Tisch ist übersät mit persönlichen Gegenständen und Erinnerungen: Familienfotos, Urlaubsbildern, Kinderzeichnungen, Kundengeschenken. Das Arrangement setzt sich oft noch an den Wänden fort, und nicht wenige – insbesondere Frauen – neigen gar dazu, Kosmetika auf ihrem Schreibtisch zu drapieren, wie Handcremes oder Vitaminpillen. Nahezu obligat: die Flasche stilles Wasser und andere Erfrischer wie Raumdüfte. Wer ein solches Arbeitsumfeld pflegt, braucht viel Aufmerksamkeit und konstante Unterhaltung im Job, sonst droht Langeweile – und die schätzen diese Typen gar nicht. Immerhin: Sie sind kontaktfreudig, aber selten diskret.

- **Die Gedenktafel.** Diese Arbeitsfläche hat etwas Klinisches und repräsentiert vor allem das Unternehmen, für das dieser Büromensch tätig ist. Keine persönliche Note, kein Einrichtungs-Schnickschnack, nur pure Funktionalität. Wer hier arbeitet, trägt vermutlich eine professionelle Maske. Kaum jemand kennt den Menschen dahinter – und der hat auch nicht vor, das zu ändern. Solche Typen sind meist nett, pflegen die Grundkontakte zu ihrem Team, gehen mit anderen gemeinsam mittagessen. Aber wer sie wirklich sind, was sie denken und wollen, bleibt ihr Geheimnis.

- **Die Repräsentantenplatte.** Auf den ersten Blick wirkt dieser Tisch überfrachtet bis verkramt. Tatsächlich aber erfüllt hier jeder Gegenstand seinen Zweck: Er soll den Bewohner in ein positives Licht rücken. Es wimmelt geradezu von Dokumenten vergangener Erfolge, exklusiver Reisen und sportlicher Höhenflüge. Es ist der Tisch eines Anführers. Solche Typen streben nach vorn, wollen etwas erreichen, das dann aber auch zeigen und gewürdigt wissen.

Dawsons Charakterisierungen sollte man nicht nur als passive Interpretation einer Wissenschaftlerin auffassen. Wer die Sprache der Büros entschlüsselt, kann die subtilen Signale der Boards, Bilder und Bücher genauso gut aktiv für eine gelungene Selbstinszenierung nutzen. Denn sobald jemand verstanden hat, dass er den Eindruck, den sein Büro hinterlässt, auch manipulieren kann, »kann er Botschaften senden, die über das hinausgehen, was er tatsächlich ist«, findet Dawson. Wobei das, was sich nicht auf dem

Schreibtisch befindet, mindestens genauso viel erzählt, wie das, was offensichtlich ist.

Und Büros erzählen wirklich viel, stellte sich heraus, als ich zusammen mit meiner Hamburger Kollegin Jenny Niederstadt 2008 eine größere Geschichte recherchierte. Wir sprachen damals mit mehreren Psychologen, Soziologen und Büroforschern, um möglichst umfangreich zu dekodieren, welche Ausstattungsmerkmale was über den Bürobewohner aussagen, beziehungsweise wie diese auf Besucher wirken. Manche Ergebnisse waren wenig überraschend, andere dafür umso verblüffender. In jedem Fall aber lassen sich die Erkenntnisse in Summe wunderbar im Alltag nutzen – sei es, um für sich selbst die Persönlichkeit des Kollegen transparenter zu machen oder aber um beim nächsten Überraschungsbesuch des Chefs das gewünschte Image in sein Kleinhirn zu pflanzen. Das Saatgut sähe demnach so aus:

- **Wandkunst.** Wandschmuck gibt jedem Auftritt den passenden Hintergrund. Je größer der Rahmen, desto elitärer die Wirkung. Managerbüros sind heute voll mit abstrakten Bildern zeitgenössischer Künstler. Das soll Offenheit, Dynamik und frisches Denken signalisieren. Aber es lässt sich auch anderweitig nutzen: Wer solche Stilmittel etwa der angestrebten Position anpasst, teilt mit, wo er sich in der Hierarchie sieht. Er kann aber auch eine eigene Form wählen und so Individualität und Kreativität betonen. Nur sollte das immer dezent geschehen. Verstößt das Bild gegen geltende Normen, gilt man schnell als Querulant.
- **Symbole.** Auch Weltkarten, das Firmenlogo oder Auszeichnungen können einen starken Hintergrund abgeben – allerdings nur, wenn die davorsitzende Person diesen Anspruch halten kann. Soll heißen: Finger weg von der Weltkarte, wenn Ihr Unternehmen gerade erst die Expansion ins Nachbarland plant.
- **Familienfotos.** Für einige Psychologen gelten sie als Statussymbole, insbesondere Bilder von vielen Kindern. Für andere reflektieren sie ein schlechtes Gewissen: Wenn einer schon viel Zeit im Büro verbringt, will er wenigstens ab und zu an seine Lieben daheim denken. Einigkeit herrscht indes bei der Interpretation der Richtung, in welche die Bilder blicken: Schauen sie in Rich-

tung Besucher, sind sie Statussymbole; hat der Büroinsasse sie selbst im Blick, dienen sie einem persönlichen Zweck.

- **Kinderbilder.** Alles, was Kinder gemalt haben, strahlt Wärme aus. Kinder stehen für Fürsorge, Verantwortung und Verlässlichkeit. Aber auch für Simplizität und jemanden, der nicht nur Zahlen und den schnöden Mammon im Sinn hat. Kinderlose Profis besorgen sich deshalb etwas Selbstgemaltes von ihren Nichten, Neffen oder Patenkindern. Für alle privaten Wandbilder gilt jedoch: Sie müssen gerahmt sein. Mit Tesa oder Klebepunkten befestigte Loseblattsammlungen symbolisieren eher Liederlichkeit und Wankelmut.

- **Bücher.** Literatur sagt Besuchern, womit sich der Büroinsasse beschäftigt und was ihn interessiert. Poesie oder Kunstbände symbolisieren einen kreativen Charakter, Fachbücher und Lexika weisen ihn als Experten aus. Um jedoch nicht als Fachidiot dazustehen, sollten Sie Ihr Sortiment durch repräsentative Bildbände oder Promi-Biografien ergänzen. Titel wie *Nie mehr arbeiten*, *Hass auf den Chef* oder *Den Chef im Griff* gehören nicht ins Büro. Dieses Buch aber schon!

- **Aktenordner.** Oberflächlich stehen sie, wie der Name schon sagt, für Struktur und Ordnung. Zum Prestigeturbo avancieren die Pappdeckel aber, sobald dort gut lesbar Stichwörter wie »Streng vertraulich«, »Budgets«, »Mitarbeiter« stehen. Botschaft: Hier arbeitet jemand mit Verantwortung und Herrschaftswissen.

- **Auszeichnungen.** Trophäen dokumentieren vergangene Erfolge. Seien es sportliche Siege oder besondere Leistungen im Job. Damit reflektieren sie zugleich Zielstrebigkeit und Ehrgeiz, im Subtext aber auch, dass es sich hier um einen Gewinner handelt. Hinter dem Rücken platziert stärken sie Ihr Prestige merklich: Nichts ist so sexy wie Erfolg.

- **Accessoires.** Hierbei entscheidet sowohl die Summe (Krimskrams wirkt verspielt, unordentlich, unfokussiert) als auch die Auswahl: Wertvolle Reisesouvenirs oder wuchtige Statuen aus Fernost werten jedes Arbeitsumfeld auf und rücken es in einen globalen Kontext. Zudem stehen sie für einen weltläufigen, neugierigen, vielleicht sogar abenteuerlustigen Bewohner. Aber nur Originale, zu denen Sie eine Geschichte erzählen können.

Deko-Accessoires aus dem Einrichtungshaus entlarven Sie als Globetrottel.

- **Pflanzen.** Gepflegte, große Pflanzen versinnbildlichen Sorgfalt und stehen für einen loyalen Mitarbeiter, der vorhat, länger zu bleiben: Er schlägt sprichwörtlich Wurzeln. Einen aufgeweckten Geist verkörpern sie nur, wenn man die typischen Büro-Staubfänger meidet: Gummibaum, Monstera oder Grünlilie versprühen einfach nur Ideenlosigkeit und den Muff von Behörden.

- **Schreibtischutensilien.** Geschenkstifte haben auf dem Schreibtisch ebenso wenig verloren wie Kaffeetassen mit dem Logo vom Großkunden oder Stifthalter aus dem Baumarkt. Teure Füller, ein geschmackvolles Handy, eine ausgesuchte Tischunterlage sind viel repräsentativer und drücken Werteorientierung aus. Kostspielige und dennoch zusammengewürfelte Utensilien wirken dagegen protzig. Nur wo sich alles harmonisch in das Büro einfügt, beweist der Bewohner Stil und den Blick für das große Ganze.

- **Computer.** Allenfalls Nerds interessieren sich für die Marke oder Leistungsstärke. Viel wichtiger ist die Ausrichtung: Versperrt der Bildschirm den direkten Blick zum Gesprächspartner, schafft er eine räumliche Blockade. Hier schottet sich jemand ab. Wesentlich offener (und flexibler) wirken seitlich platzierte Laptops. Die können bei Besuch zugeklappt werden.

- **Regale.** Sind die Regale offen und leicht einsehbar oder durch Türen abgeschirmt? Ersteres spricht für Extraversion, Offenheit, Selbstvertrauen; das Zweite für das Gegenteil.

- **Staub.** Zum Beispiel auf dem Telefon oder dem Adresskasten ist nicht nur ein Symbol für einen Saustall. Er kann ebenso einen Büroautisten andeuten, den niemand mehr anruft und der kaum Kontakte pflegt.

- **Besprechungsecke.** Ein runder Tisch kann eine Barriere sein oder ein Ort, an dem sich zwei Menschen auf Augenhöhe begegnen. Denn: Sitzen Besucher tiefer oder schlechter als der Bürobewohner, wird automatisch Hierarchie erzeugt. Gemütliche Loungemöbel in intensiven Farben wiederum strahlen Wohnlichkeit aus – und somit eine nicht nur sachorientierte Unternehmenskultur.

- **Süßigkeiten.** Eine Schale mit Süßigkeiten, etwa edle Schoko-ladentäfelchen, wirkt einladend. Sie offenbaren zudem einen extrovertierten, geselligen Charakter – ein Eigenbrötler würde nichts hinstellen, was andere verführt, sein Büro zu betreten.
- **Farben.** Sie lösen nicht nur Emotionen aus, sondern auch be-stimmte Assoziationen, die unabhängig sind von Kultur, Alter oder Geschlecht der Besucher. So steht etwa Rot für Selbst-bewusstsein, Stärke, Vitalität, Leidenschaft, Dynamik, Kon-kurrenz; Blau strahlt Wohlbehagen, Ausgeglichenheit, Nach-denklichkeit und Bindung aus; Gelb steht für Freiheitsstreben, Neugier, Spontaneität und Offenheit; Grün für Selbstachtung, Ehrgefühl, Autorität und Geltungsanspruch; Schwarz sym-bolisiert Leitungswillen, Unnahbarkeit, Ernst, Intoleranz und Auflehnung; Braun dagegen Genuss, Sinnlichkeit, Sanftmut und Bequemlichkeit sowie Einfallslosigkeit.
- **Deckenhöhe.** Nach der Regel: je mehr Raum, desto wichtiger der Bewohner, fördert eine hohe Zimmerdecke den Status – und mehr: Die Raumhöhe begünstigt sogar bessere Ideen, wollen die US-Psychologinnen Joan Meyers-Levy und Juliet Zhu he-rausgefunden haben. Allerdings schränkten sie ein: Vorteile bringen hohe Decken nur bei Freiarbeiten wie Brainstorming. Wenn es darum geht, die Innovationen konkret werden zu lassen, sind niedrige Decken besser.

Mir ist natürlich klar, dass sich einiges davon nicht immer beein-flussen lässt – sei es, weil durch die Hausordnung festgelegt wird, wer welche Möbel bekommt, wie groß die sind oder welche Farbe sie haben, oder weil im Unternehmen private Mitbringsel verpönt sind und allenfalls ein Familienfoto geduldet wird. Trösten Sie sich! Das erleichtert Sie schließlich auch um potenzielle Interpre-tationsspielräume. Womöglich reicht es schon, wenn Sie vorsichtig nachfragen, ob Sie Ihren Schreibtisch ein wenig umstellen dürfen. Denn ob Sie nun Architekturpsychologen oder Feng-Shui-Berater befragen – beide sind sich einig, dass der ideale Standpunkt schräg gegenüber der Tür ist. Wer reinkommt, stößt so nicht gleich als Erstes auf ein mächtiges Bollwerk, und Sie selbst behalten Raum und Tür im Blick. Achten Sie zugleich darauf, kein Fenster im Hin-tergrund (Fachjargon: *Backing*) zu haben. Erstens, weil Sie das beim

Blick in den Bildschirm blenden könnte; zweitens, weil der Blick eines Besuchers dadurch abgelenkt wird – und schlechtes Wetter draußen rückt Sie immer in ein fahles Licht. Vielleicht schaffen Sie es ja, mit der Begründung »Das Fenster blendet mich« ein paar ausgefallene Pflanzen oder eine massige Skulptur auf dem Fensterbrett durchzusetzen.

Warum Ordnung und Chaos sich nicht ausschließen müssen

Ein Spaziergang durch Deutschlands Büros ist selten eine visuelle Bereicherung. Insbesondere die Büros der Entscheider sind geprägt durch biedere Eleganz und normierte Eintönigkeit von Grau in Grau plus Braun. Auch ein wenig Glas hier und etwas polierter Stahl dort reißen da nichts raus. So ist denn auch die planvolle Nüchternheit häufig nichts weiter als eine Fassade: Nach außen kokettieren die Bosse mit ihrer vornehmen Zurückhaltung und Bescheidenheit, während sie sich gleichzeitig, nur weit weniger sichtbar, üppige Gehälter und Boni genehmigen. An kaum einer anderen Stelle klaffen Schein und Sein so weit auseinander wie im Vorstandszimmer. Gleichwohl schwingt darin aber noch eine zweite Aussage mit: An kaum einem anderen Aggregatzustand machen Chefs solide Führungsqualitäten so treffsicher fest wie an der Ordnung im Raum. Denn intuitiv glauben sie, wer seinen Arbeitsplatz vollschlampt, denkt und arbeitet genauso schlampig.

Das können Sie geistlos finden, nur ignorieren sollten Sie es nicht. Ordnung muss sein, vor allem wenn Sie sich Hoffnung auf eine Beförderung machen. Das heißt jedoch nicht, dass Sie Ihr Büro so spartanisch einrichten müssen, als arbeiteten Sie an Bord einer Galeere. Ein bisschen Unordnung schadet nämlich auch nicht. So weiß man heute: Zettelberge, Wirrwarr, Anarchie – all das, was übergenaue Aufräumer aus ihren Büros vehement vertreiben, kann geistige Impulse fördern. Gerade wenn etwas die Aufmerksamkeit ablenkt und man gedanklich halb im Hier und halb im Woanders weilt, entsteht im Kopf so etwas wie eine schöpferische Synthese. Wie Sie beides zusammenbringen – Gleichmaß und Chaos? Leicht: Ich kenne Leute, die ein Tipitopi-Büro pflegen und doch heimlich eine Schublade oder einen Schrank hegen, in deren Gemengelage das reinste Tohuwabohu herrscht. Als Ausgleich und Anregung. Denken Sie nur an die Genesis. Für Gott war, trotz aller Ordnungsliebe, das Chaos zugleich Inspiration und Ursprung allen Lebens: Aus ihm erschuf er das Universum und die Welt. Warum nicht ebenso aus diesem göttlichen Quell schöpfen?

Kennen Sie eigentlich mein Projekt?

Ein bisschen Show muss sein ▪ So setzen Sie sich in Szene –
ohne aufdringlich zu wirken ▪ Mitarbeiter und Vorgesetzte
– kann das gut gehen? ▪ So dressieren Sie Ihren Boss ▪
Cheftypen – und wie man sie zähmt ▪ Ein Gespräch über
Machtspiele

> *»Ich mag keine Jasager um mich herum.*
> *Ich will, dass jeder mir die Wahrheit sagt –*
> *auch wenn es ihn seinen Job kostet.«*
> **Samuel Goldwyn**, US-Filmproduzent

Sie sind sich sicher, dass Ihr Chef Sie außerordentlich schätzt und von Ihren Leistungen geradezu begeistert ist? Chapeau! Lesen Sie bitte gleich das nächste Kapitel ...

Sie sind ja immer noch hier? Auch nicht schlimm. Dann nehmen wir uns ein paar Minuten Zeit und denken über das Thema Eigenmarketing nach. Zuerst aber ein paar Fragen: Was denken Sie, zeichnet Sie aus? Für welche Qualitäten und Talente wollen Sie bekannt sein? Was davon ist in Ihrem Unternehmen besonders selten, aber gefragt? Und wissen die Kollegen, mehr aber noch Ihr Chef davon? Simple Fragen, denken Sie. Prinzipiell stimmt das, in diesem Fall aber nicht. Diese vier Punkte sind nicht etwa so ein typisch diffuses Zen-Geschwurbel, sondern die vielleicht wichtigsten Schlüsselaspekte für den beruflichen Erfolg. Keine Übertreibung. Denn dabei geht es um Markenbildung in eigener Sache und um Renommee – kurz: Es geht um Ihren guten Ruf. Genau dieses persönliche Image unterscheidet Sie von Kollegen wie Konkurrenten, es macht Sie unverwechselbar, hebt Ihren Status und gibt Ihrer Laufbahn eine Art Leitplanke, in welche Richtung Sie sich entwickeln können.

Vor einiger Zeit führte ich in meinem Blog *karrierebibel.de* ein Interview mit dem Schweizer Reputationsforscher Mark Eisenegger von der Universität Zürich, der wie ich davon überzeugt ist, dass der persönliche Ruf im alltäglichen Leben immer wichtiger wird. Egal, ob wir uns für einen Anwalt entscheiden, für eine Bank, die Schule unserer Kinder oder welchem Politiker wir bei der kommenden Wahl unsere Stimme geben – »immer spielen Reputationsurteile dabei eine zentrale, wenn nicht die ausschlaggebende Rolle«, sagt Eisenegger. Reputation legitimiert zugleich Macht und Statuspositionen: Tagtäglich werden wir Zeuge davon, dass Politiker oder Manager ihren Hut nehmen müssen, weil ihr Ruf ramponiert ist. Andere wiederum steigen auf. Damit vollbringt Reputation regelrecht ein soziales Wunder: Sie rechtfertigt gesellschaftliche Ungleichheit. »Dass die einen viel und die anderen wenig Macht und Einfluss besitzen, wird gesellschaftlich so lange akzeptiert, wie die Bessergestellten über eine intakte Reputation verfügen. Deshalb streben auch so viele Menschen nach Bildungszertifikaten wie renommierten Schul- oder Hochschulabschlüssen. Diese Zertifikate sind nichts anderes als Reputationsproben, die sich gegen Karrierechancen eintauschen lassen«, ist Eisenegger überzeugt. Reputation ist also nichts weniger als eine unverzichtbare Voraussetzung für beruflichen und gesellschaftlichen Erfolg.

Ich weiß, der Begriff des Selbstmarketings klingt immer ein wenig nach Profilierungsneurotiker, nach Aufmerksamkeitsdefizit, nach einem, der es nötig hat. Das kann so sein, muss aber nicht. Auf der anderen Seite ist es nämlich auch so: Gute Leistung alleine reicht im Büro selten. Bescheidenheit mag eine Zier sein, erfolgreicher aber wird man ohne ihr. In einer Umfrage des Bundesverbands Deutscher Unternehmensberater hielten 28 Prozent Bescheidenheit gar für einen der Top-10-Karrierekiller. Es gibt unzählige Artikel, die sich mit diesem Phänomen beschäftigt haben. Der Tenor ist immer derselbe: Zu viel Rücksichtnahme und Kollegialität geht nach hinten los. Und erstaunlicherweise betrifft das vor allem die Frauen. Hierzulande sind zwar 42 Prozent der Erwerbstätigen weiblich, aber nur elf Prozent der Spitzenpositionen werden von Frauen besetzt. Darüber ist schon viel geschrieben und viele gute Gründe sind genannt worden. Ganz oft steckt dahinter aber einfach nur unstrategisches Verhalten: Männer halten Informationen zurück oder verwenden sie gezielt gegen Widersacher, um sich Vorteile zu verschaffen. Frauen hingegen pflegen lieber ihr Team und setzen sich für die Kollegen ein. Oder, um es auf einen Nenner zu bringen: Männer mögen Macht- und Reputationsspiele, Frauen ist das zu blöd.

Blöd ist das in der Tat. Wer nicht auffällt, fällt ganz oft durchs Raster. Die nette Kollegin wird zwar geschätzt, aber eben gerne auch übergangen. *Mona-Lisa-Syndrom* heißt das Phänomen in der Fachliteratur. Damit gute Arbeit wahrgenommen wird, muss sie auffallen. Man muss seine Stärken stetig ins rechte Licht rücken und die PR in eigener Sache perfektionieren – egal, wie unangenehm das einem ist.

Ein neuer Name ist dafür auch schon gefunden: *Personal Branding* – die moderne Form der Marke Eigenbau. »Heute ist jedes Individuum eine Art Ich-AG«, sagt zum Beispiel Reid Hoffman, Mitgründer von LinkedIn. Selbst wenn man drei oder vier Jahre für einen Arbeitgeber tätig ist, identifiziert man sich nicht mehr so stark. Es ist wichtiger, die eigene Marke aufzubauen und zu pflegen.« Man könnte auch sagen: Es geht nicht darum, was du weißt, sondern wen du kennst – und vor allem: wer dich kennt.

Im Internet ist das bereits ein Megatrend. Als die Düsseldorfer Personalberatung Lachner Aden Beyer & Company im Mai 2009 rund 330 Top-Manager dazu befragte, gaben rund 71 Prozent der Manager an, ihre Marke im Netz sei ihnen wichtig bis sehr wichtig. 33,2 Prozent beschäftigen sich bereits regelmäßig damit, welche Informationen über sie im Internet kursieren und über 14 Prozent pflegen ihr Online-Image aktiv und regelmäßig – vor allem durch eigene Profile in Online-Netzwerken, durch Beiträge in Fachforen oder Xing-Gruppen. Um zu verdeutlichen, wie wichtig Personal Branding ist, hilft Ihnen womöglich dieses Flussdiagramm:

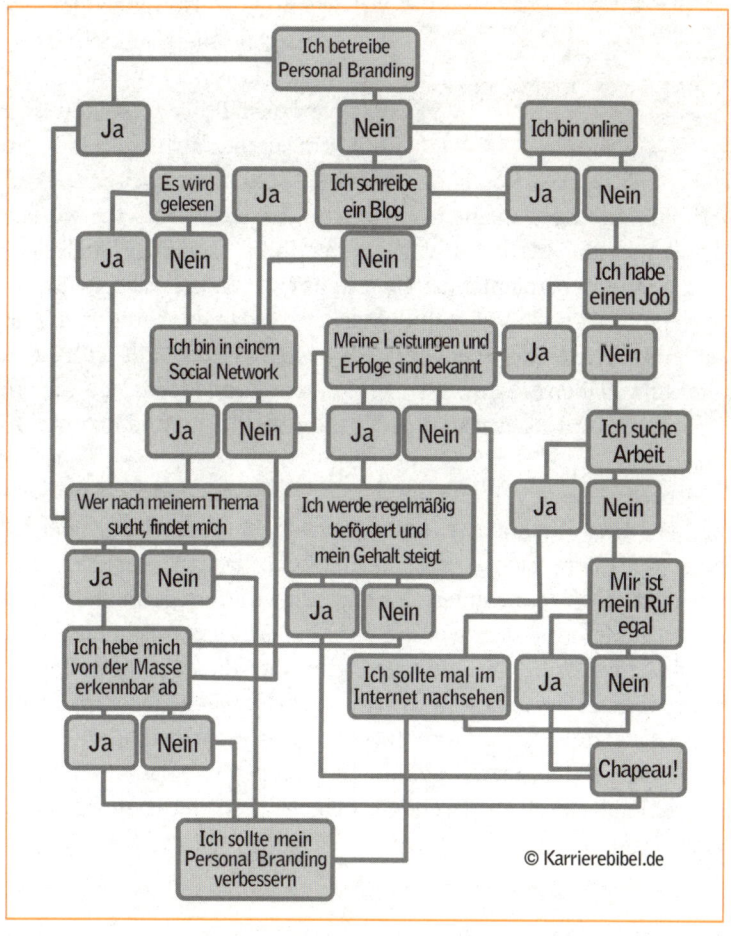

Natürlich gibt es einen schmalen Grat zwischen penetrantem Eigenlob ohne Substanz und sublimer Selbstpromotion. Dieses ständige Werben für sich erfordert Fingerspitzengefühl, sonst driftet es in Wichtigtuerei ab. Letztere ist so ärgerlich wie peinlich, Ersteres dagegen fördert Aufmerksamkeit und Aufstieg. Und das ist keinesfalls so schwer, wie manche vielleicht meinen – es gilt eben nur die feine Grenze zur Prahlerei nicht zu überschreiten. Achten Sie zum Beispiel auf kleine, aber nicht unwichtige Dominanzgesten. Kollegen, die Sie nicht ausreden lassen oder Ihre Sätze vervollständigen, sollten Sie umgehend (aber charmant) in die Schranken weisen: »Darf ich bitte erst noch meinen Gedanken beenden?« Dasselbe gilt für die Bewertung von Vorschlägen: Wer Ihren Vorschlag analysiert und beurteilt, betrachtet das Ganze aus einer höheren Perspektive. Sprich: Er degradiert Sie subtil. Machen Sie das also ruhig auch mit seiner Analyse (»Das ist ein guter Punkt, den Sie da entdeckt haben, allerdings haben Sie vergessen ...«) und mit den Ideen der anderen Kollegen – und sei es nur, dass Sie diese als richtig und logisch loben.

> Schleimen hat zwar etwas Ekliges, ist aber eine der erfolgreichsten Karrierestrategien. Das bestätigten etwa Chad Higgins von der Universität von Washington in Seattle und sein Kollege Timothy Judge von der Uni von Florida in Gainesville. In ihren Experimenten bekamen Studenten, die den Personalern im Bewerbungsgespräch schmeichelten, häufiger einen Job als jene, die nur mit ihren Kompetenzen warben.

Albern? Mitnichten. Büropsychologie funktioniert nun mal genau so. Und die anderen tun es schließlich auch. Nicht gleichzuziehen, hieße sich bewusst kleiner zu machen. Begegnen Sie Kollegen wie Konkurrenten also mindestens auf Augenhöhe. Sagen Sie Ihre Meinung, bringen Sie sich in Meetings regelmäßig ein, machen Sie Vorschläge und verweisen Sie dabei subtil auf Ihre bisherigen Erfahrungen und Erfolge aus vergangenen Projekten, die Sie verantwortet haben. So bleiben diese in Erinnerung und Sie wirken ebenso teamorientiert wie kompetent. Glauben Sie mir, Psychologie gezielt anzuwenden, steigert Ihren Status unmerklich, aber stetig.

So setzen Sie sich in Szene – ohne aufdringlich zu wirken

Die Psychologin Petra Wüst gilt als Koryphäe auf den Gebieten des *Self Branding* und der *Eigen-PR* und leitet im schweizerischen Basel seit einigen Jahren eine entsprechende Beratungsfirma. 2008 veröffentlichte sie ein Buch mit dem Titel *Gezielt einmalig: 22 Tipps für eine überzeugende Selbst-PR*, in dem sie unter anderem zeigt, welche Faktoren helfen, wenn man seine Eigenmarke aufbauen beziehungsweise sein persönliches Profil formen und etablieren will. Nicht alle ihre 22 Punkte haben mich seinerzeit überzeugt, manche finde ich gar tautologisch, wie etwa

> Sobald eine Gruppe führungslos ist, dauert es nicht lange, bis ein Narzisst deren Führung übernimmt beziehungsweise diese an sich reißt. Das ist das Ergebnis einer Untersuchung der Ohio-State-Universität in Newark.

Tipp 15: »Mach dir einen Namen.« Andere der dort aufgeführten Rezepte sind aber durchaus sinnvoll und haben sich in der Praxis schon oft als nützlich erwiesen. Die wichtigsten davon sind:

- **Seien Sie ein Original.** Ich nehme an, Charles Lindbergh kennen Sie? Er war der erste Mensch, der den Atlantik im Alleinflug überquert hat. Das war 1927. Aber kennen Sie auch den zweiten Überflieger aus dem Jahr 1931? Er war der bessere Pilot, flog schneller über das Meer und verbrauchte obendrein weniger Sprit. Aber wer kennt schon Bert Hinkler? So ist das in fast allen Dingen: Der Erste schreibt Geschichte, der Zweite ist allenfalls sein besserer Nachahmer. Die meisten Menschen halten daran fest, dass der Erste auch der Beste sein muss, wenngleich das häufig ein Trugschluss ist. Versuchen Sie deshalb, wo immer Sie können, das Original und ein Pionier zu sein. Dahinter steckt nichts anderes als die geballte Macht eines Alleinstellungsmerkmals.
- **Vereinen Sie Gegensätze.** Tamara Raich ist Model und Bodyguard. Eine schöne Frau, die auch noch ballern kann: hart und zart – eine ebenso exklusive wie explosive Mischung. *Paradessenz* wird die scheinbar schizophrene Strategie in der Fachsprache genannt, bei der man versucht, augenscheinlich

widersprüchliche Qualitäten in einem Produkt oder einer Person zu vereinen. Damit erzeugen Sie ebenso Spannung wie Aufmerksamkeit. Und natürlich fasziniert die Menschen eine solche Attraktion. Der zweite Vorteil: Wenn Sie mehrere Eigenschaften derart integrieren, erreichen Sie deutlich mehr Zielgruppen als mit nur einer. Suchen Sie also die Essenzen, für die Sie stehen – Stärken, Charakterzüge, Fähigkeiten – und überlegen Sie, ob und wie Sie diese gekonnt kontrastieren können.

- **Nutzen Sie Emotionen.** Wer Gefühle auslöst, wird mehr beachtet. Es ist wie bei einer Präsentation: Wer dabei nur den Verstand des Publikums anspricht, dessen Worte sind schnell wieder vergessen, sie bleiben Schall und Rauch. Wer hingegen Kopfkino bei seinen Zuhörern erzeugt, sie emotional berührt und mitreißt, der bewegt etwas – und wird dafür bewundert. In der Psychologie gibt es das sogenannte *Resonanzphänomen*, wonach starke Emotionen sofort einen unbewussten Widerhall finden. Konkret: Wenn Sie jemanden spontan anlächeln, lächelt der in der Regel zurück. Lernen Sie deshalb, die Bedürfnisse und Gefühle Ihrer Mitmenschen zu erkennen, ernst zu nehmen und darauf einzugehen und erzeugen Sie so Resonanz.

- **Nutzen Sie Symbole.** Symbole haben Macht. Erinnern Sie sich noch an das unglückliche Victory-Zeichen von Deutsche-Bank-Chef Josef Ackermann im Mannesmann-Prozess? Das Symbol hat sich unwiderruflich auf unsere Netzhaut gebrannt – wenngleich anders als beabsichtigt. Aber auch die subtile Symbolik, die in Ihrer Kleidung oder Ihrer Büroeinrichtung mitschwingt, beeinflusst Ihr Image nachhaltig. Achten Sie also darauf, welche Symbole Ihre gewünschte Botschaft unterstützen.

- **Seien Sie charismatisch.** Charismatiker umgibt eine magische Aura, die Mitarbeitern Vertrauen einflößt, ihre Sehnsüchte, Hoffnungen und Projektionen verkörpert und obendrein die Differenz zwischen Ideal und Wirklichkeit auf eine besonders schillernde Weise schrumpfen lässt, wofür sie selbst von Widersachern bewundert werden. Sie merken schon: Charisma lässt sich wunderbar beschreiben, jedoch kaum definieren, weshalb an dieser Stelle auch kein Versuch unternommen werden soll. Fest steht nur: Charismatische Menschen sind die Schamanen der Moderne. Es sind mythische Lichtgestalten und Leitfiguren. Glücklicherweise ist die Wissenschaft inzwischen davon überzeugt, dass man Charisma lernen kann. Entscheidend dafür: Strahlen Sie Selbstsicherheit aus und polarisieren Sie. Beides lässt Menschen aus der Masse herausragen.

- **Seien Sie glaubwürdig.** Nach dem Reputationsforscher Mark Eisenegger setzt sich Reputation aus drei Komponenten zusammen: Zuerst muss man seine Kompetenz und Talente unter Beweis stellen. Das ist die sogenannte *funktionale Reputation*. Danach muss sich der Reputationsträger bewähren, also gesellschaftliche Normen und Werte einhalten. Das ist die *soziale Reputation*. Drittens braucht jeder eine *expressive Reputation*. Hierbei ist ausschlaggebend, wie einzigartig Sie sind und welche emotionale Attraktivität und Faszinationskraft von Ihnen ausgehen. Egal, welche Alleinstellungsmerkmale Sie sich also zulegen, merken Sie sich bitte: Jeder Querkopf braucht sozialen Kredit. Wer immer nur am Rand einer Gruppe steht und stets auf seine Meinung pocht, wird weder ernst genommen noch respektiert. Wer jedoch vorher seine Glaubwürdigkeit unter Beweis gestellt hat, für den kann das plötzliche Absetzen von der Gruppe sogar ein Erfolgsturbo sein: Mit einem Mal stechen Sie aus der Masse hervor, beeinflussen sie und dokumentieren eindrucksvoll Meinungsstärke und Durchsetzungsvermögen.
- **Übertreiben Sie es nicht.** Benjamin Franklin hat einmal gesagt, es sei zwar wichtig, die richtigen Dinge zu sagen, aber »viel schwieriger, die falschen Dinge ungesagt zu lassen«. Bei aller Eigen-PR gilt: Üben Sie sich ebenso in Zurückhaltung. Das ist nicht nur eine noble Geste. Es schützt Sie auch vor dem Verdacht, ein Prahlhans zu sein. Alle Menschen konkurrieren in gewisser Weise um Aufmerksamkeit. In jedem Unternehmen gibt es einen Wettbewerb um das Rampenlicht. Sogar in Beziehungen. Erkennen Sie diese Spielregeln und fahren Sie anderen trotz hohem Sendungsbewusstsein nicht in die Parade. Wer versucht, die Scheinwerfer der anderen zu dimmen, um selbst heller zu strahlen, offenbart sich nur als egoistisch und infantil.

Darüber hinaus finden sich in Forschung und Literatur eine Reihe weiterer Rezepte zum Aufbau einer Eigenmarke. Ebenfalls bewährt haben sich diese:

1. **Steigern Sie Ihren Bekanntheitsgrad.** Damit ist nicht gemeint, überall damit zu prahlen, was man schon alles geschafft hat. Schwadroneure kann keiner leiden. Wirkungsvoller ist der indirekte Weg: Versuchen Sie Ihr Netzwerk, etwa via Internet, zu vergrößern und lassen Sie andere an Ihrem Wissen und Können partizipieren. Helfen Sie anderen mit Rat und Tat. Das wird sich herumsprechen. Und solche Mundpropaganda wirkt viel stärker als Eigenlob. Seien Sie mit Ihrer Unterstützung zwar großzügig, aber auch nicht verschwenderisch. Entscheidend ist die Qualität. Nur wenn sie überwiegend hoch ist, entstehen positive Rückwirkungen.

2. **Seien Sie selbstbewusst.** Wenn Sie wirklich etwas Nützliches beisteuern können, gibt es keinen Grund, das verschämt oder gar devot zu präsentieren. Im Gegenteil: Ihr Selbstbewusstsein unterstreicht den Wert Ihres Beitrags. Umgekehrt: Treten Sie zu bescheiden auf, kommen daran schnell Zweifel.

3. **Seien Sie Ihr Image.** Entsprechen Sie auch optisch den Erwartungen, die Sie erzeugen. Vielleicht haben andere schon von Ihnen gehört oder gelesen, von den Werten und Ideen, die Sie repräsentieren. Davon sollte sich Ihre Erscheinung nicht allzu weit entfernen. Ihre Gesten, Ihr Habitus prägen Ihr Image mehr, als Sie denken. Meist entscheiden nur Sekunden darüber, was wir von einem Menschen denken, was wir ihm zutrauen und ob wir ihn sympathisch finden. Diverse Studien zeigen: Dieses Bild sollte konsistent sein, sonst empfinden wir unser Gegenüber als falsch.

4. **Seien Sie direkt.** Dies ist zwar kein Appell, wie ein Trampel ohne Stil und Form loszupoltern. Dennoch sollten Sie nicht lange um den heißen Brei herumreden. Sobald man Ihnen Aufmerksamkeit schenkt, kommen Sie bitte zum Punkt. Gerne auch engagiert und leidenschaftlich, niemals aber kryptisch oder geheimniskrämerisch. Es ist ein Irrglaube, eine Information würde dadurch interessanter, dass man unpersönlich, vage oder generell bleibt. Adressieren Sie Ihren Beitrag ohne

Umwege an die Person, die Sie damit erreichen und auf sich aufmerksam machen wollen. Und nur an diese! Alle anderen könnte es belästigen, und das wäre kontraproduktiv. Ich bekomme beispielsweise am Tag zig PR-Mails, für die ich definitiv der falsche Empfänger bin – entweder, weil das nicht mein Thema ist oder weil der Absender sich überhaupt nicht über mich und meine Funktion informiert hat. Kurzum: Ich erhalte Spam, dessen Wirkung komplett verpufft und dessen Absender damit alles andere als Professionalität beweist. Finden Sie also zuerst den richtigen Adressaten und kontaktieren Sie (nur) ihn!

5. **Bleiben Sie in Verbindung.** Selbstmarketing ist kein Einmalauftritt oder Selbstläufer. Es ist eine Haltung und Strategie, um Beziehungen aufzubauen. Schließlich sollen die Leute Sie dauerhaft auf ihrem Radarschirm haben – etwa wenn es darum geht, jemanden zu befördern oder Aufträge zu vergeben. Zudem bringen solche Beziehungen mehr als das bisschen Selbst-PR allein.

Wann immer Sie können, setzen Sie sich also geschickt in Szene, vor allem gegenüber Ihrem Chef. Vorgesetzte haben leider einen natürlichen Erinnerungsdefekt, welche Aufgaben sie vergeben und welche Erfolge ihre Mitarbeiter damit erzielt haben. Liefern Sie Ihrem Boss also bei größeren Aufgaben regelmäßig Zwischenberichte ab und referieren Sie Fortschritte – am besten en passant. Schweigen ist in diesem Fall nicht Gold, sondern allenfalls Blech. Frischen Sie seine Erinnerungen lieber auf und pflegen Sie Ihren Ruf. Regelmäßige Politur schützt ja schließlich auch vor Rost.

> Frauen, die sich in Konferenzen zu Wort melden, sind erfolgreicher als ihre schweigenden Kolleginnen, denn das sichert ihren Status, sagt die Soziolinguistin Deborah Tannen. Männer haben den Dreh oft besser raus: In Meetings reden sie nicht nur häufiger. Mit bis zu 17,07 Sekunden sind ihre Beiträge auch länger als die der Kolleginnen (bis zu zehn Sekunden).

Mitarbeiter und Vorgesetzte – kann das gut gehen?

Trotz solch strategischer Annäherungsversuche ähnelt das Verhältnis von Mitarbeitern und Vorgesetzten zuweilen dem von geladenen Teilchen: Manchmal ziehen sie sich an, manchmal stoßen sie sich ab – und manchmal kommt es zur Kernschmelze. Und wie es aussieht, geschieht das in Büros erstaunlich häufig. Weit über die Hälfte der deutschen Arbeitnehmer sind mit ihrem Chef unzufrieden – in kleinen Unternehmen sogar noch mehr, so das Ergebnis einer Umfrage des Instituts für Mittelstandsforschung an der Universität Lüneburg. Keine deutsche Besonderheit: Vergleichbare Studien aus dem Ausland kommen regelmäßig zu ähnlichen Ergebnissen. Erst 2007 sorgte eine im Fachjournal *Work and Stress* veröffentlichte Studie der Indiana-Universität für Aufsehen. Wissenschaftler um Verhaltensforscher Brad Gilbreath fanden heraus: Jeder zweite Befragte hat ein gestörtes Verhältnis zu seinem Chef. Eine Gallup-Untersuchung aus demselben Jahr zeigt: Das schlechte Verhältnis von Mitarbeiter und Chef ist der häufigste Grund dafür, dass Mitarbeiter kündigen.

Als die Berliner Psychologen und Buchautoren Jürgen Hesse und Hans-Christian Schrader (*Die Neurosen der Chefs*) vor einiger Zeit wiederum über 400 Führungskräfte untersuchten, um etwas über deren psychische Konstitution zu erfahren, machten sie eine beängstigende Entdeckung: 60 Prozent ihrer Probanden wiesen eine leichte bis mittelschwere Neurose auf, ein Prozent davon stuften sie gar als schwere Neurotiker ein, also Menschen mit einer krankhaften Verhaltensanomalie, die sich etwa durch ein starkes Geltungsbedürfnis bei gleichzeitigen Minderwertigkeitsgefühlen und ausgeprägter Egozentrik äußert. Mal ehrlich: Würden Sie einem solchen Menschen gerne die Verantwortung über Tausende Mitarbeiter und Millionenbudgets übertragen?

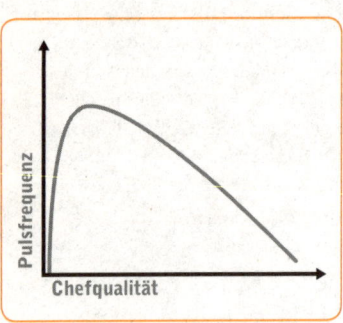

Wohl kaum. Dennoch geschieht es. Das erklärt dann zwar solch evolutionäre Phänomene wie innere Kündigung oder Belegschaften am Rande des Nervenzusammenbruchs, jedoch nicht, weshalb Chefs anscheinend zwangsläufig im Laufe ihrer Karriere immer weniger mit ihren Mitarbeitern können und gleichzeitig zu Neurotikern mutieren.

Es gibt jedoch ein paar Theorien dazu. Die einen sehen den Fehler etwa im System selbst. Je weiter einer aufsteigt, desto mehr ist er von Menschen umgeben, die von ihm und seiner Gunst abhängig sind. Solche Manager bekommen deshalb irgendwann kaum noch ein aufrichtiges Feedback, sondern allenfalls ein indirektes, politisch korrigiertes. Selbst auf der Ebene der Manager geht es ganz oft um Konkurrenz statt um Kooperation. Kumuliert erleben diese Führungskräfte also eine Art Isolation durch vorauseilenden Gehorsam und strategische Kommunikation. So entsteht ein gefährliches Klima aus Vorsicht, Misstrauen und latenter Feindseligkeit.

Einen weiteren Grund vermuten Psychologen in einem unerfüllten Bedürfnis aus der Kindheit. So glaubt zum Beispiel der Psychoanalytiker Horst-Eberhard Richter belegen zu können, dass fiese Chefs früher häufig unbeliebte und unglückliche Kinder waren. Das einstige Ohnmachts-Trauma, sich unter Gleichrangigen nicht behaupten zu können, werde später zu ihrem Hauptmotor, um nach einer Führungsposition zu streben. Denn da müssten nun die anderen kuschen.

> Wer seine Mitarbeiter tyrannisiert sowie in Angst und Schrecken versetzt, macht Karriere. Das wollen Anthony Don Frickson, Ben Shaw und Zha Agabe von der australischen Bond-Universität herausgefunden haben. Demnach beobachteten 64,2 Prozent der von ihnen Befragten, dass fiesen Chefs nicht nur nichts passiere – sie profitierten sogar von ihrem Verhalten.

Es ist allerdings auch so, dass die Macht selbst korrumpiert. Sie kennen doch sicher das Sprichwort *Gib einem Menschen Macht, und du erkennst seinen wahren Charakter*? Dazu gibt es eine interessante Untersuchung von Deborah Gruenfeld von der Stanford-Universität. Sie fand heraus, dass drei Dinge passieren, wenn Menschen einflussreicher werden: Sie fokussieren sich a) mehr auf die Befriedigung der eigenen Bedürfnisse; sie kümmern sich b) weniger um die Bedürfnisse ihrer Untergebenen und sie halten sich c) immer weniger an die Regeln, deren Einhaltung sie aber von allen anderen erwarten. Sobald diese Menschen Macht bekommen, fangen sie an, später zu Meetings zu erscheinen, andere zu unterbrechen und bei Tisch laut zu schmatzen. Ich könnte mir vorstellen, Sie sehen da gerade jemanden vor Ihrem geistigen Auge …

Die Autorin des Bestsellers *Rache am Chef*, Susanne Reinker, sieht denn auch den Hauptgrund des alltäglichen Dauerzwists in der Beförderungspraxis. Wider besseres Wissen stiegen Mitarbeiter in erster Linie aufgrund besonderer fachlicher Leistungen oder als Belohnung auf, nicht aber aufgrund ausgewiesener »Sozialkompetenz«, erklärte sie mir. Die werde zwar theoretisch besungen, spiele tatsächlich aber nur eine untergeordnete Rolle: »Wer Wurst machen will, muss dafür den Nachweis einer entsprechenden Ausbildung erbringen, wer in die Luft geht und dabei ein tonnenschweres Flugzeug steuert, wird vorher geschult, selbst wer sich mit Byzantinistik beschäftigt, hat vermutlich dafür irgendwann irgendein Zertifikat erworben. Nur wer andere Menschen führt, braucht so was nicht«, sagt Reinker. So komme es, dass viele Chefs Personalführung als lästige Zusatzverpflichtung betrachteten, statt ihr meist dürftiges Führungswissen auszubauen. Reinkers Empfehlungen sind daher kompromisslos und alles andere als kooperativ: Boykott, Sabotage, Indiskretionen seien die einzig wahren Mittel, um Psychopathen auf der Chefetage in die Schranken zu weisen.

So dramatisiert klingt das zweifellos überzogen, aber ganz unrecht hat sie nicht. Sollten Sie tatsächlich an einen Neurotiker geraten, der erratische Anweisungen gibt, nie zufrieden ist, dafür aber ungerecht, sowie ständig alles kontrollieren will, schimpft und schreit, als müsse er gegen einen schweren Sandsturm anwettern, dann gibt es tatsächlich nur einen Rat: Sehen Sie zu, dass Sie einen anderen Job (und Chef) finden. Wechseln Sie die Abteilung oder das Unternehmen, Hauptsache, Sie entkommen dieser Giftspritze. Nicht umsonst nennen die Angelsachsen einen solchen Vorgesetzten einen *toxic boss*, weil der jedes Arbeitsklima und jede Motivation zerstört. Ja, sogar für den eigenen Charakter gefährlich wird. Es gibt Untersuchungen, die zeigen, dass Menschen automatisch und unbewusst die Gefühle und Verhaltensweisen ihrer Umwelt imitieren und mit der Zeit ganz übernehmen. Eine Art emotionaler Gruppendruck, nur ohne spürbaren Zwang. Früher oder später stehen Sie also vor der Wahl: Entweder Sie bleiben Opfer oder mutieren selbst zum Fiesling.

Wie immer hat aber auch diese Medaille zwei Seiten. Man kann über Chefs kollern und sich darüber mokieren, dass sie zu viel tadeln und zu wenig loben, was – nebenbei bemerkt – 61 Prozent der Beschäftigten laut einer Umfrage der Initiative Neue Qualität der Arbeit (INQA) tatsächlich beklagen. Doch gar nicht mal so selten basiert die Aversion gegenüber Vorgesetzten auf zu hohen Erwartungen. Der Chef soll uns fordern und fördern, unsere Leistungen ständig beklatschen und belohnen, uns viel bezahlen und obendrein bei der Selbstverwirklichung beispringen sowie im Büro für Spiel, Spaß und Spannung sorgen. Aber im Ernst: Wer außer einer herabgestiegenen Gottheit ist dazu in der Lage?

Mehr noch: Wer dauerhaft betont, dass er seine Arbeit nur dann erledigen könne, wenn der Boss ihn richtig motiviert, der gibt damit indirekt zu, letztlich ein fauler, antriebsloser Strolch zu sein. Bedrohen, bestrafen, bestechen, aber auch belohnen und belobigen – all das sind klassische Indizien einer Misstrauenskultur, denn sie basieren, wie der Managementberater Reinhard Sprenger sagt, auf »Fremdsteuerung und Manipulation«. Folglich kann die Aussage, dass einer mehr gelobt werden möchte, entlarvend sein: Sie degradiert den Jammerer zum unselbstständigen Esel, der seine Möhre vor der Nase vermisst. So jemand profiliert sich nicht wirklich als Leistungsträger.

Naturlich soll das keine Entschuldigung sein für wiederkehrende Demütigungen und die über einen monatlichen Gehaltsscheck legitimierte Missachtung der Menschenwürde. Machen Sie sich aber umgekehrt klar: Mit einem Kuschelchef fährt man keinen Deut besser. Ich kenne Führungskräfte, die jeder Konfrontation im Job aus dem Weg gehen. Diese Manager wissen vielleicht, dass Qualität von quälen kommt und gelegentliche Ermahnungen so unvermeidlich sind wie Erbauungen nötig. Trotzdem meiden sie unangenehme Gespräche, wo sie nur können und beschönigen lieber, generalisieren und verstecken sich hinter dem unbestimmten »Man sollte vielleicht ...«, statt Klartext zu reden: »Ich erwarte von Ihnen, dass ...«. Auf den ersten Blick finden das viele sehr sympathisch. Aber bei genauerem Hinsehen wird klar: Diese Chefs führen nicht, sie verwalten höchstens einen Zustand und trennen Freundlichkeit von Verantwortung sowie Fairness von Aufrichtigkeit. In einer Arbeitswelt, die immer stärker auf Teamplay, Kommunikation und

Kreativität basiert, ist ehrliches Feedback aber unverzichtbar. Wie sollen sich die Leute sonst entwickeln können? Und sei es nur, dass sie lernen, mit Kritik besser umzugehen. Stellen Sie sich eine Gruppe vor, in der ein Mitarbeiter ständig große Reden schwingt, aber kaum etwas von seinen kühnen Visionen umsetzt, während alle anderen für ihn mitschuften müssen. Die Kollegen sehen das, der Boss sieht das – und alle erwarten von ihm, das er etwas dagegen unternimmt, Tacheles redet, den Minderleister zur Rede stellt und die Arbeit fair verteilt. Doch er schweigt – aus Furcht vor dem Konflikt, vor der dicken Luft hinterher und dem vorwurfsvollen Blick des verkannten Visionärs. Wie lange, glauben Sie, geht das gut? Eine Woche? Zwei? Über kurz oder lang wird die Luft trotzdem zum Schneiden sein und die wahren Leistungsträger werden sich mindestens innerlich verabschieden.

Jede Führungskraft, aber auch die Mitarbeiter, sollten sich klarmachen, dass Chefs nun mal nicht dafür bezahlt werden, einen Sympathiewettbewerb zu gewinnen. Natürlich sind gegenseitige Achtung und Ehrlichkeit Voraussetzung für den Job. Die Kollegen sollten ihren Chef jederzeit respektieren und schätzen können. Aber das tun sie auch an jenen Tagen, an denen er ihre Leistung ehrlich bewertet. Wenn die Kollegen grundsätzlich spüren, dass ihr Chef das aus Verantwortungsgefühl heraus und dem aufrichtigen Wunsch, sie zu fördern, tut, dann wird der Ärger gering ausfallen und schnell verraucht sein. Die Leistungen werden sich nachhaltig verbessern – und nicht zuletzt wird auch der Chef an dieser Auseinandersetzung gewachsen sein.

Mir ist natürlich klar, dass das den Idealzustand beschreibt. Und weil der sich in der Regel so rar macht wie ein Lottogewinn inklusive Jackpot, folgen nun noch ein paar sachdienliche Hinweise zur ordnungsgemäßen Abrichtung der Aufsichtsbeamten.

So dressieren Sie Ihren Boss

Wie bringt man einen weißen Tiger dazu, durch einen brennenden Reifen zu springen? Oder einen Affen dazu, Einrad zu fahren? Und wie schafft es ein Beluga-Wal, mit einem Wasserstrahl eine Kerze auszuschießen? Offen gestanden, ich weiß es nicht. Aber ich bin davon überzeugt, es ist eine Frage des Trainings, der Motivation und der Ausdauer. Man könnte auch sagen, es ist eine Frage der richtigen Dressur.

Amy Sutherland ist eine erfahrene Tiertrainerin, eine besonders erfolgreiche noch dazu, wie ich in der *Fast Company* las. Eines Tages kam die Autorin des Buchs *What Shamu Taught Me About Life, Love, and Marriage* (deutscher Titel: *Die Männerbändigerin*) allerdings auf die kühne Idee, ob sich ihre Erkenntnisse über das Drillen wilder Tiere nicht vielleicht ebenso auf die Dressur eines Ehemanns übertragen ließen, womöglich sogar des eigenen. Bevor Sie jetzt an eine lederbeschurzte Amazone mit Zuckerbrot und Peitsche denken: Sie ließen sich übertragen, aber anders. Und es braucht nicht viel Phantasie, um sich auszurechnen, dass diese Methoden genauso auf den Bürodschungel anwendbar sind wie auf das wildeste Tier im Busch: den Boss. Ja, tatsächlich, auch Chefs lassen sich dressieren. Sie springen danach vielleicht nicht durch brennende Reifen, radeln auch nicht hupend über Büroflure und spucken keine Kerzen aus. Aber sie zeigen hernach womöglich ein Verhalten, das Ihren Vorstellungen eher entspricht als deren ursprünglichen Instinkten.

Sutherlands Ansatz unterscheidet sich allerdings grundlegend von der klassischen *How-to-manage-your-boss*-Lektüre. Beim »Management von unten« geht es üblicherweise darum, die Dinge zunächst aus der Chefperspektive zu sehen, dessen Erwartungen zu verstehen, um sie anschließend durch Kommunikationskunststückchen mit den eigenen Vorstellungen in Einklang zu bringen. Kurz: Es geht dabei um subtiles Manipulieren. Das funktioniert, keine Frage. In der Regel aber nur bei Managern, die zwar Macken haben, aber auch zur Selbstkritik fähig und obendrein lernbereit sind. Bei allen anderen, die eine erkennbare Ratgeberresistenz beweisen, läuft jeder Versuch in diese Richtung zwangsläufig ins Leere. Sutherlands Managerdressur setzt deshalb auf klassische Konditionierung. Ihr Motto dazu lautet jedoch: Das Tier hat niemals Schuld – es ist immer der Fehler des Dompteurs. Soll heißen: Jedes kleinste Fehlverhalten Ihrerseits konditioniert Ihren Boss. Angenommen, Ihr Chef gibt Ihnen regelmäßig unklare Anweisungen, weil er vielleicht ein Bauchmensch ist, impulsiv entscheidet und keine Pläne mag, dann passiert Folgendes: Jedes Mal, wenn

Sie das stillschweigend hinnehmen und ausgleichen, bringen Sie ihm bei: *Ich bin ein guter Entscheider, denn am Ende kommt stets etwas Gutes dabei heraus.* Und falls Ihr Boss ständig zotige oder gar frauenfeindliche Kalauer reißt und Sie dazu grinsen, bestätigen Sie ihn nur in seiner Meinung a) lustig zu sein und b) beliebt.

Rein zu Reflexionszwecken und nur geringfügig rhetorisch motiviert stellen Sie sich bitte jetzt die Gegenfrage: Was würden Sie mit Ihrem Hund machen, der regelmäßig Ihre Puschen in Shish Kebab verwandelt? Würden Sie erst dazu lachen, um anschließend Bellos Erwartungen sanft mit Ihren zu korrelieren? Eine drollige Vorstellung. Wahrscheinlicher ist, Sie würden sein schlechtes Betragen sofort und unmissverständlich rügen. Warum also zu schlechten Witzen oder unreifen Plänen lachen beziehungsweise den Karren jedes Mal aus dem Dreck ziehen, wenn Schweigen oder Ignorieren viel ehrlicher ist? Und wirkungsvoller dazu.

Nun kann man mit Chefs freilich nicht schimpfen wie mit Hunden. Das mögen sie überhaupt nicht. Aber Lob mögen sie, egal wie ehrlich oder aufgesetzt das ist. Deshalb sagt die zweite Grundregel für die Dressur der Dschungelkönige: Verstärke vor allem positives Verhalten! Strafen gelten bei Tierflüsterern heute ohnehin als überholt. Es ist ja auch nicht besonders klug, einem Löwen bei dessen Versagen jedes Mal die Peitsche zu geben, wenn man während der Manegennummer später den Kopf in dessen Maul legen will. Das kann böse enden. Sie erinnern sich? Shish Kebab …

Statt also in der Kaffeeküche ständig über das schlechte Betragen des Chefs zu maulen oder seine Nervosität und Aggressionen vor Abgabeterminen mit dem bösen Blick zu quittieren, verstärken Sie lieber die löblichen Ausnahmen mit einem Zückerchen, einem Kompliment, sublimem Applaus. Und das nächste Mal, wenn er vor einem wichtigen Abgabetermin ausnahmsweise nicht sofort aus der Hose springt, engagieren Sie sich noch mehr. So lernt er bald: *Ich bin am besten, wenn ich Ruhe bewahre, dann läuft der Laden rund.*

Ob die Medizin wirkt, lässt sich übrigens leicht an seiner Körpersprache ablesen. Der Körper lügt nämlich nicht. Allerdings erfordert das Dechiffrieren der nonverbalen Signale etwas Erfahrung. Erwarten Sie anfangs also nicht zu viel. Um die Zeichensprache Ihres Chefs besser interpretieren zu können, gibt es ein paar untrügliche Anzeichen dafür, ob es zwischen Ihnen und Ihrem Boss gerade gut läuft oder Sie an der Dressurtechnik noch etwas feilen sollten:

POSITIV	NEGATIV
Er stellt oder setzt sich zu Ihnen auf eine Ebene. (Freundschaftlich)	Er bleibt stehen, wenn Sie sitzen – und umgekehrt. (Hierarchie betonend)
Er behält Blickkontakt zu Ihnen. (Interessiert)	Er sieht Sie kaum an, blinzelt öfter als normal. (Gereizt)
Er betritt Ihr Büro statt davor stehen zu bleiben. (Vertrauensvoll)	Er verschränkt seine Arme im Gespräch oder stützt sie in seine Hüften. (Skeptisch)
Er zeigt seine offenen Hände. Die Bewegungen sind ruhig, nicht ausladend. (Offen)	Die Hände stecken unter dem Tisch oder in den Hosentaschen. Oder die Finger sind verschränkt. Die Gestik ist zackig und asymmetrisch. (Misstrauisch)
Er reibt sich die Hände. (Zufrieden)	Er spielt mit Stift, Brille, BlackBerry. (Ungeduldig. Verärgert)
Er hält den Kopf schräg, wenn er mit Ihnen spricht. (Zuversichtlich)	Er kratzt sich am Kopf oder der Nase, wenn Sie reden. (Ungläubig)
Er passt sich Ihrer Körpersprache an, wiederholt Gesten. (Sympathisierend)	Er breitet seine Unterlagen vor Ihnen aus. (Abgrenzend)
Er öffnet sein Jackett, stellt sich locker hin oder lehnt sich herüber. (Vertraulich)	Er blickt zu Ihnen über seine Schulter, wendet sich damit von Ihnen ab und vergrößert die körperliche Distanz. (Abschätzig)
Im Meeting setzt er sich in Ihre Nähe. (Zugeneigt)	Im Meeting bleibt er Ihnen fern, spricht Sie kaum an oder stellt Sie nicht vor. (Argwöhnisch)

Als aufmerksamer Leser werden Sie nun sicher einwenden, dass auch diese Dressurtechniken nichts weiter sind als Manipulation. Stimmt. Aber das ist fast jedes Verhalten, weil im Büro kaum jemand irgendetwas macht ohne eine Absicht und ohne einen einzigen Hintergedanken. Umgekehrt verfügt aber nicht jeder Mensch qua Gen über die nötige Eloquenz und das erforderliche rhetorische Talent, seinen Boss verbal zu beeinflussen, ohne dass der das merkt. Konditionieren wirkt vielleicht weniger smart, ist dafür aber einfacher zu erlernen und genauso effektiv. Und bevor Sie jetzt weiterlesen und glauben, diese Tricks eigneten sich allein für Bosse: weit gefehlt. Ob nun Alpha-Tiger oder Beta-Affe – dressieren lassen sich letztlich alle. Auch Lebenspartner.

Cheftypen – und wie man sie zähmt

15 Prozent. Mehr als ein Siebtel unserer Arbeitszeit wird von Spannungen, Zwist und Kalamitäten dominiert, so das Ergebnis einer Umfrage des Hernstein International Management Institute. Darin enthalten ist jedoch auch eine konstruktive Komponente. Kritikfähigkeit ist ja nicht nur eine persönliche Herausforderung, sondern auch eine gemeinsame Chance – selbst wenn es dabei ans Eingemachte geht. Wer seinen Chef zähmen will, sollte ihm deshalb zwar souverän, aber ohne Groll begegnen. Das bedeutet zugleich, ihm einen Vertrauensvorschuss einzuräumen, Motto: *in dubio pro reo* – im Zweifel für den Angeklagten. Launen kommen und gehen wie Schnupfen. Deshalb halten Sie vor einer Aussprache lieber noch einmal kurz inne: Was, glauben Sie, ist die Ursache des Übels? Schätzt der Chef gerade nur diese Meinung nicht oder findet er ausschließlich seine Ideen gut? Fühlt sich Ihr Ego mies behandelt oder hat er tatsächlich etwas Konkretes

> Chef oder Chefin? Rund 30 Prozent der Männer und 40 Prozent der Frauen hätten lieber einen Mann als Boss, so eine Umfrage des IFAK-Instituts. Chefinnen werden dagegen nur von neun Prozent der Männer und 20 Prozent der Frauen bevorzugt. Dabei spielte offenbar die eigene Erfahrung eine Rolle: Von den Beschäftigten mit einem männlichen Vorgesetzten würden sich 40 Prozent wieder für einen Chef entscheiden, nur acht Prozent für eine Chefin. Aktuell haben rund 77 Prozent der Erwerbstätigen einen Mann als Vorgesetzten.

gegen Sie in der Hand? Es ist nicht immer leicht, zwischen persönlicher Kränkung und echtem Missmanagement zu unterscheiden. Wer jedoch Ersteres fühlt und Zweites unterstellt, hat die Dompteurnummer schon verloren.

Bevor es also zu konkreten Empfehlungen für heikle Begegnungen mit Geschöpfen der höheren Art geht, noch ein paar grundsätzliche Gedanken zu Kritik und Kritikstilen. Folgende klassische Fehler sollten Sie tunlichst vermeiden:

- Reinkommen, Zettel zücken und dem Boss 37 Vorwürfe à la »Warum haben Sie nicht …?« vor die Füße kübeln. Das macht jeden Gesprächspartner aggressiv. Höchste Abfuhrgefahr!
- Wer unzufrieden ist, sollte sich vor der Aussprache zumindest die Mühe machen, seiner Kritik konkrete Konturen zu geben – wenn möglich konstruktiv: »Könnte man nicht auch …?« Allgemeines Rumnörgeln disqualifiziert, ein überlegter Auftritt dagegen vermittelt Souveränität.
- Wer mit moralinsaurer Miene aufläuft, darf sich nicht wundern, wenn auch der andere eine Fluppe zieht. Sind die Argumente gut, ist Moral nicht nötig. Sind sie es nicht, helfen Appelle auch nicht weiter. Sätze wie »Ich bin nicht der Einzige, der das so sieht …« gehen immer nach hinten los. Ein schlauer Chef fragt Sie jetzt nach Namen. Und dann werden Sie entweder zur Petze – oder ihr Argument verpufft.
- Plumpe Vertraulichkeit ist ebenso tabu wie Ironie oder Sarkasmus. Nur weil der Boss einzulenken scheint, ist das noch lange kein Grund, sich in den Sessel zu lümmeln und überlegen zu grinsen.
- Erpressung wiederum kommt immer als Bumerang zurück. Wer mit Kündigung droht oder Dienst nach Vorschrift in Aussicht stellt, sägt am eigenen Bürostuhl.

Es ist nun einmal so: Wer ohne eine gute Strategie bei seinem Chef anklopft, um ihn sanft zu einer Verhaltensänderung zu bewegen, blitzt garantiert ab. Die meisten Manager assoziieren Kritik annehmen mit Schwäche und reagieren deshalb dünnhäutig. Emotional gesteuerte Spontanangriffe sind zudem gefährlich – auch gegenüber Kollegen. Wer sich persönlich gekränkt fühlt, sinnt in der Regel auf Rache. Und umgekehrt wirken solche Eruptionen auch nicht sonderlich souverän, geschweige denn professionell. Bemühen Sie sich bei jeder Auseinandersetzung daher um eine sachorientierte Ebene: »Sie sehen das so, ich sehe das so. Wie kommen wir da zusammen?« Die Situation so zu schildern, wie sie bei Ihnen ankam, ist ohnehin klug. Gefühle, die als sogenannte Ich-Botschaften verpackt werden, lassen sich nicht wegdiskutieren. Hören Sie anschließend aber auch aufmerksam zu, was Ihr Chef zu sagen hat, und lesen Sie dabei zwischen den Zeilen. Falls Sie sich unsicher sind, ob Sie alles richtig verstanden haben, stellen Sie ruhig Rückfragen. Das ist keine Schande. Profis nennen das *aktiv zuhören*. Wer dagegen nach Gegenargumenten sucht, noch während der andere parliert, provoziert nur Missverständnisse. Und im Falle von Fehlinterpretationen aufseiten Ihres Chefs sollten Sie diese sofort richtigstellen. Idealerweise haben Sie sich vorher mehrere Optionen überlegt, wie Sie Ihr Ziel erreichen können. Dann bringt Sie im Gespräch so leicht nichts aus der Ruhe.

Nun aber konkret zu den jeweiligen Cheftypen:

Der Besserwisser

Verhalten: Sein Ehrgeiz liegt darin, sich über andere zu erheben. Seine Waffe ist entweder eigenes Halbwissen oder die Unkenntnis der anderen – was er ihnen nur allzu gerne beweist. Sein Motto: »Ich weiß etwas, was du nicht weißt.« Im Detail ist diesem Chef nicht beizukommen. Selbst wenn man recht hat, würde er das nie öffentlich zugeben und jeden zur Not mit rhetorischen Spielchen brüsk in die Vollpfosten- und Die-den-Schuss-noch-immer-nicht-gehört-haben-Ecke zurückdrängen. Natürlich steckt dahinter ein angekratztes Ego und eine gehörige Portion Unsicherheit. So jemand fühlt sich immer bedroht durch das Können und Wissen anderer.
Umgang: Eine sachliche Diskussion können Sie hier vergessen. Nachgeben? Wird er nie im Leben! Diesem Chef geht es nicht nur darum, andere zu dominieren. Er will zeigen, wie wichtig er für den Laden ist und dass ohne sein Know-how schon längst alles den Bach runterginge. Auch wenn es Ihnen einige Rückgrat-Beweglichkeit abverlangt, nehmen Sie seinen Rat gerne an, sonst verstärken

Sie die Schlaumeierei nur. Sobald er sich akzeptiert und überlegen fühlt, kann auch dieser Chef mehr anerkennen.

Der Blender

Verhalten: Vordergründig hat er alles im Griff. Gerne gibt er vor, alles zu können, macht sich aber selbst nie die Hände schmutzig. Für ihn zählt nur der kurzfristige Erfolg, durch den er glänzen kann. Lieblingssätze: »Alles kein Problem.« Oder: »Sehen Sie!« Also: viel Lärm um nichts. Tatsächlich steckt hinter seinen Entscheidungen nur selten Substanz und noch weniger Vision. Sein Führungsstil ist deshalb extrem schwankend. Sein Saubermann-Image ist sein größter Schutzschild. Wer daran kratzt, bekommt Ärger. Umgekehrt schwimmt er meist mit der Mehrheit, hält sich aber für alle Fälle eine Hintertür offen.

Umgang: Der Typ ist ein Narzisst, der ständige Anerkennung und Aufmerksamkeit braucht. Nehmen Sie seine Laune also bloß nicht persönlich. Außerdem weiß man nie, wie der Typ gerade drauf ist. Gespräche auf der Sachebene haben bei ihm keinen Sinn, das gibt ihm nichts. Wenn Sie hingegen immer über die Beziehungsebene einsteigen, ihn loben und bewundern, fühlt er sich sicherer, entspannt und wird merklich zugänglicher. Auf das richtige Timing kommt es allerdings an. Hat er gerade eine schlechte Phase, überbringen Sie besser nur gute Nachrichten. Nur wenn gar nichts hilft, warten Sie seine Explosion ab und verschaffen sich anschließend Respekt: »Bitte in einem anderen Ton.«

Der Kontrolleur

Verhalten: Sein Motto lautet: Vertrauen ist gut, Kontrolle oft besser. Auf Überraschungen reagiert er mit Panik. Lieber plant er alles bis ins Detail als eine Fußangel zu übersehen. Seine Lieblingssätze lauten: »Wir haben noch nicht alle Eventualitäten geprüft.« Oder: »Diese Studie belegt aber etwas anderes.« Nur allzu gerne reißt er alle Kompetenzen an sich, bevor ihm die Dinge entgleiten könnten. Er ist weder willens noch in der Lage, zu delegieren – erstickt allerdings dafür in Arbeit. Mitarbeiter werden regelmäßig zum Rapport bestellt. Zwischenberichte, Kontrollbögen und Kopien sind ein Muss. Die offensichtliche Kontrollsucht kaschiert er jedoch mit einem hohen Qualitätsanspruch. In der Konsequenz duldet er weder Fehler noch Ungehorsam. Auf Mitarbeiter wirkt er kleinkariert bis unnahbar. Bekommt er davon ein schlechtes Gewissen, fraternisiert er abends mit den Kollegen und buhlt um Liebe. Nutzt aber nicht viel: Kontrolleure sind häufig einsam.

Umgang: Zunächst einmal: Geben Sie ihm die Sicherheit, die er braucht. Beweisen Sie Ihre Loyalität und Zuverlässigkeit. Was auch immer Sie präsentieren, sollte erkennbar penibel und gewissenhaft vorbereitet sein. Schriftliches liebt er, Faktisches sowieso. Sobald er glaubt, in Ihnen einen Seelenverwandten und Verbündeten in der Sache zu erkennen, dürfen Sie mehr wagen. Aber nur sehr, sehr behutsam. Der Typ kommt sonst nicht mit.

Der Leugner

Verhalten: Angst ist ein Zeichen von Schwäche, und die hat ein Manager nun mal nicht. Herzinfarkte, Härte und Gefühlskälte stilisiert dieser Boss zum Managerideal. Sich selbst sieht er gerne als Märtyrer des eigenen Erfolgs, Motto: »Die anderen sind doch alle Weicheier oder inkompetente Versager.« Wenn er führt, dann immer autoritär bis aggressiv. Weil er selbst per Definition keine Schwächen haben kann, sieht er diese umso besser bei anderen. Sein Credo: Angriff ist die beste Verteidigung. Er baut bewusst Hierarchien auf, um sich von den Mitarbeitern zu distanzieren. Zwar wird der Mangel an mündigen Mitarbeitern von ihm ständig beklagt, de facto sind sie aber unerwünscht. Seine größte Sorge sind Machtverlust und potenzielle Cäsarenmörder.

Umgang: Bloß nicht provozieren lassen. Egal, wie aggressiv dieser Chef auftritt, behalten Sie die Contenance. Und schon gar nicht dürfen Sie zurückblaffen. Dann eskaliert die Situation nur – und dank der Hierarchie geht die Attacke für Sie höchstwahrscheinlich schlecht aus. Bauen Sie ihm also lieber Brücken, auf denen er Ihnen entgegenkommen kann, ohne sein Gesicht zu verlieren. Auch hier helfen gelegentliche servile Gesten.

Der Schwarzseher

Verhalten: Wer nicht wagt, der nicht verliert. So läuft das bei ihm. Riskante Manöver lösen bei diesem Typ unmittelbar Fluchtimpulse aus. Experimenten geht er konsequent aus dem Weg. Um bei dieser Haltung auf Dauer nicht aufzufallen, sucht dieser zaghafte Chef häufig Deckung hinter anderen – seinen eigenen Chefs, den Mitarbeitern oder Betriebsvereinbarungen. Typische Ausreden: »Ich wollte das ja auch nicht, aber der Vorstand bestand darauf.« Und: »Wir sind das im Team mehrfach durchgegangen, und die Fakten sprachen damals dafür.« Achtung, der Zauderer neigt hintenrum zum Fahrradfahren: nach oben buckeln, nach unten treten. Mit häufigen Teamsitzungen, Meetings oder Workshops versucht er seinen Mangel an Entschlossenheit zu verdecken. In manchen Fällen verdichten sich seine Vermeidungsstrategien gar zu handfesten Zwängen: Schuld sind immer die anderen. Statt zu argumentieren werden Prinzipien, Handbücher oder Leitlinien zur Erklärung zitiert.

Umgang: Verzagtheit paart sich oft mit Misstrauen. Auch ungesundem. Sobald sich dieser Typ getäuscht fühlt, neigt er zu Zornesausbrüchen und Rachsucht. Auch noch nach langer Zeit. Halten Sie deshalb immer genug Distanz und dokumentieren Sie stets Ihre Vertrauenswürdigkeit und Loyalität. Allzu viel Innovation verträgt so ein Chef nicht. Erwarten Sie deshalb nie große Sprünge, sondern operieren Sie mit ihm im Geschäft Schritt für Schritt. Routinen helfen ihm.

Der Überforderte

Verhalten: Immer hektisch und nervös. Für ihn ist der Zweite schon der erste Verlierer. Er kennt seine Grenzen, kann sie aber nicht akzeptieren. Konkurrenzdenken bestimmt sein Handeln. Bekommt er seine tägliche Erfolgsdosis nicht im Job, holt er sie sich eben woanders. Reicht auch das nicht, betäubt er seinen Frust zuweilen mit Alkohol, Tabletten oder gar Drogen. Typische Sprüche: »Heute ist einfach nicht mein Tag.« Oder: »Wenn ich nicht wäre …« Sein Führungsstil oszilliert zwischen verständnisvoll-fair und laissezfaire. Er neigt zur Kumpanei, weil er das Gefühl braucht, anerkannt zu sein. Dadurch wirkt seine Arbeitsweise aber auch oft unkoordiniert und willkürlich.

Umgang: Schenken Sie ihm viel Lob und Bewunderung. Das mag Überwindung kosten, funktioniert aber. Noch besser wirken subtile Unterwerfungsgesten, wie etwa Zustimmung in Meetings oder wenn Sie ihm Ihre besten Vorschläge als seine eigenen Ideen verkaufen: »Als wir damals darüber sprachen, erwähnten Sie bereits …« Seien Sie indes sparsam mit Kritik. Zu viel davon verträgt er nicht, weshalb dieser Typ der ideale Kandidat ist für die Dressur über positive Verstärker.

Ein Gespräch über Machtspiele

Als Journalist und Buchautor hat man das Privileg, sich ab und an mit anderen Kollegen und Autoren intensiver auszutauschen. Einer, mit dem ich das sehr gerne getan habe, ist Matthias Nöllke. Er arbeitet für den Bayerischen Rundfunk und hat 2007 ein lesenswertes Buch über Machtstrategien geschrieben – *Machtspiele: Die Kunst, sich durchzusetzen* –, in dem er die These vertritt, dass Status, Einfluss, Erfolg und Karriere allesamt durch Ränkekämpfe bestimmt werden. Folglich gilt es, den Blick im Umgang mit der Macht zu schärfen, die Spielregeln und Rituale dahinter zu durchschauen und diese für sich nutzbar zu machen. Wie das geht und wer mit wem wie spielt, erzählte Nöllke mir im folgenden Gespräch:

Herr Nöllke, was sind Machtspiele?
Machtspiele haben in der Regel das Ziel, seinen Willen durchzusetzen. Das geschieht, indem man Einfluss auf andere nimmt oder deren Einflussversuche abwehrt. Dabei zeichnen sich Machtspiele durch charakteristische Muster aus, es gibt bestimmte Regeln, typische Spielzüge, Spieler und Gegenspieler. Und noch etwas gehört zu jedem Machtspiel dazu: die Doppelbödigkeit. Es muss immer einen Widerspruch geben zwischen dem, was jemand sagt, und dem, was er meint.

Sie unterscheiden zwischen Boss- und Mitarbeiter-Spielen. Was sind denn typische Boss-Spiele?

Boss-Spiele dienen vor allem der Machtdemonstration. Sie zeigen unmissverständlich, wer das Sagen hat. Ihr Ruf ist miserabel, und doch erfreuen sie sich großer Beliebtheit. Sie haben ja auch ihren Sinn: Macht muss ausgeübt, muss demonstriert werden, sonst schwindet sie dahin. Deshalb hauen manche Manager unvermittelt auf den Tisch und putzen einen Mitarbeiter herunter, obwohl es sachlich dafür keinen Grund gibt. Oder sie kritisieren einen Untergebenen in Grund und Boden, um ihn dann wieder großherzig aufzubauen. Genauso beliebt: Sie führen im Kreis der Kollegen vor, wie gut sie ihre Assistenten im Griff haben, erteilen sinnlose Anweisungen, die bereitwillig ausgeführt werden. Eine reine Showveranstaltung.

Und Mitarbeiter-Spiele?

Mitarbeiter-Spiele begrenzen die Macht der Vorgesetzten. So können Mitarbeiter den Umstand, dass ein anderer Verantwortung trägt oder Ergebnisse liefern muss, für sich ausnutzen. Ihr Vorgesetzter steht unter Zugzwang. Er muss Entscheidungen treffen, auch wenn er damit überfordert ist. Hier können die Mitarbeiter ihren Einfluss geltend machen; sie kontrollieren bestimmte Bereiche, die ihr Chef nicht durchschaut. Das gibt ihnen Macht. Dabei sollte man sich jedoch keinen Illusionen hingeben und die Mitarbeiter für die eigentlich Mächtigen in einer Organisation halten. Das sind sie eben nicht. Dennoch können sie den Einfluss ihres Vorgesetzten begrenzen. Etwa indem sie vorgeben, beschäftigt, ja, überlastet zu sein; indem sie Vorgaben kreativ umdeuten oder indem sie sich exakt an Anweisungen halten und genau dadurch das Projekt scheitern lassen.

Wer spielt denn in der Regel besser?

Die Spiele der Vorgesetzten und der Mitarbeiter laufen grundsätzlich verschieden ab. Von daher kann man das schwer vergleichen. Im Übrigen haben die Vorgesetzten auch die Möglichkeit, vermeintlich weichere Machtspiele zu initiieren, die sogenannten Soft-Power-Spiele, die ganz anders funktionieren als Boss-Spiele, aber mindestens so abgefeimt sein können.

Nämlich?
Geradezu virtuos spielen manche Vorgesetzte mit dem Thema Eigenverantwortung. Sie verpflichten den Mitarbeiter auf ein bestimmtes Ziel – jenes, das sie selbst erreichen möchten. Den Weg, wie er dorthin gelangt, stellen sie ihm frei. Indem sie die Verantwortung ihrem Mitarbeiter übertragen, ist der gehalten, sich viel stärker ins Zeug zu legen. Doch in Wahrheit setzt der Vorgesetzte nur seinen Willen durch. Macht und Verantwortung haben weniger miteinander zu tun, als gemeinhin angenommen wird: Wer Macht sucht, muss Verantwortung loswerden können.

Einige der vorgestellten Techniken sind nicht gerade menschenfreundlich.
Um Himmels willen, als Techniken würde ich Machtspiele gerade nicht verstehen – und die menschenunfreundlichen schon gar nicht.

Allein Begriffe wie Mobbing, Bossing, Intrigen, Verleumdung & Co. zeigen, dass schmutzige Machtmittel offenbar effektiv wirken, sonst wären sie nicht so verbreitet.
Ich denke nicht, dass die schmutzigsten Machtspiele auch die effektivsten sind. Das Gegenteil trifft eher zu: Versierte Machtspieler verstehen sich vor allem auf sehr subtile Spiele, bei denen ihre eigene Rolle eher unklar bleibt. Unter den unfairen Spielen würde ich die für besonders effektiv und damit auch für besonders gefährlich halten, bei denen Sie dazu gebracht werden, unverzeihliche Fehler zu begehen. Sie legen sich sozusagen selbst aufs Kreuz. Entweder lassen Sie sich provozieren oder Sie lassen sich dazu hinreißen, eine Norm zu verletzen, gegen die zwar inoffiziell dauernd verstoßen wird; sobald man Sie aber auffliegen lässt, sind Sie erledigt.

Und wie kann man sich gegen solch unfaire Attacken wehren?
Bei den eben erwähnten Machtspielen hilft schon, wenn man die Sache durchschaut und eben nicht in die Falle tappt. Bei Verleumdungen gibt es eine ganze Reihe von Gegenstrategien. Eine davon: In die Offensive gehen, eine Erklärung abgeben, Fehler zugeben, die Dinge richtigstellen. Oberstes Ziel sollte sein, die eigene Glaubwürdigkeit zu retten. Denn ist die erst einmal erschüttert, kann

man sich nur noch schwer auf seiner Machtposition halten. Manchmal liegen die Dinge allerdings komplizierter und diese Lösung kommt nicht mehr infrage. Dann muss man verschlungenere Pfade gehen. Etwa vernebeln, in Deckung gehen oder einen Entlastungsangriff starten, also sich überzeugend erklären. Werden Sie hingegen schikaniert, haben Sie drei Möglichkeiten: Sie nehmen den Kampf auf und legen dem Aggressor das Handwerk. Dazu suchen Sie sich Verbündete; zweitens: Sie setzen sich den Schikanen nicht weiter aus und verlassen das Spielfeld. Oder, drittens, Sie halten durch und entwickeln kleine Überlebensstrategien. Letzteres wirkt nur wie eine Kapitulation. Letztlich geht es darum, abzuwägen, was für Sie das Sinnvollste ist.

Sind diese Machtspiele auch irgendwann zu Ende?
Solche Foulspiele haben leider nicht die Tendenz abzuklingen. Im Gegenteil, wer seine Kollegen oder Mitarbeiter schikaniert und auf keinen nennenswerten Widerstand trifft, der fühlt sich bestätigt. Er greift zu immer drastischeren Mitteln, um zu sehen, wie weit er gehen kann. Solche Foulspiele wirken jedoch zerstörerisch: Sie machen Menschen kaputt und richten in der Organisation verheerenden Schaden an – wenn sie geduldet werden. Daher sollte es für jede Organisation darum gehen, diese Auswüchse zu unterbinden. Sie haben mit den unvermeidlichen Machtspielen, die zwar auch nicht immer nett sind, aber mit denen man sich arrangieren kann, nichts mehr zu tun.

Danke für das Gespräch.

Kundentermin. Diesmal muss der Deal klappen!

Wir verhandeln im Grunde ständig ▪ Kennen Sie die
Harvard-Methode? ▪ Wie leicht wir zu manipulieren sind ▪
Pragmatische Ratschläge für besseres Verhandeln ▪ Zwölf
Übungen für mehr Geld

»Du gewinnst nie allein.
Am Tag, an dem du
etwas anderes glaubst,
fängst du an zu verlieren.«
Mika Häkkinen, Rennfahrer

Stellen Sie sich vor, Sie sitzen im Kino. Der Film ist so lala, aber die Hauptdarstellerin (weibliche Leser denken jetzt bitte an Brad Pitt) sieht einfach umwerfend aus. Dann kommt der Moment, in dem sie durchdringend in die Kamera schaut. Große Augen, lasziges Lächeln, ein verhuschtes Blinzeln – und jeder Zuschauer glaubt seelenwund: Sie meint mich. Natürlich meint sie ihn nicht, vermutlich nicht einmal ihren Produzenten, der sie dafür bezahlt und ihr die Rolle aus wer weiß welchen Gründen gegeben hat. Aber der Augenblick wirkt. Denn die subtile Attacke zielt direkt auf die menschliche Eitelkeit und damit auf unsere vielleicht größte Schwäche.

Vor einiger Zeit hat mir ein Verhandlungsprofi eine pikante Geschichte dazu erzählt. Sie handelt von einem Einkäufer, der eine ziemlich ausgebuffte Masche entwickelt hat, um die Preise seiner Lieferanten zu drücken: Vor der Verhandlung mietet er bei einer Agentur ein Model. Nicht irgendein Model, sondern eine echte Femme fatale, die alle diesbezüglichen Klischees erfüllt: jung, blond, kurvig ... Sie wissen schon. Dieses Model stellt er dann als seine Assistentin vor, die alles protokollieren wird. Reine Formsache. Und tatsächlich: Das Mädchen schreibt alles artig mit, allerdings sieht sie den Lieferanten dabei bewusst nie an. Klar, was bald darauf passiert: Der Mann plustert sich auf, gockelt, versucht charmant zu sein und zu imponieren. Vergeblich. Sie ignoriert ihn beharrlich. Dadurch steigt sein Stresspegel, was der raffinierte Einkäufer bereits zu seinem Verhandlungsvorteil nutzt – bis er an die Schmerzgrenze des Lieferanten stößt. Keine weiteren Zugeständnisse mehr möglich. Wirklich? Denn nun sagt der Einkäufer sinngemäß Folgendes: »Sie sind wirklich einer meiner liebsten Lieferanten, und wir haben bis jetzt eine sehr gute Basis gefunden. Aber für den letzten Schritt fehlt Ihnen vermutlich die Kompetenz. Möchten Sie sich bei Ihrem Chef kurz rückversichern?« Beim Wort »Kompetenz« schaut ihn das Model zum ersten Mal an – lang, intensiv, musternd. Und nie ohne die beabsichtigte Wirkung: In der Regel sind jetzt sofort noch einige Prozentpunkte drin, ganz ohne Rückfrage.

Eine phantastische Geschichte, vielleicht ist sie sogar wahr. Dass sie funktionieren würde, bestreitet indes keiner, auch bei vertauschten Rollen. Ich habe die Geschichte mehrfach in meinem Freundeskreis erzählt und vor allem die Frauen gefragt, ob das bei ihnen mit einem attraktiven Mann genauso wirken würde. Einhellige Antwort: es würde. Der vermeintliche Assistent solle natürlich ebenfalls gut aussehen, und er müsse besonders viel Charme haben. Dann könne (und wolle) keine ausschließen, dass sie auf den Trick anspringt. Sex sells. Immer wieder.

In der Psychologie gibt es seit den Achtzigerjahren eine interessante Hypothese, die davon ausgeht, dass wir alle manipulieren – und zwar jederzeit. Das Baby manipuliert seine Eltern mit Geschrei, damit sie ihm Essen geben; Eltern manipulieren ihre Kinder durch Belohnung oder Strafe, damit sie machen, was sie sollen; Liebende manipulieren einander durch Zuwendung oder Liebesentzug. Und selbst dieses Wechselbad der Gefühle ist insgesamt Manipulation, um die Liebe und die Beziehung spannend zu halten. In Freundschaften, in der Freizeit, im Büro – überall setzt sich das fort. So gesehen ist selbst dieses Buch ein Manipulationsversuch: Ich schreibe es in der Hoffnung, dass Sie es kaufen und lesen – und mir wiederum Aufmerksamkeit und Anerkennung schenken. Kurz gesagt: Glaubt man der These, tun wir nichts ohne Berechnung und ohne Motiv. Das heißt nicht, dass uns das ständig bewusst wäre, aber zumindest irgendeine Kalkulation steckt stets dahinter.

Anfangs hat mich diese These nicht überrascht, geht sie doch in gewisser Weise vom Schlechten im Menschen aus, der nichts aus freien Stücken tut und schon gar nicht, ohne etwas dafür zurückzubekommen. Geben und Nehmen sind ständig um Balance bemüht, erreichen sie aber nie. So geht das Spiel immer weiter. So funktioniert Kapitalismus. So funktioniert sogar das moderne Netzwerken: Jeder knüpft möglichst viele Kontakte, denn wer weiß schon, wozu das einmal gut ist. Freundschaftspflege aus Kalkül. Wer den Gedanken zulässt, entdeckt tatsächlich, wie viele Menschen andere ständig zu beeinflussen versuchen: Selbst der Gutmensch ist am Ende nur gut, damit er Bewunderung erzielt oder aber Erleichterung für sein schlechtes Gewissen. Damit lässt sich dann sogar erklären, warum Menschen am liebsten über sich, ihre Taten, Erfolge und Erlebnisse reden: Womöglich tun sie dies nur, weil sie nach Wertschätzung gieren, nach Zuwendung, Liebe – und manchmal auch nach Sex.

Freilich: Es gibt längst auch Psychologen, die von dieser Idee abrücken. Sie sagen: Ja, es wird viel manipuliert, aber nicht alles ist bewusste Beeinflussung. Womöglich war ihnen die erste Hypothese auch nur zu beängstigend. Unbestreitbar ist aber, dass wir alle, wenn wir schon nicht manipulieren, dann zumindest mit anderen regelmäßig verhandeln. Mehrmals am Tag. Daheim. Mit Freunden. Mit Kollegen im Büro. Mal geht es um den nächsten Urlaub, mal darum, wer den Müll rausbringt. Im Job geht es um prestigeträchtige Projekte, um Informationen, um mehr Freiraum und Verantwortung, um mehr Gehalt, um Anerkennung und Respekt, um Sympathie oder Macht. Und wenn wir ganz ehrlich sind, wird dabei nicht immer nur gefeilscht, sondern sehr oft auch getrickst.

Kennen Sie die Harvard-Methode?

Kein Konzept hat Verhandlungsstrategen in den vergangenen 20 Jahren mehr inspiriert als das Konzept des *Win-win* – also ein dauerhaftes Ergebnis, das beide Parteien zufriedenstellt. Beide gewinnen, das Glück wird verdoppelt – Win-win. Mit dieser Aussicht lassen sich Produkte verkaufen, Dienstleistungen vermarkten, sogar Mitarbeiter entlassen: Wir schmeißen dich raus, damit du einen Job findest, der besser zu dir passt, während wir derweil Kosten sparen. Ist doch super für uns beide? Oder auch nur drollig.

Dieses Doppel-Satz-und-Sieg-Spiel geht auf die sogenannte *Harvard-Methode* zurück. Sie wurde in den frühen Achtzigerjahren an der gleichnamigen Universität von dem Rechtswissenschaftler Roger Fisher entwickelt. Später gab Bruce Patton zusammen mit Fisher und Ury Wiliam ein Buch dazu heraus, das ein Bestseller wurde. Dabei ist die »Harvard-Methode« auf den ersten Blick recht simpel und wird in Teilen von den meisten Menschen unbewusst bei Verhandlungen angewandt. Sie besteht aus den vier Grundsätzen:

1. Menschen und Probleme werden getrennt voneinander behandelt.
2. Verhandle Interessen – nicht Positionen.
3. Entwickle Optionen, die für beide Seiten von Vorteil sind.
4. Das Ergebnis muss auf objektiven Kriterien beruhen.

Mit Punkt 4 ist gemeint, dass beide Parteien das Resultat ihrer Verhandlungen – und sei es nur ein Kompromiss – als fair empfinden. Das Lehrbuchbeispiel dazu geht so: Zwei Kinder sollen einen Kuchen teilen. Das ebenso gerechte wie neutrale Verfahren wäre: ein Kind teilt den Kuchen, das andere darf sein Stück zuerst auswählen. So kann sich keines hernach über eine ungerechte Teilung beklagen.

Der Kern der Harvard-Strategie sind die beiden ersten Punkte. Sie sollen dafür sorgen, dass jede Verhandlung sachlich bleibt, weil das – jedenfalls theoretisch – zu besseren Ergebnissen führt. Entscheidend für den optimalen Ausgang solcher Verhandlungen sind nämlich nie die gegenseitigen Forderungen, sondern die wahren Interessen (oder Motive) dahinter. Nur wer diese erkenne, könne ein optimales und für beide Seiten dauerhaft befriedigendes Ergebnis erzielen – was zur Hälfte schon im eigenen Interesse liegt.

Klingt noch zu kryptisch? Okay, hier ein Beispiel: Stellen Sie sich zwei Schwestern und eine Orange vor. Beide wollen die Frucht haben. Also argumentieren sie sich erst ein wenig warm, gefolgt von gebremstem Gezicke, etwas Keifen, etwas Schmollen, Heulen, Schreien. Zum Schluss verhandeln sie schließlich miteinander – und einigen sich auf einen klassischen Kompromiss: Die Schwestern teilen die Orange in zwei gleich große Hälften. Die erste Schwester schält nun ihre Hälfte, isst das Fruchtfleisch und schmeißt die Schale weg. Die andere schält die Orange ebenfalls, schmeißt aber das Fruchtfleisch weg und benutzt die Schale zum Backen. Irgendwie dumm gelaufen: Hätten beide vorher nicht über ihre Forderungen (»Ich will die Orange haben!«) verhandelt, sondern über ihre Interessen (»Ich will damit backen.« »Ich will sie essen.«) gesprochen, wären sie zu dem besseren Ergebnis gekommen: eine bekommt das gesamte Fruchtfleisch, die andere die Schale der ganzen Orange.

Und genau das ist das Grundproblem von Verhandlungen. Wir sehen immer nur die gegensätzlichen Forderungen und den Konflikt der unterschiedlichen Positionen statt die wahren beiderseitigen Nöte und Wünsche. Darüber ließe sich aber viel leichter verhandeln. Wer es schafft, diese stillen Beweggründe bei seinem Gegenüber zu erkennen und diese zum Gegenstand der Gespräche zu machen, verhandelt erfolgreicher: Psychologisch, weil er dem anderen signalisiert, dass er ihn ernst nimmt und versteht. Taktisch, weil er sich mit der eigenen Forderung später fast immer durchsetzt, wenn er zunächst das Problem des anderen löst. Ich gebe allerdings zu, dass es nicht immer leicht ist, die wahren Motive des anderen zu entschlüsseln. Die meisten Menschen feilschen lieber und werden persönlich. Deshalb ist zum Beispiel

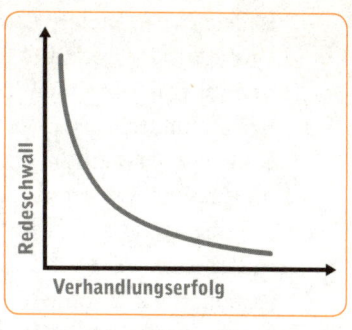

der Smalltalk am Anfang schwieriger Verhandlungen enorm wichtig: Er kann wichtige Hinweise auf die Motive geben. Das ist zugleich aber auch dessen Gefahr. Wer es damit übertreibt, kann sich dabei um den Verhandlungserfolg quatschen. Insbesondere, wer vorab zu viele taktisch relevante Informationen preisgibt. Bei festgefahrenen Gesprächen hilft hingegen der direkte Exkurs in die Metaebene: Was möchten Sie damit eigentlich erreichen?

Bei aller Sympathie: Die Harvard-Methode ist nicht perfekt. Denn sie setzt voraus, was in der Realität nur selten der Fall ist: Beide Seiten meinen es gut miteinander. Weiß Ihr Gegenüber nicht, dass es Ihrem Unternehmen gerade blendend geht und er für Ihren Laden eine wichtige Rolle spielt, wird er auf den Hinweis auf schmale Budgets und die angespannte Marktlage womöglich eingehen. Kurzum: Der Kunde wird ausgenutzt und verschaukelt – nach Strich und Faden. Das Problem nennt die Wissenschaft *asymmetrische Information* – die eine Seite weiß mehr als die andere annimmt. In der Realität ist das fast immer der Fall. So ist automatisch derjenige im Vorteil, der mehr weiß. Und nicht wenige nutzen das auch sofort aus. Das Ergebnis ist eine Win-lose-Lösung. Es sei denn, der andere ist wirklich sehr, sehr gutwillig.

Wie leicht wir zu manipulieren sind

Kennen Sie das Kontrastprinzip? Ich bin mir sicher, Sie kennen es. Wahrscheinlich wenden Sie es sogar häufiger an – oder gehen ihm regelmäßig auf den Leim. Nur ist Ihnen das nicht bewusst.

Von Albert Einstein stammt zum Beispiel die Erkenntnis: »Alles ist relativ.« Er meinte damit zwar vor allem Zeit, Masse und Raum. Das gilt aber auch für unsere Bewertungsmuster. Unsere Wahrnehmung reagiert nämlich alles andere als objektiv, wenn uns zwei Reize unmittelbar nacheinander dargeboten werden. Wenn Sie zum Beispiel zuerst ein paar Mal schwere Gewichte heben, wird Ihnen die Flasche Wasser danach unendlich leicht vorkommen. Wenn Sie Ihre Hand zuerst in kaltes Wasser tauchen und anschließend in heißes, wird es Ihnen nur noch lauwarm erscheinen. Anfangs jedenfalls. Und wenn Sie Ihrem Chef eine schlechte Nachricht zusammen mit einer guten überbringen, wirkt die schlechte nur noch halb so schlimm. Die gute allerdings auch nicht mehr ganz so gut. Das nennt man dann *Kollateralschaden*. Ist aber ein anderes Thema.

Pfiffige Verkäufer machen sich dieses Kontrastprinzip gerne zunutze. Von dem Kulturforscher Leo Rosten stammt das Exempel der beiden Brüder Sid und Harry Drubeck, die in den Dreißigerjahren eine Herrenschneiderei in seiner Nachbarschaft besaßen. Jedes Mal, wenn ein neuer Kunde einen Anzug anprobierte, der ihm gefiel, fragte Sid seinen Bruder, der am anderen Ende des Raumes saß: »Harry, was kostet der Anzug?« Der wiederum soll daraufhin zurückgefragt haben: »Dieses wunderbare Stück aus reiner Wolle? 42 Dollar.« Sid tat dann so, als hätte er nicht genau verstanden, legte die Hand ans Ohr und wiederholte die Frage. Diesmal gab Harry etwas lauter zurück: »42 Dollar!« Daraufhin wandte sich Sid an den Kunden: »Harry sagt, er kostet 22 Dollar.« Was zur Folge hatte, dass so mancher sofort zur Geldbörse griff, um sich mit dem vermeintlichen Schnäppchen aus dem Staub zu machen. Dabei war die Show ein reines Kontrastprogramm.

Aus demselben Grund zeigen Immobilienhändler ihren Kunden immer wieder zunächst ein paar schäbige und völlig überteuerte Häuser, bevor sie mit ihnen zum eigentlichen Verkaufsobjekt pilgern. Das erstrahlt so in einem deutlich besseren Licht.

Jens Weidner, Autor der *Peperoni-Strategie*, erzählte mir mal eine reizende Geschichte von seinem Ex-Chef. Damals war Weidner Abteilungsleiter in einem Jugendgefängnis und hasste – genauso wie heute – Aktenarbeit. Jedes Mal, wenn sein Chef etwas von ihm wollte, sagte der: »Ich habe zwei Aufgaben zu erledigen und eine davon müssten Sie übernehmen.« Dabei tippelte sein Boss mit den Fingern auf einen vor ihm liegenden Aktenstapel, um so die eine der beiden Alternativen anzudeuten. Weidner entschied sich natürlich stets für die andere. Jahre später, als er den Job wechselte, gestand ihm sein Chef, dass er sich diese Akten nur für ihn von seiner Sekretärin auf den Tisch hatte stapeln lassen. Ein pures Ablenkungsmanöver. Seitdem ist Weidner auf der Hut, wenn ihm zwei völlig konträre Reize oder Angebote unterbreitet werden. Womöglich steckt dahinter nichts weiter als der Versuch, seine Wahrnehmung zu lenken. Was umgekehrt heißt, dass Sie sich das Prinzip natürlich ebenso ab und an zunutze machen könnten.

Weitaus stärker als das Kontrastprinzip wirkt jedoch die sogenannte Reziprozitätsfalle. Schwieriges Wort, ich weiß. Das Phänomen kennen Sie wohl eher als ungutes Bauchgefühl, nachdem Sie von jemandem beschenkt wurden. Danach fühlen sich viele seltsam verpflichtet, so als stünden sie in einer plötzlichen Schuld, Motto: Wie du mir, so ich dir – voilà, das ist die Reziprozitätsfalle!

Zahlreiche Soziologen, darunter auch der Amerikaner und Professor an der Universität von New York, Alvin Gouldner, sind sich heute einig, dass die Verpflichtung zur Gegenseitigkeit etwas zutiefst Menschliches beziehungsweise ein weit verbreitetes Gesellschaftsprinzip ist. Auf ihm basieren Netzwerke ebenso wie Seilschaften, Kumpanei und Klüngel. Es steckt sogar hinter der Redensart *Eine Hand wäscht die andere*. Gemeinerweise funktionieren aber auch Gratisproben in Supermärkten nach diesem Muster. Neulich hörte ich von einem pfiffigen Feinkostladenbesitzer in Waiblingen, der bei einer Promotionsaktion interessierten Passanten eine leere Flasche mit dem Etikett seines Ladens schenkte. Darauf stand das Versprechen: Wer den Feinkostladen mit der Flasche besuchen würde, könne sie sich kostenlos mit 200 ml leckerem Speiseöl auffüllen lassen – unabhängig davon, ob derjenige etwas kauft oder nicht. Raffiniert: Denn so schlägt er zwei Fliegen mit einer Klappe. Zuerst lockt er die gierige Kundschaft in den Laden, um sie dann per Reziprozität zum Kauf zu verführen. Clever und wirkungsvoll.

In Robert B. Cialdinis Buch *Die Psychologie des Überzeugens* las ich, dass die Organisation amerikanischer Kriegsversehrter einmal berichtete, die Rücklaufquote auf Standard-Spendenaufrufe läge bei 18 Prozent. Würde den Briefen allerdings ein kleines Präsent – wie zum Beispiel handbemalte Postkarten – beigefügt, stiege die Erfolgsquote auf über 35 Prozent. So ist das mit den Geschenken:

Sie verbinden, sie können aber auch Schuldgefühle erzeugen. Und weil keiner als Schnorrer dastehen will, versucht man sich zu revanchieren.

Genau diese subtile Wirkung verleiht der Reziprozität so große Schlagkraft. Denken Sie nur an Zugeständnisse während einer Verhandlung. Sie setzen den Nutznießer jedes Mal unter sublimen Druck. Nur ein rücksichtsloser Starrkopf lenkt danach nicht ein. In der zeitlichen Dimension wirkt diese Masche besonders heimtückisch. Wer zuerst ein Opfer bringt, kann so zusätzlich den Zeitpunkt der Gegenleistung beeinflussen. Der Klassiker in dem Zusammenhang sind Tarif- beziehungsweise Gehaltsverhandlungen. Sie beginnen fast immer mit überhöhten Forderungen. Warum? Weil die Arbeitnehmerseite nach einigem Geplänkel als Erste einlenken und Abstriche anbieten kann. Zack, schon steckt die Arbeitgeberseite in einem Dilemma: Die anderen haben bereits ein Opfer gebracht, nun müssen auch sie Entgegenkommen signalisieren, um nicht als kaltherziger Trotzkopf dazustehen. Zugegeben, das ist ein simples Beispiel, das heute leicht durchschaut wird. Deshalb sollte man es mit der Masche auch nicht übertreiben, sonst geht der Schuss nach hinten los. Untersuchungen der israelischen Bar-Ilan-Universität zeigen: Wer übertrieben unrealistische Forderungen stellt, dem wird abgesprochen, ernsthaft zu verhandeln. Ein späteres Abrücken wird dann nicht mehr als Zugeständnis gewertet, sondern als nötige Korrektur. Die Wirkung der Reziprozität verpufft.

Dass Sie mich aber bitte nicht falsch verstehen und ab sofort keine Geschenke mehr annehmen: Nicht jeder Schenker spekuliert darauf, Sie zu betuppen – der Mehrheit geht es höchstwahrscheinlich eher darum, Ihnen eine Freude zu bereiten (oder eine alte Schuld zu begleichen). In allen Fällen aber, in denen Sie das dumpfe Gefühl haben, dass die gemachten Offerten einen Zweck verfolgen, drehen Sie den Spieß ruhig um: Nehmen Sie das Geschenk dankend an – und damit gut. Gemäß der Reziprozitätsregel sollte schließlich jeder Versuch, Sie auszunutzen, ebenfalls ausgenutzt werden.

Das ist aber nicht alles. Bei meinen Recherchen zur Psychotrickkiste von erfolgreichen Verkäufern und Verhandlern habe ich zum Beispiel noch den *Ankereffekt*, den *Framingeffekt* oder den

Zero-Price-Effect gefunden. Und allesamt beweisen sie die schier unermessliche Bereitschaft des Menschen, sich beeinflussen und ausnutzen zu lassen. Vom Verhaltensökonomen Dan Ariely stammt etwa das folgende Experiment: Er versteigerte Weinflaschen. Nichts Besonderes. Zuvor allerdings ließ er seine Probanden die letzten beiden Ziffern ihrer Sozialversicherungsnummer auf einen Zettel schreiben und fragte sie, ob sie bereit wären, den Wein zu diesem Preis zu kaufen. Man sollte meinen, dass dieser völlig willkürliche Preis keinerlei Reflexe auslösen würde. Denkste. Studenten mit einer kleinen Endziffer waren bereit, im Schnitt 8,64 Dollar für den Rebsaft zu bezahlen; wer hingegen zuvor eine große Zahl notiert hatte, gab für den Wein im Schnitt 27,91 Dollar aus. Ein klassisches Beispiel für den Ankereffekt: Um den Wert einer Sache bemessen zu können, sucht unser Gehirn nach Vergleichswerten. Findet es diese nicht, reicht ihm zur Not auch eine völlig aus der Luft gegriffene Zahl als Bezugspunkt. Dass dem so ist, bewiesen auch die Psychologen Clayton R. Critcher und Thomas Gilovich: Gäste eines Restaurants mit dem Namen »Studio 97« gaben durchschnittlich acht Dollar mehr aus als die Gäste eines Restaurants namens »Studio 17«.

Es geht noch weiter. Haben wir einen solchen Ankerpreis erst einmal im Kopf, rücken wir kaum noch davon ab. Eine Boulevardzeitung kostet unter einem Euro (früher 50 Pfennig), eine Tafel Schokolade rund einen Euro, ein Handy 200 Euro (außer es ist von Apple). Kostet ein Produkt nun plötzlich mehr, finden die meisten das unglaublich teuer und lassen es tendenziell liegen – es sei denn, der Händler weist einen saftigen Rabatt in Euro und Cent aus. So detailliert muss er aber gar nicht vorgehen, wie Devon DelVecchio von der Universität Miami bekräftigen konnte. Sobald der Rabatt in Prozent dargestellt wird und der Kunde nicht so schnell ausrechnen kann, wie hoch der Nachlass tatsächlich ist, bleibt bei dem nur noch hängen: *Es ist wesentlich billiger als sonst.* Und das unabhängig von seinem eigentlichen Ankerpunkt. Aus demselben Grund war es zum Beispiel ein kluger Schachzug von der Baumarktkette Praktiker, den Slogan »20 Prozent auf alles« zu erfinden statt einem schnöden »Nur noch 50 Euro«. Dieser sogenannte Framingeffekt funktioniert laut Studien bei rund einem Drittel aller Menschen.

Ein weiterer klassischer Psychotrick ist, das Angebot mit einer vermeintlichen Gratis-Dreingabe zu koppeln, ein sogenanntes Lockvogelangebot, allerdings ein juristisch nicht zu beanstandendes. Der Online-Buchhändler Amazon hat damit immer wieder gute Geschäfte gemacht: Ab einem bestimmten Bestellwert gab es den Warenversand für die Kunden gratis. Also bestellten die Leute mehr Bücher als sie eigentlich brauchten, nur um Portokosten zu sparen. Amazon verdiente derweil kräftig am Buchumsatz. Zero-Price-Effect heißt das im Fachjargon. Verrückt, aber wahr: In Frankreich machte der Buchhändler anfangs den Fehler, für den Versand einen symbolischen Franc zu verlangen. Fatal, denn so verpuffte der gesamte Effekt. Die Leute bestellten nur, was sie wirklich wollten.

Was das für Sie im Job bedeutet? Eine ganze Menge. Die Erkenntnisse aus der Konsumentenforschung lassen sich auf nahezu alle Verhandlungen mit Kunden (oder Gehaltsverhandlungen mit Ihrem Chef) übertragen. Von Ariely lernen Sie, wie wichtig es ist, mit Ihrem Angebot einen möglichst hohen Wert zu verankern. Bei jedem Auftakt sollten Sie also ein möglichst hohes Einstiegsgebot anpeilen, sonst laufen Sie Gefahr, dass Ihr Kunde mit Ihrer Arbeit nur »billig« assoziiert (»zu teuer« wäre jedoch auch nicht gut). Von DelVecchio wiederum können Sie sich merken: Preisnachlässe beziehungsweise -steigerungen drücken Sie am besten prozentual aus. So rücken Sie das Angebot weg vom Ankerpunkt und der wahre Aufschlag wird verschleiert. Und wenn Sie es schaffen, das Ganze mit einer Dreingabe zu garnieren (Umsatzsteigerungen oder ein Kosteneinsparungskonzept etwa), dann provozieren Sie womöglich noch einen Mitnahmeeffekt. Und sollten Ihnen all diese Vorschläge nicht gefallen, wissen Sie jetzt wenigstens, was eine Reziprozitätsfalle oder ein Kontrasteffekt ist und wie Sie beidem nicht mehr so leicht auf den Leim gehen.

Pragmatische Ratschläge für besseres Verhandeln

Wenn Sie an dieser Stelle klassische Ratgeberprosa vom Typ »Wie verkaufe ich einem Beduinen eine Sandbank« erwarten, muss ich Sie enttäuschen. Bücher dieses Formats gibt es schon und von den meisten lernt man eigentlich nur, wie man Bücher über einen blöden Titel verkaufen kann. Ich möchte mich stattdessen darauf konzentrieren, was man aus dem bisher Beschriebenen für Verhandlungen ableiten sowie aus der Geschichte lernen kann. Die Menschheitsgeschichte ist schließlich voll von Anekdoten geschickter Verhandlungsstrategen, großartiger Blender, Trickser und dreister Dealmaker. Hier eine kleine Auswahl:

- **Verunsichern.** Chuzpe siegt. Je dreister eine Forderung gestellt und je heftiger sie verfolgt wird, desto mehr verunsichert sie die Gegenseite und zwingt sie in die Defensive. Die damalige britische Premierministerin Margaret Thatcher erreichte mit dieser Strategie 1984 bei langwierigen Verhandlungen zur Finanzierung der EU den sogenannten Britenrabatt. Mit dem heute legendären Satz »I want my money back« verband die eiserne Lady die ebenso eiserne Forderung, eine große Menge des von den Briten eingezahlten Geldes auch wieder ausbezahlt zu bekommen. Das war zwar unverschämt, aber wirkungsvoll. Die völlig konsternierten damaligen EU-Kollegen gaben ihrem Ansinnen nach, weshalb der Britenrabatt bis heute gilt und erst 2013 deutlich reduziert werden soll.
- **Verwirren.** Wenn du nicht überzeugen kannst, verwirre! Die Taktik nutzte der damalige US-Präsident George W. Bush, um den Krieg gegen den Irak zu rechtfertigen. Angeblich gab es Geheimdienstberichte, die die Existenz irakischer Massenvernichtungswaffen belegten. Zwar gab es immer wieder Zweifel an der Stichhaltigkeit dieser Berichte. Doch nutzten Bush und sein damaliger Außenminister Colin Powell die Verwirrung darüber, was denn nun stimmt und was nicht, um die Invasion in den Irak zu begründen. Später stellte sich heraus: alles gelogen. Schon zum Zeitpunkt der Verkündigung hatte Powell schwere Zweifel am Geheimdienstmaterial, er habe »bestenfalls« Indizien gesehen, die in Richtung des gewünschten Ergebnisses interpretiert worden seien.
- **Vertauschen.** Wer angegriffen wird, rechtfertigt sich und sucht nach einer guten Begründung – was doch immer wie ein Schuldeingeständnis wirkt. Effektiver ist, den Angriff ins Leere laufen zu lassen oder das Thema zu wechseln. Bevor Lee Iacocca 1978 Chef von Chrysler wurde, hatte er sich gegen jeg-

liche staatlichen Eingriffe und für eine liberale Marktordnung ausgesprochen. Doch kaum hatte er bei Chrysler das Ruder übernommen, forderte er eine staatliche Kreditbürgschaft in Milliardenhöhe, um einen drohenden Konkurs abzuwenden. Die Journalisten rieben ihm diesen Sinneswandel genüsslich unter die Nase. Doch Iacocca antwortete nur: »Ich fühle mich grässlich, meine Ideale zu verleugnen. Aber sollen denn so viele Leute ihren Arbeitsplatz verlieren?« Danach war das Thema vom Tisch.

- **Verführen.** Zehn Jahre dauerte der Trojanische Krieg. Er brachte den Griechen nur Verluste und die Schmach, selbst mit einem gigantischen Heer die Stadt Troja nicht einnehmen zu können. Die Griechen bereiteten schon ihren Rückzug vor, als dem listenreichen Odysseus die Idee mit dem Pferd kam: Kaum ein Mensch kann einem Geschenk, einem Kompliment, einem Gunstbeweis widerstehen. Also schenkten die Griechen den Trojanern ein hölzernes Pferd, das der Athene geweiht war und eine Art Trophäe des trojanischen Sieges sein sollte. Im Inneren der Statue hielten sich jedoch griechische Elitekämpfer versteckt. Der Rest ist Geschichte: Siegestrunken und vor Eitelkeit erblindet, schleppten die Trojaner das Präsent in ihre Festung. In der Nacht öffneten die Griechen von innen die Stadttore und Troja wurde dem Erdboden gleichgemacht.

- **Verdrehen.** Vermeintliche Schwäche kann auch Stärke sein, so wie Angriff manchmal die beste Verteidigung ist. 1984 sollte es zu einer zweiten Fernsehdebatte zwischen dem amerikanischen Präsidenten Ronald Reagan und seinem Herausforderer Walter Mondale kommen. Im ersten TV-Duell hatte Reagan allerdings keine gute Figur abgegeben: Er hatte Fakten durcheinandergebracht und offensichtliche Konzentrationsmängel gezeigt. Seine Wahlkampfberater fürchteten nun, Mondale könnte das Alter Reagans zu seinem Vorteil nutzen. Dummerweise fiel ihnen dazu keine Gegenstrategie ein. Aber Reagan. Er deklarierte die Not zur Tugend und nahm seinem Widersacher allen Wind aus den Segeln, indem er während des Duells ständig wiederholte: »Ich werde die Jugend und Unerfahrenheit meines Gegners nicht zum Wahlkampfthema machen.« Reagan wurde auch beim zweiten Mal Präsident.

- **Verharren.** Verhandeln kommt von *handeln*, im Sinn von *etwas aktiv unternehmen*. Entsprechend katastrophal empfinden es die meisten, wenn Verhandlungen ins Stocken geraten. Stillstand baut einen enormen Verhandlungsdruck auf. Die Frage ist nur: für wen? Der russische Außenminister Andrei Gromyko nutzte die subtile Wirkung der Bewegungsstarre in den Siebzigerjahren geschickt. So berichtet sein damaliger US-Kollege, der amerikanische Außenminister Henry Kissinger, in seinen Memoiren, Gromyko habe in einer der zahlreichen Verhandlungen während des Kalten Krieges drei Wochen lang stoisch dieselbe Forderung erhoben, ohne davon im Geringsten abzurücken. Am Ende habe der Westen entnervt eingelenkt – und zwar nur, weil er den toten Punkt der Verhandlungen nicht länger ertragen konnte.

- **Vollziehen.** Die Mehrheit unerfahrener Verhandler versucht ihr Gegenüber zu überzeugen – durch Freundlichkeit und Argumente. Kann klappen, tut es aber selten. Wo Worte versagen, überzeugen allein Taten. Noch besser: ein Exempel. Das wusste auch der französische Präsident François Mitterand. Selbst auf wiederholte Mahnungen hin sahen sich die Japaner nicht in der Lage, die Handelsbarrieren gegen die Einfuhr französischer Waren zu lockern. Daraufhin ließ Mitterand Ende der Achtzigerjahre jeden vierten importierten japanischen Videorekorder inspizieren – durch sehr wenige Zöllner. Nach wenigen Wochen türmten sich die Rekorder in den Zolllagern, die Umsätze brachen ein, und die Japaner entdeckten sehr plötzlich einen Weg, französische Güter zu günstigeren Konditionen in ihr Land zu lassen.

- **Verringern.** Ein hoher Preis lässt sich entweder durch Qualität rechtfertigen – oder durch Rarität. Es ist das Gesetz von Angebot und Nachfrage: Je seltener etwas ist, desto mehr wird es wert. Die Strategie der abnehmenden Optionen wendete einst auch die Sibylle von Cumae, Amalthea, an. Die Prophetin bot dem römischen König Tarquinius Priscus neun Papyrusrollen mit göttlichen Weissagungen zum Kauf an – für 300 Goldmünzen. Ein Vermögen. Der König lachte Amalthea aus und lehnte dankend ab. Da verbrannte sie drei Rollen und bot dem König die verbliebenen sechs zum gleichen Preis an. Tarquinius lachte noch immer. Also verbrannte Amalthea weitere drei Rollen und bot ihm den Rest erneut für 300 Goldmünzen an. Diesmal lachte Tarquinius nicht mehr. Er kaufte.

- **Vernebeln.** Die Macht der Demut wird in Verhandlungen oft unterschätzt. Erst recht, wenn sie von Mächtigen genutzt wird – wie etwa von Heinrich II. Seit er im Juli 1002 zum ostfränkischen König gekrönt worden war, wollte er in Bamberg ein eigenes Bistum gründen. Bischof Heinrich von Würzburg sah dadurch jedoch seine Macht bedroht und setzte alles daran, den Plan zu vereiteln. Bei der entscheidenden Kirchensynode 1007 warf sich Heinrich II. vor den versammelten Mitgliedern sofort auf den Boden, bis ihm der Erzbischof aufhalf, um die Versammlung eröffnen zu können. Jedes Mal, wenn seine Gegner in der Sache gute Argumente vorbrachten, warf sich Heinrich erneut zu Boden. Die Rhetorik der Widersacher verpuffte, die Leute sahen nur noch Heinrichs demütige Geste – und er bekam sein Bistum.

Sie merken schon, Verhandlungstaktik ist wahrlich keine Geheimwissenschaft. Oft ist sie nur angewandtes Wissen über die menschliche Natur. Argumente können Sie sich dabei so gut wie immer schenken. Schließlich gibt es beim Verhandeln keinen neutralen Dritten, der darüber entscheidet, wer recht hat und wer nicht. Ob Sie überzeugen, entscheidet allein Ihr Gegenüber. Und wenn der- oder diejenige nicht will, hilft nur kreative Gesprächsführung. Was zulässig ist, schließlich kann der Unwille ja ebenfalls ein Manipulationsversuch sein.

Hauptsache, Sie bleiben stets aktiv und behalten die Gesprächsführung. Wer reagiert, verliert, sagen Profis. Im Einzelfall kann das bedeuten, dass Sie stoisch immer wieder dieselbe Forderung stellen – egal, was der andere auch anbietet. Oder dass Sie gar nichts tun und schweigen. Die meisten Menschen suchen nun mal den kurzfristigen Triumph, das Gefühl, intelligent verhandelt zu haben. Schweigen Sie oder bewegen Sie sich kein Stück, wird der andere unsicher, der Sieg schwindet in weite Ferne. Das zwingt ihn in die Defensive – und Sie führen wieder.

Apropos Führung. Auch wenn Sie kein Vertriebsmitarbeiter sind, möchte ich Ihnen am Schluss dieses Kapitels einige Empfehlungen für die wohl schwerste Verhandlung im Büroalltag mit auf den Weg geben: die Gehaltsverhandlung mit dem Chef. Aus einem bisher nicht wissenschaftlich untermauerten Grund entwickeln viele Beschäftigte dabei das Landungsgeschick eines Albatros und den Härtegrad von Gelee. Doch ohne ein paar Taktiken kommen Sie dort nicht zum Ziel. Diese könnten helfen:

Zwölf Übungen für mehr Geld

1. **Überzeugen Sie durch Leistung.** Der beste Tipp für mehr Gehalt ist zugleich der banalste: Machen Sie einen exzellenten Job. Und bemühen Sie sich um ein hervorragendes Verhältnis zum Chef. Inflation, ein Pflegefall in der Familie oder Lust auf Luxus beeindrucken keinen Boss. Nur wer deutlich mehr leistet als andere oder eine deutlich anspruchsvollere Tätigkeit als bisher erledigt, kann mehr verlangen.

2. **Machen Sie sich vorher schlau.** Und zwar über Ihren Marktwert genauso wie über den Verhandlungsspielraum und mögliche Alternativen. Recherchieren Sie, was Ihre Leistung wert ist und was Kollegen in vergleichbaren Unternehmen für vergleichbare Arbeitsleistungen bekommen. Dazu gibt es im Internet zahlreiche Tabellen. Sie riskieren sonst nicht nur den Erfolg der Mission, sondern auch Ihren Ruf als informierter Leistungsträger.

3. **Überreizen Sie nicht.** Ihre Forderung sollte in jedem Fall moderat ausfallen. Wer etwa in wirtschaftlicher Schieflage zweistellige Prozentzuwächse verlangt, erntet bestenfalls ein Lächeln. Gerade wenn das Unternehmen durch schweres Wasser schippert, sollten auch Sie Entgegenkommen signalisieren. Sie sind Teil einer Mannschaft – kein Solist.

4. **Formulieren Sie ein klares Ziel.** Wer herumeiert à la »500 Euro mehr wären ganz nett«, erntet nichts Nettes, sondern nichts. Über den Erfolg solcher Verhandlungen entscheiden zu einem nicht geringen Anteil Ihr Selbstvertrauen und das selbstbewusste Auftreten.

5. **Rechnen Sie mit Gegenargumenten.** Chefs sind geübt darin, Forderungen abzubügeln. Überlegen Sie sich also vorher mög-

liche Einwände und wie Sie diese kontern können. Gut ist, wenn der Schwerpunkt Ihrer Argumente auf dem Nutzen für das Unternehmen liegt (Kosten senken, Mehrwert bringen, Umsatz erhöhen etc.). Dagegen kann keiner etwas sagen.

6. **Machen Sie andere nicht schlecht.** Was unterscheidet Sie persönlich und fachlich von Ihren Kollegen? Was haben Sie denen voraus? So gut Sie sich auch darstellen, spielen Sie die Leistung von Kollegen bitte nie herunter. Ihre Leistung wird absolut bezahlt und nicht relativ. Außerdem signalisiert das, dass Sie nur an den eigenen Vorteil denken.

7. **Bleiben Sie diskret.** Gehaltserhöhungen sollte man für sich behalten. Sie wecken sonst nur Neid und Begehrlichkeiten. Und das stört das Betriebsklima. Informations-Bulimiker verärgern nicht nur den Chef, sie unterwandern auch sein Vertrauen. So jemandem wird er künftig weder Gehör schenken noch Geld geben.

Sonderbedingungen für Boni und Prämien:

8. **Formulieren Sie klare Ziele.** Da die Höhe Ihrer Prämie davon abhängt, ob Sie ein oder mehrere Ziele erreichen, müssen diese eindeutig, konkret und vor allem messbar sein. »Mehr Zufriedenheit und bessere Stimmung im Team« ist kein Ziel. Wie will man das objektiv messen? Mit solchen Zielen machen Sie sich nur abhängig von der Willkür Ihres Chefs und riskieren Ärger und Frust.

9. **Formulieren Sie realistische Ziele.** Schön, wenn Ihr Chef gerne hätte, dass Sie den Ertrag Ihrer Abteilung im kommenden Jahr um 20 Prozent steigern. Aber ist das auch zu schaffen? Achten Sie darauf, dass die Ziele erreichbar bleiben – und zwar von Ihnen persönlich. Je mehr Variablen Sie in Ihrem Kalkül akzeptieren, desto vager wird die Rechnung. Falls der Boss auf seinen Vorgaben beharrt, versuchen Sie diese wenigstens in kleinere Meilensteine zu zerlegen. So können Sie eventuell immer noch ein paar Euro extra einstreichen, auch wenn Sie das Gesamtziel nicht geschafft haben.

10. **Ermitteln Sie Alternativen.** In manchen Unternehmen sind die Bonusregelungen exakt festgeschrieben. Hier ist es sinnvoll, die entsprechenden Passagen im Arbeitsvertrag vor der Unter-

schrift auszuhandeln. Andererseits bleibt hier und da vielleicht noch Spielraum – prüfen! Was ist mit Dienstwagen? Tankkostenzuschüssen? Privater Nutzung? Was mit Aktienoptionen, Vorsorgezuschüssen oder anderen sozialen Leistungen?

11. **Machen Sie ein Protokoll.** Verhandeln ist gut, fixieren besser. An mündliche Absprachen erinnert sich mancher Chef später vielleicht nicht mehr. Das muss noch nicht einmal böser Wille sein. Zudem könnte der Chef vorzeitig seinen Job wechseln – und Sie stehen mit leeren Händen da.

15.00 Uhr
Ich brauch 'ne Pause!

Warum regelmäßige Auszeiten so wichtig sind ▪ Eine kompakte Abhandlung über Stress ▪ Burnout versus Boreout

»*Mach mal Pause.*«
Coca Cola, Werbespruch von 1957

Dem erfolgreichen Tagwerk pirscht leider oft auf leisen Sohlen die Erschöpfung hinterher. Spätestens gegen zwei fallen die meisten Arbeitnehmer typischerweise in ein Leistungsloch. Das ist übrigens keine Schande, sondern eine biologische Notwendigkeit. Es schützt Sie vor Überforderung. Falls Sie Ihr Leben also nicht gerade in der Abgeschiedenheit eines Kartäuserklosters verbringen (wobei mich dann schon interessieren würde, wie Sie an dieses Buch gekommen sind), haben Sie heute und bis hierhin eine Menge geleistet – und sei es nur, dass Sie den Anschein gewahrt haben.

Der Mensch ist keine Maschine. Und selbst die vertragen es nicht, immer nur unter Vollgas zu rotieren. Deshalb sind kleine Auszeitintervalle, vulgo Pausen, enorm wichtig für Körper und Psyche. Für die Produktivität sowieso. Jeder dritte Manager ist davon überzeugt, dass er mit zusätzlichen Pausen konzentrierter und effektiver arbeiten würde, 21 Prozent glauben zudem, dass sich die Stressbelastung der Mitarbeiter durch Kurzpausen senken ließe, so das Ergebnis einer Umfrage des IWD-Forschungsinstituts. Leider untermauert die Studie aber auch, dass Chefs zwar umfängliche Erkenntnis besitzen, jedoch wenig davon umsetzen. So macht laut dieser Umfrage jede zweite Führungskraft (45,7 Prozent) trotzdem keine Pausen neben der Mittagspause. Allenfalls 15 Minuten Auszeit gönnen sich Manager im Schnitt pro Tag. 59 Prozent begründen dies schlicht mit »keine Zeit« und ein Drittel sagt, dass weitere Pausen nun mal nicht vorgesehen seien. Da fragt man sich schon: Wer hat die Regeln eigentlich gemacht?

Stattdessen nutzen 60,2 Prozent der Manager jede freie Minute für den Job und arbeiten auch noch unterwegs per Handy oder BlackBerry, um ihr Pensum zu schaffen. Jeder Dritte leidet deshalb unter Kopfschmerzen, Rückenschmerzen (32,8 Prozent) und Schlafstörungen (14,8 Prozent). Kurzum: Wider besseres Wissen verhalten sich Chefs wie der ignorante Verweigerer, der erst nach dem

> Harvard-Forscher fanden heraus: Wer sich nur 15 Minuten ärgert oder negativ angespannt bleibt, verbraucht bis zu 350 Milligramm Vitamin C – ungefähr so viel wie in vier Orangen enthalten ist. Kein Wunder also, dass sich so viele Menschen erkälten, wenn sie über längere Zeit unter Belastung stehen.

dritten Herzinfarkt zum Arzt geht und selbst dann noch behauptet, er hätte in der Brust »so ein komisches Zwicken«. Jammerschade.

Zum Glück scheint eine solche Nicht-Pausenkultur keine büroweite Epidemie zu sein. Stolze 89 Prozent der einfacheren Angestellten machen es genau richtig, gönnen sich regelmäßig eine Rast und nehmen sich im Schnitt 20 Minuten frei. Immerhin. Wo bitteschön steht auch geschrieben, dass man immer und überall erreichbar, immer ansprechbar und vor allem immer beschäftigt sein muss? Ein derartiges Verhalten könnte schließlich ebenso auf eine narzisstische Störung hindeuten. Wer etwa glaubt, dass die Wirtschaft, vielleicht aber auch nur die Tabellenkalkulation zusammenbricht, sobald er mal kurz innehält, nimmt sich höchstwahrscheinlich viel zu wichtig.

Die meisten Menschen verkrampfen ohnehin, wenn sie für längere Zeit vor dem Computer hocken. Oder sie sacken in sich zusammen. Beides nicht gut. Für Arbeiter am Computer schreibt die Bildschirmverordnung zwingend regelmäßige, bezahlte Pausen vor. Genauere Angaben darüber, in welchen Abständen die Pausen gemacht werden sollen, finden sich dort aber nicht. Zumindest steht im Arbeitsrecht, wer über sechs Stunden und bis zu neun Stunden arbeitet, darf mindestens 30 Minuten unterbrechen, über neun Stunden sind es sogar 45 Minuten. Überdies darf Sie Ihr Arbeitgeber nicht pausenlos und ohne unzureichende Rast beschäftigen, das wäre ordnungswidrig. Gefährdet er durch die Verweigerung von Mußezeiten gar vorsätzlich Ihre Gesundheit, können Sie ihn verklagen.

Der menschliche Organismus schafft es nicht, sich länger als eine maximale Zeit von 70 bis 80 Minuten am Stück zu konzentrieren. Spätestens danach sollte man eine kurze Ruhezeit einlegen. Aufstehen, Beine ausschütteln, Arme in die Luft strecken und sich recken und dehnen – das reicht schon. Solche Übungen helfen, die Muskeln zu revitalisieren und die Durchblutung anzuregen – auch die im Oberstübchen. Ein paar Mal vom Bürosessel aufstehen und sich wieder hinsetzen mag albern aussehen, funktioniert aber ebenso. Studien haben gezeigt, dass fünf Minuten ausgiebiges Strecken bis zu eine Stunde Schlaf ersetzen können. Natürlich ist dieser Effekt nicht addierbar, Motto: 40 Minuten strecken – nie mehr schlafen.

Pausen sind keine Zeitverschwendung – vorausgesetzt jedoch, Sie portionieren sie richtig. Nach wissenschaftlichen Erkenntnissen steigt der Erholungseffekt dabei nämlich nicht linear. Oder anders ausgedrückt: Sie erholen sich vor allem im ersten Drittel einer Pause, danach kaum noch. Deshalb sind lange Pausen nicht effizient. Statt einer 45-minütigen Unterbrechung ist es wesentlich erfrischender, über den Tag verteilt drei Mal 15 Minuten abzuschalten.

Sie können das kurze Arbeitsintermezzo aber auch für einen Dialog mit dem Ich nutzen. Interessante Selbstgespräche setzen zwar »einen klugen Gesprächspartner voraus«, wie einst der Schriftsteller Herbert George Wells zynisch sinnierte, doch sie helfen enorm. Psychologisch haben Selbstgespräche gleich mehrere Effekte: Zum einen stellen sie eine Art seelisches Ventil dar: Wut, Trauer und Frust können sich dann nicht so leicht in einen hineinfressen. Zudem werden unklare Gedanken beim Artikulieren geordnet, Entscheidungen so erleichtert – und nicht zuletzt merkt man sich Gehörtes meist besser als Gedachtes. Zugegeben, Sie benötigen dafür ein tolerantes Umfeld. Wer im Großraumbüro ständig und laut mit sich plaudert, wird vermutlich bald belächelt oder gilt als jemand mit einem gewaltigen Dachschaden. Besser also, Sie ziehen sich dazu diskret zurück. Dann können Selbstgespräche durchaus zu besseren Ergebnissen führen. So ließen etwa die Psychologen Dietrich Dörner von der Universität Bamberg und Ralph Reimann von der Universität Wien 17 Probanden eine Konstruktionsaufgabe alleine lösen und beobachteten sie dabei per Video. Bei dem Versuch zeigte sich deutlich: Die besten Ergebnisse erzielten jene Studenten, die häufiger mit sich selbst geredet und Fragen an sich gerichtet hatten. Die Top-Lösung kam gar von einem Probanden, der während der 100 Minuten Bearbeitungszeit sich selbst knapp 60 Fragen laut denkend gestellt hatte. Allerdings merkten die Forscher zugleich an: Hilfreich waren nur analytische Fragen vom Typ »Wie befestige ich das jetzt hier?«. Fragen oder Aussagen der Kategorie »Mann, bin ich blöd!« hatten keinerlei positiven Effekt.

Ungewöhnlich sind solche Automonologe übrigens nicht. Schon von Kindesbeinen an führt der Mensch Selbstgespräche. Spielende Kinder zwischen zwei und vier Jahren reden regelmäßig mit sich. Mit dem fünften Lebensjahr verlagert sich dieser lautstarke Egolog jedoch immer mehr nach innen und wird schließlich nur noch gedacht. Was aber nicht bedeutet, dass Erwachsene nicht mehr mit sich sprächen. Amerikanische Untersuchungen gehen davon aus, dass 96 Prozent der Erwachsenen regelmäßig mit ihrer inneren Stimme monologisieren – in der Regel aber nur, wenn sie sich unbeobachtet fühlen (etwa im Auto) oder wenn sie sich über sich selbst ärgern. Wenn Sie das spontan überzeugt hat, künftig ein wenig öfter mit sich zu plaudern, empfehle ich folgende Grundregeln:

- **Nicht pauschalisieren.** »Das ist ja mal wieder typisch für dich!«, »Nie bringst du eine Sache zum Ende!«, »Ständig ignorieren mich die Kollegen!« – solche Pauschalurteile sind nicht nur faktisch falsch, sie wirken auch desaströs. Effektiver lassen sich Minderwertigkeitskomplexe kaum erzeugen. Der innere Dialog prägt unser Handeln und unsere Gefühle angeblich bis zu 95 Prozent. Schlagen Sie sich solche Gedanken also lieber sofort und kategorisch aus dem Kopf. Formulieren Sie lieber positive Sätze wie: »Von jetzt an kann es nur noch besser werden.«
- **Seien Sie ehrlich zu sich.** Das bedeutet nicht schonungslose bis zerstörerische Selbstkasteiung, sondern eine ehrliche Analyse Ihrer Schwächen und Misserfolge. Nur so können Sie daraus lernen, was Sie das nächste Mal besser machen werden. Auch das sollten Sie anschließend möglichst konkret formulieren und aussprechen.
- **Wägen Sie ab.** Wenn Sie sich schon Zeit für sich nehmen, dann gründlich: Diskutieren Sie ruhig Vor- und Nachteile einer Entscheidung, die Ihnen in den Sinn kommen und wägen Sie diese ab. Hauptsache, Sie treffen hinterher tatsächlich eine Entscheidung. Andernfalls vergrößern Sie das Hindernis, das vor Ihnen liegt, nur.

Bei all den bis hierhin genannten Optionen sollte jedoch klar sein: Wie Sie Ihre Pause inhaltlich verbringen, ist eigentlich Nebensache. Entscheidend ist, Sie machen Pausen.

Eine kompakte Abhandlung über Stress

Pausen sind eine natürliche Stressbremse. Heute mehr denn je. Wir leben in einer Zeit mit jeder Menge Action ohne Satisfaction. Globalisierung, Vielfliegerei, Zeitverschiebungen, Beschleunigung der Arbeitsabläufe und das Verschwimmen von Beruf und Privatsphäre rauben den Menschen zunehmend Kraft und Zeit. Hinzu kommt der Technikstress: Handy, BlackBerry, SMS, E-Mails und das ständige Überwachen und Pflegen virtueller Kontakte zehren an den Nerven. Des Weiteren wird unser Arbeitsalltag mehr und mehr geprägt von Unsicherheit, von prekären Anstellungsverhältnissen, von Projektarbeit und daraus resultierenden hierarchischen Grabenkämpfen. Immer wenn sich in den Betrieben neue Teams zusammensetzen, müssen die Mitglieder erst einmal ihre Rollen und Rangordnungen neu finden. So entsteht auch noch Gruppenstress. Christina Maslach, Burnout-Spezialistin an der Berkeley-Universität, wies zum Beispiel nach, dass Intransparenz, also wenn nicht klar wird, wie und warum bestimmte Entscheidungen getroffen werden, einer der Hauptstressauslöser im Büroalltag ist.

Mika Kivimäki, Leiter der Psychologischen Fakultät an der Universität von Helsinki, veröffentlichte wiederum 2002 im *British Medical Journal* eine vielbeachtete Langzeitstudie, bei der er untersuchte, welche Stressoren das Herzinfarktrisiko erhöhen. Zehn Jahre lang beobachtete er rund 800 Mitarbeiter in der Metallindustrie. Resultat: Die Arbeitsbelastung selbst war nicht ausschlaggebend. Wohl aber die Kombination aus hoher Arbeitsanforderung und geringer Handlungskontrolle. Sie erhöhte das Herzinfarktrisiko um das 2,2-Fache. Kamen noch geringes Einkommen, fehlende Karriereaussichten und mangelnde soziale Anerkennung hinzu, stieg das Risiko auf das 2,4-Fache. Insbesondere wer ständig gegen seine Motivation arbeitet, sich zur Arbeit quält und Aufgaben widerwillig bewältigen muss, der spürt, wie der Stress erst an seiner Seele und dann an der Gesundheit nagt. Wissenschaftler sprechen in dem Zusammenhang auch von einer *Gratifikationskrise*: Wer viel leistet, ohne dafür angemessen belohnt zu werden, hat ein doppelt so hohes Risiko, an Depression oder Herzinfarkt zu erkranken. Schätzungen zufolge sind davon bis zu 25 Prozent der Belegschaften weltweit betroffen. Wobei Psychologen zwischen drei Typen von Gratifikationsgefährdeten unterscheiden: Die Ersten macht der Job zwar krank, aber sie haben keine Alternative. Meist betrifft das gering Qualifizierte. Die Zweiten halten die Missachtung aus, weil sie hoffen, es werde irgendwann besser (was es selten wird). Vor allem Berufseinsteiger, aber auch prekäre Praktikanten denken so.

Die Dritten stürzen sich freiwillig in eine solche Krise – aus falsch verstandenem Ehrgeiz. Sie beuten sich selbst aus, um sich und anderen etwas zu beweisen. Auch nicht wirklich klug.

Das alles hat längst messbare Folgen. Seit Jahren steigt der Stresspegel in den Büros bedenklich an: Allein zwischen 1997 und 2004 haben die seelischen Leiden am Arbeitsplatz um 70 Prozent zugenommen. Jeder fünfte Deutsche zeigt inzwischen typische Stresssymptome wie Kopfschmerzen, Herzrasen, Schlafstörungen oder Durchfall. Jeder zehnte Fehltag soll bereits auf das Konto von Stress gehen. Unisono schlagen Mediziner und Psychologen deshalb Alarm, die Weltgesundheitsorganisation (WHO) hat Stress bereits zu »einer der größten Gesundheitsgefahren des 21. Jahrhunderts« erklärt. Vor allem den jungen Menschen schlägt der steigende Druck offenbar aufs Gemüt. Von den 20- bis 35-Jährigen erkranken heute doppelt so viele Beschäftigte an psychischen Krankheiten wie noch 1997. Besonders gefährdet: die 40- bis 44-Jährigen. In dieser Altersgruppe erreichen psychische Erkrankungen mit einem Anteil von 12,2 Prozent ihren Höchstwert.

So bedrohlich diese Zahlen wirken – ein paar Einschränkungen muss man dabei machen. Denn nicht jeder, der vorgibt Stress zu haben, hat ihn wirklich, vermutlich schon gar nicht in dem beklagten Ausmaß. Stress kann ebenso eine listige Machtstrategie sein, was nebenbei bemerkt, nicht einmal eine neuzeitliche Taktik ist. Schon unsere Urzeitvorfahren wurden aus gutem Grund soziale Wesen. In ihren Clans konnten sie besser jagen, die Arbeit besser verteilen und sich nachhaltiger gegen Feinde wehren. Den Gruppenvorteil bezahlten sie dafür mit Gruppenstress. In den Sippen entstand Wettbewerb – um Nahrung, Wohnraum, Sexualpartner. Das ist bis heute so geblieben, nur geht es in den Bürocliquen eher um Macht, Status und Hierarchien. Trotzdem wird auch da mit Stress manipuliert: Ein bisschen Strapaze zu zeigen, macht heute wie vor 8000 Jahren unverdächtig, weckt bei anderen Sympathien und lullt dominante Alpha-Typen ein. Kurzum: Druck zu haben, kann genauso gut eine Unterwerfungsgeste sein, ein Signal an den Ranghöheren: »Du darfst mir Stress machen!« Oder es ist eine indirekte, moralisierende Form der Kritik am Chef, Motto: »Das wird mir jetzt echt zu viel!« Man kann das infantil finden, was es auch ist. Aber ganz häufig funktionieren Gruppen nur so. Mit einer

Ausnahme: An der Spitze des Unternehmens ist Stress noch immer ein Tabu. Wer leitet, leidet nicht – schon gar nicht unter Druck.

Gewiss, so ein taktisches Schweigegelübde verhindert nichts. Im Gegenteil: Es ist wie in einem Schnellkochtopf – unter verschlossenem Deckel steigt die Pression nur schneller. Allerdings werden nicht alle davon krank. Per se ist Stress nämlich gar keine so schlechte Sache, denn er mobilisiert Kräfte. Schon dem Urmenschen diente er bei Gefahr dazu, binnen Sekunden sämtliche Leistungsreserven anzuzapfen und so zu überleben. Stress ist also zunächst nichts weiter als ein natürliches Aufputschprogramm, eine Art Biodroge – allerdings mit allen üblichen Nebenwirkungen: Wer damit länger in Kontakt bleibt, kommt nur noch schwer wieder runter.

Lange Jahre hat sich die Stressforschung vor allem mit akutem Stress und seiner Wirkung auf den Organismus beschäftigt. Dank der Hirn- und Hormonforschung wissen wir inzwischen aber, dass der chronische Stress die größere Wirkung hat. Er hinterlässt Spuren im Gehirn und führt zu merklichen Gewebeveränderungen. Auf Dauer gesellt sich zum normalen vegetativen Stress der schädliche oxidative, der das Immunsystem schwächt. Dabei wird zu viel Sauerstoff verbrannt. Als Folgeprodukt entstehen freie Radikale, die die Wände von Nerven- und Gehirnzellen angreifen sowie Körperzellen bis zur genetischen Information schädigen können. Die körpereigene Abwehr wird obendrein unterwandert, möglichen Infektionen öffnen sich Tür und Tor. Selbst Diabetes und Osteoporose lassen sich heute teilweise auf Permastress zurückführen. Warum das so ist, wird vielleicht etwas klarer, wenn Sie sich vor Augen führen, was bei Stress im Körper genau abläuft. Allein das Verständnis hierüber kann ein erster Schritt sein, um mit aufkommendem Psychodruck künftig besser umzugehen. Deshalb an dieser Stelle eine kleine Ablaufübersicht:

- Alarm! Sobald eine Art Gefahr droht, steigt der Stresspegel und bringt den Körper binnen Sekunden auf Hochtouren. Zuerst aktiviert das Gehirn das autonome Nervensystem und damit die beiden Nervenstränge des Sympathikus (Kampf/Flucht) sowie des Parasympathikus (Erholung/Verdauung), die alle Organe im Körper steuern.

- Der Sympathikus benachrichtigt die Nebennieren – ein kleines Organ, das wie eine Kappe über den Nieren sitzt. Im Nebennierenmark wird der Botenstoff (auch *Neurotransmitter* genannt) Adrenalin freigesetzt; gleichzeitig wird der Botenstoff Noradrenalin aus den Nervenendungen des sympathischen Nervensystems ins Blut geschossen. Beide Neurotransmitter verteilen sich blitzartig im Körper. Sie lenken die Signalübertragung zwischen den Nervenzellen. Ergebnis: Alles funktioniert flotter. Das Herz schlägt schneller, der Blutdruck steigt, die Muskeln werden optimal mit Sauerstoff versorgt und spannen sich an – bis hin zum sprichwörtlichen Zittern vor Angst. Zugleich wird über das Adrenalin der Speichelfluss vermindert. Deshalb bleibt einem unter Stress oft die Spucke weg. Ebenso werden Zucker- und Fettreserven im Körper mobilisiert. Das Gehirn bekommt volle Energie und ist hellwach: Denkleistung und Entscheidungsgeschwindigkeit erhöhen sich enorm.
- Die Pupillen weiten sich, um mehr Licht durchzulassen. Im Extremfall kann es dadurch zu verschwommenem Sehen und Störbildern kommen.
- Parallel wird das Blut in die Skelettmuskulatur und die inneren Organe umgelenkt. In erster Linie eine reine Schutzfunktion: So droht man bei leichten Verletzungen nicht zu verbluten. Nebeneffekt: Hände und Füße werden kalt, das Gesicht blass. Dafür wird der Körper optimal auf Kampf oder Flucht vorbereitet.
- Das Hormon Vasopressin wiederum sorgt in der Niere dafür, dass weniger Flüssigkeit ausgeschieden wird. Eine volle Blase würde bei Angriff oder Flucht auch nur behindern.
- Die Körpertemperatur steigt bei einigen von durchschnittlich 36,5 Grad auf 37 Grad. Damit wir nicht überhitzen, werden gleichzeitig die Schweißdrüsen angeregt. Deshalb schwitzen so viele unter Stress – auch wenn sie sich körperlich gar nicht anstrengen.
- Parallel wird nun eine weitere Stresshormon-Achse aktiviert, die allerdings im Vergleich zum sympathischen Nervensystem etwas zeitverzögert auf Stress reagiert. Im Hypothalamus, einer Region im Zwischenhirn, wird der Botenstoff CRH (*Corticotropin-Releasing-Hormon*) ausgeschüttet. Das CRH stimuliert die Hirnanhangdrüse (*Hypophyse*), das Hormonzentrum des

Körpers. Diese gibt nun das Hormon ACTH (*Adrenocortico-tropes Hormon*) ins Blut. Über das Blut gelangt das ACTH zur Nebenniere und veranlasst dort die Ausschüttung des Hormons Kortisol. Das mobilisiert die Glucose- und Fettreserven. Gleichzeitig senkt es die Schmerzempfindlichkeit und kann das Immunsystem unterdrücken. Wird die Nebenniere über längere Zeit durch ACTH stimuliert, kann sie sich sogar vergrößern, wodurch die Kortisolproduktion zwar immens gesteigert wird, der Prozess sich allerdings auch verselbstständigen kann. Der Körper schaltet dann auf Daueralarm. Spätestens dann macht Stress krank.

- Erst wenn die Gefahr gebannt ist, ergreift der Körper Gegenmaßnahmen, um wieder zur Ruhe zurückzufinden: Die Neurotransmitter Adrenalin und Noradrenalin werden so schnell wie möglich wieder abgebaut. Das Kortisol selbst hemmt dann sogar seine eigene Ausschüttung. Über eine negative Rückkopplung dämmt es zudem die weitere Produktion von CRH und ACTH ein. Der extreme Leistungsschub fährt langsam wieder herunter. Wir reagieren wieder normal.

Alle diese Funktionen laufen bei uns völlig automatisch ab und es entstehen dadurch auch keinerlei körperliche Schäden. Stress ist ein natürlicher Vorgang, den wir sogar erleben, wenn wir uns freuen, küssen oder leidenschaftlichen Sex haben. Auf jeden dieser Reize reagiert unser Gehirn affektiv mit Gedanken und Gefühlen, die es binnen Sekunden bewertet. Je nachdem, wie das Urteil ausfällt, werden daraufhin mehr oder weniger Botenstoffe ausgeschüttet – das funktioniert ähnlich wie bei einem Gaspedal. Problematisch wird es erst, wenn sich diese Stresshormonfunktionen verselbstständigen. Wer einen solchen Zustand erreicht, verlernt regelrecht zu entspannen. Auch Sie haben sicher schon ein paar Mal beobachtet, dass Gestresste zur Muße kaum noch fähig sind. Schuld ist eine Art Rückkopplungseffekt zwischen Stress und Aggression: Ein hoher Kortisollevel macht aggressiv. Das so stimulierte Aggressionszentrum wiederum regt die Hormonproduktion an – eine sich selbst verstärkende Stressspirale entsteht. Sie erklärt auch, warum so viele nur schwer wieder zu beruhigen sind, wenn sie erst einmal in Rage geraten.

Hans Selye, einer der Urväter der Stressforschung, unterschied deshalb zwischen dem *Eustress* mit all seinen positiven und leistungssteigernden Effekten und dem *Distress*. Bei Letzterem werden Adrenalin und Kortisol nicht schnell genug abgebaut und der Körper reagiert mit Bluthochdruck, Magen-Darm-Störungen oder Tinnitus. Den zweiten Negativeffekt von chronischem Stress bemerkt man selbst jedoch kaum: Die Denkleistung sinkt. In unserem Gehirn sind verschiedene Verknüpfungsmuster gespeichert. Die einfachen, lebensrettenden im unteren Hirnstamm, die komplexeren – wie Empathie, Analysefähigkeit, Improvisationstalent – weiter oben, im Frontalhirn. Unter Stress gerät das Oberstübchen zu stark in Unruhe, sodass der obere Bereich, bildhaft gesprochen, wegen Überhitzung geschlossen wird. Folge: Das Gehirn verkürzt drastisch die Informationsmenge, die es verarbeiten muss, und greift stattdessen auf bewährte Urprogramme zurück: Flucht, Angriff, Erstarrung. Amerikanische Polizisten, die in Schießereien verwickelt wurden, beschrieben anschließend jedes Mal dieselben Symptome: extreme visuelle Klarheit, begleitet von Tunnelblick, gedämpften Geräuschen sowie dem Eindruck, die Zeit würde sich verlangsamen. Kurz: Unter anhaltendem Extremstress degeneriert unser hochentwickelter Geist zum Neandertaler.

Wie sehr wir auf äußeren Druck anspringen, ist zum Teil angeboren. Verantwortlich dafür ist aber nicht das sprichwörtliche Nervenkostüm, sondern vielmehr die Größe des Hippocampus. Er steuert unter anderem unsere Gefühle, fragt im Bedarfsfall Erinnerungen ab und formt aus Erlebtem neue. Gleichzeitig ist das Hirnareal in der Lage, die sich unter Stress aufschaukelnde Kortisolkaskade abzumildern. Der Hirnforscher Jens Pruessner von der McGill-Universität konnte bei verschiedenen Hirnscans einen positiven Zusammenhang zwischen Selbstbewusstsein und der Größe des Hippocampus feststellen: Je größer das Organ, desto größer das Selbstwertgefühl und damit auch die Stressresistenz. Neuere Studien zeigen, dass chronischer Stress den Hippocampus regelrecht zusammenschrumpeln lässt. Entdeckt wurde das bei Patienten, denen während einer Tumorbehandlung Kortisol verabreicht wurde. Prompt verkleinerte sich bei ihnen das Hirnareal. Hält der Stress also zu lange an, schmilzt nicht nur unsere Widerstandskraft, sondern auch noch das Selbstvertrauen.

Interessanterweise reagieren Frauen und Männer höchst unterschiedlich auf derlei Belastungen. Frauen nehmen Stress nicht nur schneller und stärker wahr als Männer – sie neigen auch vermehrt zu psychischen Symptomen, während Männer eher körperlich reagieren. Typisch männliche Stressfolgen sind Herz- und Kreislauferkrankungen, allen voran der Herzinfarkt und der Schlaganfall. Das Risiko, daran zu erkranken, steigt bei Managern, die wöchentlich mehr als 60 Stunden unter Volldampf malochen, rapide an. Diese Krankheitsbilder gibt es zwar auch bei gestressten Frauen, insbesondere die Herzerkrankungen nehmen bei ihnen zu, seit Frauen vermehrt in Führungsjobs streben. Ihre körperliche Schwachstelle ist aber die Skelettmuskulatur: Frauen unter Druck klagen besonders häufig über Rückenschmerzen. Zudem macht sie Stress schneller dick. Studien zeigen, dass chronischer Stress und das dabei ausströmende Kortisol den Stoffwechselprozess verändern und zu Fettpolstern im Bauch- und Taillenbereich führen. Mehr noch aber neigen Frauen zu psychischen und psychosomatischen Erkrankungen wie Migräne, Neurodermitis, Angstzuständen oder Depressionen. Den Grund, warum bei Männern eher das Herz und bei Frauen die Seele leidet, vermuten Wissenschaftler in der unterschiedlichen Psyche der Geschlechter: Frauen grübeln öfter und machen sich mehr Sorgen um ihre Gesundheit als Männer, wie Susan Nolen-Hoeksema von der Universität Michigan bei ihren Untersuchungen entdeckte. Die meisten Männer fühlen sich hingegen schon gesund, wenn sie nicht krank im Bett liegen. Frauen sehen die Sache ganzheitlicher: Für ihr Wohlbefinden müssen auch Gefühle und soziales Umfeld im Lot sein.

> Stress macht älter, fanden Wissenschaftler der Berkeley-Universität heraus. Die Forscher konzentrierten sich dabei auf sogenannte Telomere. Das sind Chromosomen-Enden, die sich bei jeder Zellteilung verkürzen. Sind sie zu kurz, kann sich die Zelle nicht mehr teilen und wird vom Körper entsorgt. Dauerstress verkürzt die Telomere. Die gestressten Probandinnen waren so ihrem chronologischen Alter genetisch bis zu 17 Jahre voraus.

Jetzt aber zu der Frage, die Ihnen vermutlich schon seit einiger Zeit auf den Nägeln brennt: Was kann man gegen ausuferndem Stress unternehmen – außer regelmäßigen Pausen? Die Antwort ist erstaunlich simpel: Bewegen Sie sich! Sie wissen ja: Stress stellt den Körper auf höchste Leistungskraft ein, versetzt ihn in einen Alarmzustand und programmierte uns ursprünglich auf Flucht oder Angriff. Ein solch hoher Erregungslevel lässt sich im Büro und vor dem Bildschirm nicht einfach wegtippen. Besser also, Sie folgen dem Programm und simulieren Flucht oder Angriff, um den aufgestauten Druck abzubauen. Wer unter Volldampf steht, sollte dann zum Beispiel ein paar Stockwerke rauf und runter gehen oder eine Runde um den Block spazieren. Nach einem anstrengenden Tag wiederum bietet leichter Ausdauersport die beste Entlastung für den gestressten Organismus. Schon 20 Minuten strammes Spazierengehen bauen Aggressionen ab und bringen den Hormonhaushalt ins Gleichgewicht zurück. Sex übrigens auch. Der ist nachweislich in der Lage, Blutdruck zu normalisieren und Stress zu reduzieren (fürs Büro jedoch weniger geeignet, siehe Kapitel um 11.11 Uhr). Das gilt aber nur für den Sex mit einem Partner, nicht für Masturbation, wie Stuart Brody, Psychologieprofessor an der westschottischen Universität von Paisley, betont. Brody vermutet, dass das Multifunktionshormon Oxytocin, das während des Koitus ausgeschüttet wird, für den Effekt verantwortlich ist. Das sogenannte Liebeshormon wirkt auf den Organismus beruhigend und beeinflusst offenbar auch unser biologisches Alter. David Weeks, klinischer Neuropsychologe am Royal Edinburgh Hospital, veröffentlichte dazu vor einiger Zeit eine Studie, in der er feststellt, dass Männer und Frauen, die durchschnittlich vier Mal in der Woche miteinander schlafen, zehn Jahre jünger wirken, als sie in Wahrheit sind.

Burnout versus Boreout

Wer über Stress recherchiert, kommt am Burnout nicht vorbei. Gerade in wirtschaftlich schweren Zeiten hat das Thema regelmäßig Konjunktur. Personal wird reduziert, aber nicht die Menge der Arbeit. Die Folge: Die Arbeitsbelastung steigt. Nicht alle werden damit gleich gut fertig. Und wer mit dem Arbeitsumfang sichtbar Probleme bekommt, wird schnell als Minderleister gebrandmarkt. Also halten viele die Klappe, wursteln sich so durch, isolieren sich und betreiben Raubbau an Seele und Körper. Resultat: Burnout.

Das totale Ausgebranntsein ist jedoch das Endergebnis. Bis dahin ist es ein schleichender, quälender Prozess. Meist beginnt er mit dem oben beschriebenen Dauerstress. Damit einher gehen Frühwarnzeichen wie zunehmende körperliche Erschöpfung und Lustlosigkeit: Man fühlt sich häufiger müde als sonst, matt, niedergeschlagen. Die Tage mit Kopfschmerzen und Schlafstörungen nehmen zu. Irgendwann wachsen einem die Dinge über den Kopf. Es mehren sich Fehler, alles geht irgendwie schief, Selbstzweifel entstehen und nagen am Ego. Nicht wenige werden dadurch aggressiv oder sind zumindest leichter reizbar. Mit der Zeit gesellt sich zu den Erschöpfungssymptomen das Gefühl der Sinnlosigkeit: »Was mache ich hier eigentlich? Das ist doch alles Bullshit! Und die Kollegen: alle doof.« Schließlich folgt der Rückzug aus dem sozialen Netz. Man bekommt das Gefühl, von jedem ausgesaugt zu werden. Spätestens jetzt strahlt der Stress im Beruf auch in das Private, die Ehe, die Familie und Freundschaften. Die Betroffenen ziehen sich immer mehr in sich zurück, werden depressiv, bekommen sexuelle Funktionsstörungen sowie Herz-Kreislauf-Erkrankungen. Bis zum totalen Zusammenbruch dauert es jetzt nicht mehr lange. Endstation: Burnout-Syndrom.

Von dieser Diagnose sind mittlerweile alle Schichten und Branchen betroffen. Burnout trifft keinesfalls nur die Schwachen, Labilen und Jammerlappen. Eher ist es genau umgekehrt: Opfer werden vor allem Menschen zwischen 30 und 50 Jahren, also jene, die gerade den Zenit ihrer körperlichen und geistigen Leistungskraft erreichen. Sie powern für die Karriere, für die Familie und versuchen zu vereinbaren, was oft nicht gelingen kann: Karriere, Kinder, perfekte Partnerschaft, Freunde, ein eigenes Haus. Der Burnout-Forscher Matthias Burisch nennt sie deswegen auch die »Selbstverbrenner«.

Immerhin: Versicherungen müssen die ärztliche Diagnose »Burnout-Syndrom« anerkennen – auch wenn der Kollaps selbstverschuldet ist. Das hat zum Beispiel die 25. Zivilkammer des Landgerichts München festgestellt. Ein 58-jähriger Finanzmakler hatte seine Berufsunfähigkeitsversicherung verklagt, weil die sich weigerte, ihm 3500 Euro monatlich auszuzahlen. Sein Arzt hatte ihm eine 50-prozentige Minderung der Arbeitsfähigkeit wegen Burnout bescheinigt. Die Assekuranz muss zahlen, urteilten die Richter und stützten sich in der Urteilsbegründung unter anderem auf ein Gutachten des Erlanger Professors Wolfgang Sperling. Der schrieb, dass nicht nur die berufliche Belastung zum Burnout beigetragen habe, sondern vor allem die aus der Persönlichkeit des Finanzmaklers resultierende »permanente Unruhe und fast zwanghaft anmutende Tendenz zum Perfektionismus«. Beidem sei er auf Dauer nicht gewachsen gewesen.

So weit muss es freilich nicht kommen. Gegen das Ausbrennen kann jeder etwas unternehmen. Voraussetzung dafür ist jedoch, zunächst die richtige Diagnose zu stellen. Denn nicht jedes der oben beschriebenen Anzeichen muss für einen drohenden Zusammenbruch sprechen. Ein Spezialist, Psychiater oder Psychologe sollte daher prüfen, ob es sich tatsächlich um einen nahenden Burnout handelt oder vielleicht auch um eine Depression. Beide werden völlig unterschiedlich behandelt. Im zweiten Schritt müssen dann die Ursachen für den Dauerstress erkannt werden, etwa durch einen Stresstest. Erst im dritten Schritt beginnt die eigentliche Therapie. Die wichtigsten Fragen, die dabei zu klären sind, lauten: Wie kann ich den Stress reduzieren? Liegen die Ursachen im Team oder liegt es an mir selbst? Wie gewinne ich mehr Gelassenheit? Wie erkenne ich künftig meine Kraftreserven besser? Und kann ich all die Probleme selbst lösen oder brauche ich professionelle Hilfe?

Auch vorbeugend können Sie aktiv werden. Einen Weg kennen Sie schon: regelmäßige Pausen. Mit mehr Kaffee oder Selbstdisziplin bekämpfen Sie nur die Symptome, nicht aber die Ursachen von Müdigkeit oder Stress. Die beiden Psychologen Robert Yerkes und John D. Dodson entdeckten schon 1908, dass zunehmender Krafteinsatz nicht zwangsläufig die Produktivität steigert. Sie können sich das bildhaft am besten wie ein umgedrehtes U vorstellen – die Yerkes-Dodson-Kurve. Anfangs steigt mit wachsender Leistung noch der Output. Bis zum Scheitelpunkt, dem Leistungsoptimum. Danach bringt Mehrarbeit gar nichts, nur mehr Stress.

Ein weiterer Weg: Reden Sie mit anderen Menschen, mit vertrauenswürdigen Kollegen oder guten Freunden über das, was Ihnen Sorgen bereitet. So können sich die Probleme nicht zu unüberwindbaren Gedankengebirgen auftürmen. Hinterfragen Sie dabei auch Ihre Bewertungsschemata: Ist das Problem wirklich so groß? Was ändert sich eigentlich, wenn Sie hier und jetzt darüber brüten?

Im Fachjargon heißt das übrigens *Wahrnehmungslenkung* und kann vieles relativieren.

Zu dem inzwischen recht gut erforschten Burnout-Syndrom gesellt sich neuerdings aber noch ein gegenteiliges Arbeitsphänomen: *Boreout* – krankmachende Unterforderung durch Langeweile im Job. Seit die Schweizer Autoren Philippe Rothlin und Peter Werder ein Buch zur *Diagnose Boreout* veröffentlichten, hat das Thema zahlreiche Journalisten und Medien beschäftigt. Boreout ist ja auch ein herrlicher Kontrast zum klassischen Ausbrennen: nicht malochen bis der Arzt kommt, sondern gammeln bis zum Umfallen. Eine schöne Vorstellung, deren Existenzbeweis die Erfinder bisher aber schuldig blieben.

Gewiss, Unterforderung kommt in jedem Job gelegentlich vor, aber ein Massenphänomen ist nicht nachweisbar. Als die Bundesanstalt für Arbeitsschutz mehrere Arbeitnehmer zu ihrer täglich zu leistenden Arbeitsmenge befragte, kam sie zu dem Resultat, dass sich allenfalls sechs Prozent unterfordert fühlten. Der Verdacht drängt sich daher auf, dass Boreout eher das Entschuldigungskonstrukt von notorischen Faulenzern ist. Sie empfinden sich als überqualifiziert und unterschätzt, bedauern die verschwendete Zeit im falschen Job und konservieren eine vor Selbstmitleid triefende Alles-Käse-außer-ich-Perspektive. Nicht minder verdächtig ist, dass sich die derart Gelangweilten in den dazugehörigen Internetforen längst auch fragen, ob die Folgen ihres Boreouts nicht vielleicht schon von den Krankenkassen anerkannt werden und es dafür Kohle gibt.

Ganz ehrlich, während ich großes Verständnis für das Heer der Entkräfteten hege, deren Chefs oder Egos sie auspressen wie Zitronen, können Unterforderte an ihrer Misere leicht etwas ändern. Dazu müssten sie nur selbst etwas aktiver werden – sei es, indem sie sich neue Gestaltungsspielräume in ihrem Job erkämpfen oder indem sie den Job wechseln, intern oder extern. Wer sich langweilt, kann jederzeit neue Projekte anschieben, die seinem Unternehmen (und ihm selbst) Spaß und Vorteile bringen. Schließlich hat so jemand qua Definition mehr als genug Zeit dazu. Langeweile ist wahrhaft kein Schicksal. Was dagegen aber sicher nicht hilft, ist phlegmatisches Jammern.

15.17 Uhr

Danke, es reicht!

Kritik will gelernt sein ▪ Wie Sie sagen, was Sie nervt, ohne zu nerven ▪ Wie man einem Kollegen sagt, dass er übel riecht

»Der Narzissmus ist die Leitneurose der Gegenwart.«
Gerhard Dammann, Schweizer Psychologe

Es gibt Tage, da wird einem schlagartig klar, dass weniger der Ehrliche der Dumme ist, sondern vielmehr derjenige, der die Klappe hält. Von wegen Schweigen ist Gold. Das Büro wimmelt von Typen, die Blech reden und Schrott produzieren – und trotzdem erfolgreich sind. Solche Kollegen wandeln durch die Büroflure wie Lucky Luke, bringen aber die Performance der Daltons. Wir anderen rackern uns derweil ab, entwickeln Neues, gieren nach Feedback, um aus Niederlagen zu lernen, während an diesen Deppen alles abperlt. Das ist ungerecht, denken Sie. Das kann so nicht weitergehen! Tut es aber. Schuld daran ist jedoch weniger die unfaire Welt im Allgemeinen oder Ihr behäbiges Umfeld im Besonderen, sondern schlicht mangelnder Mut. Das alles basiert auf dem seit Anbeginn der Schöpfung verbreiteten Konzept, dass Schweigen, so sich nicht umgehend jemand beschwert – ein Kunde, der Chef, Gott –, als stumme Zustimmung gewertet wird. Und man muss kein Organisationspsychologe sein, um zu wissen, was passiert, wenn alle so denken wie Sie, aber eben auch nur so denken: nichts.

Genauso falsch wäre es natürlich, seinen Ärger unkontrolliert zu ventilieren. Bei aller Sympathie: Wer wiederholt herumschreit, gegen Aktenschränke tritt oder das Schließen von Bürotüren über Gebühr beschleunigt, kann dafür abgemahnt oder gar gekündigt werden. Rage löst nun mal keine Probleme. Schon vor Jahren gab es dazu eine, nun ja, amüsante Studie des Madigan Army Medical Center. Die Forscher hatten dabei 64 Patienten untersucht, die sich bei einem Racheakt an einem Getränkeautomaten verletzten, der nicht so wollte wie sie; 15 dieser ohnehin schon entnervten Zeitgenossen konnten allerdings nicht mehr befragt werden: Sie wurden bei ihrem Koller vom umkippenden Automaten erschlagen. Ich will hier aber nicht pauschalisieren, Wut hat viele Formen: Mal wird sie nur strategisch eingesetzt, mal ist sie harmlos, ein anderes Mal ist sie blind, impulsiv bis aggressiv, mal sogar krankhaft. Eine normale Wutattacke dauert indes eher so zwischen zehn und 20 Minuten. Und wenn die Emotionen hochkochen, sind Frauen – entgegen allen Klischees – genauso aggressiv wie Männer. Sie gehen nur anders damit um: Während sich Männer in ihrer Männlichkeit eher bestätigt sehen, wenn sie mal ordentlich auf den Tisch hauen und Dampf ablassen, plagt Frauen kurz danach ein schlechtes Gewissen wegen des vorübergehenden Kontrollverlusts. Wobei Psychologen noch einmal zwischen Wut, Ärger und Zorn unterscheiden. Ärger weist von diesem Trio den geringsten Erregungszustand auf. Wut ist schon wesentlich ungestümer: Wer wütet, zerstört meist blindlings. Von Zorn wiederum sprechen Wissenschaftler, »wenn die Angelegenheit, die uns ärgert, nicht primär auf unser Ich bezogen ist, sondern auf etwas Übergreifendes«, sagt zum Beispiel Verena Kast, Professorin für Psychologie an der Universität Zürich. Zorn sei distanzierter als Wut. Eigentlich.

Falls gerade Ihr PC abstürzt, bevor Sie die erste Sicherungskopie Ihrer Arbeit ziehen konnten, die Kollegin einen Bad-hair-day hat und deswegen unberechenbarer in ihren Stimmungen schwankt als Rumpelstilzchen oder der Kollege seinen Brühkaffee ausgerechnet dann über Ihre Hose schwappt, wenn Sie in die Kundenpräsentation aufbrechen wollen, werden Sie für derlei feinsinnige Unterscheidungen kaum ein Gespür entwickeln. Dann muss der Frust raus. Prompt. Am besten laut. Eine menschliche Regung mit überaus historischen Dimensionen. So ließ Xerxes, persischer König um 500 vor Christus, einmal das Meer am Bosporus mit Eisenketten peitschen, weil es ihm zu stürmisch war. Kann man so machen. Das Beispiel dokumentiert aber auch, dass solches Verhalten in der Regel nur suboptimal wirkt.

> Richtig dosiert, kann Wutschnauben kurzfristig die Chance erhöhen, von anderen bewundert, unterstützt, gewählt oder befördert zu werden. Es beweist Energie, Durchsetzungswillen und Kraft, hat der Sozialpsychologe Brad Bushman von der Iowa-State-Universität festgestellt.

Deswegen ist das Problem nicht unlösbar. »Gefühle sind Entscheidungssache«, lautet ein altes Bonmot. Und es ist wahr: Wut lässt sich kontrollieren, wir dürfen uns von unseren Emotionseruptionen nur nicht fortspülen lassen. Und das gilt im besonderen Maß für das Verbalisieren von Missmut, der Kritik.

Kritik ist, wenn man es netter sagt als man es meint. Leider ist dies einer der größten Irrtümer über Kritik. Es stimmt zwar: Kritik will hübsch angerichtet sein, damit der andere sie bereitwillig schluckt. Kritik kann – richtig eingesetzt – eine enorm kreative Kraft sein, die Lernprozesse, Weiterentwicklungen und Erfolge überhaupt erst möglich macht. Nur nutzt das alles wenig, wenn in der Soße aus Toleranz und Lieblichkeit die Kernbotschaft absäuft. Wer also vorhat, als tadelnder Herold zu reüssieren, der sollte sich weniger auf Verpackungskünste und mehr aufs Wesentliche konzentrieren. So wie es auch Annette Bruce getan hat. Die Kölner Wirtschaftswissenschaftlerin untersuchte, wie man Kritik optimal sendet oder empfängt. Dabei befragte sie insgesamt 104 Führungskräfte. Zuvor mussten sich diese jedoch durch ihre Mitarbeiter, durch andere Kollegen und Kunden in sogenannten 360-Grad-Feedbacks hinsichtlich ihrer Kritikkompetenz beurteilen lassen.

Bruce unterschied anschließend zwischen zwei grundsätzlichen Kompetenzen: Die aktive Kritikkompetenz beschreibt die Fähigkeit, andere Menschen (Mitarbeiter, Kollegen, Vorgesetzte) fördernd im Sinne der Person und der Sache zu kritisieren. Die passive Kritikkompetenz sagt aus, wie konstruktiv einer mit Kritik umgehen kann. Am Ende ihrer Untersuchungen identifizierte Bruce jeweils vier Kritikertypen samt dazugehörigen Kritikstilen, die jeder schon einmal erlebt hat und die in jedem Büro mit einer Belegschaft von n > 20 vorkommen dürften. Sie können ja die Probe aufs Exempel machen und sich bei der folgenden Aufzählung selbstkritisch fragen, welcher Typ Sie sind. Oder Ihr Kollege. Oder Ihr Chef.

> Gemeinhin gilt: Menschen mit geringem Selbstvertrauen sind aggressiver als jene mit robustem Selbstgefühl. Neueste Forschungen der Universität von Georgia zeigen indes: Auch wer über ein ausgeprägtes, aber instabiles Selbstwertgefühl verfügt, reagiert auffallend wortreich bis wütend auf Kritik. Wie die Wissenschaftler vermuten, in erster Linie, um plötzliche Selbstzweifel zu kompensieren.

Aktiv

Der kompetente Kritiker

Bei diesem Typ bewegt sich das Bedürfnis nach sozialer Anerkennung auf einem gesunden Niveau. Weder versucht er Beliebtheitswettbewerbe zu gewinnen, noch versteht er sich als Hardliner und Einpeitscher. Kurzum: Er ist in der Lage, zum Wohle des Unternehmens unangenehme Entscheidungen zu treffen. Vorher prüft er aber gründlich die Standpunkte Dritter, um im Konfliktfall für beide Seiten sinnvolle Optionen zu erzielen. Zudem zeichnet ihn ein nützlicher, aber nicht übertriebener Humor aus.

Der Kumpelhafte

Er ist der empathischste Typ und besitzt die Fähigkeit, sich in die Lage anderer hineinzuversetzen. Seine Schwachstelle ist aber die soziale Anerkennung. Die bewertet er zuweilen höher als den Unternehmenserfolg, weshalb er ungern unbequeme Entscheidungen trifft. Immerhin: Auch der Kumpeltyp besitzt Humor, was zumindest hilft, besonders kritische Situationen zu entschärfen.

Der Autoritäre

Das Motto dieses Draufgängers: Was hätte Rambo an meiner Stelle getan? Dieser Typ geht keinem Konflikt aus dem Weg. Dabei beharrt er dann stur auf seinen eigenen Standpunkten. Kompromisse sind jedenfalls nicht sein Stil, sein Ziel eigentlich auch nicht. Der autoritäre Führungsstil dient allerdings meist nur dazu, den Mangel an sozialer Kompetenz zu überdecken.

Der Konfliktscheue

Gut, auch dieser Typ hat empathische Stärken, kann sich gut in die Lage anderer versetzen. Aber er erträgt keinen Streit. Kommt es zu Konflikten, zieht er sich möglichst unauffällig zurück oder schweigt. Über Kollegen oder Mitarbeiter äußert er sich nur ungern – und schon gar nicht negativ.

Passiv

Der kompetente Kritiknehmer

Lob und Tadel sind für ihn zwei Seiten derselben Medaille. Kritik versteht dieser Typ als Chance zur persönlichen Entwicklung und verarbeitet sie entsprechend konstruktiv. Zwar wird er im Konfliktfall auch seinen eigenen Standpunkt artikulieren, aber er hält nicht zwingend daran fest. Entscheidend ist für ihn, einen für das Unternehmen sinnvollen Kompromiss auszuhandeln.

Der Übersensible

Wer andere beurteilt oder kritisiert, setzt diese immer auch ein Stück weit herab. Genau dafür haben diese Personen sensible Antennen. Kritik empfindet dieser Typ daher stets als Bevormundung, was die Konfliktlösung mit ihm wahrlich nicht erleichtert.

Oft offenbart er sich durch eigensinniges und unbelehrbares Verhalten.

Der Kooperative

Man könnte auch sagen, es handelt sich hierbei um einen Jasager, jedenfalls im Extrem. Im Konfliktfall stimmt er meist vorschnell der Meinung anderer zu. Solange die Kritik vehement genug vorgetragen wird, neigt er auch nicht dazu, sie zu hinterfragen. Das hat dann allerdings häufige Verhaltensschwankungen und fehlende Zielstrebigkeit zur Folge.

Der Unabhängige

Nach außen signalisiert dieser Typ stets Kooperationsbereitschaft. Auf Kritik reagiert er vermeintlich offen und positiv. Denkste. Tatsächlich traut er den erzielten Kompromissen nur selten. Vielmehr hält er seine eigene Meinung für die bessere, weshalb er sich auch durch ideal vorgetragene und fundierte Rüffel nicht aus der Bahn werfen lässt, geschweige denn weiterentwickeln wird. Er will es einfach nicht. Auffällig wird dieser Typ durch seine latente Besserwisserei, die er gerne mit Humor zu überdecken versucht.

Das alles sagt freilich nichts über die Vielzahl der Gründe und Gelegenheiten, warum die Menschen im Job regelmäßig aneinanderrasseln. Da gibt es etwa offene Feindseligkeiten, die sich in verbalen Attacken oder bösen Blicken manifestieren, ohne dass wir wüssten, warum. Ein andermal kollidieren wir mit Kollegen, deren aufgeblasenes Ego mit jedem Heißluftballon konkurrieren könnte; dann wieder mit Mimosen, die schon beim leisesten Anflug eines Affronts einschnappen und uns für den Rest ihres Beschäftigungsverhältnisses kategorisch ausweichen. All diese Konflikte lösen sich nur selten von alleine. Sie zu ignorieren, wäre deshalb dumm. Nicht zuletzt weil sie den Arbeitsprozess enorm behindern, vor allem, wenn sie schwelen. Oberflächlich ist dann alles in Butter, doch darunter brodelt ein Vulkan, der irgendwann bei anderer Gelegenheit ausbricht – und sich womöglich zu einem pompejischen Problem auswächst.

Bevor man sich allerdings Gedanken darüber macht, wie man einem Kollegen am besten sagt, dass er eine Macke von mehr oder weniger kosmischem Ausmaß besitzt, ist es sinnvoll, sich ein wenig intensiver mit den Erkenntnissen der modernen Konfliktforschung zu beschäftigen. So unterscheiden Psychologen etwa zunächst zwei Konfliktarten, den *interpersonellen* und den *intrapersonellen* Konflikt:

- Beim *intrapersonellen* Konflikt handelt es sich um einen inneren Konflikt. Dabei ringen wir in erster Linie mit uns selbst, weil wir eine schwere Entscheidung fällen müssen. Richtig übel wird das, wenn einem nur noch die Wahl zwischen zwei Plagen bleibt – Pest oder Cholera? Ein solches Dilemma tritt etwa auf, wenn Sie sich entscheiden müssen, ob Sie dem Kollegen sagen, dass Sie seine aktenkundige Schichtarbeit zwar bewundern, aber jedes Mal Sorge haben, von einem der Aktenberge erschlagen zu werden – woraufhin der Ihr Merkzettel-Origami kritisieren könnte. Oder Sie sagen nichts und werden eines Tages tatsächlich erschlagen.
- Beim *interpersonellen* Konflikt hingegen handelt es sich um einen klassischen Knatsch, in den mindestens zwei Personen verwickelt sind. Ein solcher Krach wird immer dominiert von den eigenen Gefühlen, der Einstellung gegenüber anderen sowie dem Rollenverhalten aller Beteiligten. In der Regel verfolgen darin die Parteien unterschiedliche Absichten und versuchen sich gegenseitig zu beeinflussen. Was jedoch selten klappt.

Weil interpersonelle Konflikte vielschichtig sind, werden sie gewöhnlich noch weiter unterschieden – je nachdem, wie sich die Kombattanten verhalten oder was die Zwietracht ausgelöst hat:

- *Beziehungskonflikte* kennt natürlich jeder. Sie wurden in diesem Buch auch schon ausführlich beschrieben. Wo wir auf andere Menschen treffen, können jederzeit Antipathien entstehen, obwohl kein rationaler Grund dafür zu erkennen ist. Meist beginnt es unterschwellig: Ein zynischer Kommentar hier, eine subtile Anspielung dort, was zunächst eine rein sachliche Differenz war, wird auf einmal personalisiert und eskaliert schließlich zur saftigen Konfrontation. Solange die Beteiligten miteinander reden, kann das aber zu einem positiven Ende führen.

- *Kommunikationskonflikte* sind nicht minder häufig. Auslöser sind hierbei Missverständnisse, etwa weil Worte unvorsichtig gewählt wurden oder nicht mit Gestik und Mimik harmonieren. Solche Kommunikationskonflikte können sich aber auch entwickeln, wenn zum Beispiel ein Mitarbeiter Widerstand signalisiert, weil das Team ihn nicht in die Entscheidung mit einbezogen hat. Solche Streitereien lassen sich leicht ausräumen, indem man sich entschuldigt und offen ausspricht, dass hier offenbar aneinander vorbeigeredet wurde.

- *Rollenkonflikte.* Wir alle nehmen in einer Gruppe jeweils eine bestimmte Rolle ein. Ob wir wollen oder nicht. Damit werden an uns aber auch Erwartungen gestellt – ausgesprochen oder nicht. Das wieder müssen nicht unbedingt unsere eigenen sein, sodass die aufgedrückte Rolle den persönlichen Zielen massiv im Wege stehen kann. Schon ist Streit programmiert – und leider auch nicht so leicht zu lösen, falls der Chef die Regie bei diesen Rollen führt.

- *Wertkonflikte* wiederum treten dann auf, wenn die Kollegen unterschiedliche Vorstellungen darüber haben, wie man den Job zu machen hat. Der eine bevorzugt klar geregelte Abläufe, der andere ist lieber spontan; der eine schließt unlautere Methoden kategorisch aus, für den anderen sind sie nur Mittel zum Zweck. Kritisieren bringt hier in der Regel wenig. Es handelt sich um Grundsatz- oder Charakterfragen.

- *Sachkonflikte* klingen zunächst nicht nach Zank zwischen Kollegen. Gemeint ist hier aber Uneinigkeit über eine Sache, ein Projekt etwa, bei dem verschiedene Vorstellungen darüber existieren, welches Ziel erreicht werden soll oder wenn es verschiedene Lösungsvorschläge gibt, die nicht zu vereinen sind. Jedenfalls nicht auf den ersten Blick. Hier können sachliche Auseinandersetzungen auf jeden Fall weiterhelfen.

- Schwieriger ist es bei *Verteilungskonflikten.* Hier wird darüber gestritten, wie die vorhandenen Ressourcen verteilt werden sollen. Wer bekommt den Dienstwagen? Wer das Eckbüro? Wer die neue attraktive Praktikantin? Oder den feschen Assistenten? Solche Konflikte enden nicht selten im letzten Typus.

- *Machtkonflikte* dauern, das ist die gute Nachricht, selten lange. Wenn zum Beispiel zwei Abteilungen aus Kostengründen zu-

sammengelegt werden sollen und beide bisherigen Abteilungsleiter keinen Einfluss einbüßen wollen, ist der Machtkonflikt
zwar sicher, aber in der Regel auch bald entschieden: Entweder
durch ein Machtwort vom Oberboss oder weil einer der beiden
Streithähne den Kampf gewinnt.

Aus dieser Unterteilung lässt sich leicht ablesen, dass Kritik nicht
durchweg zu einem positiven Ergebnis führt. Manchmal heizt sie
das ohnehin erhitzte Klima nur weiter an. In diesem Fall ist es klüger, sich mit Nonchalance und der pragmatischen Philosophie des
»Wu Wei«, des Handelns durch Nichthandeln, zu wappnen. Das
heißt nicht, dass Sie gänzlich untätig bleiben und die Konflikte einfach aussitzen sollten (so klug das zuweilen auch ist), sondern dass
Sie das Notwendige im rechten Augenblick tun – was bedeuten
kann, einen korrupten Kollegen (anonym) zu verpfeifen oder im
Extremfall den Arbeitgeber zu wechseln. Für alle anderen Konflikte
aber gilt, dass Sie sich der strittigen Situation unbedingt und meist
auch unmittelbar stellen sowie offen mit der anderen Partei kommunizieren sollten. Nur ein ebenso ehrliches wie respektvolles Gespräch führt hier zu einer Lösung. Einen anderen Weg gibt es nicht.

Wie Sie sagen, was Sie nervt, ohne zu nerven

In deutschen Büros ist oft Winter. Eine steile These, ich weiß. Aber
Sie können sie ja prüfen. Im *Leadership-Blog* von George Ambler
habe ich vor einiger Zeit eine Liste gefunden, die zusammenfasst,
was klassische Bürokonflikte schürt. Diese Punkte eignen sich hervorragend als eine Art Checkliste für Bürofrust: Wenn Sie mehr
als drei Punkte ankreuzen können, sind Sie auf dem besten Weg,
nicht nur Opfer, sondern vor allem einer der Hauptverursacher von
Bürokonflikten zu sein:

Sie halten sich nicht an Abmachungen und Arrangements. ☐

Sie kümmern sich zuerst um den eigenen Vorteil. ☐

Sie vermeiden Kompromisse und maximieren den ☐
Eigennutz.

Sie wollen alles und immer kontrollieren statt ☐
zu delegieren.

Ihre Worte und Taten widersprechen sich offensichtlich. ☐

Sie verschweigen wichtige Informationen gegenüber ☐
Kollegen.

Sie belügen Ihr Umfeld. ☐

Sie suchen die Schuld vornehmlich bei anderen. ☐

Sie kritisieren öfter als Sie loben. Konstruktives ☐
Feedback ist bei Ihnen rar.

Sie setzen sich über Vertraulichkeiten hinweg ☐
und beteiligen sich am Flurfunk.

Sie treffen einsame Entscheidungen und ☐
erlauben niemandem, Ihnen dabei zu helfen.

Sie spielen die Stärken und Talente anderer ☐
herunter (um selber besser dazustehen).

Sie versäumen es, andere zu fördern oder in ☐
ihrer Entwicklung zu unterstützen.

Sie fragen nie um Rat oder Hilfe. ☐

Sie sind eine Maschine, Privates im Job klammern ☐
Sie völlig aus (auch Humor).

Sie empfinden Kritik als persönlichen Angriff ☐
und schlagen entsprechend zurück.

Aufkommende Diskussionen, die Ihr Wirken ☐
schmälern könnten, ersticken Sie im Keim.

Sie versuchen Konflikte aller Art zu vermeiden oder ☐
herunterzuspielen.

Sie nutzen Meetings vor allem als Bühne ☐
zur Selbstdarstellung.

Sie schmieden hinterrücks Allianzen und Intrigen ☐
mit anderen Teams und Kollegen.

Der Rechtsstaatgrundsatz »Im Zweifel für den ☐
Angeklagten« ist Ihnen fremd.

Sie entschuldigen sich nie für Fehler, ☐
Missverständnisse oder schlechtes Benehmen.

Das Problem am menschlichen Miteinander ist ganz häufig, dass wir die Dinge nicht sehen, wie sie sind, sondern die Dinge sehen, »wie wir sind«, erkannte schon die Schriftstellerin Anaïs Nin. Ihre weise Feststellung erhält längst akademische Unterfütterung, etwa durch die Psychologin Veronica Ramenzoni von der Universität von Virginia. Nach eingehender Forschung kam sie erst kürzlich zu dem Schluss, dass die Art, wie wir andere Menschen beurteilen, ganz oft von unseren eigenen Fähigkeiten abhängt. Oder anders formuliert: Wer selbst keinen Marathon läuft, traut es tendenziell auch keinem anderen zu.

Eine solche Haltung ist schon überheblich genug. Hinzu kommt jedoch der Nimbus der Erleuchtung, der bei jedem Urteil und damit auch bei jeder Kritik mitschwingt: Wer andere beurteilt, umgibt sich mit der Aura des Ein-, Weit- und Durchblicks und kommt damit automatisch in den Ruch eines Bescheidwissers. Auf alles eine Antwort, womöglich gar die bessere parat zu haben, macht eben nicht sympathisch. Und wer anderen – und sei es ohne böse Absicht – durch seine An- und Einsichten immer wieder ihre eigenen Unzulänglichkeiten vor Augen führt, erzeugt vor allem zweierlei: Minderwertigkeitsgefühle und Rachegelüste. Blockieren aber erst einmal angekratzte Gefühle den Verstand, bleibt Ihr Gegenüber auch den edelsten Argumenten verschlossen. Klüger ist deshalb die Strategie, die der Japaner Tsunetomo Yamamoto in *Hagakure – Der Weg des Samurai* beschreibt: »Um jemandem deine Meinung zu sagen, musst du vorher sorgsam abschätzen, ob derjenige in einer günstigen Verfassung dafür ist. Du musst dich mit ihm vertraut machen und

Wer seinen Ärger ausdrückt, erscheint dominanter, hat die Stanford-Professorin Larissa Tiedens ermittelt. Dazu untersuchte sie die Reaktionen auf Gesichtsausdrücke: Menschen, die traurig dreinschauen, werden als liebenswürdig eingestuft, aber auch als schwach. Wer sich dagegen ärgert, wirkt stark und klug. Ihnen gestanden die Probanden einen ausgeprägten Gerechtigkeitssinn sowie höheren Status zu.

sichergehen, dass auch er Vertrauen zu dir fasst.« Es gehe darum, erst einmal Themen zu finden, die dem anderen wichtig sind, eine günstige Gelegenheit abzuwarten und sich unmissverständlich auszudrücken. Wer dann noch die Stärken des anderen rühme und über eigene Schwächen seinem Gegenüber vorsichtig dessen Schwachpunkte vor Augen führe, sei kurz vor dem Ziel: »Bringe ihn dazu, deine Meinung entgegenzunehmen wie ein Mann mit trockener Kehle das Wasser, und du wirst seine Fehler korrigieren.«

Wenn Sie also einem anderen Ihre Meinung mitteilen wollen, hängt dessen Reaktion wesentlich davon ab, wie sehr Sie sich vorher emotional stabilisieren und ob Sie sich vorab klarmachen, warum Sie den anderen kritisieren möchten: Wollen Sie ihm damit wirklich einen Dienst erweisen oder nur sich selbst produzieren? Andere zu kritisieren, ohne dabei Streit zu provozieren, gelingt letztlich nur durch eine innere Diensthaltung (die durchaus wahrgenommen wird), den Versuch, den anderen sein Gesicht wahren zu lassen – und durch die folgenden acht Tipps:

1. Kommt es zur Aussprache, steht die Atmosphäre an erster Stelle. Bemühen Sie sich unbedingt um Sachlichkeit. Starten Sie niemals mit Wut im Bauch. Ein zeitlicher Abstand zum Auslöser hilft hierbei oft schon, allerdings sollte das Gespräch auch nicht zu lange hinausgezögert werden. Im Fachjargon heißt diese erste Annäherung *Kontaktphase*.

2. Auf sie folgt die *Aufmerksamkeitsphase*: Ist eine gute Gesprächsatmosphäre gefunden, sollten Sie zusammen klären, wie Sie sich das Gespräch vorstellen. Dabei sollten sich alle Beteiligten einig sein, dass sie gemeinsam an einer Lösung arbeiten wollen. Will einer den Konflikt partout nicht ausräumen, können Sie sich die ganze Aktion sparen.

3. Sind sich alle einig, sollten sie nacheinander über ihre Interpretation des Konflikts sprechen: Wie kam es dazu? Was nervt? Was hat die Sache eskalieren lassen? Charmanter ist in diesem Fall übrigens, selbst zu beginnen, dann steht die Version des anderen zuletzt im Raum, was ihm ein besseres Gefühl gibt. Lassen Sie sich an dieser Stelle aber bitte nie zu Verallgemeinerungen vom Typ »Das sehen alle so« oder »Das macht man nicht« hinreißen. Das sind sublime Attacken, die verletzen und

Aggressionen schüren. Und: Zu diesem Zeitpunkt sollte noch keine Diskussion über die Richtigkeit der Sichtweisen stattfinden. Das mündet nur in Streit.

4. Bleiben Sie stets ruhig und vermeiden Sie hektische Bewegungen. Starren Sie den anderen nicht an, das macht ihn nur aggressiver. Schauen Sie aber auch nicht weg. Hören Sie genau zu. Überhören Sie Beleidigungen, denn sie bringen Sie nur selbst in Rage. Konzentrieren Sie sich ausschließlich auf das Problem. Und vermeiden Sie lange Schachtelsätze, kurze einfache Hauptsätze genügen. Mehr wird der Kritisierte ohnehin nicht verstehen.

5. Unterbrechen Sie den anderen auf keinen Fall. Lassen Sie ihn ausreden – und warten Sie dann selbst noch etwas, bis Sie antworten. Das drosselt das Tempo und nimmt den Druck raus. Antworten Sie ruhig und langsam. Versuchen Sie durch Ihre Sprache und Stimme Ihr Gegenüber zu beruhigen. Sagen Sie aber niemals, dass sich der andere beruhigen soll. Er fühlt sich sonst gegängelt. Wirken Sie ausschließlich indirekt auf ihn ein, durch Ihr Vorbild.

6. Schildern Sie Ihre Sicht der Dinge, ohne seine dabei zu bewerten. Respektieren Sie aber auch seine Gefühle und gehen Sie darauf ein. Zeigen Sie Verständnis für seine Interpretation und bleiben Sie offen genug, zu erkennen, ob Sie sich geirrt haben. Eine objektive Wahrheit gibt es nun mal nicht. Zeigen Sie Kompromissbereitschaft, indem Sie eine friedliche Lösung anstreben.

7. In der sogenannten *Unterredungsphase* werden schließlich Lösungen für jeden einzelnen Streitpunkt gesucht. Diese Vorschläge werden anschließend danach bewertet, ob sie machbar und für alle Parteien akzeptabel sind. Ist das so, sollten Sie sich verbindlich darauf einigen und überlegen, ob Sie den Erfolg des Gesprächs zu einem späteren Zeitpunkt noch einmal nachprüfen wollen.

8. Sowohl bei der Supervision wie auch bei der Mediation hat sich bewährt, am Ende des Gesprächs noch einmal alle Lösungen zu wiederholen und zu bekräftigen, dass alle sie geprüft und akzeptiert haben. Deswegen heißt das Gesprächsende auch *Beschlussphase*.

Wie man einem Kollegen sagt, dass er übel riecht

Rein biologisch betrachtet, handelt es sich beim Menschen um ein homöothermes Wesen, einen Selbstregulierer, dessen Organismus stetig darum bemüht ist, eine gleichbleibende und für die optimale Funktion sämtlicher Organe erforderliche Temperatur von rund 37 Grad zu erzeugen. Schon ab 26 Grad Außentemperatur beginnt für den Körper allerdings der sogenannte Wärmestress. Damit der Körper nicht heiß läuft, transportiert das Blut die Wärme im Inneren zur Haut, es bildet sich Schweiß, und die anschließende Verdunstung kühlt den Organismus wieder herunter.

Zwischen zwei und fünf Millionen Schweißdrüsen verteilen sich über den gesamten menschlichen Körper, ausgenommen Lippen und Gehörgang. Über diese Drüsen sondert der Körper täglich rund einen Liter Schweiß ab. Dazu muss es weder heiß sein, noch muss man sich dafür groß anstrengen. Das meiste davon ist sowieso nur Wasser. Beim durchschnittlichen Schweiß machen die darin enthaltenen Mineralstoffe, Milch-, Harn- und Fettsäuren allenfalls ein Prozent aus – und selbst diese Zusammensetzung ist abhängig davon, wie viel und was man vorher isst oder trinkt. Der unangenehme Schweißgeruch (Fachbegriff *Bromhidrosis*) entsteht erst durch einen bakteriellen Zersetzungsprozess. Dieser Mief kann seine Ursache aber auch in speziellen Duftsekreten, sogenannten Pheromonen oder Sexualhormonen, haben, die über die Drüsen unter den Achseln, um den Bauchnabel und im Genitalbereich abgesondert werden und die darüber entscheiden, ob wir einen Menschen sprichwörtlich riechen können oder nicht.

Ich vermute, auch Sie sind schon einmal einem Menschen begegnet, bei dem diese Chemie nicht stimmte. Bleibt die Begegnung zufällig und ein temporäres Erlebnis, rümpft man darüber vielleicht nur die Nase, aber das war's. Viel, viel unangenehmer, ja geradezu heikel wird es, wenn Sie dem unheiligen Dunstkreis eines Kollegen ausgesetzt sind und

> Männer reagieren auf Parfüms heftiger als Frauen, so Robert Baron von der US-Universität Purdue. In Bewerbungsgesprächen stuften männliche Personaler parfümierte Kandidaten als weniger gepflegt, weniger intelligent, unfreundlicher und auch unattraktiver ein als diejenigen ohne Eau de Toilette. Weibliche Rekruter reagierten exakt umgekehrt, aber weniger intensiv.

dem bei allem gebührenden Respekt irgendwann sagen müssen, dass er übler riecht als eine Dose Surströmming. Das hat nichts mehr mit objektiver Leistungsbeurteilung zu tun, nichts mit sachlicher Kritik – das ist immer persönlich und verdient deshalb an dieser Stelle eine gesonderte Erwähnung.

Die Mitteilung, dass jemand mieft, stellt nämlich unterschwellig den Sozialstatus der betreffenden Person infrage und wirkt deswegen latent demütigend. Nicht umsonst gelten Bürokräfte als *Weißkragenträger*, deren Hemden strahlend sauber sind und eben nicht riechen. Schon gar nicht penetrant. Wer dagegen schwitzt, hat Stress und ist entsprechend unsouverän. Starkschwitzer stehen folglich unter dem Generalverdacht, unsicher, unbelastbar und obendrein ungepflegt zu sein. Woher das Klischee kommt, ist schwer zu sagen. Fest steht aber: Schon ein feuchter Händedruck, tellergroße Schwitzmonde unter den Achseln oder Schweißfüße werden von den meisten Kollegen und Geschäftspartnern als unangenehm und peinlich empfunden. Für die Betroffenen kann das die Hölle sein: Entweder sie werden mit der Zeit gemieden oder isolieren sich ihrerseits – aus Scham.

Wohlgemerkt: Bei diesem Problem geht es nicht um vorübergehenden fiesen Mundgeruch, weil einer in der Kantine den Spaghetti aglio olio nicht widerstehen konnte. So etwas wird toleriert, solange es die Ausnahme von der Regel bleibt. Die Rede ist von wirklich auffälligem Körpergeruch nach Schweiß, Urin, Moder, 4711. Wie also sagt man einem Kollegen, dass er duftet wie ein Unfall in einer Chemiefabrik?

Wie schon vormittags im Zusammenhang mit peinlichen Situationen erwähnt, ist das Wichtigste hierbei Diskretion. Auch wenn über das Aroma jeder die Nase rümpft – sagen Sie es dem Betreffenden bitte nur unter vier Augen und so schonend wie möglich. Das heißt nicht, dass Sie lange um den heißen Brei herumreden sollten. Schließlich ist es rücksichtslos, anderen mit seinen Ausdünstungen Tränen in die Augen zu treiben. Aber unterstellen Sie vorerst nichts, was Sie nicht wissen, wie etwa mangelnde Hygiene. Halten Sie dem Stinker ein paar Notausgänge offen, indem Sie Alternativen anbieten: »Der Geruch könnte vielleicht von der Kleidung kommen. Ist das Kunstfaser? Womöglich sollten Sie die anders reinigen. Vielleicht hat es aber auch eine medizinische Ursache. Waren Sie deswegen schon einmal beim Arzt?« Entscheidend ist, dass Sie nicht wirklich eine Erklärung erwarten, sondern lediglich deutlich machen: Der Grund ist mir egal, nur stell das bitte ab!

Haste schon gehört …?

Warum Klatsch eine gute Sache ist ▪ Warum Tratschmäuler
keine gute Sache sind ▪ Wie Sie mit Gerüchten und Intrigen
umgehen sollten ▪ Bei Mobbing hört der Spaß auf

»Wo immer in der Kommunikation
ein Vakuum entsteht,
werden Gift, Müll
und Unrat hineingeworfen.«
Cyrill N. Parkinson

Psst. Haben Sie schon gehört, dass Mitarbeiter wesentliche Informationen über ihren Arbeitgeber zu 63 Prozent via Flurfunk beziehen? Vermutlich nicht. Diesen Mittelwert habe nämlich ich errechnet – aus diversen Studien über den Wirkungsgrad von Bürogerüchteküchen. Damit ist er zwar wissenschaftlich kaum haltbar, dafür aber einprägsam. Und wo immer Ihnen dieser Wert künftig begegnet, haben Sie jetzt zugleich ein gutes Beispiel dafür, wie Gerüchte funktionieren und sich verbreiten.

Natürlich gibt es in den meisten Unternehmen auch einen offiziellen Kanal, über den wichtige Informationen zur wirtschaftlichen Lage, den mehr oder weniger desolaten Zustand der Expansionspläne oder die euphorische Verfassung des Managements kolportiert werden. Der inoffizielle funktioniert aber fast immer besser und schneller. Zum einen, weil er das kryptische Managerkauderwelsch um den Blabla-Faktor 100 reduziert, zum anderen, weil nur weitererzählt wird, was für die Belegschaft wirklich von Belang ist. Gerüchte sind eine Art Darwinismus für Informationen: Nur die starken überleben. Der Psychologie-Professor am Knox College, Frank McAndrew, der die Verbreitungswege von Gerüchten seit Jahren studiert, hat unter anderem herausgefunden, dass wir besonders gerne negative Gerüchte über Personen streuen, die im Status über uns stehen – egal, ob Manager, Mächtige oder andere Zelebritäten.

Es ist vielleicht *der* Treppenwitz der Weltgeschichte, dass die russische Herrscherin Katharina die Große im 18. Jahrhundert an den Folgen eines missglückten Koitus mit einem ihrer Lieblingspferde gestorben sein soll. Angeblich versagte damals das Gurtsystem, mit denen sie sich an den Bauch des Tieres hatte binden lassen. Eine bizarre Vorstellung – und natürlich völlig an den Pferdehaaren herbeigezogen. Katharina starb am 17. November 1796 in ihrem Bett – durch einen Schlaganfall. Gewiss, die Herrscherin war nicht völlig frei von Sünden, hatte mehrere Kinder von verschiedenen Männern und ihren Mann durch einen Geliebten meucheln lassen. Sie war aber auch eine der fortschrittlichsten Monarchinnen und pflegte Briefwechsel mit der intellektuellen Elite Europas, darunter Diderot oder Voltaire, weshalb ein weiteres Gerücht besagt, dass es die französische Hautevolée war, die mit dem Sodomiegerücht ihre wachsende Reputation zerstören wollte. So oder so – bis heute besitzt die Mundpropaganda enorme Macht. Untersuchungen der TU Chemnitz zufolge können überzeugend kommunizierte Gerüchte Aktienkurse um rund drei Prozent nach oben oder unten bewegen.

Klatsch und Tratsch, mündlich verbreitete Vermutungen, Spekulationen – egal, wie man es nennen will: Der Flurfunk im Büro informiert uns regelmäßig und zuverlässig über entscheidende Personalien, bedeutsame Projekte oder bislang heimliche Liebschaften. Vor allem dann, wenn amtliche Auskünfte knapp werden. So ist es kein Wunder, dass die wildesten Spekulationen insbesondere in Krisenzeiten Konjunktur haben. Dann liegen die Nerven blank, die Unsicherheit im Unternehmen wächst – erst recht, wenn in einem Team Stellen abgebaut werden sollen, mehrere Kollegen um einen Posten buhlen und Rivalitäten überhandnehmen. Dann misstraut die Mehrheit den offiziellen Verlautbarungen und orientiert sich zunehmend am Hörensagen. Auch an den unschönen Klatschgeschichten. Hinter vorgehaltener Hand heißt es dann, dieser sei mit der Aufgabe eigentlich »überfordert«, jener sei nicht »integer« genug und sie habe sich ja doch nur »hochgeschlafen«. Unerfreulich ist das – aber zutiefst menschlich.

Als der Sozialpsychologe Stanley Milgram 1967 untersuchte, wie sich Nachrichten verbreiten, kannte er das Internet freilich nicht. Deshalb kam er zum Ergebnis: Jeder kennt jeden über maximal sechs Ecken, auch bekannt als das *Kleine-Welt-Phänomen*. Jeff Rodrigues gelangte 2008 jedoch in seinen Studien zu der Erkenntnis, dass sich die sechs Ecken durch die sozialen Netze im Web auf drei reduziert haben. Oder kurz: Virtuell ist der Freund Ihres Freundes Ihres Freundes höchstwahrscheinlich auch mein Freund. Jedenfalls statistisch.

Diese Lust am Klatschen und Tratschen ist keineswegs eine weibliche Domäne, wie viele meinen. Zwar leitet sich der Begriff »Klatsch« nach herrschender Meinung vom lautmalerischen Geräusch des Ausschlagens nasser Kleidung an öffentlichen Waschplätzen ab. Dort kamen einst die Frauen zusammen und wuschen ihre Schmutzwäsche – auch im übertragenen Sinne. Klatschweiber im Wortsinn eben. Historisch betrachtet aber haben Männer wie Frauen offenbar dieselbe Freude an der Flüsterpropaganda. Als Beleg für die Gleichstellung beim Gerede führen Forscher gerne die Kaffeehäuser des 17. Jahrhunderts an: Als in London erstmals Kaffee importiert wurde, trafen sich dort die ausschließlich männlichen Händler, kungelten Verträge aus und plauderten ebenso über die Kreditwürdigkeit und die Schwächen ihrer Konkurrenten – vermutlich sogar mit großem Genuss.

Anfang 2006 ließ der Wissenschaftler Alex Mesoudi von der schottischen St.-Andrews-Universität Probanden vier Texte lesen und zusammenfassen. Dieses Vademekum wurde von weiteren Teilnehmern gelesen und noch einmal kondensiert. Vier Textgenerationen lang. Dann verglich Mesoudi das Ergebnis mit den Originalen: Natürlich hatten sich die Geschichten stark verändert. Doch einige Stellen hatten sich auch über Generationen hinweg hartnäckig gehalten. Es waren ausgerechnet jene Passagen, die pikante Details zu den Akteuren enthielten. Sie wurden genauer und auch ausführlicher wiedergegeben als alles, was ausschließlich Fakten transportierte. Oder kurz: Klatsch bleibt im Kopf. Wie mir der Bielefelder Soziologe Jörg Bergmann bei meinen Recherchen erzählte, gibt es jedoch einen inhaltlichen Unterschied zwischen dem Klatsch der Frauen und dem Tratsch der Männer: Zwar plaudern beide gleich gerne über das jeweils andere Geschlecht. Frauen werden bei ihren Erzählungen jedoch »entweder deutlich gehässiger oder mitfühlender«, so Bergmann. Männer wiederum tratschen emotionsloser und thematisieren vornehmlich das neue Auto des Nachbarn, das iPhone des Kollegen oder die Figur einer Geliebten. Im Kern ginge es bei ihnen mehrheitlich um Trophäen.

Man muss das gar nicht verurteilen. Regelmäßiger Flurfunk hat ja auch sein Gutes. Angeblich erhöht er sogar die Produktivität, wie die Arbeitspsychologin Kathryn Waddington von der Universität London bei ihren Umfragen unter rund 100 Krankenschwestern und -pflegern ermittelt haben will: Der Büroplausch zwischendurch half den Betroffenen, Dampf abzulassen sowie negative Gefühle und Stress schneller abzubauen. Zudem erfüllt das Gerede – auch *buzz* genannt – wichtige soziale Funktionen. Es transportiert zum Beispiel unterschwellig die Werte einer Gruppe. Wenn alle über den knickrigen Chef lästern, der den Schampus zu seiner Geburtstagsfeier nicht aus der eigenen Tasche bezahle, sondern damit sein Spesenkonto belaste, dann sagen sie damit auch etwas über ihr Anstandsempfinden aus. Zugleich stärkt es den Zusammenhalt einer Abteilung. Dahinter steckt nicht selten der Wunsch nach Zugehörigkeit. Oder anders formuliert: Ausgrenzen verbindet. Wer sich einer Mehrheitsmeinung anpasst, ist automatisch Teil der

Mehrheit – und spart sich obendrein die Mühe, sich selbst eine Meinung zu bilden. Ein simpler Herdentrieb.

Der Mechanismus dahinter ist immer gleich: In dem Maß, wie die Informationsflut steigt, wächst das latente Gefühl, eben doch nicht alles mitbekommen zu haben. Bilanzen kann man fälschen, Pressemitteilungen beschönigen. Aber eine vertrauliche Information, konspirativ überbracht von einem glaubwürdigen Bekannten oder Freund – das überzeugt jeden von uns. Und je größer die Sensation, je höher der Neuigkeitswert, je mehr Menschen der Nachricht aufsitzen und sie weiterverbreiten, desto wahrscheinlicher wird sie für alle Beteiligten. Tatsächlich sind Wiederholungen erheblich einflussreicher als der Wahrheitsgehalt.

Eine These, die zum Beispiel der Psychologe Norbert Schwarz von der Universität Michigan vertritt und sich dabei auf Forschungsarbeiten seiner Kollegen Floyd Allport und Milton Lepkin aus dem Jahr 1945 stützt. Die erkannten schon damals, dass Menschen etwa falscher Kriegspropaganda umso mehr Glauben schenkten, je öfter sie diese vorgesetzt bekamen. Offenbar hören unsere grauen Zellen irgendwann auf, die Quellen eines Gerüchts oder einer Information zu differenzieren. Es macht dann keinen Unterschied mehr, ob wir ein und dieselbe Information von vielen verschiedenen (und glaubwürdigen) Menschen hören oder nur immer wieder von derselben (manipulierten) Quelle. Dummerweise haben wir Menschen die Angewohnheit, Gerüchten sogar dann zu glauben, wenn sie nachweislich falsch sind. Einen erschreckenden Beweis dazu legte der Evolutionsbiologe Ralf Sommerfeld mit einem Experiment am Max-Planck-Institut für Evolutionsbiologie vor. Er ließ über 100 Probanden um Geld spielen, wobei die Teilnehmer anfangs die Chance hatten, sichtbar mit anderen zu kooperieren. Jene Mitspieler wurden daraufhin mit einem Geldgeschenk belohnt. So baute sich Runde um Runde für jeden Spieler ein Ruf auf – mit der Folge, dass die Eigenbrötler zunehmend gemieden wurden. Nun streuten die Wissenschaftler gezielt falsche Gerüchte über einige Mitspieler. Und tatsächlich: Obwohl die Probanden mit den Betroffenen persönlich andere Erfahrungen gemacht hatten, glaubten sie dem Gerede mehr. Wer nun als nicht kooperativ verschrien war, fand kaum noch Mitspieler – und umgekehrt. Es ist das Prinzip der urbanen Legenden: Man muss den Leuten den

Mist nur oft genug einbimsen, dann glauben sie irgendwann, dass es stimmt.

Auch im heutigen Wirtschaftsleben sind Gerüchte ein gern genutztes Mittel, beispielsweise um Wettbewerber zu schwächen oder um sich einen persönlichen Vorteil zu verschaffen. So musste etwa der Bierbrauer Warsteiner in den Neunzigerjahren in einer teuren Kampagne gegen Mutmaßungen ankämpfen, die Brauerei stünde der Scientology-Sekte nahe. Umgekehrt macht sich die Werbebranche heute die Macht des Geredes mit dem sogenannten Viralmarketing zunutze. Dabei werden Konsumenten subtil verleitet, Produktwerbung etwa per E-Mail oder Online-Video im Freundeskreis zu verbreiten – ohne zu ahnen, dass sie längst Teil einer Kampagne geworden sind. Foren, Chaträume, Blogs – sie alle aggregieren und kollektivieren virtuelles Hörensagen zur sogenannten Schwarmintelligenz, der Weisheit der Masse. Oder Massenhysterie.

Leider ist es so: Überall dort, wo vollständige Informationen sowie eigene Erfahrungen fehlen, müssen wir uns auf die Empfehlung Dritter verlassen. Und das ist jedes Mal der Fall, wenn wir einen neuen Menschen kennenlernen. Damit spielt der persönliche Ruf im Alltag eine zunehmend bestimmende Rolle. Wessen Ruf ramponiert ist, der muss oft seinen Hut nehmen, so wie etwa der ehemalige Post-Chef Klaus Zumwinkel, als bekannt wurde, dass er Steuern hinterzogen hat. Gerüchte lassen sich aber auch positiv nutzen. Sie verbreiten sich schnell und entsprechen in ihrem Wesen einem störrischen Esel, der sich auch den hartnäckigsten Überredungsversuchen entzieht. Allein die Tatsache, dass überhaupt über einen geredet wird, erhöht die Aufmerksamkeit und den Status des Klatschobjektes. Nur wirklich bedeutungslose Menschen sind nicht der Rede wert.

Gut also, wenn positives Gerede über Sie von selbst entsteht. Andernfalls können Sie aber auch nachhelfen. Die oberste Regel dabei lautet allerdings: Geschichten über sich nie selbst in Umlauf bringen! Erstens, weil das wichtigtuerisch wirkt; zweitens, weil es weniger Kraft hat. Profis spielen immer über Bande: Zuerst bauen sie sich ein loyales Netz an Vertrauten und Freunden auf, bieten persönliche Hilfe an und gewähren zahlreiche Gefallen. So können sie sich sicher sein, dass die Leute anschließend positiv über sie reden, ihre Großzügigkeit und Kompetenzen preisen und ihnen im Falle von Unterstellungen zur Seite springen, Motto: »Den habe ich aber ganz anders erlebt.« Es versteht sich von selbst, dass Sie Ihr Netzwerk trotzdem niemals unverblümt auffordern, positiv über Sie zu berichten. Allenfalls enge und gute Freunde kann man um einen solchen Gefallen bitten – und auch dann nur im Notfall. Durchschlagender für Ihre eigene Mundpropaganda sind eher folgende Empfehlungen:

- Entwerfen Sie eine regelrechte Erfolgsstory. Es ist das Prinzip des Viralmarketings: Damit Informationen weitergetratscht werden, brauchen sie Nachrichtenwert, eine kleine Sensation und persönliche Betroffenheit beim Empfänger. Niemanden interessiert, dass Sie gerade ein Projekt erfolgreich abgeschlossen haben. Wenn dies aber eine Art Prüfstein war und Sie deshalb nun als Kronprinz gelten, ist das spannender Gesprächsstoff. Verbreiten Sie also keine Erzählungen von abgeschlossenen Ereignissen, sondern verknüpfen Sie diese möglichst mit einer spektakulären Geschichte, die in die Zukunft weist.
- Um sich ins Gespräch zu bringen, können Sie auch an ein populäres Gerücht anknüpfen – etwa, dass für den Erfolg des Projektes mehrere Personen verantwortlich waren, Sie freilich eingeschlossen. Einzige Ausnahme: Personalspekulationen. Bei der Besetzung von Schlüsselstellungen fallen anfangs viele Namen, die im Feuer der Spekulationen dann aber schnell verbrennen. Den Job bekommt fast immer der bis dahin unsichtbare Dritte. Das gilt auch unmittelbar nach einer Beförderung. Oft gibt es Kollegen oder Neider, die sich das Maul über die Hintergründe des Aufstiegs zerreißen. Das ist nichts, was man kommentieren müsste. Lächeln Sie souverän und lassen Sie Taten sprechen. Das Schweigen kann sogar gute Spekulationen fördern.
- Identifizieren Sie die eifrigsten Flüstertüten im Betrieb und bringen Sie die in eine Rangfolge – sortiert nach Themen, Wahrheitsgehalt und Durchlaufgeschwindigkeit. Der Vorteil dieses Sendersuchlaufs: Sie kennen anschließend zu jedem Ihrer Themen den optimalen Buzz-Verstärker. Wer nur belangloses Zeug schwätzt, den meiden Sie; wer tatsächlich gut verdrahtet ist, den versorgen auch Sie mit Informationen. Und was der weiß,

ist bald in aller Munde. Gleichzeitig geben Sie selbst bitte nur positive Nachrichten weiter. Das wirkt nobler.

- Nutzen Sie das Internet. Über kein anderes Medium lässt sich derzeit der persönliche Ruf so wirkungsvoll beeinflussen: Werden Sie Mitglied in sozialen Netzwerken, positionieren Sie sich als Experte, betreiben Sie eine eigene Webseite mit Fachartikeln, kommentieren Sie in Fachblogs und vernetzen Sie alle Webauftritte untereinander. Wer auch immer nach Ihnen googelt, findet so die Informationen, die Sie in einem strahlenden Licht erscheinen lassen.
- Wiederholen, wiederholen, wiederholen. So kriegt selbst die kühnste Vision die Dynamik einer sich selbst erfüllenden Prophezeiung.

Warum Tratschmäuler keine gute Sache sind

Die Indiskretion fasziniert. Wir ergötzen uns an dem heimlichen Wissensvorsprung, an dem kurzfristigen Überlegenheitsgefühl, etwas zu verkünden, was noch keiner weiß, und laben uns an der unglaublichen Blödheit der anderen. So weit, so alltäglich. Nicht zuletzt, weil es angeblich einige Vorteile bringt. Die Geschichte ist da ja nicht arm an Beispielen. Seit jeher gehört die üble Nachrede zum Repertoire der Mächtigen und derjenigen, die es werden wollen: Der römische Philosoph Cicero unterstellte seinen politischen Gegnern zum Beispiel gerne mal, ihr Geld in jungen Jahren als Strichjungen verdient zu haben. Der britische Lordkanzler Sir Francis Bacon musste 1621 alle Ämter aufgeben, weil seine Feinde herumerzählten, er habe sich bestechen lassen. Und König Edward VIII. wurde 1936 Opfer einer Intrige: Seine Gegner streuten das Gerücht, dass seine Geliebte, die Amerikanerin Wallis Simpson, Naziagentin sei und ihre erotischen Finessen in einem chinesischen Bordell erlernt habe. Edward heiratete sie trotzdem, musste dafür aber auf den Thron verzichten.

Nicht immer endet das so dramatisch. Trotzdem sind unkollegiale Lästereien über peinliche Motivkrawatten oder misslungene Diäten für die Opfer mindestens ärgerlich. Strafbar sind sie jedoch erst, wenn dabei wissentlich unwahre Behauptungen verbreitet werden (*Verleumdung*) oder unwissentlich falsche Aussagen wiederholt werden, mit dem Ziel, den Ruf des Opfers zu beschädigen (*üble Nachrede*). Von *Mobbing* wiederum sprechen Juristen, wenn solche Gerüchte systematisch und über mindestens ein halbes Jahr verbreitet werden. Dazu aber später mehr.

Intrigantem Getratsche karrieretaktische Vorzüge zu unterstellen, ist allerdings eine Schimäre. Denn die Überbringer solcher Botschaften leben stets gefährlich. Taktischer Tratsch kann sich schnell als Pyrrhussieg erweisen. Erstens, weil immer etwas vom Dreck am Werfer selbst kleben bleibt. Zweitens, weil Lästern nicht gerade von einem noblen Charakter zeugt. Drittens, weil sich die Mitteilung als unwahr herausstellen kann. Dann gilt der Urheber entweder als notorischer Falschmelder oder als ahnungsloser Wichtigtuer. Und kaum etwas schadet der Laufbahn so sehr wie das Image einer verorteten undichten Stelle. »Wer tratscht, verbaut sich Wege«, warnt zum Beispiel der Hamburger Headhunter und Geschäftsführende Gesellschafter der Personalberatung Delta Management Consultants, Stefan Koop.

Für die Belegschaft mag Klatsch ein wunderbares Regulativ sein, um Druck abzubauen und über Chefs und andere Evolutionsfehler herzuziehen. Aber je weiter man in der Hierarchie aufsteigt, desto heimtückischer und justiziabler wird das. Mangelnde Diskretion diskreditiert jeden noch so aussichtsreichen Kandidaten. Der Verdacht wiegt zu schwer, er könnte seiner Neigung auch an empfindlichen Stellen nachgeben, etwa bei Personalien oder Bilanzzahlen. Zudem ist es für Chefs juristisch heikel, über ihre Mitarbeiter oder Ex-Kollegen zu lästern. Die meisten Arbeitsgerichte verstehen dabei keinen Spaß und verdonnern den Arbeitgeber auch schon mal zu einer saftigen Strafe. So geschehen bei einem Mitarbeiter, der den Job wechseln wollte und sich anderweitig bewarb. Als der potenzielle Arbeitgeber sich beim Ex-Chef über den Leumund des Mitarbeiters erkundigte, »bestätigte« der lediglich, dass der Zeugnistext im Verlauf eines arbeitsgerichtlichen Prozesses entstanden war. Der Bewerber wurde daraufhin prompt nicht eingestellt – und verklagte seinen Ex-Chef. Zu Recht, wie das Landesarbeitsgericht Hamburg (AZ 2 Sa 144/83) urteilte. Für die Richter stand fest, dass das neue Arbeitsverhältnis aufgrund der »üblen Nachrede« nicht zustande gekommen war. Der Ex-Arbeitgeber musste ein halbes Jahresgehalt an den Kläger zahlen. Wer sich also partout am Spekulations-Pingpong beteiligen möchte, sollte unbedingt zwischen reputierlichem Smalltalk und diffamierender Nachrede unterscheiden. Nur Ersteres ist ein nützliches Instrument zum Eigenmarketing.

Wie Sie mit Gerüchten und Intrigen umgehen sollten

Wer Intrigen ausgesetzt ist, kann diese nur selten bis zur Quelle zurückverfolgen. So geraten die Betroffenen schnell in die Defensive, verbrauchen ihre Energie mit Rechtfertigungen, während ihre Produktivität immer weiter sinkt – und den Intriganten weitere Munition liefert. Gewiss, wenn Sie wissen, von wem die Flüsterpost stammt, können Sie den Urheber direkt und unter vier Augen darauf ansprechen und ihn mit Nachdruck (!) bitten, das sofort einzustellen. Oder Sie stellen ihn indirekt zur Rede, indem Sie behaupten, von jemandem gehört zu haben, dass dies und das über Sie verbreitet wird und ob er eine Ahnung habe, von wem das stammen könnte. Die meisten Flurfunker erkennen darin die unterschwellige Warnung sowie Ihre Bereitschaft zum Kampf und werden daraufhin höchstwahrscheinlich verstummen. Aus den weiter oben genannten Studien geht aber auch hervor, wie wenig es bringt, sich gegen üble Gerüchte öffentlich zur Wehr zu setzen, solange man dabei die falschen Nachrichten nur wiederholt. Der Effekt ist, dass sich der Unsinn noch mehr in den Köpfen festsetzt und nach einer gewissen Zeit von allen als wahr erinnert wird. An der Stelle funktioniert unser Gehirn ein bisschen wie das *Google-Cache*: Einmal drin im Netz, kriegt man die Daten kaum noch heraus. Das hat schlicht auch damit zu tun, dass unser Hirn kein »nicht« denken kann: Versuchen Sie doch bitte, jetzt *nicht* an eine Tasse Kaffee zu denken … Klappt nicht, oder? Sie sehen die Tasse erst recht vor Ihrem geistigen Auge. Das ist zwar völlig normal, erklärt aber eben auch, warum zum Beispiel Verteidigungsstrategien, wie sie der ehemalige US-Präsident Bill Clinton seinerzeit verwendete (»Ich hatte keinen Sex mit dieser Frau!«) völlig sinnlos sind. Hängen bleibt am Ende nur die Konnotation »hatte Sex mit dieser Frau«.

Es ist schon ein bisschen her, dass Thomas Geiger und Alexander Steinbach die *Auswirkungen politischer Skandale auf die Karriere der Skandalierten* (1996) untersuchten. Dazu werteten sie die Laufbahnen von Politikern aus, die im Zeitraum von 1949 bis 1993 in Skandale gerieten. Es wird Sie nicht verwundern, dass die jeweilige Verteidigungsstrategie erheblichen Einfluss auf deren Karriere hatte. Umso überraschender aber ist, dass die Ehrlichen in diesem Fall die Dummen waren. Von den 24 Prozent der Staatsmänner, die ihre Schuld öffentlich eingestanden, blieb nur ein Drittel im Amt. Die anderen fegte der mediale Sturm der Entrüstung aus Ämtern und Würden. Rund 28 Prozent dementierten die Vorwürfe vehement, stritten alles ab oder spielten das Gezeter herunter. Das war schon klüger, von ihnen konnten immerhin knapp 44 Prozent ihre Haut retten, was aber erneut beweist, dass Wiederholungen gefährlich bleiben. Die Mehrheit indes (46 Prozent) wählte instinktiv oder bewusst den erfolgreichsten Weg: Sie rechtfertigten sich, indem sie besondere Umstände oder mangelhafte Informationen anführten beziehungsweise auf höhere Ziele verwiesen. Von ihnen behielten knapp zwei Drittel den Job. Sie können daran zweierlei ablesen. Erstens: Abwarten, aussitzen und hoffen, dass das Donnerwetter vorüberzieht, führt in den Untergang. Zweitens: Dementis ohne glaubhafte Begründung entfalten nur geringe Kraft oder verstärken das Unheil gar noch. Wer sich mit übler Nachrede konfrontiert sieht, hat daher so etwas wie eine Wehrpflicht. Ich weiß, dazu braucht man starke Nerven, sonst passieren Fehler, die die Angreifer sofort nutzen. Aber eine Wahl haben Sie nicht.

Bevor Sie in den Kampf ziehen, die Sache richtigstellen und begründen, prüfen Sie jedoch bitte erst, aus welcher Ecke das Gerücht kommt und worauf es sich bezieht. Denn ist der Vorwurf berechtigt, ist es unerheblich, von wem die Enthüllung stammt: Sie haben Mist gebaut und sind aufgeflogen – entschuldigen Sie sich dafür! Wenn es sein muss, auch öffentlich. Viel wichtiger ist, dabei sachlich und knapp zu bleiben. Sagen Sie kurz (!), wie der Lapsus passieren konnte und wie Sie gedenken, ihn künftig zu verhindern, mehr nicht. Ist das Gerücht indes völlig an den Haaren herbeigezogen, sollten Sie die Vorwürfe sofort zurückweisen. Und sagen Sie auch, warum das Blödsinn ist. Zögern Sie zu lange, sieht es so aus, als könnte doch etwas dran sein; liefern Sie keinen Gegenbeweis, verpufft die Replik. Entscheidend ist, dass Sie sich dabei nicht zum Opfer zu machen. Souveräner und auch sympathischer wirkt es, wenn Sie die kolportierten Unwahrheiten etwa im nächsten Meeting nonchalant ansprechen und kurz deren Gegenteil belegen – aber bitte stets unaufgeregt. Es war ja nichts dran.

Ausschlaggebend für die Wahl Ihrer Strategie ist jedoch auch der Absender. Selbst wenn der nicht immer eindeutig zu ermitteln ist, gibt es doch zumindest Indizien: Was könnte mit dem Gerücht bezweckt werden? Wer profitiert davon am meisten? Dabei muss es sich nicht unmittelbar um einen Konkurrenten im Rennen um einen Job oder eine Beförderung handeln. Manch einer versucht sich auch durch ein Gerücht zu profilieren, zum Beispiel, indem er ein besonders prominentes Ziel attackiert. Die damit verbundene Aufmerksamkeit nutzt vor allem ihm – ohne dass er selbst ein lohnendes Ziel abgäbe. In diesem Fall ist die Teflon-Strategie die wirkungsvollste: Ignorieren Sie den Kläffer. Zeigen Sie ihm die kalte Schulter, während Sie ein paar Freunde diskret bitten, für Sie Stellung zu beziehen und Ihre Qualitäten und Referenzen hervorzuheben. Oft geben solche Typen schnell auf, wenn sie merken, in Ihnen kein wirkungsvolles Opfer zu finden.

Werden Sie hingegen von einem Rivalen attackiert, der vorhat, Sie zu kompromittieren, müssen Sie zuerst abwägen, welchen Status Ihr Gegenspieler besitzt. Angenommen, der Typ ist bekanntermaßen ein Lautsprecher und fieser Wadenbeißer – dann vergessen Sie ihn. Auch hier würden Sie mit einer Reaktion das Gerücht nur verstärken und weitertragen. Je erhabener Sie jetzt bleiben, desto mehr diskreditieren Sie ihn als Neider und Mickerling und wirken so noch größer. Eigentlich müsste man der Type für die unfreiwillige Beihilfe schon fast danken. Fast.

Nur falls Sie es mit einem versierten und obendrein angesehenen Gerüchtestreuer zu tun haben, sollten Sie wie vorhin schon beschrieben kontern: Verwarnen Sie ihn zunächst unter vier Augen und drohen Sie gegebenenfalls mit juristischen Schritten. Zieht er seine Behauptung anschließend nicht öffentlich zurück, sprechen Sie sein Vorgehen in einer geeigneten Konferenz an und liefern natürlich gleich Gegenbeweise mit. Solange Sie Top-Leistungen vorweisen, kann man Ihnen nichts. Bleiben Sie dabei amüsiert und zeigen Sie, dass Sie sich über so viel Aufmerksamkeit freuen – auch wenn der Anlass an den Haaren herbeigezogen war. Diese Haltung ist dann zugleich ein anschauliches Zeugnis Ihrer Charakterstärke. Sofern der Verleumder nicht Ihr Boss ist, können Sie den zusätzlich auf seine Fürsorgepflichten aufmerksam machen. Verleumdungen im Büro muss keiner dulden. Bleiben Sie Ihrem Chef gegenüber aber unbedingt sachlich. Wer jammert, macht sich klein und ramponiert nur seinen Ruf. Zusätzlich sollten Sie den Verlauf der Intrige möglichst in allen Details dokumentieren – nur für den Fall, dass es doch noch zu einer gerichtlichen Auseinandersetzung kommt: Verleumdung ist strafbar und kann eine Geldbuße oder gar eine Freiheitsstrafe von bis zu zwei Jahren nach sich ziehen. Deshalb verbietet es sich eben auch, mit gleichen Waffen zurückzuschlagen. Halten Sie es lieber mit Wilhelm Busch. Der sah im Neid »die aufrichtigste Form der Anerkennung«.

Bei Mobbing hört der Spaß auf

Die Zahlen sprechen leider eine eindeutige Sprache: 11,3 Prozent der Beschäftigten in Deutschland sind im Berufsleben schon einmal drangsaliert worden – von Kollegen oder von ihren Chefs. Die Betroffenen kommen aus allen Berufsgruppen und Hierarchiestufen, so ein Bericht der Initiative Neue Qualität der Arbeit (INQA). Bei Frauen ist das Risiko, zum Mobbingopfer zu werden, sogar 75 Prozent höher als bei Männern. Und Beschäftigte bis zu einem Alter von 25 Jahren sind besonders betroffen, insbesondere Auszubildende. Der typische Mobber ist übrigens männlich, zwischen 35 und 54 Jahre alt, zählt zu den langfristig Beschäftigten und sorgt für ein Arbeitsklima kälter als in einem nuklearen Winter. Mit fürchterlichen Folgen: 98,7 Prozent der Beschäftigten, die zur Zielscheibe von Psychoterror werden, reagieren darauf mit Demotivation, Misstrauen, Stress, Schlafstörungen und sozialem Rückzug. Knapp jeder Zweite erkrankt in Folge des Mobbings, davon wiederum die Hälfte länger als sechs Wochen. Eine Studie des Zogby-Instituts hat 2007 allein für die USA ermittelt, dass dort 49 Prozent der Arbeitnehmer, rund 71,5 Millionen Menschen, im Job von ihren Kollegen schikaniert, getriezt und terrorisiert werden. Einige Jahre zuvor waren es erst 37 Prozent der Büroarbeiter. Das

Erstaunliche daran: Vielen ist zunächst gar nicht bewusst, dass sie mies behandelt oder gemobbt werden. Im *Forbes*-Magazin fand ich vor Kurzem einen interessanten Artikel, der zumindest ein paar klassische Indizien liefert, wie sich die Schikane im Büro manifestiert:

- **Übermäßige Kritik.** Fehler passieren jedem einmal. Ebenso kommt vor, dass man dafür gescholten wird. In diesem Fall aber überwiegt das Nörgeln und die Fehler werden systematisch vorgehalten. Wenn Ihre grundsätzliche Kompetenz immer wieder infrage gestellt wird, ist das ein sicheres Zeichen für gezielte Heimtücke.
- **Zunehmende Behinderung.** Sie werden mehr und mehr ausgeschlossen – vom gemeinsamen Mittagessen ebenso wie vom Plausch in der Kaffeeküche oder von Meetings. Sei es, weil Sie erst gar nicht eingeladen werden oder weil die Konferenzen kurzfristig verschoben werden – was Ihnen allerdings niemand sagt. Ein typisches Signal für Antipathien und Schikane.
- **Unangemessene Lautstärke.** Natürlich haben manche Chefs mehr Temperament als andere, sind emotionaler, impulsiver, werden vielleicht auch einmal laut. Das muss man zwar nicht hinnehmen, kann aber darüber hinwegsehen, solange es im Rahmen bleibt. Falls Sie aber wiederholt angeschrien werden, womöglich sogar vor versammelter Mannschaft, dann ist das nicht nur unverschämt und illegal, sondern Mobbing. Die Betonung liegt allerdings auf »wiederholt«.
- **Klare Sabotage.** Ein böser Spruch, ein unfaires Gerücht können schon Alarmzeichen sein, ganz übel aber wird es, wenn die Kollegen dafür sorgen, dass die fiese Nachrede stimmt: Ihr Computer wird manipuliert, Unterlagen verschwinden, Telefonterror hält Sie von der Arbeit ab, man klaut Ihre Ideen – eindeutiger geht es nicht: Hier hat es jemand auf Sie abgesehen.
- **Deutliche Diskriminierung.** In der Rechtsprechung fällt das eindeutig unter Mobbing: Man gibt Ihnen Aufgaben, die entweder unter Ihrem Niveau liegen und herabwürdigend sind – oder Sie bekommen ein Projekt, das Sie unter den Bedingungen gar nicht schaffen können. Klassisch in dem Zusammenhang auch: Sobald klar ist, dass Sie an dem Abend einen wichtigen privaten

Termin haben (Elternsprechtag, Hochzeitstag etc.), überträgt Ihnen der Chef noch schnell einen Job, der keinen Aufschub duldet. Und während alle zusammen ein Bier trinken gehen, schieben Sie Überstunden.

Wenn Sie merken, dass Sie sabotiert werden, gehen Sie bitte trotzdem nicht sofort auf Konfrontationskurs. Das Gefühl, gemobbt zu werden, ist trügerisch. Dahinter können tatsächlich Ablehnung und Bosheit stecken – oder soziale Dysfunktionen und Unfähigkeit. Und manchmal liegen den Anfeindungen auch nur Missverständnisse zugrunde, die sich in einem direkten Gespräch schnell klären lassen. Prüfen Sie also erst einmal, ob nicht vielleicht Sie selbst das Problem sind oder dieses ausgelöst haben. Könnte ja auch sein. Falls Sie unsicher sind: Konsultieren Sie einen vertrauten Kollegen, einen Mentor oder einen Coach.

Weil destruktives Handeln der Kollegen jedoch erst strafbar wird, wenn es sich regelmäßig und gezielt gegen eine Person richtet, die unterlegen ist, wirkt nur selten, wenn Sie vorher schon den Chef oder den Betriebsrat einschalten. Die schweren Vorwürfe müssen Sie nämlich erst einmal belegen und das ist nach ein, zwei Angriffen schwer – außerdem sieht es immer irgendwie erbärmlich aus.

Ohnehin beeinflusst Ihr bisheriges Ansehen als Leistungsträger maßgeblich die Reaktion des Chefs. Wer ohnehin schon zu den Mimosen zählt, bekräftigt nur sein Heulsusenimage und darf auf wenig Hilfe hoffen. Ich empfehle deshalb bei Mobbing, möglichst bald aus der typischen Eskalationsspirale auszusteigen. Je mehr Sie sich über die vermeintlichen Ausgrenzungen ärgern, desto merkwürdiger verhalten Sie sich – und desto mehr sehen sich die anderen in ihrem Vorurteil bestätigt. Einen solchen Teufelskreis können Sie nur durch behutsame Initiative unterbrechen. Ganz oft haben Sie es bei den Tätern ja mit notorischen Nörglern, Besserwissern und Profilneurotikern zu tun. Es wäre verkehrt, solche Engstirnen und Querulanten therapieren zu wollen. Ändern werden die sich nur selten. Dafür können Sie versuchen, deren Motive zu verstehen, ihnen den Wind aus den Segeln nehmen und für eine friedliche Konfliktlösung werben. Diese mentale Unabhängigkeit, Konflikte und deren Ursachen einerseits professionell lösen zu wollen und gleichzeitig eine innere Gelassenheit zu bewahren, ist enorm wichtig. Auch wenn das verdächtig nach Weichei klingt: Das Pendant zum Choleriker ist nicht der Softie, sondern der Besonnene. Sie beweisen dem oder den Kontrahenten Respekt, fordern diesen aber auch ein und lassen sich zugleich alle Optionen offen. Gut so. Denn viele Mobber geben auf, wenn sie merken, dass ihr Verhalten keine Wirkung zeigt. Mobben macht dann einfach keinen Spaß mehr.

Eine weitere Option, die ich nicht unterschlagen will, kann die Kündigung sein. Insbesondere, wenn Sie von Ihrem Vorgesetzten oder dem Firmeninhaber getriezt werden. Gerichtliche Auseinandersetzungen ziehen sich leider oft in die Länge, und ein Eilverfahren gewinnt man nur bei ganz offensichtlicher Schikane – zum Beispiel wenn ein Bankdirektor den Hof fegen soll. Solche eindeutigen Fälle gibt es in der Praxis aber nicht. Deshalb müssen die Betroffenen oft während eines zähen Verfahrens die Zähne zusammenbeißen und die Quälereien weiterhin erdulden, sonst droht womöglich die fristlose Kündigung wegen Arbeitsverweigerung. Und hat das Gericht ein Urteil zugunsten des Gemobbten gefällt, findet der Aggressor meist eine neue Schurkerei, und die Tortur geht von vorne los. Kurzum: Wenn sich der Arbeitgeber geschickt anstellt, haben Mobbingopfer gerichtlich kaum Chancen – oder sie brauchen Nerven wie Stahlseile. Aber mal ehrlich: Welcher Laden ist es wert, dass man sich dafür derart quälen lässt? Auch wenn Ihnen der Notausgang *Kündigung* wie eine Schmach und Niederlage erscheint – es geht um Ihre Gesundheit und Ihren Selbstwert!

Sehr verehrte Damen und Herren …

Das ABC der (Powerpoint-)Präsentation ▪ Die Macht der
Stimme ▪ Wie man eine Stegreifrede hält

> »Die Kunst des Redens liegt darin, im Gespräch …
> … mit Klugen, sich auf Gelehrsamkeit;
> … mit Gelehrten, sich auf die Schärfe des Arguments;
> … mit Scharfsinnigen, sich auf Gelassenheit;
> … mit Vornehmen, sich auf die Macht mächtiger Freunde;
> … mit Reichen, sich auf pompöse Großzügigkeit;
> … mit Armen, sich auf die Betonung des Nützlichen;
> … mit Tapferen, sich auf die Kühnheit in Haltung und Wort;
> … mit Törichten, sich auf alles, was ihnen Freude macht, zu stützen.«
> **Chinesisches Sprichwort**

Über 20 Jahre ist das jetzt her. Es war gerade 1987, als Microsoft das Präsentationsprogramm »Powerpoint« für schlappe 14 Millionen US-Dollar von den beiden Programmierern Robert Gaskins und Dennis Austin erwarb. Inzwischen wird es mit jedem Office-Paket ausgeliefert und hat seitdem schätzungsweise rund 400 Millionen Menschen weltweit schier endlose Darstellungsformen beschert, um öde Zahlenwüsten und stumpfe Alltagsbanalitäten in Klick- und Blickfelder zu verwandeln. Hochrechnungen zufolge werden mit dem Programm täglich rund 30 Millionen Präsentationen zusammengeschustert – allen voran von Unternehmensberatern, PR-Agenten und Werbern. Und was dabei herauskommt! Bulletpoint-Orgien, 200-Folien-Daumenkinos, Copy-and-paste-Katastrophen, die so inspirierend sind wie Frontalunterricht. Komplexe Inhalte werden mithilfe einer Software, die ursprünglich dazu ersonnen wurde, Präsentationen einfacher zu machen, auf immer gleiche Darbietungen reduziert, Gedanken in Einbahnstraßen gelenkt und das Publikum mit kapriziösen Überblendeffekten gepeinigt. In einem Satz: Powerpoint ist der moderne Fährmann über den Styx.

So sehr haben die Präsentäter ihr globales Publikum malträtiert, dass daraus inzwischen gleich zwei Selbsthilfegruppen zur Gelaberbewältigung entstanden sind: Beim *Pecha Kucha* (japanisch für »wirres Geplapper«) werden 20 Folien im strengen 20-Sekunden-Takt vorgeführt, also insgesamt 6 Minuten und 40 Sekunden lang und keine Sekunde länger; beim *Powerpoint-Karaoke* wiederum dürfen Freiwillige eine wildfremde Präsentation halten, auch wenn sie von dem Thema überhaupt keine Ahnung haben. Erstaunlicherweise unterscheidet sich das Ergebnis bei beiden Spielarten kaum von geplanten Reden – nur die Zuschauer haben mehr Spaß.

Warum uns Powerpoint paradoxerweise eher seine hässliche Fratze präsentiert, liegt weniger an dem Programm (das kann ja nichts dafür), sondern an dem mitgelieferten Ermessensspielraum für seine Benutzer. Die nämlich missachten kategorisch eine eherne Regel, die für Vorträge aller Art und seit jeher gilt: Eine gelungene Präsentation ist immer ein Extrakt: Kondensmilch statt Vollmilch. Je mehr Informationen einer auf seine Folien quetscht und davon in den Vortrag packt, desto mehr verschwimmt seine Kernaussage. Und desto schlechter wird der Vortrag. Die Aufmerksamkeit des

Publikums ist nun mal begrenzt, mit dem Effekt, dass zu viele Aufzählungen, Fußnoten sowie unbedacht eingesetzte Grafiken und Bilder nur verwirren. Letztlich sollen diese Folien (Fachjargon *slides*) den Vortrag nur visualisieren – nie ersetzen.

Allerdings gehört das Präsentierenkönnen heute zu den kommunikativen Kompetenzen und damit zu den sogenannten Soft Skills, die im Berufsalltag immer wichtiger werden. In 60 Prozent aller Berufe spielen mittlerweile Überzeugungskraft, Durchsetzungsvermögen, Präsentationsgeschick, aber auch Teamfähigkeit und Empathie eine entscheidende Rolle. Bei Bewerbungen haben diese weichen Qualifikationen bereits den klassischen Fähigkeiten wie Fremdsprachenkenntnisse, Auslandserfahrungen oder Fachkompetenz den Rang abgelaufen: 24 Prozent der Personalverantwortlichen in Deutschland halten Kommunikationsstärken für die Hauptkarrierefaktoren. Völlig zu Recht: Ob Sie nun Kollegen und Chefs die Fortschritte Ihres Projekts mitteilen, Kunden die Vorzüge Ihres Produkts oder potenziellen Partnern die Stärken Ihres Unternehmens präsentieren – je brillanter Sie dabei auftreten, desto schneller wachsen Ihr persönlicher Ruhm sowie Ihre Reputation und damit gleich zwei berufliche Erfolgsfaktoren.

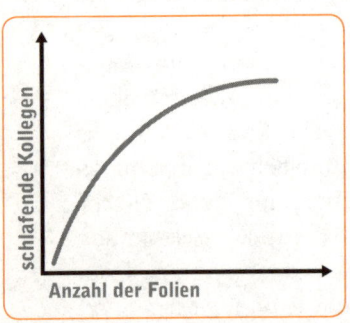

Vorausgesetzt natürlich, Sie machen es richtig. Und das heißt: Man kann zwar über alles reden, nur nicht über 30 Minuten. Das doppelbödige Bonmot, das leider viel zu wenige Langzeit-Oratoren beherzigen, ist in meinen Augen einer der wichtigsten Imperative für einen gelungenen Vortrag. Denn er beinhaltet gleich drei weitere: 1. Fasse dich kurz! 2. Langweile nie dein Publikum! 3. Was nicht in 30 Minuten gesagt werden kann, ist nicht genug durchdacht! In diesem Sinne verstehen Sie bitte auch das folgende ABC für Präsentationen, Vorträge und Reden mit Powerpoint & Co. als eine Initiative zur Weltverbesserung: Sie können sie in weniger als 30 Minuten durchlesen, und sie passt sogar auf weniger als 27 Folien:

Aufbau. Beginnen Sie mit einem Knall, einer Anekdote, einer Pause (siehe auch *Initialzündung*). Und hören Sie auch so auf – mit etwas Inspirierendem, einem Ausblick, etwas Spektakulärem. Ein Vortrag ähnelt in seinem Wesen gutem Sex – beide streben nach mindestens einem Höhepunkt. Der andere Grund ist: Die meisten Zuhörer merken sich ohnehin nur Auftakt und Schlusspointe einer Rede. Wem partout nichts einfällt, sagt den Zuhörern zu Beginn wenigstens, warum das Kommende ihr Leben verändern wird. Beenden Sie die Präsentation aber nie mit einer Zusammenfassung. Redundant.

Blickkontakt. Halten Sie Blickkontakt zu Ihrem Publikum. Jederzeit. Laut psychologischen Studien muss, wer überzeugen will, mindestens 90 Prozent seiner Redezeit Kontakt zum Publikum halten. Der Trick für Schüchterne: knapp über die Menge hinwegsehen. Den Unterschied merkt kein Mensch – Sie müssen nur regelmäßig mit den Augen über alle Köpfe fliegen.

Copyrights. Leider vergessen das viele Vortragende: Wenn Sie eine öffentliche Präsentation halten, müssen die verwendeten Bilder, Film- und Musikausschnitte oder Telefonmitschnitte autorisiert sein beziehungsweise einer *Creative-Commons-Regel* unterliegen. Sie verletzen sonst Urheber- oder gar Persönlichkeitsrechte. Und ein wenig amüsierter Zuschauer könnte Sie der GEMA melden. Das wird dann teuer.

Design. Zu der Frage, wie man eine optimale Folie gestaltet, gibt es unzählige Ratschläge. Eine Faustregel lautet: Nicht mehr als fünf Wörter pro Zeile, nicht mehr als sechs Zeilen pro Folie. Extremisten verwirklichen das Konzept KISS – *Keep It Simple, Stupid!* Heißt: Nur eine Botschaft pro Folie. Auf der Folie stünde in diesem Fall also nur »K I S S« in großen Lettern, den Rest erklärt der Redner mündlich. Die Wirkung ist enorm, allerdings ergeben solche Folien ohne den Vortrag keinen Sinn und eignen sich daher nicht für ein Memo oder *Handout* (siehe weiter unten), das Sie nach der Präsentation verteilen. Hier brauchen Sie dann natürlich die Erklärung dazu.

Effekte. Seien Sie sparsam mit allen Stilmitteln. Verwenden Sie nie mehr als zwei Schrifttypen sowie möglichst nur Farben aus einer Familie (zum Beispiel Rot, Orange, Zinnober) und verzichten Sie auf überflüssigen Schnickschnack wie Überblend- oder Soundeffekte. Das lenkt nur ab.

Folien. Nie mehr als zehn, raten manche Experten. Zuschauer wollen bei Präsentationen erstens beeindruckt, zweitens unterhalten, drittens angeregt und erst an vierter Stelle informiert werden. Das hat die Unternehmensberatung Mercer herausgefunden. Nach diesem Prinzip sollten auch Sie Ihre Präsentation aufbauen. Aufsehen erregen Sie etwa mit Reizwörtern, interessanten Einblicken, überraschenden Vergleichen und unbekannten Fakten und Nachrichten, die für Ihre Zuhörer relevant sind.

Grafiken. Starre Grafiken werden nur selten erinnert. Sie sind leblos und lösen beim Betrachter weder Bilder im Kopf noch Emotionen aus. Überzeugungskraft entfalten Grafiken indes, wenn diese animiert werden. Wenn Sie also einen heftigen Anstieg darstellen wollen, zeigen Sie nicht fünf zunehmende Balkendiagramme in Reihe, sondern einen Balken, der während Ihres Vortrags dramatisch wächst. Denken Sie nur an den sogenannten Fortschrittsbalken, wenn Sie eine Datei aus dem Internet herunterladen: 88 Prozent ... 89 ... 99 ... 100 – so was prägt sich ein und ist (in der Regel) spannend zu beobachten.

Handout. Wenn Sie etwas Bleibendes hinterlassen wollen, geben Sie zu Ihrem Vortrag ein umfassendes Manuskript mit Zahlen, Daten und Tabellen aus. Aber nie vor der Präsentation, sondern immer danach! Kein Mensch hört oder sieht Ihnen noch zu, wenn er die Pointe Ihrer Rede bereits nachschlagen kann. Wenn möglich, geben Sie nicht einfach nur Kopien Ihrer Folien ab. Nachhaltiger wirkt die Präsentation, wenn Sie das Handout mit Checklisten, Literaturtipps oder Links zu weiterführenden Seiten anreichern.

Initialzündung. Wie Sie die Rede eröffnen, entscheidet oft schon, ob Ihnen Ihr Publikum auch den Rest des Vortrags gespannt zuhört – oder bereits nach den ersten Sekunden abschaltet. Üblich ist, dass man sich zunächst selbst vorstellt, dann einen pointierten Einstieg findet und erst danach zum eigentlichen Thema des Vortrags vorprescht. Folgende Formen haben sich zum Auftakt bewährt:

- **Interaktiv** – Beziehen Sie Ihr Publikum mit ein durch eine spontane Umfrage: »Wer von Ihnen ist heute mit der Bahn angereist?«
- **Anregend** – Sie können Ihr Publikum auch selbst kurz über Ihr Thema sinnieren lassen, indem Sie eine rhetorische Frage, am besten aus der Metaebene, stellen: »Was meinen Sie, wie kann ein Redner dafür sorgen, dass ihm sein Publikum zuhört?«
- **Visuell** – Zeigen Sie einen thematisch passenden Filmaus- schnitt per Beamer oder spielen Sie einen Telefonmitschnitt vor (Achtung: siehe *Copyrights*!). Oder zeigen Sie emotionale Bilder, die Ihr Publikum einstimmen.
- **Nachrichtlich** – Beginnen Sie mit aktuellen Schlagzeilen aus den Medien oder einer neuen Studie: »Sie haben es heute vielleicht gelesen: Die XY AG ist pleite ...«
- **Überraschend** – Sie können die Nachricht auch bewusst ver- fälschen und eine Falschaussage treffen, um ein Was-wäre- wenn-Szenario aufzubauen: »Die Statistik zeigt: In zehn Jahren ist Deutschland ein Greisenheim.«
- **Provokativ** – Überhöhen Sie Ihre Kernthese bis ins Extrem, das schafft Reibungsfläche, aber auch Aufmerksamkeit: »Wer nicht präsentieren kann, findet keinen Job.«
- **Vergleichend** – Analogien, Parabeln, Gleichnisse hört jeder gerne: »Vorträge sind oft wie ein Verkehrsstau: Man würde gerne abkürzen, findet aber keine Ausfahrt.«
- **Persönlich** – Erzählen Sie eine Anekdote aus Ihrem Leben: »Sie werden nicht glauben, was mir vorhin im Hotel passiert ist ...«
- **Klassisch** – Eröffnen Sie den Vortrag mit einem gewichtigen oder humorvollen Zitat: »Bevor ich mit der Rede beginne, habe ich etwas Wichtiges zu sagen.«

Jux. Würzen Sie Ihre Folien ruhig mit etwas Humor. 1977 fanden die Psychologen Robert M. Kaplan und Gregory C. Pascoe heraus, dass Personen sich eher an die Inhalte einer Rede erinnern, wenn diese mit Humor gespickt war. Aber übertreiben Sie es nicht. Humor ist wie Salz: Im Übermaß verdirbt es die Speise.

Körpersprache. Der optimale Stand beim Präsentieren sieht so aus: Beine durchgestreckt und leicht geöffnet; die Füße stehen parallel und fest auf dem Boden (Wippen, Ballen- oder Fersenstellung verrät Nervosität, Unsicherheit und Verspannung). Der Rücken ist durchgestreckt, die Arme sind angewinkelt, die Hände – so sie nicht auf etwas zeigen – liegen ineinander, Handflächen nach oben (signalisiert Offenheit und Ehrlichkeit). Arme nie verschränken (unhöflich, reserviert). Erlaubt ist aber, ab und an die passive Hand in die Hosentasche zu stecken. Und machen Sie stets langsame Bewegungen. Das wirkt souveräner als ein nervöser Hampelmann.

Lampenfieber. Ist bei Vorträgen normal und steigert die Präsenz. Zum Hemmschuh wird es erst, wenn sich Betroffene zu sehr auf ihre Wirkung statt auf den Vortrag konzentrieren. So verlieren sie den Kontakt zum Publikum. Klassische Fiebersenker sind: Noch hinter der Bühne tief Luft holen und sich ordentlich ausschütteln. Sieht albern aus, hilft aber. Und – so paradox es klingt – nehmen Sie Kontakt zum Publikum auf. Suchen Sie sich jemanden, der Ihnen zulächelt oder zunickt. Falls Sie dennoch ins Stocken geraten: nicht entschuldigen, sondern spontan die bisherigen Kernaussagen zusammenfassen. Merkt kein Mensch. Zuschauer werten ohnehin Pausen von fünf Sekunden eher als Betonung oder Denkpause. Also keine Panik!

Monitor. So manche Powerpoint-Präsentation gerät zur Offenbarung – dann nämlich, wenn der Redner seinen Laptop an den Beamer anschließt und alle sehen, wie sein Desktop aussieht (inklusive Pinup-Hintergrund), wofür er sich interessiert und welche Dateien er sich kürzlich heruntergeladen hat. Säubern Sie also Ihren Desktop, bevor Sie den Bildschirminhalt ausstrahlen. Ein Gran Zufall bleibt ohnehin. Denken Sie auch daran, vor dem Vortrag Ihren Bildschirmschoner zu deaktivieren. Unzählige Vorträge endeten unfreiwillig peinlich, weil Redner mit Hang zu eigenwilligen Schonbezügen dies vergaßen. Und wirklich keiner will zwischen Buy-out und Benchmark Bikinibilder sehen.

Notizen. Während der Rede möchten Sie auf Ihrem Laptop vielleicht Notizen sehen, während Ihr Publikum nur die Slides anschaut. Moderne Grafikkarten schaffen das, dazu braucht es nur wenige Handgriffe: Zuerst Beamer anschließen, dann auf den Desktop mit der rechten Maustaste klicken und im Menü die »Anzeige« auswählen. Im Menüpunkt »Einstellungen« können Sie den Windows-Desktop auf dem Monitor erweitern. Stellen Sie die richtige Auflösung für den Beamer ein und beenden Sie das Menü mit »OK«. Dann starten Sie die Powerpoint-Präsentation und klicken auf den Menüpunkt »Bildschirmpräsentation« beziehungsweise »Bildschirmpräsentation einrichten«. Hier können Sie auswählen, auf welchem Monitor die Slides erscheinen sollen. Der Hauptmonitor ist meist der Laptop-Bildschirm. Wählen Sie derweil für sich den Bildschirm zwei oder »Plug and Play Monitor« aus. Das Ganze mit »OK« bestätigen, fertig.

Online-Versand. Sobald man Bilder, O-Töne oder gar Videos in seine Präsentationen einbaut, geht der benötigte Speicherbedarf für die Datei schnell durch die Decke. Auf dem eigenen Laptop mag das kein Problem sein – wohl aber, wenn man die Datei verschicken will, zum Beispiel an seine Kollegen oder eine andere Abteilung. Hier helfen zwei Tricks: Erstens, Sie wandeln Ihre Powerpoint-Präsentation in eine PDF-Datei um. So gut wie jeder Rechner hat heute einen AdobeReader installiert und der beherrscht sogar den Präsentationsmodus. Danach ist der Vortrag allerdings nicht mehr zu bearbeiten und kann auch nicht mehr als Powerpoint-Präsentation eingesetzt werden. Die Alternative ist deshalb: komprimieren. Der PPTminimizer (www.pptminimizer.com/deu/index.php) ist so ein Verdichtungsprogramm. Zudem besitzt er ein Plug-in für Outlook, sodass der Präsentationsanhang beim Versenden automatisch verdichtet wird. Das Tool kostet um die 35 Euro, kann aber vorher kostenlos getestet werden.

Publikum. Wie sehr Sie Ihr Publikum fesseln, hängt auch davon ab, wie stark Sie es einbeziehen. Die verbreitetste Form ist, Fragen zu stellen – als kurze Meinungsumfrage (»Wie würden Sie entscheiden?«), als Quiz (»Richtig oder falsch?«) oder Zielgruppenanalyse (»Sind heute Manager unter uns?«). Stellen Sie aber bitte nur kurze und kompakte Fragen. Nie mehr als zwei Sätze. Bewährt hat sich auch, provokante oder ungewöhnliche Fragen zu stellen, aber niemals ähnliche. Einzige Ausnahme: Sie fragen ganz bewusst am Anfang und Ende des Vortrags dasselbe, um einen Sinneswandel im Publikum zu dokumentieren. Sie können das Publikum freilich auch selbst Fragen stellen lassen, um diese dann im Vortrag zu beantworten. Die Gefahr ist jedoch, dass Querulanten so Ihre Dramaturgie zerstören. Wer das Mikrofon freigibt, sollte deshalb vorher überlegen, wie er auf solche Typen reagiert (siehe auch *Rückfragen*). Und sollte es keine Mikrofone für das Publikum geben, wiederholen Sie bitte die Statements oder Fragen aus dem Publikum. Nichts ist nerviger als eine Diskussion, die der Rest des Saals nicht mitverfolgen kann. Versuchen Sie niemals, gegen eine plaudernde Masse anzureden. Besser: Pausieren, bis alle still sind. Auch gut: Etwas Rätselhaftes auf das Flipchart malen. Das macht die Leute neugierig und sie werden schneller still. Überstrapazieren Sie aber bitte keines dieser Stilmittel. Mehr als drei interaktive Elemente pro Vortrag sollte es nicht geben.

Quotes. Zitate (englisch: *quotes*) lockern jeden Vortrag auf. Zudem schmücken sie die Präsentation durch die Prominenz des Urhebers und verleihen Ihrer Rede zusätzliches Gewicht. Wer es aber übertreibt, sieht so aus, als hätte er selbst nichts Gewichtiges zu sagen.

Rückfragen. Was tun, wenn mitten im Vortrag Rückfragen kommen – oder schlimmer: Wenn Störenfriede dazwischenrufen und Ihre Präsentation kritisieren, bevor sie zu Ende ist? Das Wichtigste: Niemals die Souveränität verlieren und sich über die Nervensäge empören. Das macht Sie klein. Bei Rückfragen, auf die Sie nicht eingehen wollen, verweisen Sie am besten auf später: »Dazu komme ich noch« oder »Bitte merken Sie sich Ihre Frage. Am Ende des Vortrags werde ich auf diese Punkte gerne eingehen« – was dann aber nie passiert. Sie können auch eine rhetorische Gegenfrage stellen: »Was würde denn aus Ihrer Sicht den Vortrag interessanter machen?« Oder bitten Sie den Nörgler um Präzisierung: »Was verstehen Sie bitte unter …?« Wiederholen Sie das, bis die Nervensäge aufgibt.

Sprache. Schon die Sprachmelodie sorgt für Spannung. Heben und senken Sie Ihre Stimme ab und an und werden Sie mal lauter und leiser, selbst kurzes Flüstern ist erlaubt. Das steigert die Wirkung Ihrer Worte kolossal. Hauptsache, Sie variieren. Darüber hinaus gilt: Formulieren Sie möglichst keine Relativ- und schon gar keine Schachtelsätze. Überzeugend wirken allein Hauptsätze mit nicht mehr als zehn Wörtern. Wie dieser. Und betonen Sie die Verben. Die meisten Redner legen das Gewicht auf Substantive. Falsch! Verben, insbesondere aktive, regen das Gehirn wesentlich stärker an und machen den Vortrag spannend. Und wenn es komplizierter wird, verwenden Sie Sprachbilder. Gerade bei technischen Themen erleichtern Metaphern, Vergleiche, Parabeln das Verständnis.

Timing. Die richtige Reihenfolge ist keinesfalls eine Frage dessen, was die Griechen den *Kairos* nannten, den rechten Augenblick. Erst die Folie zu projizieren, um sie danach vorzulesen, ist schlicht falsch. Dann hört Ihnen nämlich keiner mehr zu, weil jetzt jeder selber liest. Sehen die Leute danach, was sie schon wissen, schalten sie aber auch ab. Deshalb sollte die Folie nur Stichworte oder einprägsame Zahlen beinhalten, und die sollten Sie exakt dann einblenden, wenn sie auch im Vortrag kommen. Bei Flipcharts oder Overheadprojektoren gilt das im Prinzip genauso: Erst sagen, dann schreiben. Niemals Folien oder Flipchartblätter nur ablesen.

Unterbrechen. Gönnen Sie Ihren Zuschauern ab und an eine Pause. Nicht nur akustisch, sondern auch optisch. Sie werden überrascht sein, wie wohltuend und zugleich aufmerksamkeitssteigernd der Effekt ist, wenn Sie zwischendurch eine leere Folie einblenden. Die Zeit können Sie zum Beispiel nutzen, um eine persönliche Anekdote zu erzählen, eine kurze Gruppendiskussion oder Zuhörerfrage einzubauen.

Vorstellung. Nicht die Powerpoint-Folien spielen die Hauptrolle, sondern Sie. Entsprechend sollte der Monitor oder die Leinwand, auf der Sie Ihre Präsentation zeigen, nie in der Mitte der Bühne stehen – das ist Ihr Ort. Sie sind der Mittelpunkt der Vorstellung, der Platz der Leinwand ist links oder rechts von Ihnen.

Wiederholungen. Beim Schreiben gelten sie als schlechter Stil, bei Präsentationen sind Wiederholungen dagegen ausdrücklich erlaubt, denn sie erhöhen den Merkeffekt beim Publikum. Damit sind keine Redundanzen gemeint, wie die Überschriften von den Slides einfach abzulesen. Vielmehr dürfen Sie manche Folie durchaus doppelt einblenden (auch leicht modifiziert) oder Kernaussagen als eine Art Running Gag oder Motto wiederholen: »Und nicht vergessen! ...« Ein charmanter Trick ist, eine Art Countdown einzubauen: Bei einem halbstündigen Vortrag könnten Sie etwa alle fünf Minuten eine Folie einblenden »Noch 25 Minuten bis zu meinem Nachredner«, »Noch 20 Minuten bis zu meinem Nachredner«, »Noch 15 Minuten ...«.

X-fach. Keine Regel ohne Ausnahme. Nachdem Sie nun in verschiedenen Varianten über das Prinzip KISS gelesen haben, sollten Sie auch den Vortragsstil des Sxip-Gründers Dick Hardt kennenlernen. Bei ihm bekommt jeder Satz, jedes Stichwort eine eigene Folie. Ein 15-minütiger Vortrag bringt es so schon mal auf ein Stakkato von über 250 Folien – und bleibt dennoch informativ, einprägsam und amüsant. Wie das geht? Das kann man nicht beschreiben, sich aber im Internet ansehen unter: www.youtube.com/watch?v=RrpajcAgR1E.

Youtube. Apropos Video: Am besten studiert man am lebenden Objekt. Auf der Online-Videoplattform youtube.com kann man sich inzwischen zahlreiche brillante Vorträge ansehen, von denen sich wunderbar lernen lässt. Vor Kurzem gab es auch so etwas wie einen weltweiten Wettbewerb der besten Präsentationen. Die Slideshows der Sieger können Sie hier betrachten: http://blog.guykawasaki.com/2008/09/winners-of-worl.html.

Zeigehilfe. Um einzelne Punkte auf Ihren Folien hervorzuheben, können Sie während des Vortrags mit einem Zeigestock, einem Stift oder mit einem Laserpointer arbeiten oder mit dem Mauszeiger über die Folien wackeln (was weniger elegant aussieht). Ein bisschen Bewegung unterstützt Ihre Rede und nimmt Ihnen die Nervosität. Bei allen Zeigehilfen haben sich allerdings Unarten etabliert, die Sie besser vermeiden:

- **Aufzählen, statt zu betonen.** Es ist völlig okay, mit dem Laserpointer eine oder zwei Passagen auf einer Folie hervorzuheben. Aber bitte nicht jeden einzelnen Punkt. Ein Laserpointer ist wie ein Textmarker: er betont. Fuchteln Sie damit über jeden Punkt, könnten Sie genauso gut die ganze Folie einfärben.
- **Punkten, statt zu umkreisen.** Auch wenn das Ding *Laserpointer* heißt – ein Punkt kann in den hinteren Reihen leicht übersehen werden. Versuchen Sie daher nicht nur auf den Punkt zu kommen, sondern diesen auch zu umkreisen. Das fällt mehr auf.
- **Entfernen, statt sich anzunähern.** Versuchen Sie beim Zeigen möglichst nah an der Projektionsfläche zu stehen. Je näher Sie dem Publikum kommen, desto größer ist die Gefahr, dass Sie dabei jemandem die Sicht versperren. Wer beim Aufzeigen dann noch eine Schulter in Richtung Publikum gedreht lässt, sieht auch nicht so aus, als würde er mit der Leinwand sprechen.
- **Fuchteln, statt zu akzentuieren.** Nutzen Sie das Zeigezeugs nicht zur Lasershow und schon gar nicht bei jeder Folie. Sie sagen sonst indirekt, dass es auf jeder Einblendung eigentlich nur ein bis zwei wichtige Informationen gibt, der Rest aber im Grunde irrelevant bleibt. Spätestens ab Folie Nummer 5 fragt sich der Zuschauer, ob Sie Ihre Folien nicht besser gleich auf eben jene Highlights hätten beschränken sollen.

Die Macht der Stimme

Wenn Sie jemals im Kölner Hauptbahnhof auf einen überfälligen ICE, IC oder Regionalexpress haben warten müssen, dann haben Sie vermutlich Christiane Janke zugehört. Die 43-Jährige ist dort Zugansagerin und bittet verstimmte Kunden am Bahnsteig über die Lautsprecher entweder um »Verständnis« oder gar um »Entschuldigung«, wenn der Zug mehr als zehn Minuten Verspätung hat. »Ich stelle mir dann vor, wie sich die Kunden fühlen«, sagt Janke, die den Job im Stellwerk schon seit über 20 Jahren macht. Vor ihrem geistigen Auge ballen dann übellaunige Fahrgäste ihre Fäuste in den Taschen, tippeln wegen des schlechten Wetters schlotternd hin und her und sind stinksauer, weil sie fürchten, zu spät zur Arbeit zu kommen oder ihren Ferienflieger zu verpassen. Wie mir Christiane Janke erzählte, versucht sie, »ganz ruhig zu sprechen«, das Wort »Entschuldigung« betone sie besonders deutlich und senke am Schluss die Stimme. Nur so bekomme die Bitte auch den nötigen Nachdruck.

Wer sich mit einer gelungenen Präsentation beschäftigt, kommt an der Macht der menschlichen Stimme nicht vorbei. Selbst ein mittelmäßiger Inhalt macht »unter der Gewalt eines vollendeten Vortrags mehr Eindruck als der vollendetste Gedanke, bei dem der Vortrag mangelt«, erkannte schon der römische Sprechlehrer Quintilian. In Zeiten, in denen wir uns zunehmend weniger auf den Wahrheitsgehalt von Worten oder die Beweiskraft von Bildern verlassen können, bekommt die Stimme ein ganz eigenes Gewicht. Sie ist so charakteristisch wie ein Fingerabdruck und damit ein eindeutiges Erkennungsmerkmal, sondern auch eine ebenso authentische wie »intime Visitenkarte« der Persönlichkeit, sagt etwa der Flensburger Stimmforscher Hartwig Eckert. Mithilfe unserer Stimme bestimmen wir maßgeblich, wie wir auf andere wirken, ob wir sie überzeugen, uns durchsetzen, ihnen sympathisch werden oder nicht. Über die Stimme bekommen wir unmittelbaren Zugang zu den Gefühlen unseres Gegenübers. Sie ist ein unterschwelliger Türöffner, ein Eisbrecher und Brückenbauer. Ob wir sprechen, singen, schreien, seufzen oder stöhnen – das menschliche Gehirn verarbeitet jedes artikulierte Wort bereits nach 140 Millisekunden. Dabei entlarvt die Stimme die Gemütslage des Sprechers ebenso wie dessen Absichten. Das limbische System, die Schaltzentrale für Gefühle, wirkt auf sämtliche unserer Zwischentöne: Ist jemand traurig oder niedergeschlagen, so erschlafft seine Sprechmuskulatur automatisch, die Stimmlippen reagieren verzögert und vibrieren sanfter. Prompt klingt die Stimme tiefer, kraftloser, undeutlicher. Desinteresse oder Frust da-

> Selbst ungeübte Ohren können aus der Stimme das Alter eines Menschen heraushören, fand der Berliner Sprachforscher Markus Brückl heraus. Was wir hören, ist aber weniger das tatsächliche Alter eines Menschen, sondern sein biologisches, also wie fit der Sprecher ist. Dieses biologische Alter kann im Schnitt bis zu vier Jahre vom numerischen abweichen, was zugleich bedeutet: Durch gezieltes Stimmtraining lässt sich das Image um einige Jahre verjüngen.

gegen machen die Stimme flach und monoton, der Sprache fehlt jede Modulation. Wer gestresst oder nervös ist, klingt wiederum gepresst und dünn, dem Sprecher schnürt es sprichwörtlich die Kehle zu.

Jüngste Forschungsergebnisse deuten darauf hin, dass sogar einzelne Charakterzüge einer Person hörbar sind. Die Vermutung steckt bereits im lateinischen per-*sonare*, dem *Durchtönen*. Der Berliner Kommunikationswissenschaftler Walter Sendlmeier wollte es noch etwas genauer wissen und hat dazu eine Versuchsreihe gestartet, in der er untersuchte, ob und wie sehr die in der Psychologie verwendeten *Big Five* der Persönlichkeitsmerkmale – Neurotizismus, Extraversion, Offenheit für Erfahrungen, soziale Verträglichkeit und Gewissenhaftigkeit – durch die Stimme reflektiert werden. Bei seinem Versuch mussten sich elf ausgewählte Sprecher zunächst selbst einschätzen und danach drei Stimmproben aufnehmen: einen Vokalton von sechs Sekunden Dauer, einen vorgelesenen Text und einen Freitext. Aus den Textproben wurden jeweils 17-sekündige Fragmente kopiert, die inhaltlich so gut wie keine Rückschlüsse auf die Sprecher zuließen. Anschließend wurden alle Aufnahmen 30 Hörern vorgespielt, die die Sprecher charakterisieren sollten. »Schon bei dem gehaltenen Vokal gab es eine erkennbare Korrelation zwischen der Eigen- und der Fremdwahrnehmung«, sagt Sendlmeier. Vor allem aber das Maß an Neurotizismus und Extraversion wurde in den Hörproben deutlich erkannt. Oder anders formuliert: Wer psychisch labil oder stabil, wer introvertiert oder extrovertiert war, der klang auch so – und zwar mit nur einem Buchstaben.

Man muss sich das so vorstellen: Jede Emotion aktiviert in unserem Gehirn Neuronen, die Impulse in einem spezifischen Rhythmus ausstrahlen und deren Frequenz sich auf die Stimme überträgt. Diese emotionalen Muster können menschliche Ohren hören, aber längst auch Computer interpretieren. Was davon bereits möglich ist, kann jeder im Internet ausprobieren: Auf der Webseite *areyoutalking2me.com* können Interessierte ihre Stimme kostenlos analysieren lassen – etwa, um herauszufinden, wie sie auf andere wirken, warum ihre Präsentationen nicht ankommen oder warum sie den Chef bei der letzten Gehaltsverhandlung partout nicht überzeugen konnten. Die Testsprecher brauchen dazu nur ein hochwertiges Mikrofon oder Headset, das sie an den Computer anschließen. Anschließend müssen sie sich eine Gratissoftware zur Stimmerkennung auf den Rechner laden und können dann völlig anonym Texte von sieben oder 26 Sekunden Länge online aufsprechen. Schon nach dieser kurzen Sequenz sei das Programm in der Lage, die aktuelle Gefühlslage zu erkennen sowie welche Motive der Sprecher verfolgt, verspricht der Anbieter – jedenfalls mit einer Trefferquote von rund 85 Prozent. Ich selbst habe es auch ausprobiert und war überrascht, wie genau der Test ausfiel. Aber selbst wenn Sie das alles für Kokolores halten – Spaß macht es allemal.

So leicht uns die Worte jedoch von der Zunge gehen – so sehr bleibt das Reden für unseren Sprechapparat Schwerstarbeit. Bei jedem Laut, den wir artikulieren, öffnen und schließen sich unsere Stimmlippen (fälschlicherweise oft »Stimmbänder« genannt) mehrmals in der Sekunde. Um zum Beispiel den Ton »A« zu erzeugen – das Freizeichen beim Telefon – braucht es eine Frequenz von 440 Hertz, also eine Schallwelle mit 440 Schwingungen pro Sekunde. Um die auszulösen, müssen sich auch die Stimmlippen 440 Mal pro Sekunde öffnen und schließen. Wobei Männer üblicherweise mit einer Grundfrequenz von 130 Hertz brummen, während es bei Frauen eher 190 Schwingungen pro Sekunde sind. Um unterschiedlich hohe Töne zu erzeugen – ein A kann man schließlich in mehreren Oktaven singen –, müssen sich die Muskeln um die Stimmlippen herum unterschiedlich anspannen: Bei tiefen Tönen bleiben sie lockerer, bei hohen ziehen sie sich zusammen. So entsteht Sprachmelodie. Verantwortlich für die Wirkung unserer Stimme sind aber nicht nur individuelle Sprachmelodie, Sprechtempo, Dehnungen und verschieden hohe Grundtöne, sondern auch die

> Frauen finden auch Männer mit hohen Stimmen attraktiv – vorausgesetzt, die Sprachmelodie stimmt, hat die Frankfurter Phonetikerin Vivien Zuta festgestellt, als sie für ihre Magisterarbeit 15 Frauen sechs Männerstimmen bewerten ließ. Über 80 Prozent der Probandinnen fanden den Sprecher mit der höchsten Stimme und einer Frequenz von 134 Hertz »eindeutig attraktiv«. Verblüffender aber war, dass ihre Annahmen über dessen Aussehen der Wirklichkeit nahe kamen. So vermuteten 70 Prozent der Frauen völlig richtig, dass der Mann grüne Augen habe. Auch der geahnte Kleidungsstil, seine Größe und sein Bildungsgrad stimmten weitgehend mit der Realität überein.

sogenannten Obertöne. Sie schwingen bei jedem Laut mit einer leicht modifizierten Frequenz mit und haben bei jedem Menschen ein anderes Muster. Vergleichen lässt sich das am ehesten mit den Klangfarben einzelner Instrumente: Ob ein Klavier oder eine Geige ein A spielt, macht für den Ton keinen Unterschied: Er hat in beiden Fällen 440 Hertz. Und doch hören unsere Ohren genau, welches Instrument die Saiten vibrieren lässt. Auf diese Weise entsteht für jeden von uns ein einzigartiger Klang, eine Art vokaler Fingerabdruck, den sich zum Beispiel Polizeiermittler regelmäßig zunutze machen, um Telefonerpresser zu überführen. Warum ich das so ausführlich beschreibe? Unsere Stimme ist nicht nur Ausdruck unserer Persönlichkeit. Sie prägt sie auch.

Mit stockender, unrhythmischer Stimme Gesagtes wirkt bruchstückhaft, der Zuhörer wird zweifeln oder zumindest irritiert bleiben. Wer dagegen näselt, wirkt arrogant, empfindlich. Eine pathetische Sprechweise wiederum verursacht das Gefühl, der Redner sei unehrlich. Und wer mit scharfer Stimme spricht, erntet zwar Aufmerksamkeit, wird von seinem Publikum aber auch als kalt und aggressiv eingestuft. Egal, wie wir sprechen – zu atemlos oder zu langsam, zu laut oder zu leise, zu hart oder zu undeutlich –, diese Zwischentöne provozieren nicht nur bei Chefs, Kunden und Kollegen Reaktionen, sie legen uns zum Teil auch auf eine Rolle fest. Die junge, engagierte Kollegin wird womöglich nur deshalb immer wieder übersehen, überhört, unterbrochen, weil ihre Stimme piepsig klingt und damit bei allen Stereotype wie »unsicher«, »unsachlich« oder »inkompetent« auslöst. Weil sie das spürt, wird sie erst recht unsicher, wodurch sich die anderen in ihrer Einschätzung bestätigt sehen. Ein Kreislauf nach unten entsteht. Besagte Mitarbeiterin könnte nun versuchen, ihr Verhalten, ihre Körpersprache und Mimik zu verbessern. Sprachwissenschaftler glauben jedoch inzwischen, dass sich der Imageerfolg schneller einstellt, wenn die Betroffene zuerst an ihrer Stimme arbeitet. Spräche sie etwa fester und sonorer, nähmen die Kollegen mehrheitlich an, sie sei souverän und kompetent – und behandelten sie entsprechend. Die Hamburger Diplomsprecherin und Rhetoriktrainerin Isabel García hat mir dazu einmal eine Geschichte aus ihren Seminaren erzählt:

»*Ich habe immer wieder Teilnehmer, die klagen: Ich habe in dem Meeting etwas gesagt, aber niemand hat es gehört und niemand ist darauf eingegangen. Als dann zehn Minuten später ein Kollege genau dasselbe gesagt hat, meinten alle: Wow, geniale Idee! Daraufhin werde ich gefragt, woran das liegen könnte. Und meist liegt es daran, dass derjenige seinen Vorschlag wie eine Frage betont hat. Und das wird in einer großen Diskussionsrunde so gut wie nie ernst genommen. Wenn wir eine Aussage – durch die Betonung – wie eine Frage formulieren, dann wirkt die Aussage nicht überzeugend. Es ist so, als stelle man sich selbst in Frage.*«

Der Ton macht eben nicht nur die Musik – er verändert auch das Verhalten. Bestätigt wird das durch Studien der Sprechwissenschaftlerin Edith Slembek von der Universität Lausanne. Sie fand heraus, dass viele erfolgreiche Frauen in leitenden Positionen ihre Stimmlage nahezu automatisch derjenigen von Männern anpassen. Jedenfalls die erfolgreichen. Wobei sie deswegen nicht gleich brummen müssen. Denn ob uns eine Stimme berührt und überzeugt, liegt auch an der *Indifferenzlage*. Das ist jener persönliche Grundton, um den jeder individuell, aber regelmäßig herumredet. Finden kann man diese mittlere Sprechlage, indem man an ein gutes Essen denkt und ein wohliges »Mmmh« summt. Beim Sprechen zirkuliert die Stimme normalerweise bis zu einer Quinte um diesen Ton. Erst wer diesen Bereich dauerhaft verlässt, riskiert seine Überzeugungskraft.

Nun haben manche das Glück, von der Natur mit einer sympathischen Stimme bedacht worden zu sein. Alle anderen aber können zumindest teilweise an ihr arbeiten. Denn wie man heute auf Manieren und Kleidung achtet, kann man auch die eigene Stimme als Teil des Erscheinungsbildes verstehen und sie entsprechend pflegen. Um ihrem Klang noch mehr Ausdruck und Gefühl zu verleihen, empfiehlt die Berliner Profisprecherin Irina von Bentheim (Sie kennen sie vielleicht als deutsche Stimme von Sarah Jessica Parker alias Carrie Bradshaw aus der Kultserie *Sex and the City*) vor allem Atemtraining: »Über die Atmung kann man seiner Stimme mehr Volumen geben und damit auch mehr Überzeugungskraft.« Wenn wir etwa nervös sind, dann atmen wir meistens viel zu viel ein und zu wenig aus. Der Effekt ist, dass die Lunge irgendwann voll ist und nichts mehr hineinpasst. Die Brust fühlt sich dann an wie Beton, und es verschlägt einem sprichwörtlich die Sprache. Deswegen muss man sich – gerade bei Lampenfieber – zwingen, auszuatmen. Oft reicht es schon, vor dem ersten Satz ein paar Mal bewusst auszuatmen. Aber auch andere einfache Übungen helfen, die Stimmwirkung zu verbessern:

- **Summen.** Atmen Sie durch die Nase langsam aus und wieder ein. Während die Luft ausströmt, summen Sie kräftig und laut ein »Mmmh«. Die Lippen berühren sich dabei kaum. Effekt: Die Stimme bekommt mehr Volumen und Resonanz im Mund. Gleichzeitig bekommen Sie mehr Klanggefühl.
- **Gähnen.** Durch Gähnen senkt sich der Kehlkopf. Effekt: Der Resonanzraum wird größer, zugleich entspannt sich die Stimmmuskulatur. Die Stimme wird klarer, befreiter und teilweise tiefer.
- **Aufrichten.** Entscheidend für unsere Stimme ist die Luftversorgung – und dabei nicht etwa die Brust-, sondern die Bauchatmung. Effekt: Wer unverkrampft sitzt oder steht, lässt dem Zwerchfell mehr Freiraum.
- **Entspannen.** Stimmvolumen ist keine Frage von Anstrengung. Das Gegenteil ist richtig. Wenn Sie überzeugen wollen, pressen Sie Ihre Stimme nie raus, sondern lassen Sie sie aus dem Bauch strömen. Effekt: ein voluminöserer, tieferer Klang.
- **Trinken.** Die sprichwörtlich geölte Stimme ist keine Binsenweisheit. Wer viel trinkt, hält seine Stimmlippen geschmeidig. Weiterer Effekt: Wasser neutralisiert das hässliche Schmatzgeräusch beim Öffnen des Mundes und hilft gegen Heiserkeit. Opernsänger essen übrigens gerne einen Apfel und gurgeln mit paraffinhaltigen Lösungen. Geschmackssache.

Wem das nicht hilft, der kann freilich auch Profis hinzuziehen. Die sind allerdings nicht billig: Zwei- bis dreitägige Seminare kosten rund 1500 Euro, eine Stunde Sprecherziehung bei einem Logopäden um die 70 Euro. Und bis man mit dem Training hörbare Erfolge erzielt, rechnen Experten mit 20 Stunden.

Wie man eine Stegreifrede hält

Lange Rede, kurzer Sinn: Für erprobte Redner wäre das der GAU schlechthin. Für die Zuhörer aber noch mehr. Weniger erprobte Präsentationsathleten fürchten dagegen kaum etwas mehr, als spontan eine Rede zu halten. Stellen Sie sich vor: Sie sitzen im Meeting, wollen dem avisierten Vortrag Ihres Kollegen zuhören, schlau dreinschauen und vielleicht etwas Neues lernen … als Ihr Chef Sie ad hoc bittet, eine kurze Präsentation Ihres aktuellen Projekts zu geben. Schon ist es passiert: Alle schauen erwartungsvoll zu Ihnen herüber – und schweigen. Wäre gut, wenn Ihnen jetzt etwas Passendes einfiele, jedenfalls mehr als das Gestammel, das Ihnen als Erstes in den Sinn kommt. Die Situation gleicht einem Nahtoderlebnis, ist aber – und das ist die gute Nachricht – zu meistern.

Eine Rede aus dem Stegreif zu halten, ist sicher nicht jedermanns Sache, aber auch keine Hexenkunst. Sollten Sie nicht ohnehin ein eloquenter Dampfplauderer sein, können Sie sich zumindest an ein paar Standardelementen im Aufbau orientieren. Das Ergebnis wird vielleicht kein mitreißender Impulsvortrag, aber auch kein peinliches Herumgelaber sein. Folgendes ist zu tun:

1. Machen Sie eine kurze rhetorische Pause, um sich zu sammeln. Das ist völlig legitim und muss Ihnen überhaupt nicht peinlich sein. Im Gegenteil: Es erhöht die Wirkung Ihres Vortrags. Überlegen Sie sich kurz, wie Sie Ihre Stegreifrede aufbauen wollen: als Argumentation (Sie schildern das Projekt anhand von Pro- und Kontra-Argumenten), als Chronologie (Sie beginnen beim Projektstart und enden beim Status quo), als Highlight-Analyse (Sie beschränken sich auf wenige Bereiche, heben dabei aber vor allem auf die Vorzüge ab).
2. Dann beginnen Sie Ihren Vortrag idealerweise mit einer kurzen Einführung: Stellen Sie sich gegebenenfalls kurz vor, bedanken Sie sich für die Chance, dieses großartige Projekt präsentieren zu können und freuen Sie sich auf die gute Zusammenarbeit. Das mag wie typisches Rede-Blabla klingen, das es auch ist, es verschafft Ihnen aber nochmals Zeit und senkt das Lampenfieber. Und eine kurze Gliederung erleichtert dem Publikum das Einordnen.

3. Als Nächstes geben Sie eine kurze Vorschau, was Sie erzählen werden. Also das Ergebnis Ihres schnellen Brainstormings von Punkt 1. Beispiel: »Ich werde Ihnen kurz beschreiben, wie dieses Projekt entstanden ist, welche Ziele wir damit verfolgen und welche davon wir bereits erreicht haben.« Dies entspräche übrigens einem chronologischen Aufbau.
4. Mit der Vorschau haben Sie sich eine klare Gliederung geschaffen, an der Sie sich nun nur noch entlanghangeln müssen. Im obigen Beispiel also genau drei Punkte: Entstehung, Ziele, Status quo.
5. Den Vortrag auf keinen Fall ausplätschern lassen. Schlimmer: »Ja, äh, ich denke, das war's« sagen. Fassen Sie lieber noch einmal kurz drei Highlights zusammen. Oder entwickeln Sie eine kleine Vision, welche Ziele Sie mit dem Projekt als Nächstes erreichen wollen oder welche Vorteile den potenziellen Geschäftspartnern in naher Zukunft daraus entstehen könnten.
6. Ganz zum Schluss bedanken Sie sich für die Aufmerksamkeit.

Na bitte, war doch gar nicht so schwer, oder?

17.06 Uhr
Darf ich kurz helfen?

Warum sich gute Taten auszahlen ▪ Eine Gebrauchsanweisung zum Netzwerken ▪ Die hohe Kunst des Smalltalks

»Mancher ertrinkt lieber,
als dass er um Hilfe ruft.«
Wilhelm Busch, Dichter

Wundersam ist das Leben in der Tiefsee. In etwas mehr als tausend Metern unter dem Meeresspiegel harrt zum Beispiel der Wolfs-fallen-Anglerfisch. Der ist so träge und hässlich wie es dort unten dunkel ist. Aus seinem Maul hängt lediglich ein schlaffer, mit einem Leuchtorgan ausgestatteter Köder. Das ist eigentlich schon alles, was der mesopelagiale Fisch leistet. Ansonsten treibt der Wolfs-fallen-Anglerfisch mit weit aufgesperrtem Maul knapp über dem Meeresgrund und wartet, bis ihm eine durch sein Licht angelockte Beute ins Maul schwimmt. Dann schnappt er zu: Die scharfen Zähne des Oberkiefers klappen nach innen und der Unterkiefer zu. Das Opfer sitzt fest und bald darauf im Magen. Bon appétit!

Um einem vergleichbaren Schauspiel beizuwohnen, muss man nicht notwendigerweise abtauchen. Umschauen reicht schon. So einige Kollegen verhalten sich ganz genauso wie der Wolfsfallen-Anglerfisch: Sie hocken einfach so da, locken ihre Beute mit faden-scheinigen Ködern an und nehmen sie aus. Teamplay ersetzen sie durch Egoismus, helfende Hände durch Ellenbogen und nicht wenige halten sich auch noch für extrem clever, weil sie es damit weit gebracht haben. Wie dumm! Denn ein solches Verhalten beweist nur eins: Kurzsichtigkeit. Erfolg ist nie das Verdienst eines Einzelnen. Oder lassen Sie es mich so ausdrücken: Welche Namen fallen Ihnen bei den folgenden Lückensätzen ein?

»Ohne ———— hätte ich es nie dahin geschafft, wo ich heute bin.«

»Ich bin ———— sehr dankbar für seine Inspiration und Hilfe.«

»Dass ich der bin, der ich bin, verdanke ich Menschen wie ————.«

»Mein bester Lehrer war ————.«

Diese leicht modifizierten Fragen stammen aus dem Buch *The Power of Nice* von Linda Kaplan Thaler und Robin Koval. Und die Autorinnen haben völlig recht mit ihrer These, dass keiner von uns allein vorankommt. Wir alle hatten oder haben Förderer, Ratgeber, Mentoren, Vorbilder, die uns werden ließen, was wir sind, und die an unserem Erfolg zumindest mittelbar beteiligt waren. Es ist gut, sich ab und an daran zu erinnern. Dankbarkeit beugt nicht nur

Größenwahn vor – sie sorgt auch dafür, dass wir uns vergegenwärtigen, wie wichtig es ist, etwas weiterzugeben und zu teilen.

Wer stets den ganzen Kuchen für sich alleine haben will, bekommt davon nur Bauchschmerzen, lautet ein schönes Sprichwort. Die gute und selbstlose Tat dagegen zahlt sich in der Regel aus. Denken Sie nur an folgende Anekdote: Als der Straßenhändler Ernest Hamwi auf der Weltausstellung 1904 »Fruchtcreme in Zalabias« verkaufte, eine persische Waffelspezialität, sah er den Eisverkäufer am Nachbarstand – und dass der keine sauberen Schalen mehr für seine Eiscreme hatte. Nun hätte sich Hamwi schadenfroh freuen und darauf spekulieren können, dass die Passanten sich nun umso mehr für seine Waffeln interessieren würden. Stattdessen aber rollte der Mann eine seiner Waffeln zu einer Tüte zusammen, gab eine Eiskugel hinein und bot das Konstrukt seinem Nachbarn als Lösung an. Voilà, durch die noble Geste hatte Hamwi nicht nur das Waffeleis erfunden, sondern wurde auch noch zu einem reichen Mann.

Ein anderes weltweit erfolgreiches Nahrungsmittel wurde auf ähnliche Weise geschaffen: Ende des 19. Jahrhunderts suchte der Schweizer Chocolatier Daniel Peter händeringend nach einem Weg, eine neue Schokolade auf der Basis von Milch zu kreieren. Er wollte so Geschmack und Textur seiner Schokolade verbessern. Doch normale Milch mischt sich nicht ohne Weiteres unter die Kakaomasse. Glücklicherweise traf er den Apotheker Henri Nestlé, der gerade ein Milchpulver für Säuglingsnahrung entwickelt hatte – aus gesüßter Kondensmilch. Genau das war es, was Peter brauchte – und auch bekam. Seitdem erfreut sich die Menschheit an leckerer Vollmilchschokolade. Und wie reich die Hersteller damit geworden sind, muss ich Ihnen sicher nicht erzählen.

Dass sich die gute Tat auszahlt, ist sogar wissenschaftlich verbürgt. Der Fachbegriff dafür lautet *reziproker Altruismus*, zu Deutsch: Wie du mir, so ich dir. Der US-Ökonom Vernon Smith untersucht dieses Verhalten bereits seit den Sechzigerjahren und erhielt 2002 dafür den Wirtschaftsnobelpreis. Das Experiment, das inzwischen zu den Klassikern der Spieltheorie gehört, ging so: Seine Probanden sollten zunächst Geld in eine Gemeinschaftskasse einzahlen und den Fonds durch Geschäfte vermehren. Der Gewinn wurde anschließend an alle zu gleichen Teilen ausgezahlt. Der Clou war allerdings, dass die Teilnehmer einzahlen konnten oder auch nicht – von der Ausschüttung profitierten trotzdem alle. Klar, was jetzt passierte: Obwohl der Fonds die höchsten Gewinne erzielte, wenn alle einzahlten, gab es den höchsten Einzelprofit für egoistisches Schmarotzen. Und so spielten zu Beginn zwar noch vier Fünftel der Teilnehmer fair, zahlten ein, während der Rest frech mitkassierte. Doch die Ehrlichen waren die Dummen und verhielten sich schon bald ebenfalls eigennützig. So schmolz der Profit Runde um Runde und erreichte zum Schluss einen Tiefststand. Wie die Stimmung im Raum. Daraufhin führte Smith Sanktionen ein. Die Mitspieler konnten Trittbrettfahrer jetzt bestrafen und vom Gewinn ausschließen. Prompt verbesserte sich das Ergebnis. Die Sanktionen sorgten für wachsendes Gemeinwohl.

Der Effekt ist nichts anderes, als was wir einen guten Leumund nennen oder auch vergleichbar mit dem Händler-Feedback auf eBay: Nur wer fair ist und eine entsprechende Reputation besitzt, macht auch künftig gute Geschäfte. Es ist ein gerne übersehener Fakt, dass sich im Alltag Ethik und Selbstlosigkeit in Maßen auszahlen – vorausgesetzt freilich, unmoralisches Handeln wird sanktioniert.

Natürlich gibt es auch Menschen mit einem ausgeprägten Helfersyndrom. Die beraten und retten alle und überall – und manchmal meinen sie auch bloß, dass sie eine Hilfe wären. Am anderen Ende der Skala stehen jene, die nur helfen, wenn es sich für sie lohnt. Entweder leisten sie Vorschub, um sich damit über den Empfänger zu erheben oder weil sie sich für den Gefallen ein lohnendes Gegengeschäft erhoffen. Mit beiden Helfern ist einem wenig geholfen. Allzu offensichtlicher Egoismus führt letztlich immer in die Isolation und damit ins berufliche Aus. Kaum ein Kollege wird mit einem rücksichtslosen Ellbogentyp gerne zusammenarbeiten, geschweige denn ihm vertrauen. Beides sind aber wichtige Voraussetzungen, damit Teams funktionieren. Selbst der Florentiner Machtstratege Niccolò Machiavelli, sonst eher bekannt als Vertreter kaltschnäuziger Machtstrategien, forderte einst ungewohnt lieblich: »Ein Fürst muss milde, rechtschaffen, aufrichtig und gottesfürchtig erscheinen und es auch sein.« Wie wahr.

Eine Studie der Yale-Universität zeigte vor einiger Zeit, dass Manager, die ihre Mitarbeiter respektvoll und wenig aggressiv behandelten, nicht nur beliebter sind, sondern dass sich dieses Verhalten positiv auf die Umsatzentwicklung auswirkte: Jeder Prozentpunkt, um den sich das Arbeitsklima verbesserte, brachte ein halbes Prozent mehr Umsatzerlös.

Verstehen Sie mich bitte nicht falsch: Das soll kein Plädoyer für Opportunismus aus Profitgier werden, Motto: Sei netter, dann wirst du reicher. Wem es allein ums Geld geht, der verwechselt Ursache mit Wirkung. Diverse Studien belegen ohnehin eindeutig, dass das Streben nach Geld eher demotiviert. Experimente der US-Psychologin Theresa Amabile von der Brandeis-Universität etwa zeigen, dass Menschen Ziele weniger wertschätzen, sobald diese mit dem Motivator Geld versehen werden. In einem Versuch forderte sie etwa 72 Studenten auf, Poesie zu schreiben. Einige wurden mit der Aussicht auf Geld und Ruhm geködert, andere durch die Aussicht, mit Worten zu spielen und sich selbst auszudrücken. Das Ergebnis war eindeutig: Die durch den Mammon motivierten Autoren schrieben nicht nur weniger, sondern auch weniger gut. Menschen, die nur ans Geld denken, setzen auch andere Prioritäten: Sie stufen Arbeit höher und Beziehungen niedriger ein, so wiederum eine Studie von Richard Ryan von der Universität von Rochester, New York. Studenten, die sich dem Ruhm und Reichtum verschrieben, schilderten ihre Beziehungen zu Freunden und Partnern negativ, für sie waren Menschen oft nur Mittel zum Zweck. Traurig.

Umgekehrt will ich nicht verhehlen, dass Hilfsbereitschaft durchaus nützliche Effekte hat. Nur sollten die nicht der Antrieb sein. So wirkt etwa der persönliche Leumund, den sich Hilfsbereite praktisch nebenbei erarbeiten, äußerst positiv auf zahlreiche Bereiche im Berufsalltag. Eine Untersuchung von Melinda Tamkins von der Columbia-Universität in New York kam zum Beispiel zu dem Fazit, dass beruflicher Erfolg weniger davon abhängt, was man weiß oder wen man kennt, sondern vor allem von der eigenen (positiven) Popularität im Unternehmen. So gelten beliebte Kollegen als besonders motiviert, seriös und entschieden und wurden entsprechend häufiger befördert sowie besser bezahlt. Falls Sie sich gerade fragen, wie man denn bitteschön so beliebt wird, bieten auch hierbei Tamkins' Studien eine Empfehlung: Beliebt war, wer einfach nett zu den Kollegen war, Hilfe anbot und gute Stimmung verbreitete.

Untersuchungen aus ganz unterschiedlichen Bereichen kommen übrigens zu vergleichbaren Ergebnissen:

- Unter ebenso freundlichen wie fröhlichen Menschen liegt die Scheidungsrate nur halb so hoch wie im Bevölkerungsdurchschnitt, so eine Studie der Universität Toronto. Hilfsbereite Menschen haben zudem schneller Kontakt und finden leichter einen Ehepartner.
- Personaler, die gut gelaunt sind – etwa, weil sie auf nette, hilfsbereite Bewerber treffen –, bewerten diese in Jobinterviews besser als ihre miesepetrigen Kollegen, so eine Studie der Erasmus-Universität in Rotterdam.
- Mit Geld kann man zwar weder Liebe, (echte) Freunde noch Gesundheit kaufen. Aber wie Studien des Harvard-Psychologen Daniel Gilbert zeigen, verdienen nette Menschen langfristig mehr. Wie es scheint, macht das Gefühl, ein guter Mensch zu sein, produktiver und motiviert, sich stärker zu engagieren.
- Nette Menschen leben gesünder. Eine Studie der Universität von Michigan fand heraus, dass ältere Menschen, die anderen helfen – entweder durch ehrenamtliche Tätigkeit oder indem sie einfach nur gute Freunde oder Nachbarn sind – im Vergleich zu selbstsüchtigen Altersgenossen ein um 60 Prozent geringeres Risiko haben, vor der durchschnittlichen Lebenserwartung zu sterben.

Anderen Menschen zu helfen, kann ein unglaublich befriedigendes und nachhaltiges Gefühl hinterlassen. Zudem zeugt die edle Tat nicht nur von menschlicher Größe – sie beweist ebenso, dass man es kann. Sie dokumentiert Kompetenz, Kraft, reichhaltiges Wissen und einen großen Erfahrungsschatz. Wie jede Medaille hat aber auch diese eine Kehrseite: Denn wer um Hilfe bittet, muss damit zugleich seine eigene Unfähigkeit und Ohnmacht – zumindest in diesem Punkt – ertragen können. Entsprechend schwer fällt vielen das Eingeständnis, Hilfe zu brauchen. Hinzu kommt, dass das Um-Hilfe-Bitten im Job nicht ganz ungefährlich ist. Wer seinen Posten gerade erst angetreten hat, darf vielleicht noch vorurteilsfrei um Rat und Tat fragen. Wird dieser Zustand jedoch chronisch, nährt das die Zweifel an seiner Kompetenz. Und von einer Führungskraft erwarten die Leute ganz einfach, dass sie weiß, was zu tun ist und deshalb Rat vorzugsweise spendet und nicht erbittet. Aber ist das richtig? Ich halte das für einen gefährlichen Denkfehler. Gerade dieses Klischee von den hilfsbefreiten Bossen hat in den vergangenen Jahrzehnten immer wieder dazu geführt, dass Manager Entscheidungen trafen und dabei, so gut es eben ging, die eigene Unsicherheit hinter eine Fassade aus Überzeugung, Stolz und einer Weil-ich-es-kann-Attitüde verbargen. Also wurde lieber auf eigene Faust analysiert, organisiert und exekutiert und allenfalls heimlich ein Coach konsultiert. Armselig ist das. Und obendrein kostspielig dazu.

Wer nie Hilfe annimmt, bleibt ein törichter Narr – egal, auf welcher Hierarchieebene. Nicht nur, weil er so womöglich unnötig scheitert und sich aus falschem Stolz um einen (gemeinsamen) Erfolg bringt. Sondern auch, weil gegenseitige Hilfeleistungen feste zwischenmenschliche Bande knüpfen; weil es zum Reifen dazugehört, mit seinen Unzulänglichkeiten professionell umzugehen, und weil es schier Blödsinn ist, dass Führungskräfte, die um Hilfe bitten, weniger respektiert werden. Nobody is perfect. Und jeder kann jederzeit noch etwas lernen. Auch von jenen, die auf einem vermeintlich anderen Level stehen.

Eine Gebrauchsanweisung zum Netzwerken

Als das Jobportal Monster 2008 rund 958 Erwerbstätige in Deutschland zum Thema Netzwerken befragte, sagten 60 Prozent der Arbeitnehmer, sie wollten lieber ohne gute Beziehungen Karriere machen. 47 Prozent der Befragten gaben an, sich ihre aktuelle Position selbst erarbeitet zu haben, 13 Prozent lehnten es komplett ab, Beziehungen für die Karriere zu nutzen. Dem gegenüber standen 29 Prozent, die zugaben, dass schon einmal ein Bekannter ein gutes Wort für sie eingelegt hatte und noch einmal elf Prozent gestanden freimütig: »Meine derzeitige Position habe ich, weil ich den Chef persönlich kenne.«

Aus meiner Sicht sitzt hier die Mehrheit der Befragten einem monströsen Irrtum auf. Diese Leute denken, Empfehlungen seien etwas Negatives. Sind sie aber nicht, vielmehr basieren die meisten auf nachprüfbaren Leistungen. Was hier tatsächlich subtil unterstellt wird, ist, dass ein Minderleister allein aufgrund eines Zitierkartells Karriere macht, also nicht, weil er etwas kann, sondern weil er jemanden kennt. Das ist aber Unfug. Erstens: Wer jemanden empfiehlt, den er nicht kennt oder der nachweislich ungeeignet ist, der ist entweder unglaublich naiv oder todesmutig. Jede Referenz fällt irgendwann auf den Empfehlenden zurück (in der Regel soll sie das ja auch, denn durch gute Empfehlungen kann man sich selbst empfehlen). Und stellt sich heraus, dass der so Gepriesene in Wahrheit eine trübe Tasse ist, haben beide ihren Ruf beschädigt. Zweitens: Wer seine Kontakte nicht nutzt, verschlechtert seine Berufschancen gegenüber all jenen, die das sehr wohl tun – und ich glaube noch immer, dass das die Mehrheit ist.

Überhaupt ranken sich eine Menge Missverständnisse um das Thema Netzwerken. Zum Beispiel, es gelte vor allem, möglichst viele Menschen kennenzulernen. Das ist falsch. Andere denken, beim Netzwerken ginge es darum, mithilfe seiner Kontakte Karriere zu machen. Auch das ist falsch. Richtig ist allein: Beim Netzwerken geht es in erster Linie um Beziehungen. Echte Beziehungen. Netzwerken bedeutet, (neue) Menschen kennenzulernen – und sich wirklich für sie zu interessieren. Nur wer diese Beziehungen pflegt, gewinnt daraus irgendwann einmal das sprichwörtliche Vitamin B, das dann später vielleicht auch im Job hilft. Wer beim Netzwerken also immer nur an den eigenen Vorteil denkt, den er daraus eines Tages ziehen könnte, der verhält sich wie ein Arbeitnehmer, der stets darauf achtet, wie er möglichst mehr verdienen kann – und nicht wie er seinen Job besser machen kann. Solche Leute scheitern eher früher als später.

Entgegen landläufiger Meinungen besteht das Netzwerken nicht aus geheimnisvollen Techniken oder ausgebufften Rhetorikspielchen. Im Kern brauchen Sie dafür nur den Mut, auf andere Menschen zuzugehen, sich ein wenig zu öffnen und Hilfsbereitschaft zu beweisen. Je routinierter Sie dann werden, desto weniger sollten Sie wahllos Kontakte maximieren, sondern vor allem Beziehungen zu Leuten pflegen, die nicht ausschließlich aus demselben Umfeld, Beruf oder Interessenbereich wie Sie kommen. Erst durch unterschiedliche Sichtweisen und Sozialgruppen erweitert sich der eigene Horizont und damit auch der Wirkungskreis der Beziehungen. Ideale Orte zum Üben sind übrigens die Kantine, Betriebsausflüge sowie abteilungsübergreifende Feiern, Messen und Kongresse. Für all diese Treffpunkte haben sich folgende Tipps bewährt:

- **Seien Sie authentisch.** Ich weiß, ein überstrapaziertes Wort. Gemeint ist in diesem Fall: Seien Sie freundlich, erfrischend und ehrlich. Niemand mag selbstverliebte Sprücheklopfer. Suchen Sie lieber Gemeinsamkeiten. Aus der Sympathieforschung weiß man, dass wir jemanden, der uns ähnlich ist und uns versteht, anziehend finden.
- **Seien Sie vorbereitet.** Bevor Sie jemanden ansprechen, überlegen Sie sich kurz, was Sie sagen wollen. Klingt banal. Viele aber denken nur an den Opener und vergessen den dritten und vierten Satz. Nichts lässt jedoch ein extraordinäres Intro schneller verpuffen, als wenn jemandem nach der Vorstellungsrunde schon die Konversationspuste ausgeht.
- **Seien Sie generös.** Nicht gemeint ist, eine Lokalrunde nach der anderen zu schmeißen, sondern bei einem Treffen nicht ständig Ihre Ziele zu verfolgen. Sonst wirken Sie wie ein Aufreißer in einer Single-Bar. Stattdessen sollten Sie zuerst Interesse am anderen signalisieren und etwas anbieten: eine Idee, ein neues Konzept, einen guten Kontakt. Hauptsache, es ist etwas, das dem anderen weiterhilft.
- **Strahlen Sie Positives aus.** Sie kennen das Bonmot: *Erfolg macht sexy.* Der Grund dafür ist einfach: Man sieht es den Menschen buchstäblich an, wenn sie mit sich und der Welt zufrieden sind. Und da wir uns alle danach sehnen, sind solche Menschen extrem anziehend. Versuchen Sie diese innere Zufriedenheit vor einem Treffen zu konservieren und vor Ort auszustrahlen – und die Leute werden auf Sie zugehen.
- **Bleiben Sie in Bewegung.** Auf Berliner Politpartys werden Gäste gerne nach »Geher« oder »Steher« kategorisiert. Letztere sind die VIPs, um die die Nobodys herumschleichen. Falls Sie weder VIP noch Schleicher sind, empfiehlt es sich, in Bewegung zu bleiben: Sie erscheinen so zumindest omnipräsenter und unterstreichen die Vielseitigkeit Ihrer Interessen und Kontakte. Wer immer nur am selben Tisch sitzt, könnte schließlich eine trübe Tasse sein. Wenn Sie durch den Raum schreiten, vermitteln Sie aber bitte den Eindruck, Sie hätten ein Ziel – entweder

eine Gruppe am anderen Ende des Saals oder die Bar. Wer nur so umherstreift, gibt ein armseliges Bild ab: das von einem einsamen Mickerling, mit dem keiner was zu tun haben will.

- **Nehmen Sie immer genug Visitenkarten mit.** Erstens, weil die erfahrungsgemäß schneller ausgehen als man meint; zweitens, weil man die interessantesten Leute oft erst zum Schluss kennenlernt. Blöd, wenn ausgerechnet dann die Karten alle sind. Wichtig hierbei: Visitenkarten nie verteilen wie ordinäre Spielkarten, sondern mit gebührender Selbstachtung. Nur so wird man Ihnen auch entsprechende Wertschätzung entgegenbringen.
- **Machen Sie sich regelmäßig Notizen.** Profis raten, sich noch am selben Abend ein paar Notizen zur Person auf der Rückseite ihrer Visitenkarte zu machen. Natürlich nicht, während die Leute danebenstehen. Dazu zieht man sich diskret zurück – im Zweifel auf die Toilette. Eine andere Methode ist der Zwei-Hosentaschen-Trick: Nachdem Sie die Karte des anderen ausreichend gewürdigt haben, stecken Sie die Karten von Leuten, zu denen Sie weiterhin Kontakt halten möchten, in die rechte Tasche, die von Nervensägen in die linke. Den Unterschied merkt kein Mensch, aber die Entsorgung fällt hinterher wesentlich leichter.
- **Halten Sie Ihre Versprechen.** Seien Sie vorsichtig mit Zusagen! Sie werden an ihnen gemessen. Wenn Sie sagen: »Ich rufe Sie morgen an«, dann rufen Sie denjenigen bitte auch am nächsten Tag an. Und wenn Sie sagen: »Ich werde mich mal umhören«, dann tun Sie das bitte und melden sich auch dann zurück, wenn nichts dabei herausgekommen ist. Bei solchen Versprechen geht es um mehr als einen Gefallen: Es ist der Lackmustest für Ihre Vertrauenswürdigkeit.
- **Haken Sie immer (!) nach.** *Follow-up* heißt das in der Fachsprache. Jede neue Bekanntschaft sollte man binnen drei Tagen noch einmal kontaktieren – per E-Mail, Brief oder Telefon. Sonst zerreißt das noch zarte Band. Sagen Sie demjenigen, wie sehr Sie sich gefreut haben, ihn kennengelernt zu haben, dass Sie das Gespräch angenehm erinnern und sich über ein baldiges Wiedersehen freuen würden. Ideal ist natürlich, wenn Sie dies zugleich zur Vertiefung angedachter Projekte nutzen.

Die hohe Kunst des Smalltalks

Mit dem Plaudern ist es wie mit dem Flirten: Dem ersten Satz haftet ein nahezu mythisches Sexualisierungsfanal an – so als gäbe es hernach keine Höhepunkte mehr. Wenn manche an Smalltalk denken, dann assoziieren sie die mitreißende Eloquenz und geschliffene Rhetorik eines Alleinunterhalters. Dabei ist Smalltalk das genaue Gegenteil davon: Es ist die Kunst des unangestrengten, ebenso amüsanten wie eleganten Geplauders – der *Sprezzatura*, wie Smalltalk früher hieß. Wer etwa dem inneren Zwang erliegt, jedem beweisen zu müssen, wie kommunikativ er ist, kann nur scheitern. Eine solche Haltung wird immer unbewusst wahrgenommen und wirkt entsprechend aufdringlich. Das lockere Parlieren dient dazu, sich unverbindlich auszutauschen, sich besser kennenzulernen, Gemeinsamkeiten zu betonen und so eine gute Atmosphäre sowie Vertrauen zu schaffen. Es ähnelt in seinem Wesen daher eher guter Bildung: Smalltalk versprüht Charme und Charisma, Witz und Esprit, ist aber völlig zweckfrei.

Weil das leider einige vergessen, führen zwischenmenschliche Begegnungen bei latent Schüchternen und um Worte verlegenen Menschen regelmäßig zu einer verkrampften Alertheit, deren Folgen ebenso schaurig schlicht und flüchtig sind wie weiße Weihnachten im Rheinland: »Schönes Wetter heute!«, »Sind Sie öfters hier?«, »Und sonst?« Der Pionier der Sozialphobieforschung, Philip Zimbardo, nannte die Angst, auf Fremde zuzugehen, das »Gefängnis im Kopf«. Das hat zwei Effekte.

Erstens: Solche Menschen können sich kaum auf ihr Gegenüber konzentrieren, weil sie vor allem mit dem Reflektieren und Korrigieren ihrer Aussagen und Gesten beschäftigt sind. Sie imaginieren bereits die (düstere) Zukunft und formen daraus diverse Worst-Case-Szenarien: *Wenn ich die jetzt anspreche, hält sie mich für einen Aufreißer! Wenn ich ihm das sage, mag er mich nicht mehr … Ich hab davon zwar keine Ahnung, aber wenn ich was sage, merkt es auch der Chef …*

Zweitens: Weil aus ihrer Sicht die Blamage wahrscheinlicher ist als die Anerkennung, handeln sie erst gar nicht beziehungsweise kriegen den Mund nicht auf, was von den anderen wiederum fälschlicherweise als Arroganz oder Desinteresse gewertet werden kann. So entsteht eine sich selbst verstärkende Abwärtsspirale.

Sollten Sie davon betroffen sein, ist das Folgende sicher nicht bequem, aber wahr. Für das Heer der Gehemmten gibt es nur einen Ausweg: Hören Sie auf zu grübeln! Es mag ein starkes Indiz für einen empathischen Menschen sein, man kann es aber auch übertreiben. Es allen recht machen zu wollen, führt in die geistige Sklaverei. Also genießen Sie den Augenblick, Ihre Freiheit – und die Chance, Ihren Horizont zu erweitern. Sehen Sie es positiv: Sich nicht in der Vordergrund zu drängeln, ist eine Tugend, die viele schätzen. Genauso wie zuhören zu können. Wenn Sie also Sorge haben, anfangs das Falsche zu sagen oder nicht smalltalken zu können, stellen Sie eben Fragen und gehen auf die Antworten Ihres Gegenübers ein – er wird Sie dafür mehr schätzen als jeden Draufgänger und Sprücheklopfer. Die Masche, Fragen zu stellen, eignet sich sowieso immer zum Anwärmen und Auflockern (ganz besonders, wenn einem nichts Besseres einfällt) – vorausgesetzt, es sind die richtigen:

- *Was machen Sie beruflich?* Der Klassiker unter allen Small-talk-Intros, denn er eröffnet eine Reihe von Anschlussfragen, etwa zum Unternehmen, der Branche oder der Position, in der Ihr Gegenüber arbeitet. Die Frage ist gut, allerdings auch ziemlich abgedroschen. Durch Originalität fällt man damit nicht auf.
- *Wodurch lassen Sie sich inspirieren?* Zweifellos der originellere Opener. Denn er bringt den anderen dazu, über sich selbst zu reflektieren – und das inspiriert Sie beide. Die Frage eignet sich daher nicht nur als Gesprächseinstieg, sondern auch als Diskussionsauftakt in einer bereits etablierten Gruppe.
- *Welches Buch lesen Sie gerade?* Diese Frage zielt ebenfalls auf Inspirationsquellen, kann aber auch durch Hobbys oder private Interessen erweitert werden. In jedem Fall gewinnen Sie so eine Menge Informationen über Ihr Gegenüber sowie weiteren Gesprächsstoff.
- *Was haben Sie davor gemacht?* Diese Frage können Sie stellen, nachdem sich der andere ausgiebig vorgestellt hat. Allerdings

sollte sie nie so klingen, als würden Sie sich nicht für seinen aktuellen Job interessieren. Sonst ist Ihr Gegenüber beleidigt. Ein bisschen über den Werdegang des anderen herauszufinden, verrät Ihnen viel über seine Profession und seine potenziellen Erwartungen an Sie.

- *Und was machen Sie hier?* Obacht: Die Frage lässt sich so und so betonen. In der einen Variante klingt sie nach Verhör. Gemeint ist aber die zweite: Sie interessieren sich, wie es Ihr Gegenüber auf diese Veranstaltung, zu diesem Vortrag oder zu der Party verschlagen hat und in welchem Verhältnis er oder sie zum Veranstalter steht. Spätestens damit haben Sie die erste Gemeinsamkeit, denn auch Sie kennen den Veranstalter ja irgendwoher.

- *Wie fanden Sie den Vortrag?* Voraussetzung dafür ist natürlich, dass es eine solche Präsentation gegeben hat. Wichtig ist dann aber, dass Sie Ihre eigene Meinung nicht gleich herausposaunen. Insbesondere wenn Sie den Vortrag doof fanden. Sonst verbreiten Sie sofort negative Stimmung. Und das blockiert. Eine inhaltliche und intellektuelle Auseinandersetzung mit dem Gesagten betont indes Ihre Gemeinsamkeit als Zuhörer und schafft neue Gesprächspunkte.

- *Das sieht wirklich lecker aus! Wo haben Sie das her?* Zugegeben, die Frage ist eher etwas für Mutige und Extrovertierte und für Partys mit Büfett. Dafür kommt sie meistens extrem gut an, denn in ihrem humorvollen Kleid steckt Lob: »Sie haben Geschmack!« Und das bringt Sympathien ein. Außerdem können Sie sich, nachdem Sie sich dasselbe geholt haben, dazustellen und mit dem Präsentieren beginnen: *Entschuldigung, ich habe mich noch gar nicht vorgestellt: Mein Name ist …*

- *Möchten Sie etwas trinken?* Der ideale Einstieg für jemanden, der noch einsam und allein an einem Tisch steht. Sie beweisen so nicht nur Aufmerksamkeit und gute Manieren, sondern schaffen zugleich ein Reziprozitäts-Verhältnis, das zu Ihren Gunsten spielt. Alternativ: »Soll ich Ihnen etwas von der Bar mitbringen?« Falls Sie einer attraktiven Frau begegnen und mit ihr auf diese Weise ins Gespräch kommen wollen, empfiehlt sich jedoch die Gentleman-Variante: Bringen Sie ihr den Drink direkt mit. Vorher aber bitte ihre Vorlieben ausspähen!

Nachdem Sie den anderen besser kennengelernt haben, erwartet Ihr Gegenüber ein paar Offenbarungen von Ihnen, sonst kratzt die Konversation nur an der Oberfläche. Keine Frage, das macht verletzlich und birgt Gefahren, der andere könnte Ihren Vertrauensbonus schließlich auch missbrauchen. Allerdings wird von keinem erwartet, alle Karten offenzulegen oder gar einen Seelenstriptease hinzulegen – ein erster Schritt, ein kleines Geständnis, eine kleine Schwäche wirken meist schon vertrauensbildend genug. Nur bitte keine Albernheiten. Humor verbindet zwar auch – aber wenn es um eine Vertrauensbasis geht, ist erkennbare Ernsthaftigkeit anfangs ein absolutes Muss. Versuchen Sie beispielsweise mit Ihren Offenbarungen den anderen zu unterstützen und zu ermutigen.

Das alles macht ein Gespräch nicht unbedingt perfekt, aber interessant. Vorläufig jedenfalls. Denn auch ein anderes Ergebnis ist denkbar: Nachdem Sie den anderen kennengelernt haben, stellen Sie ernüchtert fest, dass ihr Gegenüber der falsche Ansprechpartner ist – oder schlimmer: ein Konversationsvakuum. In einem mit viel Esprit begonnenen Dialog elegant den Notausgang zu finden, ist oft schwerer als einen sinnigen Einstieg. Entweder, weil Sie versuchen höflich zu bleiben oder weil Sie Angst vor den Konsequenzen haben: Schließlich könnte der andere den Sermon interruptus persönlich nehmen. Und man begegnet sich ja immer zweimal im Leben.

Natürlich ist es weder nett noch zeugt es von Kultiviertheit, den anderen spüren zu lassen, dass man jetzt lieber einer zahnärztlichen Wurzelbehandlung beiwohnen würde als sich weiter mit ihm zu unterhalten. Muss man aber auch nicht. Egal, in welcher Situation Sie stecken – es gibt gewandtere Ausstiege als einen *polnischen Abgang*, das grußlose Verschwinden, wie man es in Berlin nennt. Ich empfehle diese:

- **Entschuldigen.** Die einfachste Methode ist noch immer die beste: Entschuldigen Sie sich, dass Sie gerne noch mit anderen Gästen plaudern würden. Natürlich nicht gleich nach den ersten drei Minuten. Zehn, fünfzehn Minuten müssen Sie mit Ihrem Gegenüber schon sprechen. Wichtig ist nur: Verzichten Sie auf jedwede Begründung. Die wirkt immer wie ein Schuldbekenntnis. Besser: Nennen Sie einen konkreten Namen, mit wem Sie noch reden wollen.

- **Vorstellen.** Eleganter können Sie sich aus der Affäre stehlen, indem Sie Ihr Gegenüber mit einem alternativen Gesprächspartner bekanntmachen. Charmanterweise ist das nicht irgendwer (sonst wird der sich anschließend bei Ihnen bedanken), sondern jemand, von dem Sie glauben oder wissen, dass er mit Ihrem bisherigen Gesprächsgenossen besser harmoniert als Sie.
- **Retten.** Für Schauspieltalente eignet sich die Methode Überraschungsgast: Merken Sie unvermittelt auf und stellen Sie auf dramaturgisch hohem Niveau fest, dass gerade jemand gekommen ist, mit dem Sie unbedingt sprechen müssen: *»Eine wirklich wichtige Sache ...«* Bitten Sie um Verständnis – und weg sind Sie. Nicht gerade eine 6,0 in Sachen Höflichkeit, aber wenigstens ein guter Grund. Für Gentlemen mit weiblicher Begleitung gibt es die Variante Held: *»Ich sehe gerade, meine Partnerin/Freundin/Frau steckt in Schwierigkeiten. Bitte entschuldigen Sie mich, sie gab mir ein Signal, sie aus der Situation zu retten ...«*
- **Irritieren.** Nur weil Sie an einen vielsagenden Profilneurotiker geraten sind, heißt das noch lange nicht, dass Sie keinen Spaß mit ihm haben dürften. Verunsichern Sie ihn, indem Sie ihn immer wieder unterbrechen, um gleich darauf völlig aus der Luft gegriffene Anekdoten zu erzählen: *»Das erinnert mich an meinen letzten Mallorca-Urlaub ...«* Oder stellen Sie regelmäßig Rückfragen, bei denen Sie ihn kategorisch missverstehen. Schon bald wird er derjenige sein, der das Gespräch nur allzu gerne beenden wird.
- **Ablenken.** Gut, der Typ ist langweilig und hat Superkleber zwischen den Zähnen. Dann wechseln Sie eben das Thema. Und zwar möglichst hörbar zu einem Inhalt, der Ihre Nachbarn interessieren könnte. Wenn Sie Glück haben, beteiligen sich an Ihrem Gespräch schon bald Leute in Ihrer Nähe, denen Sie sich daraufhin intensiver widmen können.
- **Zirkulieren.** Wenn nichts davon klappt, hilft entwaffnende Ehrlichkeit. Sollten Sie an einen Zeitgenossen mit Maulsperre geraten, dann suchen Sie nicht länger Worte, sondern das Weite. Sagen frei heraus, dass Sie sich auf der Party noch ein wenig umsehen wollen. Und tschüss!

Tipps fürs Feiern im Büro ▪ Die sieben wichtigsten Fragen für eine Büroparty

> »In diesem Scheißverein
> kann man nicht mal richtig feiern.«
> **Paul Breitner**, Ex-Fußballer

Wer hart arbeitet, soll feste feiern. Oder wenigstens Feste feiern. Büropartys bauen schließlich Stress ab und können eine wunderbare Gelegenheit sein, um neue Kollegen sowie alte intensiver kennenzulernen. Nicht selten sind sie auch eine Chance, dem Chef auf einer persönlicheren Ebene zu begegnen, sich im Betrieb populärer zu machen und in ein besseres Licht zu rücken. Kurzum: Sie sind gut für die Motivation der Mannschaft, für die Karriere und für die Leistungskraft. Vieles wird deshalb vonseiten des Arbeitgebers erlaubt, das meiste gerne gesehen, einiges geduldet. Geburtstage, Einstände, Dienstjubiläen, bedingt auch Ausstände bieten ja ohnehin argumentativ leicht zu unterfütternde Anlässe. Und falls Sie wie ich im Rheinland wohnen und arbeiten, brauchen Sie nicht einmal die. Kölner besitzen einen angeborenen Feierfetisch.

Gut, es gibt Leute, die würden lieber Zwiebeln schälen als mit Kollegen auf ihren Geburtstag anzustoßen. Aber das sind die Ausnahmen. Zumal gut organisierte Sekretärinnen meist eine penibel gepflegte Liste führen, wer wann irgendeinen Ehrentag hat, weshalb man den diversen Formen der kollektiven Verglückwünschung kaum entgehen wird. Außer man riskiert den Ruf als Geizkragen und Spaßbremse. Oder macht blau.

Apropos Blaumachen. Bei nahezu jeder betrieblichen Sause ist irgendwie Alkohol im Spiel. Jedenfalls scheint es, als gehörten knallende Korken zu dem Ritual wie Groupies zu den Rolling Stones. Zwar sagt auch das Bundesarbeitsgericht ganz deutlich, dass der Arbeitsplatz keine sittliche Lehranstalt ist, was übersetzt so viel bedeutet wie: Feiern und Alkohol sind in Maßen erlaubt. Allerdings sollten Sie sich maßloses Trinken trotzdem verkneifen. Die Argumente dafür sind Legion, deshalb seien an dieser Stelle nur die wichtigsten erwähnt (die reichen auch schon): Alkohol senkt bekanntermaßen Hemmschwellen und die Selbstkontrolle. Mit dem Pegel steigt der Mut zur Wahrheit, und eine lockere Zunge hat schon so manchen um die Karriere gebracht. Wen man sympathisch findet, wen sexy und wer ein offensichtlicher Knallkopp ist, behält man besser für sich. Wer sogar weitergeht und Kollegen regelrecht beleidigt, Kolleginnen sexuell belästigt, wild um sich schlägt oder Verbalinjurien ventiliert, riskiert mindestens eine Abmahnung. Auch wenn der Rahmen einer solchen Party eine private Atmosphäre suggeriert: Eine Betriebsfeier ist weder ein Speed-

Dating noch ein Flatrate-Besäufnis. Solange die Sause während der regulären Arbeitszeit und in den Büroräumen stattfindet, handelt es sich juristisch um eine betriebliche Veranstaltung. Damit gelten auch alle arbeitsrechtlichen Konsequenzen.

Es ist nämlich so: Nur in der Freizeit darf man machen, was man will, während der Arbeitszeit aber muss man fit sein. Deshalb ist eine Büroparty auch kein Freibrief für einen kräftigen Schluck aus der Pulle. Erst recht nicht, wenn plötzlich ein wichtiger Kunde anruft und sich wegen der exzessiven Enthemmung im Hintergrund anschließend beschwert. In diesem Fall kann der Chef die Entgleisung mit einer Abmahnung quittieren. Mehr noch: Wenn Sie am nächsten Tag im Büro erscheinen, müssen Sie wieder nüchtern sein. Denn Restalkohol, auch von einer privaten Party, ist im Büro genauso problematisch wie im Straßenverkehr. Auch das ist abmahnfähig. Und im Wiederholungsfall darf der Chef deswegen kündigen. Der Vorgesetzte ist sogar berechtigt, alkoholisierte Mitarbeiter umgehend wieder nach Hause zu schicken. Natürlich ohne denen den Heimarbeitstag bezahlen zu müssen.

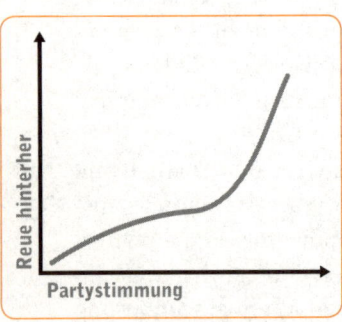

Für den Sonderfall, dass Sie hingegen beobachten, wie der Chef selbst unter zunehmendem Alkoholeinfluss auf den Tisch klettert, sich das Hemd aufreißt und mit seinem legendären Hüftschwung kokettiert, sollten Sie sich schleunigst aus der Affäre ziehen. Erstens, weil das peinlich und Ihrem Respekt für die Führungskraft nicht zuträglich ist. Zweitens, weil Manager dazu neigen, die Scham und das schlechte Gewissen, das sie am nächsten Morgen verspüren, jenen anzulasten, die sie einst bejubelt und angefeuert haben. Selbst wer mit unerschütterlichem Wohlwollen an eine solche Party herangeht, muss zugeben, dass mit Alkohol wirklich nicht zu spaßen ist.

Die meisten Betriebsfeiern entwickeln sowieso ihre ganz eigene Dynamik. Denn ob man will oder nicht, etwas Schaulaufen ist immer dabei: Auf jeder Party muss man damit rechnen, beobachtet zu werden, überall lauern Fettnäpfchen und Fallstricke, und immer schwebt über einem das Damoklesschwert: Benimmt er sich? Oder benimmt er sich daneben? Machen Sie sich keine Illusionen: Alle Ihre Gesten oder Gespräche werden in einem solchen Umfeld aufmerksam registriert und erinnert. Wirklich alle! Erst kürzlich hat mir ein Bekannter eine, sagen wir, kurzweilige Anekdote aus einer Beratungsfirma erzählt: Ein paar junge Consultants sind nach einer launigen Weihnachtsfeier in einer Bar. Mit steigendem Alkoholpegel treffen sie einen folgenschweren Entschluss – sie pilgern noch in einen Stripclub. Gut, der offizielle Teil war vorbei, die Party galt jetzt als privat, kann man also machen. Beim Verlassen des Etablissements entdeckt jedoch einer zufällig einen Partner der Beratung. Es ist ihm ein bisschen peinlich, weshalb er ihn auch nicht anspricht. Doch schon wenige Tage nach dem Vorfall hält es der Juniorberater nicht mehr aus: Er erzählt die Geschichte weiter, schmückt sie ein bisschen aus, alle lachen und er mutiert zum Held. Riesenfehler. Wochen später sitzt dasselbe Team wieder beisammen, diesmal ist auch eben jener Partner dabei. Sie feiern, es fließt wieder reichlich Alkohol. Dann poltert ein ziemlich angeschickerter Kollege los: »Hey, erzähl uns doch noch mal die Geschichte, wie du XY im Stripclub erwischt hast ...« Sie können sich vorstellen, wie unangenehm die Situation wurde. Für beide.

Seine Klappe zu halten, kann manchmal Karrieren retten. Überhaupt: Sodbrennen, Hämorrhoiden, Zwischenblutungen, fremdgehende Ehepartner, gemeine Gören, geile Kollegen – man kann auf Partys über viele Themen plaudern, über diese aber bitte niemals. Das ist distanzlos und geschmacklos sowieso. Geschwätzigkeit ist keine Einbahnstraße. Früher oder später wird man damit wieder konfrontiert. In der Regel im ungünstigsten Moment. Dasselbe gilt für Partylöwen, Büroclowns und Kollegen mit ausgeprägter ADS (Aufmerksamkeitsdefizitstörung): Selbst wenn die Pointen mal zu Lasten der Männer, mal zu Lasten der Frauen und manchmal unter die Gürtellinie gehen, kann das böse Folgen haben. Nach Einführung des Allgemeinen Gleichbehandlungsgesetzes (AGG) – auch Antidiskriminierungsgesetz genannt – soll die ungerechtfertigte Benachteiligung aus Gründen der Rasse, der ethnischen Herkunft, des Geschlechts, der Religion, der Weltanschauung, einer Behinderung, des Alters oder der sexuellen Identität im Betrieb verhindert werden. »Ein diskriminierender Witz kann also sowohl für Mitarbeiter wie für den Chef zu arbeitsrechtlichen Problemen führen«, sagt der Frankfurter Anwalt Peter Groll. Noch schlimmer ist das Lästern über den eigenen Chef, Motto: »Was ich schon immer mal über den Alten sagen wollte ...« Nicht nur im Suff ist das tödlich. Bei einer schweren Beleidigung eines Vorgesetzten ist es noch nicht einmal erforderlich, dass diese während der Arbeitszeit ausgesprochen wurde, um dem Arbeitnehmer zu kündigen. Durch eine grobe Beleidigung wird die Autorität des Arbeitgebers oder Vorgesetzten untergraben und ist somit ein erheblicher Verstoß gegen die arbeitsvertraglichen Pflichten. Folgen: Abmahnung, schlimmstenfalls Kündigung.

Wie aber geht es denn nun richtig? Was gilt es noch zu beachten? Nun, die formalen Maßstäbe variieren vermutlich von Unternehmen zu Unternehmen, und ich will Sie auch nicht mit einer enzyklopädischen Sammlung langweilen. Zumindest aber ein paar Regeln und Pflichten besitzen globalen Charakter. Mit ihnen umschiffen Sie wenigstens die schärfsten Klippen. Deshalb:

Die sieben wichtigsten Fragen für eine Büroparty

1. Muss ich die Party mit meinem Chef absprechen?

Ja. Wer mit den Kollegen etwas begießen will, sollte gegenüber dem Chef eine Absichtserklärung abgeben – und zwar bevor er die Einladungen verschickt. Dabei sollten Sie ihn auch gleich fragen, ob während der Sause Alkohol ausgeschenkt werden darf. Rein theoretisch muss der Boss zustimmen, wenn die Party während der Dienstzeit steigt. Schließlich stellt er die Kollegen damit indirekt von der Arbeit frei. Falls bei Ihnen im Unternehmen so etwas stillschweigend toleriert wird, sollte man den Start zumindest in die Mittagspause, an das Ende der Kernarbeitszeit oder eine halbe Stunde vor den üblichen Feierabend legen. So beweisen Sie Verantwortungsbewusstsein. Bei all den Planungen sollten Sie allerdings immer auch die Lage des Betriebes berücksichtigen. Wer ausgerechnet feiern will, während eine wichtige Präsentation oder ein wichtiger Kundenbesuch ansteht, beweist damit nicht gerade Feingefühl und Professionalität. Und egal, ob einer im Büro oder in einem eigens dazu hergerichteten Konferenzraum die Sektflaschen köpft: Das Großreinemachen danach sollte man nie vergessen. Es gehört zu den Pflichten eines Gastgebers, sowohl für ausreichend Speisen und Getränke als auch für die Reinigung der Räume hinterher zu sorgen.

2. Muss ich jeden dazu einladen?

Im Gegensatz zu einer privaten Party kann man im Büro nicht nur einladen, wen man mag. Wer seinen Geburtstag, den Einstand oder ein Jubiläum mit dem Team oder der Abteilung zelebrieren will, muss eben die ganze Abteilung einladen und nicht nur die Lieblingskollegen. Den Chef natürlich auch. Alles andere wäre ein Affront. Und der kann Ihr Verhältnis zu den übergangenen Kollegen dauerhaft beschädigen. Zudem bringt es Unruhe in die Gruppe, was die Vorgesetzten wiederum nicht gerne sehen. Wer trotzdem manche Mitarbeiter partout nicht erleben möchte, der muss ganz privat feiern – und sei es in der Bar um die Ecke.

3. Muss ich zu solch einer Party hingehen?

Sagen wir so: Wenn Sie explizit eingeladen wurden, treffen Sie eine Aussage, wenn Sie nicht hingehen und Ihr Fernbleiben anschließend nicht gut begründen (Blitzdurchfall, Schlechtigkeit, Schwindelei). So jemand beleidigt den Gastgeber und entlarvt sich als eigenbrötlerisch. Wenigstens 30 Minuten sollten Sie also schon auf der Feier Ihr Gesicht zeigen. Kauern Sie dann aber bitte nicht schweigend und schmollend in der Ecke, mäkeln Sie nicht am Essen oder an der Stimmung und sehen Sie auch nicht dauernd auf die Uhr. Augenfällige Miesepeter, die im Zustand heftiger Humorlosigkeit verharren, mag keiner. Womöglich sind sie nicht einmal teamfähig. Gleiches gilt für die Fraktion der Spaßbremsen, die sich während der Party absondern und tuscheln – wahlweise als ganze Abteilung oder als Horde von Chefs. Wer unter seinesgleichen bleibt, demonstriert, dass er lieber sein eigenes Ding dreht. Das schadet immer dem Betriebsklima, bei Bossen aber noch mehr.

4. Wie soll ich mich auf der Party verhalten?

Zunächst einmal sollten Sie bei solchen Veranstaltungen eine offene und herzliche Attitüde einnehmen – auch wenn Sie nicht der Gastgeber sind. Stehen Sie aufrecht, halten Sie die Schultern gerade, gehen Sie auf die Kollegen zu, sprechen Sie diese an und geben Sie allen in Ihrer Umgebung das gute Gefühl, willkommen zu sein. Die Wirkung ist enorm: Sie helfen damit nicht nur, Barrieren abzubauen, sondern strahlen so auch reichlich Selbstvertrauen sowie Sozialkompetenz aus – beides Eigenschaften, die Sympathiewerte und Karrieren beflügeln. Verschränken Sie also nie Ihre Arme (wirkt reserviert), sondern suchen Sie Blickkontakt, nicken oder prosten Sie anderen freundlich zu und lächeln Sie. Und sprechen Sie bitte nicht ständig über das Geschäft. Plaudern Sie stattdessen locker über positive Themen (siehe auch um 17.06 Uhr das Kapitel über Smalltalk). Zu tief schürfen oder das Gespräch auf das Leiden der Welt lenken, ist allerdings ebenso verboten. Schließlich geht es um ein ungezwungenes Beisammensein.

5. Muss ich mich an einem Geschenk beteiligen?

Ach ja, die Kollegen-Kollekte ... Wenn einer im Team Geburtstag hat, dann geht schon bald die Sammelbüchse herum. Meist sind es die Sekretärinnen, die die (un)dankbare Aufgabe übernehmen, mit der Spendentüte und Glückwunschkarte durch die Büros zu vagabundieren und ein paar milde Gaben zu erbetteln. Dabei ließe sich die Zahlungsbereitschaft oft schon steigern, wenn vorher bekanntgegeben würde, wofür konkret gesammelt wird. Doch zurück zur Frage: Es gibt für derlei Dreingaben weder Ober- noch Untergrenzen, alles unter zwei Euro sieht aber geizig aus. Schenken ist ein Gruppenakt. Wer gerade mit dem Kollegen Knatsch hat, muss zwar nichts schenken, schöner aber wäre, er springt über seinen Schatten. Wer das nicht kann (oder will), der darf dann allerdings auch nicht wie ein Schmarotzer auf die Party gehen – und schon gar nicht den Grund dafür herumerzählen (»Den Kollegen konnte ich noch nie leiden.«). Das vermiest allen nur die Stimmung und ist schlicht kleingeistig.

6. Was soll man schenken?

Gute Frage. Eine konkrete Empfehlung kann nur falsch sein, denn das hängt ja vor allem vom Empfänger ab. Grundsätzlich gilt, dass das Geschenk dem Beschenkten gefallen muss. Um ihn geht es schließlich. Allerdings gilt es im Büro als unangebracht, Dinge zu schenken, die eine intime Subbotschaft transportieren, wie etwa

Parfüm, Cremes, Krawatten oder Schals (es sei denn, Sie sind wirklich sehr eng mit dem Jubilar befreundet). Sie könnten auch als unterschwelliger Hinweis missverstanden werden, dass der Kollege sich nicht ausreichend pflegt oder bei der Kleiderwahl an Geschmacksverirrung leidet. Auch sollte man auf Geschenke verzichten, die den Empfänger zu irgendetwas verpflichten: Bilder, Briefbeschwerer oder Blumenvasen, die der anschließend in sein Büro stellen muss, können einem Akt seelischer Grausamkeit gleichkommen. Ich persönlich empfehle deshalb Geschenke mit selbstvernichtendem Charakter: eine Flasche Wein, guter Whisky, Theaterkarten, Blumen. Für den Beschenkten indes sollte es obligat sein, sich bei allen Beteiligten (sie stehen in der Regel namentlich auf der Glückwunschkarte) zu bedanken. Noch mehr Stil beweist, wer hinterher allen eine kurze Dankesmail schreibt. Gleiches gilt für die Gäste: Es zeugt von guter Kinderstube, sich hinterher per E-Mail beim Gastgeber oder dem Organisator der Party für seine Mühe zu bedanken.

7. Darf man auf einer Bürofeier tanzen?

Man darf nicht, man sollte! Und damit meine ich nicht die üblichen Zustände rhythmischer Bewegungslegasthenie, bei denen mancher Kollege dreinschaut, als müsste er die Schwerkraft überwinden. Ich meine richtiges Tanzen. Untersuchungen des Albert Einstein College of Medicine in New York kamen zu dem Befund, dass Tanzen regelrecht intelligenter macht. Die Forscher beobachteten 75-jährige Senioren, um herauszufinden, ob und wie sich körperliche Aktivitäten (Golfen, Schwimmen, Radfahren, Tanzen, Spazierengehen) sowie kognitive Anstrengungen (Lesen, Schreiben, Puzzeln, Kartenspielen) auf deren geistige Fitness auswirkten. Das Ergebnis war verblüffend: Der Sport war zwar gut für Herz und Kreislauf, wirkte sich aber überhaupt nicht auf die mentale Leistungskraft aus. Mit einer Ausnahme: dem Tanzen. Regelmäßiges Lesen vermochte das Risiko der Demenz zwar um 35 Prozent zu minimieren; Senioren, die vier Tage in der Woche Kreuzworträtsel lösten, schrumpften ihr Demenzrisiko sogar um 47 Prozent. Regelmäßiges Tanzen aber toppte das alles: Es senkte die Wahrscheinlichkeit für welkende Geisteskraft um ganze 76 Prozent. Die Erklärung dafür: Jedes Mal, wenn wir etwas lernen, knüpft unser Hirn neue neuronale Pfade. Über die Jahre entstehen so zahlreiche Straßen und Knotenpunkte zu unserem gespeicherten Wissen. Denken wird durch dieses Netzwerk erst möglich. Demenz dagegen ist so wie Deutschlands Autobahnen im Sommer sind: überall Baustellen. Ein Pfad nach dem anderen wird unterbrochen. Anfangs fällt das noch nicht auf, weil unsere grauen Zellen dann Umwege nehmen. Nur dauert die Fahrt mit jedem Mal länger und länger. Das heißt aber auch: Je komplexer unser neuronales Netzwerk ist, je zahlreicher die alternativen Verbindungen, desto unwahrscheinlicher wird es, dass wir den Zugang zu unserem Wissen verlieren. Sollte ein Weg im Laufe der Zeit ausfallen, bleiben immer noch genug alternative Pfade. Für die Denkstraßen, das weiß man aus der Intelligenzforschung, ist es essenziell, dass sie häufig befahren werden. Im Gegensatz zu Autobahnen nutzen sie sich mit zunehmendem Verkehr nicht ab, sondern werden breiter und besser. Und das geschieht vor allem durch Nachdenken, was nichts anderes ist als Tausende kleine (Abzweig-)Entscheidungen zu treffen. An der Stelle kommt das Tanzen ins Spiel. Während die meisten Sportarten, wie Schwimmen oder Golfen, überwiegend gelernte Bewegungsabläufe abrufen und diese allenfalls verfeinern, fördert Tanzen zahlreiche kognitive Prozesse. Wer mit einem Partner zur Musik groovt, muss blitzschnell auf dessen Bewegungen reagieren, gleichzeitig die eigenen mit dem Rhythmus abgleichen und je nachdem neue Bewegungen, wie etwa eine Drehung oder einen Ausfallschritt, planen und choreographieren. Das alles in Sekundenbruchteilen. Und jedes Mal anders. Der Tanz soll ja spontan aussehen und nicht wie abgespult. So hatten in dem Experiment denn auch die Freistil-Paartänze den größten Effekt auf die Intelligenz – also Swing, Foxtrott und Latein (die Probanden waren Senioren, Techno und Hiphop kannten sie nicht). Der zweite Vorteil dieser Tänze ist, dass sie sowohl das Führen wie auch das Geführtwerden einschließen, was die Anzahl der dafür nötigen Entscheidungen erhöht. Eine Frau, die geführt wird, ist ja geistig keinesfalls passiv: Sie muss die Bewegungen ihres Partners interpretieren und darauf gekonnt reagieren. Womit ebenfalls klar ist, dass das geistige Training umso stärker ausfällt, je häufiger sie an dem Abend ihren Tanzpartner wechselt. Und gegen solche Argumente sollten nicht mal bewegungsaverse Chefs etwas einwenden können.

Keine Fragen mehr? Gut, dann noch eine juristische Finesse zum Schluss: Da eine Bürofeier (wie übrigens die Weihnachtsfeier auch) eine betriebliche Veranstaltung ist, sind die Mitarbeiter während der Party unfallversichert – egal, wie betrunken sie bei einem möglichen Unfall waren. Als Gradmesser, ab wann die Feier wieder privat ist, gilt Juristen die Anwesenheit des Chefs: Gehen die Vorgesetzten nach Hause und mit ihnen das Gros der Mitarbeiter, endet der betriebliche Charakter der Sause und damit auch der Unfallschutz. Dasselbe gilt für den Heimweg: Der ist immer privat. Also bitte aufpassen!

Morgen ist auch noch ein Tag ...

Warum regelmäßiger Schlaf so gesund ist ▪ Na dann, gute
Nacht

»Das Bett ist Medizin.«
Italienisches Sprichwort

Ein großartiger Tag liegt hinter Ihnen, voller Impressionen, Erkenntnissen, Erfahrungen. Sie haben viel geleistet, organisiert, konferiert, präsentiert und gefeiert. Morgen ist aber auch noch ein Tag. Deshalb wäre es klug, in der nächsten Zeit schlafen zu gehen. Auch wenn es vielen angesichts zunehmend voller Terminkalender wie pure Verschwendung erscheint, ein Drittel ihrer Lebenszeit in der Horizontalen zu verbringen: Wir alle brauchen unseren Schlaf, um klarer zu denken, den Psychomüll zu entsorgen, schneller zu reagieren und Neues zu lernen. Regelmäßige Nachtruhe ist ein regelrechter Jungbrunnen, bei dem wir uns psychisch erholen und körperlich regenerieren.

Verantwortlich dafür ist insbesondere das Wachstumshormon Somatotropin, das nur während des Tiefschlafs ausgeschüttet wird und für das Wachstum sowie die Erneuerung unserer Zellen sorgt. Aus dem Grund ist es zum Beispiel auch so wichtig, dass wir regelmäßig tief und durchschlafen, sonst verringert sich das Zellwachstum und wir bekommen schneller Falten. Eine Studie von Wissenschaftlern der Universität Köln zeigt, dass Menschen, die nachts arbeiten, ein deutlich erhöhtes Risiko haben, an Krebs zu erkranken. Die Gefahr für Prostatakrebs stieg bei den Nachtschichtlern beispielsweise um 40 Prozent, das Risiko für Brustkrebs gar um 70 Prozent. Hauptverantwortlich dafür war wiederum das Hormon Melatonin. Das sogenannte Schlafhormon strömt nur bei absoluter Dunkelheit durch unsere Blutbahnen und gilt als Krebsblocker.

Typischerweise verläuft gesunder Schlaf in fünf Phasen (siehe Abbildung): In Phase 1, also wenn wir zu Bett gehen, fährt der Organismus allmählich runter, Blutdruck und Körpertemperatur sinken ab, wir schlafen ein. In der Tiefschlafphase (2) setzt der Körper vor allem auf Erholung, wir regenerieren uns – dank Somatotropin. In Phase 3 verarbeitet das Gehirn die Eindrücke des Tages und lernt, Folge: Wir träumen besonders wild. Die Körpertemperatur erreicht jetzt ihren Tiefststand. In Phase 4 sind körperliche

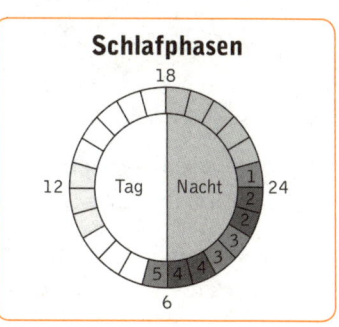

Erneuerung und Lernprozess abgeschlossen, der Hormonmix verändert sich: Statt Melatonin strömt nun vermehrt das Aufwachhormon Kortisol durch die Blutbahnen. Wir schlafen immer flacher, träumen aber umso wilder, nicht selten auch Erotisches. Spätestens in Phase 5 kommt noch eine ordentliche Dosis des Sexualhormons dazu sowie ein Schuss *Ghrelin* – das Hormon sorgt für wachsenden Hunger. Sobald Kortisolspiegel und Hungergefühl ausreichen, wachen wir von alleine auf.

Nun gibt es Menschen, die legen sich abends einfach in ihr Bett, murmeln vielleicht noch ein »Gute Nacht«, drehen sich zur Seite und schlafen sofort ein. Kein nächtlicher Harndrang, kein schnarchgestörtes Erwachen, keine Albträume. Am nächsten Morgen wachen sie auf, sind ausgeruht, fröhlich, leistungsfähig und putzmunter. Ich bewundere und beneide diese Leute – ich bin oft die anderen.

Wie mir geht es vielen Deutschen. Einschlafen ist für sie Schwerstarbeit. Rund 42 Prozent der Deutschen haben Probleme damit, 15 Prozent sogar behandlungsbedürftige Schlafstörungen. Besonders betroffen: Frauen, Freiberufler und Arbeiter. Vor allem die 35- bis 55-Jährigen (65 Prozent) plagt die Insomnia – und damit ausgerechnet jene, die im Beruf täglich gefordert sind. Vielleicht haben Sie Lust auf einen kurzen Selbsttest? Der kann zwar keine ärztliche Diagnose ersetzen, gibt Ihnen aber womöglich erste nützliche Hinweise, wie gut Sie tatsächlich schlafen – kreuzen Sie dazu bitte einfach Zutreffendes an:

Sie brauchen meist mehr als 30 Minuten, ☐
um einzuschlafen.

Sie wachen mehrmals in der Nacht auf und ☐
können dann nur schlecht wieder einschlafen.

Sie schlafen sehr unruhig und bewegen sich so stark, ☐
dass Ihr Partner Sie darauf aufmerksam macht.

Ihre Gliedmaßen kribbeln häufig oder ☐
werden nachts taub.

Ihr Partner klagt, dass Sie oft schnarchen oder ☐
dabei gar Atempausen einlegen.

Sie überhören morgens oft den Wecker, ☐
werden kaum wach.

Wenn Sie aufwachen, können Sie sich manchmal ☐
zunächst kaum bewegen. Bis Sie richtig munter werden,
dauert es über 20 Minuten.

Tagsüber fühlen Sie sich oft gerädert und sinken ☐
schon mal in einen Sekundenschlaf.

Sie leiden häufig an Konzentrationsstörungen, ☐
sind öfter schlecht gelaunt und gereizt.

Sie erleben kurze Anfälle von Muskelschwäche, ☐
wenn Sie sich besonders stark ärgern oder
lauthals lachen.

Sie nehmen mindestens einmal in der Woche ☐
Schlafmittel ein.

Wenn Sie mehr als zwei Punkte ankreuzen konnten, gehören Sie
schon zur Risikogruppe. Solche Leute leiden an erhöhter Wachsamkeit. Bis eins laborieren sie an ihrer Bettunruhe und probieren
alle möglichen Schlafpositionen durch. Um zwei sind sie bereits
Großhirte und hüten eine 1367 Lämmer umfassende Schafherde.
Kurze Rotweinverklappung um drei. Anschließendes Wälzen bis
vier. Und morgens reicht es, dass der Nachbar seinen Lumpi in aller
Herrgottsfrühe Gassi führt – schon fahren Sie aus dem Schlaf hoch.
Immerhin: Manche trösten sich über ihren nächtlichen Wachdienst
mit einem unwiderstehlichen Schlafzimmerblick hinweg.

Was den derzeitigen Forschungsstand anbelangt, so gilt es bis
heute als eines der ungelösten Menschheitsrätsel, warum manche
Menschen sofort wegnicken, sobald Sie die Augen zuklappen,
während andere lebhaftig leiden. Auch die Wissenschaft weiß wenig darüber. Allenfalls unterscheidet sie zwischen drei besonders
rastlosen Typen:

- **Die Einschlafgestörten.** Sobald die Sonne untergeht, zieht bei
  ihnen die Sorge auf: Gleich werde ich wieder stundenlang wach
  liegen und mich wälzen. Und so kommt es dann auch: dreimal
  gedreht, zweimal getrunken, einmal gepinkelt. Buch gelesen,

Fernsehen geschaut, bis nur noch Nummerngirls um die Wette stöhnen, dann vom Runterfallen der Fernbedienung wieder hochgeschreckt. Irgendwann greifen sie zur Baldrian-Pille, weil sie sonst morgens als Zombie erwachen. Was trotzdem passiert.

- **Die Durchschlaf-Insomnias.** Eindösen geht noch gut, aber abschalten nicht. Irgendwann zwischen drei und vier rotiert die Birne: Hab ich Henning die Mail geschickt? Wurde die Rechnung bezahlt? Ist morgen nicht Hochzeitstag? Wo bekomme ich das Geschenk für Junior her? Und überhaupt: Was, wenn der die Schule nicht packt? Spätestens jetzt hämmert der Puls, die Hände sind klamm und mit dem Adrenalin im Blut könnte man locker Lenin wiederbeleben. An alles ist zu denken – nur nicht an Schlaf. Jedenfalls nicht, bis kurz, bevor der Wecker klingelt.

- **Die Bettmonogamisten.** Zu Hause schlafen sie so lala, aber in fremden Betten, auf fremder Matratze, mit falschem Kopfkissen, umgeben von falschem Zimmerklima – keine Chance. Deswegen pennen sie am liebsten daheim. Und wenn sie mal über Nacht in ein anderes Quartier müssen, auf Dienstreise etwa, dann nerven sie ihre Umwelt mit detaillierten Schilderungen ihres drohenden Wachkomas. Wenn es sich nicht gerade um Handlungsreisende handelt, ist dieser Typ von allen dreien noch am besten dran.

Aber auch das raubt vielen den Schlaf: Schnarchen. Rund 20 Prozent der Erwachsenen rasseln und röcheln in der Nacht. Mit zunehmendem Alter sogar mehr. Ab 60 Jahren schnarchen etwa 60 Prozent der Männer und 40 Prozent der Frauen. Nicht selten geschieht dies in einer Lautstärke von bis zu 100 Dezibel, lauter als ein vorbeifahrender LKW. Das Schnarchgeräusch selbst entsteht meist in Rückenlage. Weil die Wangenmuskeln erschlaffen, sinkt erst der Unterkiefer herab. Dann verengen sich die Atemwege, und bei jedem Luftholen fangen Gaumensegel, Zäpfchen, Rachenwand und Kehlkopfdeckel an zu vibrieren. Dicke Menschen schnarchen übrigens häufiger. Das liegt daran, dass das Volumen von Bauch und Zunge korreliert. Je dicker die Zunge, desto weniger Luft kommt durch den Hals. Auch Rauchen fördert die nächtliche Rodung von Traumwäldern. Wer raucht, regt die Schleimproduktion der Nase an. Weil dann nachts die ganze Rotze den Rachen blockiert, müssen Raucher verstärkt durch den Mund atmen. Vielleicht sollte man das ebenso auf Zigarettenpackungen schreiben: *Rauchen bringt Sie um ... den Schlaf.*

Schnarchen ist wirklich gefährlich. Bei manchen Menschen kommt es in der Nacht dann zum temporären Ausfall der Luftversorgung. In extremen Fällen kann es dabei zu 2- bis 4-minütigem Atemstillstand kommen. *Schlafapnoe* nennt der Fachmann das, und es tritt bei etwa fünf Prozent der Bevölkerung auf – vor allem bei Männern mittleren Alters. Das führt zu Sauerstoffmangel in der Nacht und Müdigkeit sowie Konzentrationsstörungen am Tag. Zudem befördert der Körper während der Atemaussetzer jedes Mal Unmengen von Adrenalin ins Blut, eine Art Notfallprogramm, um sich vor dem drohenden Erstickungstod zu retten. Auch das wirkt erholsamem Tiefschlaf massiv entgegen.

Groß ist auch die Fraktion derjenigen, die des Nachts vom Büro und der Arbeit träumen. Laut Umfragen des Instituts für Demoskopie Allensbach tun das rund 34 Prozent der Deutschen. »Denken ist die Arbeit des Intellekts, Träumen sein Vergnügen«, fand zwar Victor Hugo. Jobträume sind jedoch meist alles andere als ein Vergnügen. In einer Umfrage aus dem Jahr 2003 gaben rund 60 Prozent der männlichen Angestellten einer britischen Bank und 80 Prozent der Bankerinnen an, von ihrer Arbeit zu träumen – über 65 Prozent der Frauen und 43 Prozent der Männer wachten davon schweißgebadet auf, weil sie von Sorgen geplagt wurden. Das Ergebnis einer weiteren Umfrage des britischen Unternehmens Learndirect unter 1000 Erwachsenen aus demselben Jahr war noch dramatischer: 57 Prozent litten regelrecht unter Job-Albträumen, ein Viertel von ihnen hatte solche Träumereien sogar einmal in der Woche. Die Autoren dieser Studie fragten ihre Probanden auch, was ihnen denn nachts den Schlaf rauben würde. Das Ergebnis in hierarchischer Reihenfolge sah so aus:

1. Mit dem Chef diskutieren müssen.
2. Zu einem Meeting zu spät kommen.
3. Eine/n Kollegin/Kollegen begehren.
4. Überraschend eine Präsentation halten müssen.
5. Nackt bei der Arbeit erscheinen.

6. Totaler Datenverlust nach einem Computerabsturz.

7. Gekündigt werden.

Aus seriösen Traumstudien weiß man heute, dass die meisten Träume nichts weiter sind als das Verarbeiten des vergangenen Tages oder dessen surreale Fortsetzung. Bei dieser Art des Träumens lernen wir oder lösen in dem Paralleluniversum sogar Probleme. Wiederkehrende Albträume hingegen sind eher ein Zeichen für ungelöste Probleme oder eine unbewusste Angst, allerdings nicht unbedingt für einen verdrängten sexuellen Wunsch wie in der Freud'schen Theorie. Welche Ängste und Sorgen einen plagen, ist den meisten Menschen entweder nach etwas Selbstreflexion bewusst oder es wird ihnen mithilfe des Traumes klarer. Insofern sind Job-Träume eine nützliche Sache: Wer wiederholt wegen seiner Arbeit schlecht schläft, sollte sich fragen, was dahintersteckt. Die Angst, überraschend eine Präsentation halten zu müssen oder zu spät zum Meeting zu erscheinen, ist womöglich ein Wink, dass sich derjenige häufig unvorbereitet fühlt. Oder dass er (oder sie) ein Perfektionist ist, der nichts mehr fürchtet, als die Kontrolle über seine Arbeit zu verlieren. Damit liefert der Traum oft schon einen Teil der Lösung: sich künftig besser vorzubereiten oder Kontrolle und Verantwortung abzugeben. Für alle, die das nicht wirklich beruhigt, gibt es trotzdem noch zwei gute Nachrichten: Die meisten Träume haben wir vergessen, wenn wir morgens aufwachen. So glaubt etwa jeder fünfte Deutsche, nachts nicht zu träumen, weil er sich morgens an nichts erinnert. Und: Wir alle wachen nachts immer wieder auf – bis zu 28 Mal. Das ist völlig normal, und auch daran erinnern wir uns in der Regel am Morgen nicht mehr.

Wesentlich beunruhigender sind dafür Hochrechnungen, die zu dem Ergebnis kommen, dass nur etwa ein Drittel der Deutschen täglich acht Stunden schläft, ein Drittel gönnt sich nur sieben Stunden und das letzte Drittel versucht gar mit sechs oder weniger Stunden auszukommen. Auch mir begegnen immer wieder Menschen, die stolz erzählen, dass sie nur vier oder fünf Stunden Schlaf brauchen. Deren Tag hat dann bis zu 20 aktive Stunden, also vier Stunden mehr, um Dinge zu regeln und irgendwelches Zeugs zu erledigen. Wie ungerecht, denken einige. Zog mich früher auch runter. Finde ich heute bedenklich. Vielleicht gibt es solche Stehaufmenschen wirklich, vielleicht sind sie gedopt, vielleicht ist es nur Dünkel. Auf jeden Fall wäre es idiotisch, ihnen nachzueifern.

Auch wenn das Schlafbedürfnis mit dem Alter sinkt: Das absolute Minimum sind fünf Stunden. Mit weniger schädigen wir uns. Nachweislich.

Für Randy Gardner war es damals nur ein Schulprojekt, eine Art Selbstversuch: ein Leben ohne Schlaf. Elf Tage blieb der 17-Jährige nonstop wach. Am zweiten Tag sank die Konzentration, am dritten wurde er quarrig, am vierten Tag begann er zu halluzinieren und hielt ein Schild für eine Person. Das war 1963. Seitdem gab es immer wieder Versuche, wie lange wohl ein Mensch ohne Schlaf auskommen kann. Der Rekord liegt angeblich bei 266 Stunden und wurde 2007 vom Briten Tony Wright aufgestellt. Trotzdem Wahnsinn. Tiere sterben, wenn man ihnen chronisch den Schlaf entzieht. Ratten zum Beispiel schon nach 28 Tagen. Beim Menschen sieht das nicht anders aus. Wer etwa an *fatal familial insomniu* leidet, einer Erbkrankheit, kann eines Tages nicht mehr schlafen, fällt nach ein paar Monaten ins Koma und stirbt.

Forscher wissen heute: Wer jede Nacht nur vier Stunden schläft, schwächt sein Immunsystem und altert auch schneller. Eine Studie von Virginie Godet-Cayré vom Centre for Health Economics and Administration Research in Frankreich zeigte, dass Bettflüchtige öfter kränkeln und häufiger in der Arbeit fehlen als Durchschläfer: Wer nachts nicht zur Ruhe kam, blieb im Schnitt 5,8 Tage im Jahr zu Hause, die ausgeschlafenen Kollegen dagegen nur 2,4 Tage.

Fahrlässig mit seinem Schlaf umzugehen, hat seinen Preis: Schon eine Stunde Schlafmangel kann unsere Reaktionsgeschwindigkeit drastisch senken, wir treffen langsamer und schlechtere Entscheidungen und gehen höhere Risiken ein. Auch unsere Beziehungen leiden darunter. Wieder andere Studien belegen, dass chronischer Schlafmangel Bluthochdruck, Herzkrankheiten und Depressionen auslösen kann. Entsprechend hält Karin Frick, Forschungsleiterin beim Schweizer Gottlieb-Duttweiler-Institut, mangelnden Schlaf

> Laut einer Studie der Universität Wien schlafen Männer, die nächtens neben ihrer Partnerin liegen, zwar besser, können aber am nächsten Morgen weniger leisten. Die Wissenschaftler führen dies auf Hormone zurück. So könnte die nächtliche Wahrnehmung weiblicher Hormone die Männer in ihrer intellektuellen Leistungsfähigkeit negativ beeinflussen. Wie bei Verliebten.

für das größte Lifestyle- und Gesundheitsproblem der Zukunft: »Zuerst hat man die Wachangebote geschaffen, Energydrinks, Starbucks, Museen und Geschäfte, die nachts öffnen, eine hyperaktive Welt, und nun kann man der davon erschöpften Erlebnisgesellschaft die Regeneration verkaufen.«

Umgekehrt sind die Segnungen eines gesunden Schlafs genauso dokumentiert. Wie schon im Kapitel über den Powernap angesprochen, lernen wir buchstäblich im Schlaf, wir werden dadurch schlauer und kreativer. Zudem ist die Nachtruhe ein regelrechter Schlankmacher. Der Grund dafür ist die Ausschüttung des Hormons Leptin, einem Gegenspieler von Ghrelin, das den Hunger drosselt. Schläft man zu wenig, erhält der Körper zu wenig davon und bekommt vermehrt Appetit. Wie die Mediziner Steven Heymsfield und James Gangwisch herausfanden, führt schon eine einzige Stunde weniger Schlaf zu messbaren Gewichtsunterschieden. Psychologen der Uniklinik Regensburg haben wiederum festgestellt, dass Kurzschläfer doppelt so häufig in unteren Gehaltsgruppen anzutreffen sind wie Langschläfer. Manche von uns verdienen ihr Geld also wirklich im Schlaf.

Zu viel davon ist allerdings auch nicht gesund. Die Psychologin Petra Hasselbach sagt, dass ausgemachte Langschläfer ein um 140 Prozent erhöhtes Risiko haben, früher zu sterben. Bekräftigt wird dieser Befund durch Forschungsarbeiten der britischen Warwick Medical School, die dazu über 10 000 britische Beamte in zwei Zeitperioden untersuchte: zwischen 1985 und 1988 sowie zwischen 1992 und 1993. Ergebnis: Diejenigen, die nachts länger als acht Stunden schliefen, hatten ein doppelt so hohes Risiko, in den Folgejahren an Herz-Kreislauf-Erkrankungen zu sterben als jene, die ihren Schlaf auf täglich sieben Stunden limitierten.

Na dann, gute Nacht

Geradezu lebensmüde hat sich demnach Albert Einstein verhalten. Der Legende nach soll das Genie täglich satte 14 Stunden seines Lebens verpennt haben. Dennoch entwickelte der Mann die Relativitätstheorie. Chapeau!

Für uns Normalsterbliche und unsere geistige wie körperliche

Vitalität ist es jedoch erforderlich, dass wir uns gut ernähren, regelmäßig Sport treiben und ausschlafen. Vor- oder nachzuschlafen funktioniert übrigens nicht. Unser Körper ist nicht in der Lage, Bettruhe zu speichern. Wer vor einer langen Nacht besonders früh ins Bett geht, wird sich dort nur herumwälzen. Die innere Uhr hat noch nicht auf Erholung umgeschaltet. Ebenso, wer nach einer durchzechten Nacht den Schlafmangel schon am Nachmittag ausgleichen will. Hoffnungslos. Der Wach-Schlaf-Rhythmus ist längst aus dem Takt. »Wer spät zu Bett geht und früh herausmuss, weiß, woher das Wort Morgengrauen kommt«, witzelte schon der TV-Moderator Robert Lembke. Nicht wenige Schlafforscher sind sich heute einig, dass dieses taktlose Schlafen die inneren Uhren unserer Organe desynchronisiert. Und es scheint so, dass selbst einige Erkrankungen wie Diabetes oder Darmkrebs mit einem solchen Ungleichgewicht einhergehen.

Populäre Wege, wie Sie persönlich zu besserem Schlaf finden, gibt es mittlerweile so einige. In dem Hollywood-Streifen *Staatsanwälte küsst man nicht* versuchen es die Protagonisten beispielsweise mit Skigymnastik und Bügeln um Mitternacht. Kann man so machen, empfehle ich aber nicht. Im Blockbuster *Schlaflos in Seattle* wählen Tom Hanks und Meg Ryan wiederum die Variante: Liebe. Finde ich persönlich besser. Im Genre des Vampirfilms hingegen meiden die untoten Blutsauger kategorisch jedwedes Sonnenlicht. Auch daraus lässt sich eine pragmatische Einschlafhilfe ableiten. Hypnos, in der griechischen Mythologie der Gott des Schlafes, half der eifersüchtigen Hera beim Einschläfern ihres Gatten und Übergottes Zeus. Allerdings griff Hypnos dabei gerne zu Betäubungsmitteln wie Mohn, Opium oder Morphium. Davon kann ich wirklich nur abraten. Dann schon lieber heiße Milch mit Honig, wie sie Großeltern gerne empfehlen. Wahrscheinlich ahnten sie, dass das Kalzium in der Milch beruhigt. Nur für Menschen mit Laktoseüberempfindlichkeit ist das nichts.

Schlaf kann man leider nicht erzwingen. Versuchen Sie es deshalb bitte auch erst gar nicht. Trotzdem habe ich zum Abschluss ein paar einfache Hinweise gesammelt, die Ihnen vielleicht zu besserem und erholsamerem Schlaf verhelfen:

- **Bemühen Sie sich um eine entspannte Einstellung.** Mit Druck (»Ich muss jetzt schlafen!«) machen Sie es nur schlimmer. Besser: Vermeiden Sie 30 Minuten vor dem Einschlafen sämtliche Störquellen wie laute Musik oder Diskussionen mit dem Partner. Sport ist auch nicht ratsam – wohl aber ein kurzer Spaziergang im Freien. Und wer binnen 20 Minuten nicht einschlafen kann, darf noch etwas lesen. Nur machen Sie dann bitte kein allzu grelles Licht an. Das Gehirn schaltet sonst wieder in den Wachmodus um.
- **Erst hinlegen, wenn Sie müde sind.** Regelmäßiger Schlaf ist zwar wichtig, das heißt aber nicht, dass Sie sich dabei sklavisch nach der Uhr richten müssen. Ihr Körper signalisiert Ihnen schon, wann es Zeit ist, zu Bett zu gehen. Wenn Sie dann immer noch zu viele Gedanken an die Arbeit plagen, notieren Sie sich diese auf einen Zettel und legen ihn (samt den Gedanken) wortwörtlich zur Seite.
- **Pflegen Sie Rituale.** Meditation oder ein Abendgebet, ein beruhigender Tee oder abends zehn Seiten in einem guten Buch zu lesen – all diese Routinen konditionieren den Körper darauf, dass es Zeit ist, runterzufahren. Ebenso: Zu wiederkehrenden Zeiten ins Bett zu gehen und morgens zu festen Zeiten aufzustehen. Zu solchen Angewohnheiten gehört aber auch das Bett selbst. Es sollte dem Schlaf und Sex vorbehalten bleiben. Wer darin ebenso frühstückt wie fernsieht, stört den Lerneffekt für Körper und Geist: *Hier wird geschlafen.* Entsprechend sollten Sie alles aus dem Schlafzimmer verbannen, was an Arbeit erinnert (Schreibtisch, Telefon, PC, Gerümpel).
- **Vermeiden Sie Schlafkiller.** Gar nicht hilfreich sind ein zu helles (Sie erinnern sich an die Vampire?), zu warmes (18 Grad sind optimal) und zu trockenes Schlafzimmer (ideal: 45 bis 65 Prozent Luftfeuchtigkeit) sowie Koffein, kalte Füße, Rauchen und Alkohol. Letzterer ist der ärgste Feind des gesunden Schlafs. Er macht zwar müde, reduziert aber dramatisch die Qualität und Dauer der REM-Schlafphasen. Dadurch kommt es zu einer ungesunden Fragmentierung der Nachtruhe. Zudem lässt Alkohol die obere Atemmuskulatur stärker erschlaffen, was wiederum das Schnarchen begünstigt. Zwar werden Bier, Wein, Whisky in Maßen gute Eigenschaften nachgewiesen, für

einen erholsamen Schlaf ist aber entscheidend, dass Sie etwa drei Stunden, bevor Sie zu Bett gehen, keinen Alkohol mehr trinken.

- **Essen Sie nichts Schweres nach 20 Uhr.** Wenn der Körper zu sehr mit Verdauen beschäftigt ist, schlafen Sie automatisch unruhiger oder wachen nachts häufiger auf. Eine Faustregel sagt: Drei Stunden vor dem Schlafengehen sollten Sie nichts mehr essen, auch nicht mehr viel trinken. Sie müssen sonst eventuell nachts raus.
- **Probieren Sie es mit Entspannungsübungen** wie Yoga, autogenem Training – gleichmäßiges, tiefes Atmen und Konzentrieren auf seinen Körper – oder der progressiven Muskelentspannung. Dabei werden der Reihe nach einzelne Muskelgruppen gezielt angespannt und entspannt. Über alle drei Methoden lässt sich ein Zustand hoher Gelöstheit erreichen.

Jetzt hoffe ich, dass weder diese Zeilen und noch weniger das gesamte Buch Sie in einen gesunden Schlaf gelullt haben. Sollte das dennoch passiert sein, dann tut mir das leid, das Buch hätte aber wenigstens *einen* guten Zweck erfüllt. Und das ist ja schon was. Auf jeden Fall ist es ein guter Schluss.

Epilog

Wenn Sie an weiteren Informationen rund um das Thema dieses Buches sowie zahlreichen Karrieretipps und aktuellen Studien interessiert sind, besuchen Sie bitte meine Internetseite:

http://karrierebibel.de

Um Ihnen unnötige Arbeit und lästiges Abtippen zu ersparen, finden Sie dort auch das **Literaturverzeichnis** zu diesem Buch. So können Sie einzelne Studien direkt anklicken, statt deren kryptische Adressen erst eingeben zu müssen. Zitierte Bücher sowie weiterführende Literatur sind dort ebenfalls verlinkt. Sie finden das Verzeichnis unter:

http://karrierebibel.de/buro-alltags-bibel-literaturliste/

Zugleich möchte ich mich an dieser Stelle bei den vielen Menschen bedanken, die mich bei diesem Buch direkt oder indirekt unterstützt und inspiriert haben. Zu allererst natürlich bei meiner Frau Silke, die mir an vielen Abenden und Nachmittagen den nötigen Freiraum geschaffen hat. Danke! Ferner danke ich meinen Kollegen Liane Borghardt, Sebastian Matthes, Jenny Niederstadt, Matthias Nöllke, Daniel Rettig, Christian Schlesiger, Markus Spieker und Jens Tönnesmann sowie meiner langjährigen Freundin Michaela Pelz und meiner Lektorin Katharina Festner für die wertvollen Anregungen. Ein spezieller Dank gebührt auch den vielen Freunden und Bekannten, deren zahlreiche Erlebnisse, Erzählungen und Anekdoten (aus Schutzgründen natürlich hinreichend verschleiert) in diese Seiten eingeflossen sind. Ein ganz besonderer Dank gilt zudem den Lesern meines ersten Buchs, der *Karriere-Bibel*, die mich auch auf der dazugehörigen Webseite begleitet haben und durch ihre Kommentare die *Büro-Alltags-Bibel* noch reichhaltiger gemacht haben. Ich würde mich freuen, wenn auch Sie dort mit mir und anderen Lesern Ihr Wissen weiterentwickeln. Wissen ist schließlich das einzige Gut, das sich vermehrt, wenn man es teilt.

Stichwortverzeichnis